构建移动网站与APP

HTML 5+CSS 3+jQuery Mobile 入门与实战

刘鑫 陈素清 编著

清華大学出版社
北 京

内 容 简 介

HTML 5 带来了移动网站的突飞猛进，本书帮助传统 Web 开发者搭乘 HTML 5 快车，轻松部署移动应用，也使移动开发者得以充分发掘 Web 潜力，在传统网页的基础上获得跨平台支持。jQuery Mobile+HTML 5+CSS 3 结合的形式，让普通开发人员可以有条不紊地开发出优秀的移动应用，这也是本书的目的，让一切看似复杂的移动应用看起来更简单，实现起来也更简洁。

全书分为 4 部分：第 1 部分介绍 HTML 和 HTML 5 的网页开发技术，阐述移动网页与 PC 网页的不同和改进；第 2 部分介绍 CSS 和 CSS3，从兼容性角度介绍网页样式的变化和技巧；第 3 部分介绍 jQuery 和 jQuery Mobile，从快速开发和移动开发角度阐述 APP 开发的流程和技巧；最后一部分通过案例详细介绍当下网站和 APP 开发的整体设计方案和实现代码。

本书内容精练、重点突出、实例丰富、讲解通俗，是广大网页或移动 Web 设计人员和前端开发人员必备的参考书，同时也非常适合大中专院校师生学习阅读，也可作为高等院校计算机及相关培训机构教材使用。

图书在版编目（CIP）数据

构建移动网站与 APP：HTML 5+CSS 3+jQuery Mobile 入门与实战 / 刘鑫，陈素清编著.–北京：清华大学出版社，2016

ISBN 978-7-302-44336-0

I. ①构… II. ①刘… ②陈… III. ①网页制作工具 IV. ①TP393.092

中国版本图书馆 CIP 数据核字（2016）第 166589 号

责任编辑：夏毓彦
封面设计：王　翔
责任校对：闫秀华
责任印制：杨　艳

出版发行：清华大学出版社
网　　址：http://www.tup.com.cn，http://www.wqbook.com
地　　址：北京清华大学学研大厦 A 座　　**邮　　编**：100084
社 总 机：010-62770175　　**邮　　购**：010-62786544
投稿与读者服务：010-62776969，c-service@tup.tsinghua.edu.cn
质 量 反 馈：010-62772015，zhiliang@tup.tsinghua.edu.cn
印 装 者：清华大学印刷厂
经　　销：全国新华书店
开　　本：190mm×260mm　　**印　张**：31.5　　**字　　数**：806 千字
版　　次：2016 年 8 月第 1 版　　**印　　次**：2016 年 8 月第 1 次印刷
印　　数：1～3500
定　　价：79.00 元

产品编号：068062-01

前 言

移动 Web 在当今的发展速度是一日千里，移动互联网取代 PC 互联网已经成为趋势，各公司都在开发自己的移动 APP，为用户提供更好的服务，也希望能获取更多的移动入口流量。几乎所有的公司都在改造早期的网站，为方便用户使用手机浏览。所以，移动网站和 APP 成为当下所有企业在移动时代攫取用户资源最有效的方法。

移动开发的需求很大，而且很多人只有传统的网站开发方法，所以为了普及移动网站和 APP 开发的需要，我们编写了这本跨平台开发的图书，让传统网站开发人员和新进入市场的开发小白都能够更快速地开发出简洁实用的移动网站和 APP。

本书的编写特点

1．结合当下技术热点，让移动互联网的混合开发更简单。移动互联网的发展简直可以用爆发来形容，传统的网页技术从兼容性和美观性上都无法与移动 Web 和媲美。当下最好最快速的开发移动互联网的技术非 HTML 5 莫属，微信内嵌 HTML 5 网页和游戏的爆发也促进了 HTML 5 在国内的需求。对于安卓、iOS 等跨设备的需求，又促进了 jQuery Mobile 的跨平台技术的发展。本书结合这两大热点，帮助读者轻松应对移动互联网。

2．布局移动网站和移动应用，切中目前企业最热的开发需求。本书所有的实例或小示例全部针对移动网页，这是市场所需，因为所有的企业都在谋求移动方向的突破，而这种突破的第一步就是将网页改造成兼容的移动网页。

3．低成本，快速开发，还能跨平台，利用最好最流行的技术进行实战演练。本书所选的 HTML 5 和 jQuery Mobile 都是开源技术，不需要购买大量的硬件和软件，完全低成本，而且这两种技术都支持快速开发且还能跨平台，这进一步节约了企业的成本。

4．最合理的章节安排。不管是 PC 网页还是移动网页，都要明白网页的构成和基本元素的设计。本书首先从基础网页讲起，然后讲解 HTML 5 的技术，介绍 CSS 美化网页，再介绍 CSS 3 帮助读者制作更酷炫的移动网页，最后通过 jQuery 和 jQuery Mobile 的讲解，帮助读者将移动网页布局到任何需要的平台上。

本书的内容安排

本书共 4 篇 16 章，内容从 HTML 和 CSS 基础，再到 HTML 5 和 CSS 3，最后是 jQuery 和 jQuery Mobile。

第一篇（第 1 章~第 4 章）HTML 与 HTML 5。回顾了 HTML 的基础知识，重点介绍了 HTML 5 的改进，突出了移动网页在设计中与传统网页的不同，还有新增加的一些特色，主要包括 HTML 网页的基础、网页段落的排版、表单的自动化、HTML 5 的新特色等。

第二篇（第 5 章~第 9 章）CSS 与 CSS 3。本篇先介绍了 CSS 的基础语法，然后介绍了利用 CSS 设计网页中的文字和背景，之后介绍了 CSS 3 的一些特色，尤其是利用媒体查询技术实现的跨平台网页，主要包括网页样式、网页设计基础、选择和媒体查询。最后还通过一个完整的实例剖析了一个 HTML 5+CSS 3 网站的实现过程。

第三篇（第 10 章~第 14 章）jQuery 与 jQuery Mobile。快速开发离不开 jQuery，在如今移动互联网迭代速度这么快的情况下，基本上所有的网站都选择了 jQuery，因为它还有无数多的插件可以帮助我们实现更绚丽的移动网页。jQuery Mobile 也是跨平台方案的首选。本篇重点介绍这两个技术，包括 jQuery 的选择器、事件、移动开发、APP 布局和推广等。

第四篇（第 15 章~第 16 章）移动网页与 APP 实战。通过一个实时股票 APP 和在线视频播放的案例，详细解析了移动网页开发中的各种步骤、代码和技术，包括插件的使用、界面的设计、数据库的连接等。

本书面向的读者

- 移动应用开发人员、移动网站前端、移动网页美工人员、后台开发人员
- 移动网页设计、移动网页开发初学者
- 大中专院校、培训学校的学生
- 移动网站建设与网页设计的相关兼职人员

本书第 1~9 章由湖南铁道职业技术学院的刘鑫编写，第 10~16 章由集宁师范学院的陈素清编写，其他参与的人员还有张泽娜、曹卉、林江闽、林龙、李阳、宋阳、王刚、杨超、张光泽、赵东、李玉莉、刘岩、李雷霆。

本书配套代码下载地址

本书配套代码下载地址（注意数字和字母大小写）如下：

http://pan.baidu.com/s/1cHo7ZS

如果下载有问题，请电子邮件联系 booksaga@163.com，邮件主题为“跨平台开发入门”。

编者

2016 年 6 月

目 录

第一篇 HTML与HTML 5

第三篇 jQuery 与 jQuery Mobile

第四篇 移动网页与 APP 实战

第一篇

HTML与HTML 5

第 1 章

网页的架构基础

本书开篇我们先介绍 HTML 网页的架构基础。相信读者对于 HTML 网页一定很熟悉，那么是不是很清楚关于 HTML 的准确定义呢？HTML 是 Hyper Text Mark-up Language（超文本标记语言）的缩写，其规定了一系列的语法规则，用来表示比“文本”更丰富的内容，譬如链接、表格、图形、照片、动画、音视频等。

市面上的主流浏览器（包括 Google Chrome、Mozilla Firefox、Microsoft Internet Explorer & Microsoft Edge、Opera 等及其他第三方浏览器）均可运行基于 HTML 定义的语法并用来显示 HTML 网页文档。因此可以讲，我们日常在互联网上浏览到的绝大部分网页，都是基于 HTML 语法编写而成的，HTML 实际上就是一个互联网语言标准。

本章主要包括以下内容：

- HTML 网页的基础构成
- 基底网址标记-base 元素
- 用 CSS 定义网页的样式
- 使用脚本让网页动起来
- 利用 noscript 元素检测网页对脚本的支持
- 在网页代码中添加注释方便后期代码的阅读
- 判断浏览器对 HTML 5 属性的支持

1.1 HTML 网页的基础构成

我们常见的网页都是 HTML 网页，HTML 既然是一种标准，那网页就有基础的结构形式。本节的目的就是让读者了解一个 HTML 网页的基础构成。

1.1.1 从一个空白的 HTML 网页说起

一个标准的 HTML 网页必须包括一些固定的标签，譬如 DOCTYPE 标签、html 标签、head 标签和 body 标签等。这些固定元素构成一个 HTML 网页的基础骨架，倘若缺少其中任何一项，都有可能造成 HTML 网页运行时出现不可预知的错误。所以，读者首先要清楚 HTML 网页的基础构成，并理解每个标签的含义与作用。

【示例 1-1】　空白的 HTML 网页

市面上有很多款创建、编辑、运行 HTML 网页的工具（较轻量级的有 EditPlus、UltraEdit、Sublime 等，较重量级的有 Eclispe、Visual Studio、Dreamweaver 等，至于选择哪款主要看个人喜好了），这里笔者选择 EditPlus 编辑工具自动生成一个最基本的 HTML 网页框架（参见源代码 chapter01/ch01-htmlcomp-init.html 文件），主要代码如下。

```
01  <!doctype html>
02  <html>
03  <head>
04      <meta charset="UTF-8">
05      <meta name="Generator" content="EditPlus®">
06      <meta name="Author" content="">
07      <meta name="Keywords" content="">
08      <meta name="Description" content="">
09      <title>Blank HTML Page</title>
10  </head>
11  <body>
12  <!-- 添加文档内容 -->
13  </body>
14  </html>
```

在空白的 HTML 网页这段代码中，我们看到上文中提到的几个标签均有使用，如第 01 行中的<!doctype>标签，第 02 行中的<html>标签，第 03 行中的<head>标签以及第 11 行中的<body>标签。

读者一定注意到了第 10 行、第 13 行与第 14 行中再次使用了</head>、</body>和</html>标签，不同之处是增加了一个“/”斜杠字符。HTML 标准将第 02 行、第 03 行和第 11 行的标签定义为开始标记，而将第 10 行、第 13 行与第 14 行的标签定义为结束标记。其中，第 02 行的<html>标签与第 14 行的</html>标签相互对应，称为一组标记。同理，第 03 行与第 13 行为一组标记，第 10 行与第 11 行为一组标记。读者可以将一组标记之间的内容理解为一个整体，代表这个标签所定义的内容，完成一组统一的功能。

代码 ch01-htmlcomp-init.html 实际上没有定义任何实际内容，在浏览器中运行后显示的是一个空白的页面，如图 1.1 所示。

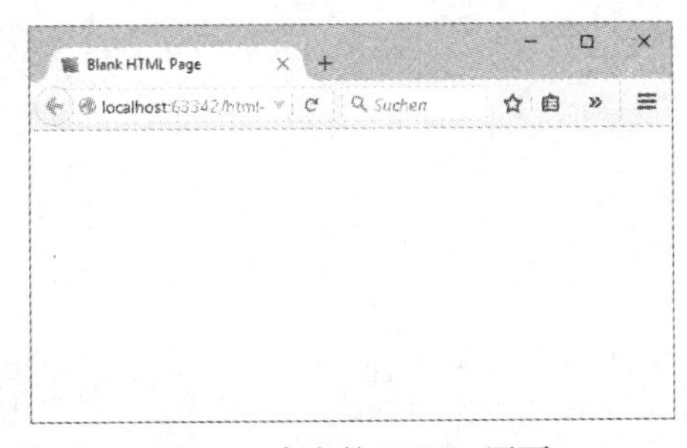

图 1.1　空白的 HTML 网页

1.1.2 通过网页中的 DOCTYPE 标签识别文档类型

DOCTYPE 标签是一种标准通用标记语言的文档类型声明，其存在的意义是要通知标准通用标记语言解析器，应该使用什么样的文档类型定义（DTD，由 W3C 标准化组织定义）来解析文档。

回顾上一小节中的代码段，第 01 行使用的<!doctype html>标签就是对文档类型的声明，根据具体定义可以知道声明 ch01-htmlcomp-init.html 文件为一个 html 网页。

DOCTYPE 标签在使用时不区分大小写。

这里有几点是读者在使用 DOCTYPE 标签时必须要注意的：

<!doctype>标签必须声明在 HTML 网页的第一行，位于<html>标签之前；

严格意义上讲，<!doctype>不是一个 HTML 标签，而是定义浏览器运行 HTML 网页时，使用哪个 HTML 版本来进行解释的指令；

在 HTML 5 标准下，必须使用<!doctype html>这样的方式来定义，可见 ch01-htmlcomp-init.html 文件是一个标准 HTML 5 网页。而 HTML 4.01 标准是基于 SGML（标准通用标记语言）的，所以必须引用 DTD，这样浏览器才能正确地显示 HTML 网页内容。

<!doctype>标签声明时是没有结束标记的。

这里比较复杂的是 HTML 4.01 标准，其规定了三种文档类型（DTD），分别为 Strict、Transitional 和 Frameset，具体的声明方法如下：

（1）HTML Strict DTD

```
<!DOCTYPE HTML PUBLIC "-//W3C//DTD HTML 4.01//EN" " http://www.w3.org/TR/html4/strict.dtd">
```

如果想避免表现层的混乱，建议使用此类型，并与层叠样式表（CSS）配合使用；

（2）HTML Transitional DTD

```
<!DOCTYPE HTML PUBLIC "-//W3C//DTD HTML 4.01 Transitional//EN" " http://www.w3.org/TR/html4/loose.dtd">
```

如果使用了不支持层叠样式表（CSS）的浏览器而又不得不使用 HTML 网页来展现内容，可以使用此类型；

（3）Frameset DTD

```
<!DOCTYPE HTML PUBLIC "-//W3C//DTD HTML 4.01 Frameset//EN" " http://www.w3.org/TR/html4/frameset.dtd">
```

此类型用于带有框架的 HTML 网页，除了使用<frameset>标签替代<body>标签外，也可以用 Frameset DTD 替代 Transitional DTD。

这里顺便提一句，DOCTYPE 标签除了可以声明 HTML 网页外，还可以用于声明其他类型文件。譬如：<!doctype math>用于声明数学标记语言，<!doctype tmx>用于声明翻译存储交换标记语言，<!doctype wml>用于声明无线标记语言等。可见 DOCTYPE 标签的内容是非常丰富的，感兴趣的读者可以参考相关文档，进一步深入了解 DOCTYPE 标签的内容。

1.1.3　html 标签声明这是一个网页

html 标签用于通知浏览器这是一个 HTML 网页。一般来讲，<html>与</html>标签限定了 HTML 网页的开始标记和结束标记，标记之间的内容是 HTML 网页的头部和主体。至于头部和主体下面的小节马上会介绍，也就是读者熟悉的 head 标签和 body 标签。

HTML 网页中的内容通常需要放置在<html>标签中。在 HTML 网页的头部可以放置如标题、兼容性、语言、字符格式、关键字和描述等重要信息，而 HTML 网页需要向用户展示的具体内容可以统统放置在主体中。

如下所示为一个关于 html 标签的代码段（参见源代码 chapter01/ch01-htmlcomp-html.html 文件）。

【示例 1-2】　html 标签

```
01  <!DOCTYPE html>
02  <html lang="en">
03  <head>
04      <!-- 添加文档头部内容 -->
05  </head>
06  <body>
07      <!-- 添加文档主体内容 -->
08  </body>
09  </html>
```

在这段 HTML 代码中，第 02 行与第 09 行就是对<html>和</html>标签的使用，读者注意到在<html>标签中添加了一个字段 lang="en"，一般称其为属性字段，lang 关键字代表规定标签内容的语言，关键字"en"代表英文，如果读者想定义中文可以使用"zh"关键字。

1.1.4　head 标签定义网页的头部

head 标签用于定义 HTML 网页的头部，可以说 head 是所有头部标签的容器。在 head 标签中可以实现描述元信息（meta）、添加层叠样式表（CSS）、引用外部脚本文件（JavaScript，简称 JS），定义 HTML 网页标题以及与其他文档关系等功能。另外，绝大部分在 HTML 网页头部定义的数据都不会作为页面的具体内容显示给用户。

head 标签位于 HTML 网页的头部，是以<head>作为开始标记、并以</head>作为结束标记之间的内容。一般来讲，head 头部中包含 meta、base、link、script、title 等常用标签，这些标签的详细说明如下：

- meta 标签可以定义的内容十分广泛，譬如 HTML 网页介绍、HTML 网页关键字、HTML 网页编码、页面作者、自动跳转定义以及 robots 协议等内容，均可以放置在其中；
- base 标签是定义 HTML 网页默认打开方式的声明；
- link 标签用于定义目标文件链接，包括对外部层叠样式表（CSS）文件的引用、对外部脚本文件（JS）文件的引用以及对 favicon.ico 图标的引用等；
- script 标签既可以用于引入外部脚本（JS）文件，也可以定义嵌入 HTML 网页内部的脚本代码；
- style 标签用于定义直接嵌入网页的层叠样式表（CSS）代码；
- title 标签用于定义 HTML 网页的唯一标题。

下面向读者介绍使用 head 标签的方法（参见源代码 chapter01/ch01-htmlcomp-head.html 文件）。

【示例 1-3】 head 标签

```
01  <!DOCTYPE html>
02  <html lang="zh">
03  <head>
04      <meta http-equiv="Content-Type" content="text/html; charset=utf-8" />
05      <meta http-equiv="Content-Language" content="zh-cn" />
06      <meta name="author" content="king">
07      <meta name="revised" content="king,10/15/2015">
08      <meta name="generator" content="EditPlus">
09      <meta name="description" content=" HTML 网页 head 标签使用">
10      <meta name="keywords" content="HTML, CSS, JavaScript">
11      <meta http-equiv="Refresh" content="1;url=http://localhost:8080" />
12      <base href="http://localhost:8080" target="_blank" />
13      <link rel="stylesheet" type="text/css" href="css/style.css" >
14      <style type="text/css">
15          h1 {font: bold 24px/2.4em arial,verdana;}
16          h3 {font: bold 18px/1.8em arial,verdana;}
17          p {font: italic 13.5px/1.2em arial,verdana;}
18      </style>
19      <script type="text/javascript">
20          document.write("<h1>HTML 之 head 标签</h1>");
21      </script>
22      <title>HTML 网页标题</title>
23  </head>
```

```
24  <body>
25      <!-- 添加文档主体内容 -->
26      <h3>header</h3>
27      <p>Paragraph.</p>
28      <!-- 添加文档主体内容 -->
29      <p>
30      <a href="ch01-htmlcomp-init.html">尝试在本窗口打开链接</a><br>
31      说明：正常应该在当前窗口打开该链接，但实际是在新窗口中打开了；<br>
32      原因就是在本 HTML 网页头部中，base 标签中设置了 target="_blank"属性。<br>
33      </p>
34  </body>
35  </html>
```

在关于 head 标签的这段 HTML 代码中，第 03～24 行就是使用 head 标签的方法。为了让读者对 head 标签的使用方法有个全面的了解，该代码段尽可能将 HTML 网页头部可能用到的标签全部包含了进去。下面我们逐一对这些标签进行介绍：

第 04～11 行是对 meta 标签的使用，meta 是 HTML 网页头部的一个辅助性标签。meta 标签共有两个属性，分别是 http-equiv 属性和 name 属性，其中，http-equiv 属性相当于 http 协议文件头的作用，通过该属性可以向浏览器回传数据信息，以帮助准确地显示网页内容，其属性值放置在与之对应的 content 属性中；而 name 属性主要用于描述网页，包括分类信息的内容以及便于搜索引擎 robots 协议查找的内容，其属性值同样放置在与之对应的 content 属性中。

第 04 行中 http-equiv 属性定义为"Content-Type"，Content-Type 表示设定的显示字符集，本代码段中对应的 content 属性定义为"text/html; charset=utf-8"，表明本 HTML 网页设定的显示字符集为"utf-8"，为通用的 Unicode 编码格式（utf-8 编码支持中英文字符，相比于传统 gb2312 中文编码更通用）。

第 05 行中 http-equiv 属性定义为"Content-Language"，Content-Language 表示给 HTML 网页设定的页面语言，本代码段中对应的 content 属性定义为"zh-cn"，表明本 HTML 网页设定的页面语言为简体中文（如果是繁体中文则为"zh-tw"，而"en-us"表示英语（美国））。

第 06 行中 name 属性定义为"author"，author 表示网页作者，本代码段中对应的 content 属性定义为"king"。

第 07 行中 name 属性定义为"revised"，revised 表示网页最后一次更改的作者及时间，本代码段中对应的 content 属性定义为"king,10/15/2015"。

第 08 行中 name 属性定义为"generator"，generator 表示创建和编辑网页使用的工具软件，本代码段中对应的 content 属性定义为"EditPlus"。

第 09 行中 name 属性定义为"description"，description 表示对网页功能、内容的相关描述，是属于比较重要的一个 meta 属性，本代码段中对应的 content 属性定义为" HTML 网页 head 标签使用"。

第 10 行中 name 属性定义为"keywords"，keywords 表示网页的关键词，本代码段对应的 content 属性定义为"HTML, CSS, JavaScript"。

第 11 行中 http-equiv 属性定义为"Refresh"，Refresh 是一个非常有用的功能，可以对网页自动刷新并重定向指向新页面，本代码段中对应的 content 属性定义为"1;url=http://localhost:8080"，其代表两个内容，并使用分号进行分割；分号前面的数值 1 表示时间间隔为 1 秒，分号后面的 url 代表重定向链接地址，合在一起的含义就是在间隔 1 秒后刷新，重新跳转到新的链接地址上；因为 Refresh 功能是在 HTML 网页头部中定义的，所以在该页面初次打开后就将计算时间间隔并执行重定向操作。第 11 行测试后的结果如图 1.2 所示。

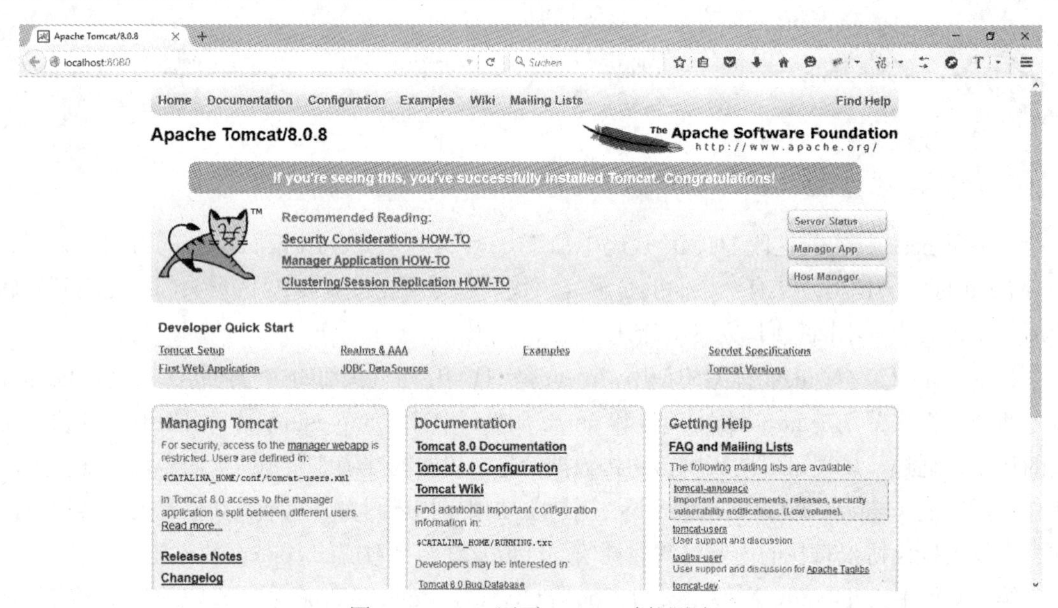

图 1.2 HTML 网页 Refresh 功能测试

从图中可以看到，运行 ch01-htmlcomp-head.html 文件后，并没有看到 HTML 网页主体中定义的代码内容，而是很快就跳转到上图显示的页面地址（http://localhost:8080），这个页面其实是本机安装的 Web 服务器——Tomcat 8.0.8 的主页。

第 12 行为对 base 标签的使用，base 的功能是为页面上的所有链接规定默认地址或默认目标；一般情况下，浏览器会从当前文档的 url 地址中获取相应的数据来填写相对 url 地址中的空白，而使用 base 标签则可以使用指定的 url 地址来解析所有的相对 url 地址。该 base 标签有两个属性，分别是 href 属性和 target 属性，其中，href 属性用于规定页面中所有相对链接的基准 url 地址；而 target 属性用于指定在何处打开页面中所有的链接，其共有四个属性值：

- _blank 代表在新的窗口打开链接；
- _self 代表自身窗口，一般可不用定义；
- _parent 代表在父窗口或超链接引用框架的框架集中打开链接；
- _top 则表示会清除所有被包含的框架并将文档载入整个浏览器窗口。

那么在本行中，href 属性值定义为"http://localhost:8080"，target 属性值定义为"_blank"。

HTML 网页主体中的第 29～33 行是对第 12 行的测试，第 30 行定义了一个超链接，指向了前面创建的一个 HTML 网页 ch01-htmlcomp-init.html，并且尝试在本窗口中打开该页面；下面我们先行注销掉上面第 11 行的重定向功能，然后运行本页面的结果如图 1.3 所示。点击上图页面中定义的超链接，尝试在本窗口打开链接，测试后的结果如图 1.4 所示。

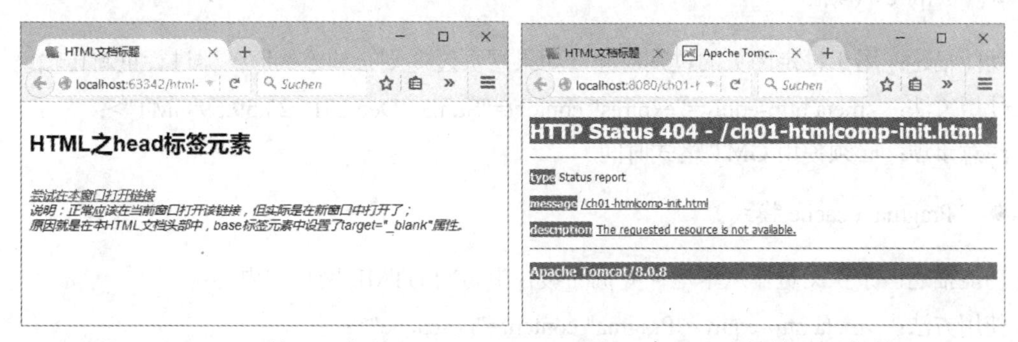

图 1.3　HTML 网页之 base 标签（一）　　　　图 1.4　HTML 网页之 base 标签（二）

从上图可以看到，ch01-htmlcomp-init.html 页面是在新窗口中被打开了，而且该页面似乎并没有被正确显示出来；在新窗口中被打开是因为第 12 行中 base 标签的 target 属性值定义为"_blank"，而页面没有正确显示是因为 ch01-htmlcomp-init.html 页面并没有被正确找到。这是什么原因造成的呢？我们看第 12 行中 base 标签的 href 属性值定义为"http://localhost:8080"，这样全部相对 url 链接地址都会被以"http://localhost:8080"为基地址，就是被指向本机的 Tomcat 服务器，而 ch01-htmlcomp-init.html 页面并不存在于该服务器下，自然也就无法找到该页面并正确显示了。

第 13 行是对 link 标签的使用，link 用于定义文档与外部资源的关系，最常见的用法就是定义外部链接层叠样式表（CSS）；本行中定义了保存在 css 目录下的外部样式表，文件名称为"style.css"。

第 14～18 行是对 style 标签的使用，script 用于定义直接嵌入网页的层叠样式表（CSS）代码；我们先不管第 15～17 行具体实现了什么功能，只要知道这三行是对<h1>、<h3>和<p>这三个 HTML 标签进行了样式定义就可以了；在页面主体的第 26～27 行中，使用<h3>和<p>定义了两行页面内容，页面运行后的效果如图 1.5 所示。

第 19～21 行是对 script 标签的使用，script 用于引入外部脚本（JS）文件或定义内部脚本（JS）代码；其中，第 20 行定义了一行脚本代码，用于在页面主体输出一行文本信息，页面运行后的效果如图 1.6 所示。

图 1.5　HTML 网页之 style 标签　　　　图 1.6　HTML 网页之 script 标签

另外，http-equiv 还有几个属性可能读者了解不多，但也是非常重要的功能，在这里向读者简单介绍：

- Expires（期限）

功能描述：用于设定网页的过期时间，如果网页过期则必须连接服务器进行重新传输；

使用方法：<meta http-equiv="expires" content="Sun,31 Dec 2015 23:59:59 GMT">；

注意事项：必须使用 GMT 格式时间。

- Pragma（cache 模式）

功能描述：禁止浏览器从本地计算机的缓存中访问 HTML 网页的内容；

使用方法：<meta http-equiv="Pragma" content="no-cache">；

注意事项：如果这样设定，用户将无法脱机浏览网页。

- Set-Cookie（cookie 过期设定）

功能描述：如果网页过期则保存在本机的全部 cookie 将被自动删除；

使用方法：<meta http-equiv="Set-Cookie" content="cookie-value=xxx; expires= Sun,31 Dec 2015 23:59:59 GMT; path=/ ">；

注意事项：必须使用 GMT 格式时间。

- Window-target（显示窗口的设定）

功能描述：强制 HTML 网页在当前窗口以独立页面方式显示；

使用方法：<meta http-equiv="Window-target" content="_top">；

注意事项：用来防止外部页面在框架里调用本页面。

1.1.5 body 元素定义网页的主体

body 标签用于定义 HTML 网页的主体，我们在网页上看到的全部内容（譬如文本、超链接、表单、照片、动画、视频等）都是放置在<body></body>标签之中的。

body 标签自身可以包含几个属性，用于定义 HTML 网页主体的背景颜色、背景图片、文本颜色、链接颜色等。不过由于 CSS 样式表的存在，一般不建议直接在 body 标签自身中定义这些属性，比较标准的方法是全部定义在 CSS 样式表之中。下面这几行就是直接在 body 标签自身中定义页面背景颜色（bgcolor="red"，设定为红色），读者可以参考：

```
<body bgcolor="red">
......
</body>
```

针对 body 标签比较常用的做法是定义事件属性，由于 body 标签地位的特殊性（其是 HTML 网页主体标签，在页面初始化后 body 标签是最先加载的标签），我们可以在 body 标签定义 onload 事件属性；关于 onload 事件属性，后面的章节中会有详细介绍。现在我们只需知道该事件属性可以完成页面加载后立即执行 JS 脚本的功能即可。

下面向读者介绍使用 body 标签的方法（参见源代码 chapter01/ch01-htmlcomp-body.html 文件）。

【示例 1-4】　body 标签

```
01  <!DOCTYPE html>
02  <html lang="zh-cn">
03  <head>
04      <meta http-equiv="Content-Type" content="text/html; charset=utf-8" />
05      <title>HTML之body标签</title>
06  </head>
07  <script type="text/javascript">
08      /**
09       * 自定义函数: init()
10       */
11      function init() {
12          document.getElementById("id-content").innerHTML = "<p>初始化时动态添
加页面内容!
13       </p>";
14      }
15  </script>
16  <body onload="init();">
17      <!-- 添加文档主体内容 -->
18      <h3>HTML之body标签</h3>
19      <div id="id-content"></div>
20      <!-- 添加文档主体内容 -->
21  </body>
22  </html>
```

在关于 body 标签的这段 HTML 代码中，第 16 行是对 body 标签的使用；在 body 标签内，通过 onload 事件属性在页面初始化时触发了一个自定义 JS 函数（函数名称为 init()），该函数的定义在第 11～14 行中，主要是完成了对第 19 行中定义一个层（div）标签进行动态更新内容的操作；页面运行后的效果如图 1.7 所示。

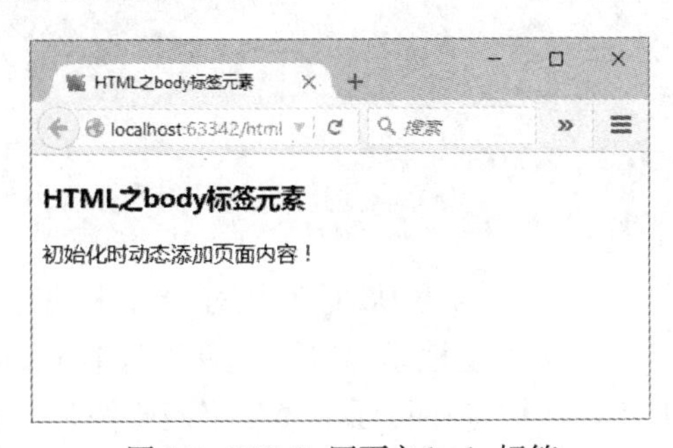

图 1.7　HTML 网页之 body 标签

在原始的 ch01-htmlcomp-body.html 文件中，body 主体内并没有定义“初始化时动态添加页面内容！”这条文本信息，不过从图 1.7 中的显示效果来看，这条文本信息没有经过用户任何操作却显示出来了，这表明该文本信息是在页面加载时动态添加进去的。

1.2 基底网址标记 base 标签

在前一小节中向读者简要介绍过 base 标签，由于 base 标签在大型网站中比较常用，在这一小节我们单独拿出来介绍 base 标签的用法。

一般情况下，浏览器会将当前页面的 url 地址作为基地址，如果想改变所有链接默认基地址，可以使用 base 标签来实现。通过在 base 标签中设定新的基地址，浏览器将不再使用当前页面的 url 地址作为基地址，所有的相对链接地址将使用新设定的基地址来进行解析。例如，HTML 网页中常用的 a 标签、img 标签、link 标签、form 标签等，其中的相对 url 地址均会按照 base 标签中设定的新基地址进行解析。

下面向读者介绍使用 body 标签进行图片定位的操作方法（参见源代码 chapter01/ch01-htmlcomp-base-img.html 文件）。

【示例 1-5】 base 标签

```
01  <!DOCTYPE html>
02  <html lang="zh-cn">
03  <head>
04      <meta http-equiv="Content-Type" content="text/html; charset=utf-8" />
05      <base href="./images/" />
06      <base href="./images/png/" />
07      <title>HTML 之 base 标签</title>
08  </head>
09  <body>
10      <!-- 添加文档主体内容 -->
11      <h3>HTML 之 base 标签</h3>
12      <img src="img_eiffel200.png" alt="img_eiffel200.png" />
13      <img src="png_eiffel200.png" alt="png_eiffel200.png" />
14      <!-- 添加文档主体内容 -->
15  </body>
16  </html>
```

在这段 HTML 代码中，第 05 行与第 06 行就是对 base 标签的使用，在这两行中的 body 标签内，通过 href 属性定义了两个基地址路径，这两个路径指向了我们预先保存的两组图片；在第 12～13 行中，使用 img 标签在页面中显示了两张图片；我们预想的是第 12 行显示第 05 行中定义路径中的图片，而第 13 行显示第 06 行中定义路径中的图片；页面运行后的效果如图 1.8 所示。

从显示的效果可以看到，第 12 行定义的图片被正确显示出来了，而第 13 行定义的图片却无法正确显示（仅仅显示出图片文件名称），这是什么原因造成的呢？

我们尝试将源代码文件中的第 05 行与第 06 行调换先后顺序，页面运行后的效果发生了变换，如图 1.9 所示。

图 1.8　HTML 网页之 base 标签（一）

图 1.9　HTML 网页之 base 标签（二）

从图中显示的效果可以看到，第 12 行定义的图片没有显示出来（同样仅仅显示出图片文件名称），而第 13 行定义的图片却正确显示出来了。由此可见，如果使用多个 base 标签定义基地址路径，仅仅最先定义的能生效，之后定义的会被浏览器全部无视，这点读者使用时要注意。

下面我们再模拟一个包含三个 HTML 页面的简单网站，主要是演示使用 body 标签进行基地址转换的操作方法。这是第一个页面代码（参见源代码 chapter01/ch01-htmlcomp-base-url.html 文件），主要起到网站主页的作用。

【示例 1-6】　base 标签基地址操作（一）

```
01    <!DOCTYPE html>
02    <html lang="zh-cn">
03    <head>
04        <meta http-equiv="Content-Type" content="text/html; charset=utf-8" />
05        <base href="./url/" target="_blank" />
06        <title>HTML 之 base 标签</title>
07    </head>
08    <body>
09        <!-- 添加文档主体内容 -->
10        <h3>HTML 之 base 标签</h3>
11        <p>当前地址：ch01-htmlcomp-base-url.html</p>
12        <p>
13        链接到：
14     <a  href="ch01-htmlcomp-base-url-a.html">url/ch01-htmlcomp-base-url-
```

```
a.html</a>
    15          </p>
    16          <!-- 添加文档主体内容 -->
    17      </body>
    18      </html>
```

在这段 HTML 代码中，第 05 行使用 base 标签定义了一个基地址（"./url/"），该地址是 ch01-htmlcomp-base-url.html 文件所在目录下的一个子目录（名称为"url"）；因此，第 14 行中定义的超链接地址将会以第 05 行定义的基地址进行解析。同时，target 属性定义为"_blank"，这样该页面内所有超链接指向的页面文件均会在新窗口中打开。

下面是第二个页面代码（参见本书源代码 chapter01/url/ch01-htmlcomp-base-url-a.html 文件），这个页面代码即是【示例 1-6】中第 14 行定义的超链接所引用的页面文件，该文件保存在子目录"url"中。

【示例 1-7】 base 标签基地址操作（二）

```
    01      <!DOCTYPE html>
    02      <html lang="zh-cn">
    03      <head>
    04          <meta http-equiv="Content-Type" content="text/html; charset=utf-8" />
    05          <title>HTML 之 base 标签</title>
    06      </head>
    07      <body>
    08          <!-- 添加文档主体内容 -->
    09          <h3>HTML 之 base 标签</h3>
    10          <p>当前地址：url/ch01-htmlcomp-base-url-a.html</p>
    11          <p>
    12          链接到：
    13       <a  href="ch01-htmlcomp-base-url-b.html">url/ch01-htmlcomp-base-url-
b.html</a>
    14          </p>
    15          <!-- 添加文档主体内容 -->
    16      </body>
    17      </html>
```

在这段 HTML 代码中，没有使用 base 标签进行任何设定，这样第 13 行中超链接引用的页面文件将会在本窗口中打开。

下面是第三个页面代码（参见本书源代码 chapter01/url/ch01-htmlcomp-base-url-b.html 文件），该文件即是【示例 1-7】中第 13 行定义的超链接所引用的页面文件。

【示例 1-8】 base 标签基地址操作（三）

```
    01      <!DOCTYPE html>
    02      <html lang="zh-cn">
```

```
03    <head>
04        <meta http-equiv="Content-Type" content="text/html; charset=utf-8" />
05        <base href="../" target="_blank" />
06        <title>HTML之base标签</title>
07    </head>
08    <body>
09        <!-- 添加文档主体内容 -->
10        <h3>HTML之base标签</h3>
11        <p>当前地址：url/ch01-htmlcomp-base-url-b.html</p>
12        <p>
13        返回到：<a href="ch01-htmlcomp-base-url.html">ch01-htmlcomp-base-
url.html</a>
14        </p>
15        <!-- 添加文档主体内容 -->
16    </body>
17    </html>
```

在这段 HTML 代码中，第 05 行使用 base 标签定义了一个基地址（"../"），该地址是 ch01-htmlcomp-base-url-b.html 文件所在目录的上一级目录（即 ch01-htmlcomp-base-url.html 文件所在目录）；因此，第 13 行中定义的超链接地址将会以第 05 行定义的基地址进行解析，这样就可以跳转回主页面。同时，target 属性定义为"_blank"，这样该页面内所有超链接指向的页面文件均会在新窗口中打开。

最后，测试这个模拟的小网站。首先运行 ch01-htmlcomp-base-url.html 主页面文件，页面打开后的效果如图 1.10 所示。在图中显示有当前页面的地址信息以及链接到新页面的超链接地址信息。

点击页面中的超链接，尝试打开 ch01-htmlcomp-base-url-a.html 文件，运行后的效果如图 1.11 所示。在图中我们看到页面 ch01-htmlcomp-base-url-a.html 在新的窗口中打开了，并且提示当前页面路径在子目录"url"中。点击页面中的超链接尝试打开 ch01-htmlcomp-base-url-b.html 文件，运行后的效果如图 1.12 所示。

在图 1.12 中，我们看到页面 ch01-htmlcomp-base-url-b.html 在原窗口中打开了，并且提示当前页面路径仍在子目录"url"中。点击页面中的超链接尝试返回到 ch01-htmlcomp-base-url.html 文件，运行后的效果如图 1.13 所示。

在图 1.13 中，我们看到主页面 ch01-htmlcomp-base-url.html 在新窗口中重新打开了，不同之处是经过一系列操作之后，浏览器中一共打开了三个页面；同时，由于合理地使用了 base 标签进行了相对路径解析，使得这三个 HTML 页面在根目录和子目录（"url"）之间实现了相互跳转。

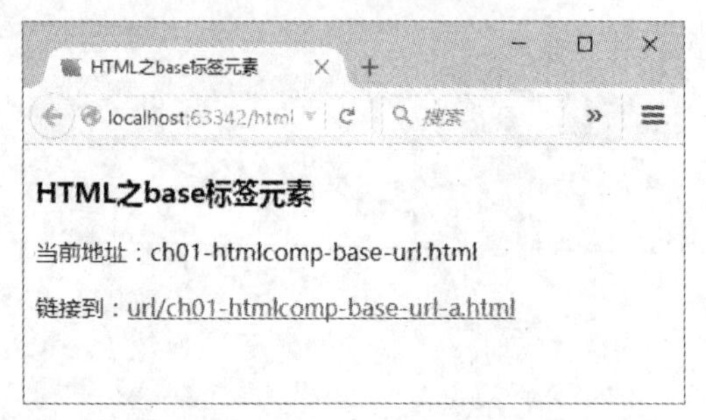

图 1.10　HTML 网页之 base 标签基地址操作（一）

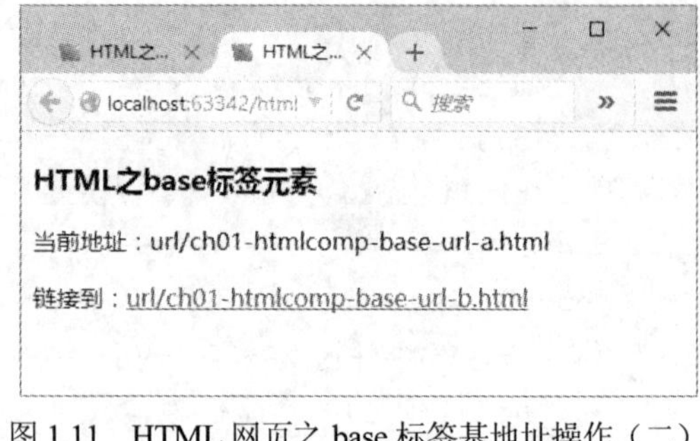

图 1.11　HTML 网页之 base 标签基地址操作（二）

图 1.12　HTML 网页之 base 标签基地址操作（三）

图 1.13　HTML 网页之 base 标签基地址操作（四）

1.3 定义 CSS 样式表为网页排版

一个网页仅有内容是不够的，还需要进行排版，使用户看起来更舒服。CSS 样式表的目的就是为网页排版，美化网页。

1.3.1　CSS 样式表概述

CSS 是 Cascading Style Sheets 的缩写，一般中文翻译为“层叠样式表”，是一种用来表现 HTML 网页样式的技术。CSS 最初是作为 W3C 的一项标准推出的，从 CSS 1 版本开始、经过 CSS 2 版本的完善，目前的 CSS 3 版本已经被广泛使用，并成为一种事实上的设计标准。

使用 CSS 设计网页的优点是能够真正做到将网页内容与表现形式进行分离，这样设计人员的分工可以更为细化，工作效率也会明显提高。具体来说，CSS 能够支持几乎全部字体风格与字号大小，能够对网页中的对象位置进行像素级别的精确定位，能够对网页对象的样式进行动态编辑，能够进行简单的人机交互设计，是目前基于网页内容展示最优秀的表现类设计语言。

在网页上使用 CSS 的方法基本有三种形式，分别为外链式、嵌入式和内联式（可能不同教材上的名称有所区别），具体如下：

（1）外链式（Linking）：具体方法是将网页链接到外部样式表；一般如果页面需要很多样式的时候，外链式 CSS 是最合理的选择，使用外链式 CSS 可以通过修改一个 CSS 文件来改变整个页面或网站的样式风格。外链式 CSS 的基本使用方法如下：

```
<head>
<link rel="stylesheet" type="text/css" href="style.css">
</head>
```

（2）嵌入式（Embedding）：具体方法是在网页上创建嵌入的样式表；一般如果单个页面需要定制的样式时，嵌入式 CSS 是很好的方法；设计人员可以在 HTML 网页头部通过<style>标签定义嵌入式 CSS。嵌入式 CSS 的基本使用方法如下：

```
<head>
<style type="text/css">
body {background-color: yellow}
p {margin: 32px}
</style>
</head>
```

（3）内联式（Inline）：具体方法是在单个页面元素中加入样式表；只有当页面中的个别元素需要单独的样式时，才推荐使用内联式 CSS。内联式 CSS 的基本使用方法如下：

```
<p style="color:black; margin:16px">
This is a inline-css paragraph.
</p>
```

HTML 网页在解析 CSS 时是有优先级的，其顺序如下：内联式 CSS ＞ 嵌入式 CSS ＞ 外联式 CSS，因此设计 CSS 时要考虑优先级顺序，否则可能无法显示出预想的样式效果。

另外，目前应用 CSS 样式表最推荐的方式是 DIV+CSS 布局方式，其原因很容易理解，页面结构越简单、通过修改 CSS 改变页面风格也就越容易。对于大型站点来说，倘若页面中使用的标签种类繁多、结构复杂，那维护起来 CSS 简直就是一场灾难，可能需要手动修改很多页面；而如果整个站点都使用 DIV+CSS 进行布局，可能仅仅需要修改 CSS 样式表中的一段代码就可以完成对整个站点页面风格的修改。

1.3.2　定义外链式 CSS 样式表

外链式 CSS 是大型站点首选的定义方式，下面我们使用外链式 CSS 方式创建一个页面，体会一下通过修改 CSS 文件中的几行代码就可以改变整个页面样式风格的效果。

下面是一个外链了两个 CSS 样式文件的简单 HTML 网页页面（参见源代码 chapter01/ch01-htmlcomp-css-link.html 文件）。

【示例 1-9】　外链式 CSS 样式表之 HTML 网页

```
01   <!DOCTYPE html>
02   <html lang="zh-cn">
```

```
03   <head>
04       <meta http-equiv="Content-Type" content="text/html; charset=utf-8" />
05       <link rel="stylesheet" type="text/css" href="css/position.css" >
06       <link rel="stylesheet" type="text/css" href="css/font.css" >
07       <title>HTML 之外链式 CSS</title>
08   </head>
09   <body>
10       <!-- 添加文档主体内容 -->
11       <h1>HTML 之外链式 CSS</h1>
12       <div>
13           <h3>HTML 之外链式 CSS</h3>
14           <p>HTML 之外链式 CSS</p>
15       </div>
16       <!-- 添加文档主体内容 -->
17   </body>
18   </html>
```

在这段 HTML 代码中，第 05 行与第 06 行通过 link 标签引用了两个 CSS 样式文件，第一个样式文件（文件名称 position.css）用于定义定位、边距等样式，第二个样式文件（文件名称 font.css）用于定义字体大小、风格等样式。设计时将 CSS 样式按照不同的类别放置于不同的 CSS 样式文件中，是比较合理的编程习惯，便于后期的修改与维护操作。

下面是第一个 CSS 样式文件（参见源代码 chapter01/css/position.css 文件），用于定义标签的定位、边距等样式。

【示例 1-10】 外链式 CSS 样式表之边距定义

```
01   /**
02    * CSS - position.css
03   */
04   body {
05       margin: 32px;   /** 设置页面边距 */
06   }
07   /** h1 */
08   h1 {
09       margin: 16px;   /** 设置外边距 */
10       padding: 8px;   /** 设置内边距 */
11   }
12   /** div */
13   div {
14       margin: 32px;   /** 设置外边距 */
15       padding: 2px;   /** 设置内边距 */
16   }
17   /** h3 */
```

```
18  h3 {
19      margin: 8px;    /** 设置外边距 */
20      padding: 4px;    /** 设置内边距 */
21  }
22  /** p */
23  p {
24      margin: 4px;    /** 设置外边距 */
25      padding: 2px;    /** 设置内边距 */
26  }
```

在这段 CSS 代码中，主要使用 CSS 的 margin 属性和 padding 属性定义了标签的外边距与内边距数值。

下面是第二个 CSS 样式文件（参见源代码 chapter01/css/font.css 文件），用于定义文本字体等样式。

【示例 1-11】　外链式 CSS 样式表之字体定义

```
01  /**
02   * CSS - font.css
03  */
04  body {
05      font: normal 12px/1.0em arial,verdana;          /** 设置页面字体 */
06  }
07  /** h1 */
08  h1 {
09      font: bold 24px/2.4em arial,verdana;            /** 设置字体 */
10      letter-spacing: 2px;                          /** 设置字符间距 */
11  }
12  /** h3 */
13  h3 {
14      font: italic 18px/1.8em arial,verdana;          /** 设置字体 */
15      letter-spacing: -0.2em;                         /** 设置字符间距 */
16  }
17  /** p */
18  p {
19      font: bold 12px/1.2em arial,verdana;            /** 设置字体 */
20      letter-spacing: 16px;                         /** 设置字符间距 */
21  }
```

在这段 CSS 代码中，主要使用 CSS 的 font 属性和 letter-spacing 属性定义了字体样式与字符间距数值。

下面我们运行测试这个页面，效果如图 1.14 所示。我们看到了使用 letter-spacing 字符间距属性的效果，在第 15 行中定义了一个负值的字符间距，则图中的第二行文本被有效压缩了。

最后，我们向读者演示如何通过修改外链式 CSS 文件中的一行或几行，达到改变页面整体风格的效果。我们在 chapter01/css/font.css 样式文件中的第 5 行后，添加一行样式定义，具体如下：

```
text-decoration: underline;      /** 设置字体下划线 */
```

重新刷新 chapter01/ch01-htmlcomp-css-link.html 页面文件，运行后的效果如图 1.15 所示。我们看到页面中的全部文本被添加了下划线，这是因为上面添加的样式代码是作用于 body 标签，所以页面主体中的全部文本均会被添加该样式效果。

图 1.14　外链式 CSS 样式表效果图（一）

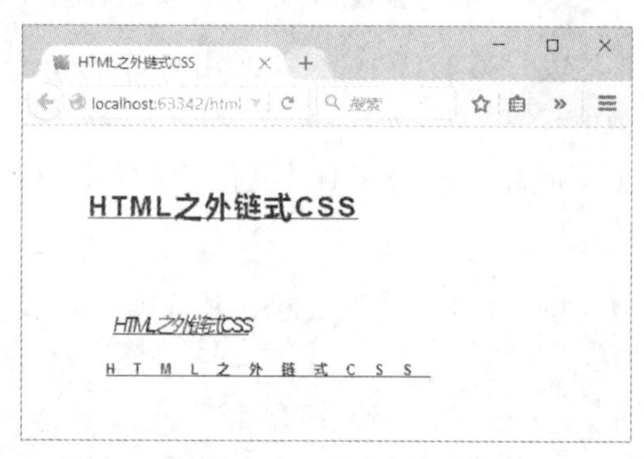

图 1.15　外链式 CSS 样式表效果图（二）

1.3.3　定义 CSS 样式 style 标签

外链式 CSS 固然是建设大型站点所推荐的定义样式方法，但如果仅仅需要在某个单独的页面加入一些特别的样式风格，使用 style 标签还是相对快捷的方法，维护起来也比较方便，毕竟所定义的 CSS 样式代码仅仅对本页面的内容才有效。

下面是一个通过 style 标签定义 CSS 样式风格的 HTML 网页页面（参见源代码 chapter01/ch01-htmlcomp-css-style.html 文件）。

【示例 1-12】　CSS 样式 style 标签

```
01  <!DOCTYPE html>
02  <html lang="zh-cn">
03  <head>
04      <meta http-equiv="Content-Type" content="text/html; charset=utf-8" />
05      <style type="text/css">
06          body {
07              margin: 32px;                          /** 设置页面边距 */
08              font: normal 12px/1.0em arial,verdana;     /** 设置页面字体 */
09              text-decoration: underline;                /** 设置字体下划线 */
10          }
11          /** h1 */
12          h1 {
```

```
13            margin: 16px;                          /** 设置外边距 */
14            padding: 8px;                          /** 设置内边距 */
15            font: bold 24px/2.4em arial,verdana;       /** 设置字体 */
16            letter-spacing: 2px;                   /** 设置字符间距 */
17        }
18        /** div */
19        div {
20            margin: 32px;                          /** 设置外边距 */
21            padding: 2px;                          /** 设置内边距 */
22        }
23        /** h3 */
24        h3 {
25            margin: 8px;                               /** 设置外边距 */
26            padding: 4px;                              /** 设置内边距 */
27            font: italic 18px/1.8em arial,verdana;         /** 设置字体 */
28            letter-spacing: -0.2em;                    /** 设置字符间距 */
29        }
30        /** p */
31        p {
32            margin: 4px;                               /** 设置外边距 */
33            padding: 2px;                              /** 设置内边距 */
34            font: bold 12px/1.2em arial,verdana;           /** 设置字体 */
35            letter-spacing: 2px;                       /** 设置字符间距 */
36        }
37     </style>
38     <title>HTML 之 CSS 样式 style 标签</title>
39  </head>
40  <body>
41     <!-- 添加文档主体内容 -->
42     <h1>HTML 之 CSS 样式 style 标签</h1>
43     <div>
44        <h3>HTML 之 CSS 样式 style 标签</h3>
45        <p>HTML 之 CSS 样式 style 标签</p>
46     </div>
47     <!-- 添加文档主体内容 -->
48  </body>
49  </html>
```

在这段 HTML 代码中，第 05～37 行通过 style 标签定义了 CSS 样式代码，读者可以将这段样式代码与【示例 1-10】和【示例 1-11】的样式代码进行比较，会发现【示例 1-12】将定位、边距等样式和字体大小、风格等样式合并在一起了，这也是通过 style 标签定义样式代码的特点。因此，通过 style 标签定义样式代码仅仅适合于单个 HTML 网页页面的场景，这样在后期修改与维护操作时还是比较方便的，同时还可以满足对单个页面定义特殊风格的 CSS 样式代码的需求。

下面我们运行测试这个页面，页面打开后的效果如图 1.16 所示。

图 1.16　定义 CSS 样式 style 标签效果图

1.3.4　定义内联式 CSS 样式表

除了外链式 CSS 样式表和嵌入式 CSS 样式表外，还有一种常用的方式就是内联式 CSS 样式表。该方式非常适用于在具体的标签内部加入很短的一段样式代码，是最为快捷方便的定义方法。但对于大型站点，内联式 CSS 维护起来是比较费时费力的，毕竟设计人员需要在 HTML 页面通篇代码中定位到具体的标签后，才能修改其 CSS 样式代码。当然，目前流行的集成开发工具功能都十分强大，可以协助设计人员快速定位，不过笔者还是建议不要在大型站点的开发中，大量使用内联式 CSS 样式表。

下面是一个使用内联式 CSS 定义样式代码的 HTML 网页页面（参见源代码 chapter01/ch01-htmlcomp-css-inline.html 文件）。

【示例 1-13】　内联式 CSS 样式表

```
01  <!DOCTYPE html>
02  <html lang="zh-cn">
03  <head>
04      <meta http-equiv="Content-Type" content="text/html; charset=utf-8" />
05      <title>HTML 之内联式 CSS</title>
06  </head>
07  <body style="margin:32px;font:12px/1.0em arial,verdana;text-
decoration:underline;">
08      <!-- 添加文档主体内容 -->
09      <h1 style="margin:16px;padding:8px;font:bold 24px/2.4em
arial,verdana;">HTML 之　内联式 CSS</h1>
10      <div style="margin:32px;padding:2px;">
11          <h3 style="margin:8px;padding:4px;font:italic 18px/1.8em
 arial,verdana;">HTML 之内联式 CSS</h3>
```

```
    12            <p style="margin:4px;padding:2px;font:bold 12px/1.2em
arial,verdana;">HTML16  之内联式 CSS</p>
    13        </div>
    14        <!-- 添加文档主体内容 -->
    15    </body>
    16    </html>
```

在这段 HTML 代码中，CSS 样式代码是嵌入到每一个具体的标签内部的。例如：第 07 行对 body 标签使用 style 属性定义了外边距、字体和下划线这三个样式；第 09、11 和 12 行分别对 h1、h3 和 p 这三个标签使用 style 属性定义了外边距、内边距和字体这三个样式；第 10 行对 div 标签使用 style 属性定义了外边距和内边距这两个样式。

下面我们运行测试这个页面，打开后的效果如图 1.17 所示。

图 1.17　内联式 CSS 样式表效果图

在图 1.17 中，我们看到定义的 CSS 样式效果全部显示出来了，再回过头去看【示例 1-13】中的代码，由于在每一个标签中均加入了 CSS 样式代码，整段代码显得臃肿纷乱，远没有使用外链式 CSS 样式和 style 标签的 CSS 样式那样层次分明。可以想象，当 HTML 网页页面中包含成百上千个标签且样式风格极为复杂时，使用内联式 CSS 样式简直会是一场灾难，维护的难度可想而知。因此，使用内联式 CSS 样式表时务必要简短精悍，仅仅在最需要的时候再使用该方式。

1.4 添加网站 logo

网站 logo 通常就是指一个标志符号，该标志符号通常使用文字、图形、色彩等手法组合而成，并表达出一定的特殊内涵。我们举一些例子，互联网巨头（譬如 Google、Facebook、Microsoft 等）的门户网站一般都使用以自己公司名称为主题设计制作的网站 logo；产品设备制造商（譬如汽车、服装、食品等）的公司网站一般都使用其产品注册商标为主题设计制作的网站 logo；而诸如提供娱乐、购物、旅游等在线服务类网站的 logo，设计理念更为丰富多彩，写意性和抽象性的特点更为突出。可以说，无论公司网站采用什么样风格形式的 logo，其最突出的特征就是能够表达出公司的核心价值，能够给用户最直接、最深刻、最具想象力的视觉效果。

网站 logo 设计大概可以分为以下几大类：

- 第一大类是文字 logo，指使用中文、英文、数字等符号，经过艺术处理和美化加工后形成的文字标志，且往往是以公司名称为主体而设计的；
- 第二大类是图形 logo，指由点、线、线条、面等不规则图形所组成，并配有鲜明色彩对比所创造出来的新图形，且该图形更具抽象性；
- 第三大类是图像 logo，指以现实生活中存在的事物为主体所制作的图像，产品类公司网站一般采用这种 logo。

目前，网站 logo 基本使用 CSS 样式代码来设计制作，使用 CSS 方式设计网站 logo 有多种实现方法，下面我们一一举例。

1.4.1 添加网站图像 logo

下面这段代码（参见源代码 chapter01/ch01-htmlcomp-logo-png.html 文件）是一个使用图像来实现的网站 logo。

【示例 1-14】 CSS 之图像网站 logo

```
01  <!DOCTYPE html>
02  <html lang="zh-cn">
03  <head>
04      <meta http-equiv="Content-Type" content="text/html; charset=utf-8" />
05      <style type="text/css">
06          body {
07              margin: 32px;                                   /** 设置页面边距 */
08              font: normal 12px/1.0em arial,verdana;          /** 设置页面字体 */
09          }
10          /** h1 */
11          h1 {
12              margin: 16px;                                   /** 设置外边距 */
13              padding: 8px;                                   /** 设置内边距 */
14              font: bold 16px/1.6em arial,verdana;            /** 设置字体 */
15              letter-spacing: 2px;                            /** 设置字符间距 */
16              text-align: center;                             /** 设置字符居中 */
17          }
18          /** div */
19          div {
20              margin: 32px;                                   /** 设置外边距 */
21              padding: 2px;                                   /** 设置内边距 */
```

```
22          }
23          /** span */
24          span {
25             width: 50%;                                    /** 设置宽度 */
26             height: auto;                                  /** 设置高度 */
27          }
28          /** p */
29          p {
30             margin: 4px;                                   /** 设置外边距 */
31             padding: 2px;                                  /** 设置内边距 */
32             font: bold 12px/1.2em arial,verdana;              /** 设置字体 */
33             letter-spacing: 2px;                           /** 设置字符间距 */
34          }
35          /** .logo */
36          .logo {
37             width:100px;                                   /** 设置宽度 */
38             height:100px;                                  /** 设置高度 */
39             background-image:url(images/logo.png);         /** 引用图像 */
40             background-position:2px 2px;
41             background-repeat:no-repeat;
42             float:left;                                    /** 设置浮动定位 */
43          }
44       </style>
45       <title>HTML之CSS图像logo</title>
46    </head>
47       <!-- 添加文档主体内容 -->
48       <div>
49          <span class="logo" title="logo"></span>
50          <h1>HTML之CSS图像logo</h1>
51       </div>
52       <hr>
53       <div>
54          <p>HTML之CSS图像logo</p>
55       </div>
56       <!-- 添加文档主体内容 -->
57    </body>
58    </html>
```

在这段 HTML 代码中，网站 logo 是通过 CSS 样式代码引用本地图像来实现的。下面解释这段代码：

第 49 行通过 span 标签定义了一个放置网站 logo 的区域，并使用 class 类属性引用了属性值为"logo"的 CSS 样式类，同时使用 title 属性定义了"logo"属性值；

而名称为"logo"的 CSS 样式类是在第 36～43 行中定义的，第 39 行通过 background-image 属性引用了本地图像（"images/logo.png"），第 42 行通过 float 属性定位浮动位置为左侧，这样就保证了网站 logo 的位置居于页面左上角；

第 52 行使用 hr 标签创建了一个水平分割线，这样使得第 48～51 行定义的 div 层看上去像是页面的标题栏，第 49 行定义的网站 logo 和第 50 行定义的标题均位于该标题栏内；

下面我们运行测试这个页面，页面打开后的效果如图 1.18 所示。我们看到使用 CSS 样式定义的网站 logo 显示出来了，使用图像方式定义 logo 还是很容易的。

图 1.18　CSS 之图像网站 logo 效果图

1.4.2　添加网站文字 logo

我们再看一个示例，这段代码（参见源代码 chapter01/ch01-htmlcomp-logo-text.html 文件）是一个使用动态文字来实现的网站 logo。

【示例 1-15】　CSS 之文字网站 logo

```
01  <!DOCTYPE html>
02  <html lang="zh-cn">
03  <head>
04      <meta http-equiv="Content-Type" content="text/html; charset=utf-8" />
05      <style type="text/css">
06          body {
07              margin: 32px;                                /** 设置页面边距 */
08              font: normal 12px/1.0em arial,verdana;     /** 设置页面字体 */
09          }
10          @import url(http://fonts.googleapis.com/css?family=fantasy);
11          #logo {
12              width: auto;
13              height: 64px;
14              font-family: fantasy;
15              font-size: 24px;
16              color: purple;
```

```
17            margin: 16px;
18            -webkit-transition: all 3s ease-in-out;
19            -moz-transition: all 3s ease-in-out;
20            -o-transition: all 3s ease-in-out;
21            -ms-transition: all 3s ease-in-out;
22            transition: all 3s ease-in-out;
23            text-shadow:
24            1px 1px 0 rgba(36,117,203,1),
25            13px 3px 0 rgba(36,117,203,0.9),
26            5px 5px 0 rgba(36,117,203,0.8),
27            17px 7px 0 rgba(36,117,203,0.7),
28            9px -15px 0 rgba(36,117,203,0.6),
29            -11px 11px 0 rgba(36,117,203,0.5),
30            7px -13px 0 rgba(36,117,203,0.4),
31            15px 30px 0 rgba(36,117,203,0.3),
32            -20px 17px 0 rgba(36,117,203,0.2),
33            -19px 19px 0 rgba(36,117,203,0.1),
34            30px -21px 0 rgba(36,117,203,0.08),
35            23px 23px 0 rgba(36,117,203,0.06),
36            -25px 40px 0 rgba(36,117,203,0.04),
37            27px 27px 0 rgba(36,117,203,0.02),
38            -29px 29px 0 rgba(36,117,203,0.0);
39        }
40        #logo:hover {
41            -webkit-transform: rotate(3deg) scale(1.05);
42            -moz-transform: rotate(3deg) scale(1.05);
43            -o-transform: rotate(3deg) scale(1.05);
44            -ms-transform: rotate(3deg) scale(1.05);
45            transform: rotate(3deg) scale(1.05);
46            text-shadow:
47            10px 1px 0 rgba(36,117,203,0.1),
48            13px 23px 0 rgba(36,117,203,0.2),
49            15px 5px 0 rgba(36,117,203,0.03),
50            17px 7px 0 rgba(36,117,203,0.04),
51            9px 15px 0 rgba(36,117,203,0.2),
52            -11px -11px 0 rgba(36,117,203,0.06),
53            17px -13px 0 rgba(36,117,203,0.07),
54            15px 30px 0 rgba(36,117,203,0.1),
55            -20px -17px 0 rgba(36,117,203,0.06),
56            -19px 19px 0 rgba(36,117,203,0.08),
57            5px 21px 0 rgba(36,117,203,0.02),
58            23px -23px 0 rgba(36,117,203,0.1),
```

```
59              25px 40px 0 rgba(36,117,203,0.2),
60              27px 17px 0 rgba(36,117,203,0.1),
61              -29px -29px 0 rgba(36,117,203,0.1);
62          }
63          /** div */
64          div {
65              margin: 32px;   /** 设置外边距 */
66              padding: 2px;   /** 设置内边距 */
67          }
68          /** span */
69          span {
70              width: 33%;                         /** 设置宽度 */
71              height: auto;                       /** 设置高度 */
72          }
73          /** h1 */
74          h1 {
75              margin: 2px;                        /** 设置外边距 */
76              padding: 2px;                       /** 设置内边距 */
77              font: bold 16px/1.6em arial,verdana;   /** 设置字体 */
78              letter-spacing: 2px;                /** 设置字符间距 */
79              text-align: right;                  /** 设置字符居中 */
80          }
81          /** p */
82          p {
83              margin: 4px;                        /** 设置外边距 */
84              padding: 2px;                       /** 设置内边距 */
85              font: bold 12px/1.0em arial,verdana;   /** 设置字体 */
86              letter-spacing: 2px;                /** 设置字符间距 */
87          }
88      </style>
89      <title>HTML 之 CSS 文本 logo</title>
90  </head>
91      <!-- 添加文档主体内容 -->
92      <div>
93          <span id="logo"><a href="#">CSS 文本 logo</a></span>
94          <span><h1>HTML 之 CSS 文本 logo</h1></span>
95      </div>
96      <hr>
97      <div>
98          <p>HTML 之 CSS 文本 logo</p>
99      </div>
100     <!-- 添加文档主体内容 -->
```

```
101  </body>
102  </html>
```

在这段 HTML 代码中，网站 logo 是通过文字 CSS 样式代码来实现的。下面解释这段代码：

先看第 10 行，这里使用了一个不太常用的语法@import 引入了一个名称为"fantasy"的文本字体，而引用该字体时通过 url 关键字定义了一个链接地址（http://fonts.googleapis.com/css?family=fantasy），这表明其取自于 Google 公司提供的字体库；之所以要引入这样一个字体，是因为这段代码要实现一个 CSS 样式的文本 logo，使用一种特殊风格字体显示出来会更吸引眼球；另外，关于@import 的语法，读者可以参阅相关文档，其使用方法类似于 link 标签，但又不尽相同；

下面，我们看第 92～99 行，这是页面的主体部分；第 93 行定义了一个 id 值为"logo"的 span 标签，这里就是我们要实现的文字 logo；第 94 行定义了一段文字，相当于页面标题；第 96 行使用 hr 标签创建了一个水平分割线，这样使得第 92～95 行定义的 div 层与第 97～99 行定义的 div 层隔离开来，形成了页面标题栏和页面正文部分的效果；

而第 93 行定义 id 值"logo"，是在 CSS 样式代码部分的第 11～39 行与第 40～62 行中实现的；这里主要使用了文字渐变（"transition"）和文字阴影（"text-shadow"）这两个 CSS 3 属性（注意，这两个是 CSS 3 版本才支持的属性）；渐变"transition"属性是指当鼠标放置于某区域中时，会产生宽度上的变化效果，且针对不同的浏览器有不同的定义方法，在第 18～22 行和第 41～45 行中进行了定义；阴影"text-shadow"属性是指为文字增加阴影效果，在第 23～38 行和第 46～61 行中进行了定义；

下面我们运行测试这个页面，页面打开后的效果如图 1.19 所示。我们看到使用 CSS 样式定义的网站文字 logo 显示出来了，该 logo 还具有动态效果，当用户将鼠标放置于该 logo 区域中时，文字会产生动态旋转效果，如图 1.20 所示。

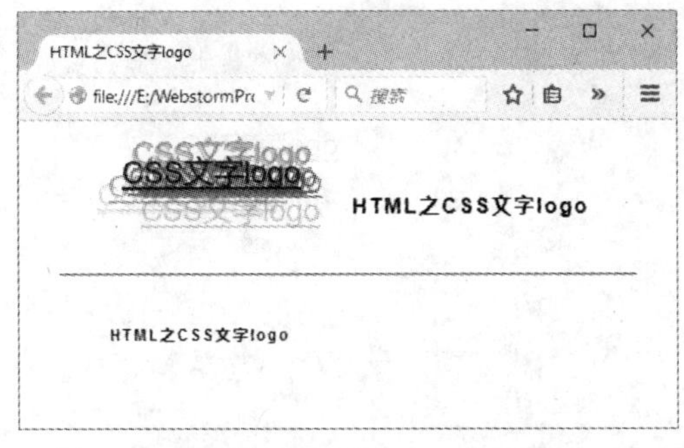

图 1.19　CSS 之文本网站 logo 效果图（一）

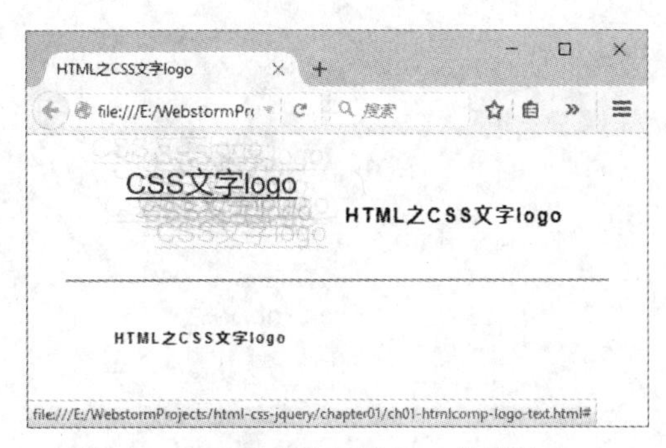

图 1.20　CSS 之文本网站 logo 效果图（二）

1.4.3　添加网站图形 logo

我们再看一个示例，这段代码（参见源代码 chapter01/ch01-htmlcomp-logo-drawing.html 文件）是一个通过 CSS 绘制图形来实现的网站 logo。

【示例 1-16】 CSS 之图形网站 logo

```
01  <!DOCTYPE html>
02  <html lang="zh-cn">
03  <head>
04      <meta http-equiv="Content-Type" content="text/html; charset=utf-8" />
05      <style type="text/css">
06          body {
07              margin: 16px auto;                          /** 设置外边距 */
08              font: bold 16px/1.6em arial,verdana;        /** 设置字体 */
09              text-align: center;
10          }
11          /** drawing */
12          .drawing-holder {
13              float: left;                                /** 定义浮动 */
14              margin: 32px;                               /** 设置外边距 */
15              text-align: center;
16          }
17          .drawing {
18              position: relative;                         /** 定义位置 */
19              background: white;                          /** 定义背景色 */
20              width: 100px;                               /** 定义宽度 */
21              height: 100px;                              /** 定义高度 */
22              border-radius: 48px;                        /** 定义圆角 */
23              box-sizing: border-box;                     /** 定义边框 */
24              box-shadow: 0 2px 4px rgba(0, 0, 0, 0.3);   /** 定义边框阴影 */
25          }
26          .drawing:after {                                /** 定义伪类 after */
27              content: '';
28              display: block;
29              clear: both;
30          }
31          .drawing-name {
32              line-height: 36px;                          /** 定义行高度 */
33              font-family: 'Oswald', sans-serif;
34          }
35          /* ----- logo ----- */
36          .drawing.logo {                                 /** 定义 logo 类 */
37              padding: 24px;
38          }
39          .drawing.logo .wrap {
40              position: relative;
41              width: 100%;
```

```
42              height: 100%;
43          }
44          .drawing.logo .logoshape {              /** 定义 logoshape 类 */
45              position: absolute;                     /** 定义位置 */
46              left: 18px;                     /** 定义位置"左" */
47              width: 16px;                    /** 定义宽度 */
48              height: 16px;                   /** 定义高度 */
49              background: black;              /** 定义背景色 */
50              -webkit-transform: rotate(-8deg) skew(16deg, 16deg);   /** 定义旋
转 */
51              -moz-transform: rotate(-8deg) skew(16deg, 16deg);      /** 定义旋
转 */
52              -ms-transform: rotate(-8deg) skew(16deg, 16deg);       /** 定义旋
转 */
53              transform: rotate(-8deg) skew(16deg, 16deg);           /** 定义旋
转 */
54          }
55          .drawing.logo .logoshape:nth-child(2) {         /** 定义第2个子元素 */
56              margin-top: 24px;
57          }
58          .drawing.logo .logoshape:nth-child(3) {         /** 定义第3个子元素 */
59              margin-left: -24px;
60          }
61          .drawing.logo .logoshape:nth-child(4) {         /** 定义第4个子元素 */
62              margin-left: 24px;
63          }
64          .drawing.logo .logoshape:nth-child(5) {         /** 定义第5个子元素 */
65              margin-top: 48px;
66          }
67          .drawing.logo .logoshape:nth-child(3),
68          .drawing.logo .logoshape:nth-child(4) {         /** 定义第3、4个子元素
*/
69              margin-top: 24px;
70          }
71          /** title */
72          #title {
73              float: right;
74              margin: 32px;
75              height: 100px;
76              text-align: center;
77          }
78          /** h1 */
```

```
79          h1 {
80              margin: 2px;                          /** 设置外边距 */
81              padding: 2px;                         /** 设置内边距 */
82              font: bold 24px/2.0em arial,verdana;   /** 设置字体 */
83              letter-spacing: 2px;                  /** 设置字符间距 */
84              text-align: right;              /** 设置字符居中 */
85          }
86      </style>
87      <title>HTML 之 CSS 图形 logo</title>
88  </head>
89      <!-- 添加文档主体内容 -->
90      <div class="drawing-holder">
91          <div class="drawing logo">
92              <div class="wrap">
93                  <div class="logoshape"></div>
94                  <div class="logoshape"></div>
95                  <div class="logoshape"></div>
96                  <div class="logoshape"></div>
97                  <div class="logoshape"></div>
98              </div>
99          </div>
100         <div class="drawing-name">LOGO</div>
101     </div>
102     <div id="title">
103         <h1>HTML 之 CSS 图形 logo</h1>
104     </div>
105     <!-- 添加文档主体内容 -->
106 </body>
107 </html>
```

在这段 HTML 代码中，网站 logo 是通过图形 CSS 样式代码来实现的。下面解释这段代码：

先看第 90～101 行，这里使用嵌套的 div 层标签定义了一组图形；

第 90 行为最外面的 div 层，引用了一个 CSS 类（名称为"drawing-holder"），该 CSS 类的定义在第 12～16 行，主要用于实现一个图形 logo 的层（div）容器；

第 91 行为第二个 div 层，引用了一个 CSS 类（名称为"drawing logo"），注意"drawing"与"logo"之间是空格，这表明"logo"是"drawing"的子类；"drawing"类的定义在第 17～25 行，定义了位置、长宽、背景、圆角和边框及其阴影等属性；"logo"类的定义在第 36～38 行，定义了内边距属性；

第 92 行为第三个 div 层，引用了一个 CSS 类（名称为"wrap"），可以将其理解为一组 logo 图形的小容器，"wrap"类的定义在第 39～43 行，定义了位置和长宽属性；

生成图形 logo 的主要代码在第 93～97 行，这里定义了一组 div 层，引用了相同的 CSS 类

（名称为"logoshape"）。"logoshape"类的定义在第 44～70 行，其中第 44～54 行是对图形 logo 主体的定义，不但对位置、尺寸背景色等属性进行了定义，还使用旋转变换属性美化了 logo 图形，其中 rotate 方法表示以图形中心进行旋转，skew 方法表示沿着 X 轴进行 2D 旋转；而第 55～70 行代码使用伪类选择器 nth-child 对第 2 个至第 5 个图形的位置进行了定义，这样就可以在页面上展示一组完整的图形 logo；

第 100 行使用 div 层标签定义了图形 logo 的文字描述部分，其引用了一个 CSS 类（名称为"drawing-name"），"drawing-name"类的定义在第 31～34 行，主要定义了字体属性。

下面我们运行测试这个页面，页面打开后的效果如图 1.21 所示。我们看到使用纯 CSS 样式代码定义的网站 logo 是一个包含 5 个小菱形及一个外部阴影的图形，5 个小菱形呈梅花形状布置，整体图形 logo 十分简洁美观。

图 1.21　CSS 之图形网站 logo 效果图

1.5　使用脚本元素 script 标签

脚本存在的意思是可以在网页中放入一段动态代码，让网页能够动起来，这就是我们常说的动态网页，这些动态代码我们一般称之为脚本语言代码。动态网页可以实现网页与用户的交互。

1.5.1　HTML 网页内嵌脚本让网页动起来

HTML 网页中的 script 标签是用于定义脚本语言的，主要包括 JavaScript、VBScript、ecmascript 等几种脚本语言，目前最流行的当然是 JavaScript 脚本语言了，所以我们提到的嵌入脚本指的就是嵌入 JavaScript 脚本。

在前文 1.1 小节中，我们向读者介绍了 script 标签的基本使用方法，这里先明确使用 script 标签嵌入脚本的语法，看下面几行：

```
<script type="text/javascript">
......
</script>
```

如果读者想在 HTML 网页中嵌入脚本，一般需要遵循上面的写法，并将脚本语言写在两个

script 标签之间。

下面我们看一段代码，让读者体会使用 script 标签嵌入脚本的方法。这段代码（参见源代码 chapter01/ch01-htmlcomp-script-embed.html 文件）是一个在 HTML 网页内不同位置嵌入脚本的应用，这个应用稍微有点复杂，后面我们会做详细讲解。

【示例 1-17】 HTML 网页内嵌脚本

```
01  <!DOCTYPE html>
02  <html lang="zh">
03  <head>
04      <meta http-equiv="Content-Type" content="text/html; charset=utf-8" />
05      <style type="text/css">
06          div {
07              margin: 2px;
08              padding: 2px;
09              width: auto;
10              height: auto;
11              border: 1px solid #000;
12          }
13      </style>
14      <script type="text/javascript">
15          document.write("<h5>log: header - script</h5>");
16          document.close();
17  document.getElementById("id-div-header").innerHTML+="<br><h3>header-
script</h3>";
18      </script>
19      <title>HTML 之嵌入式 script</title>
20  </head>
21  <body>
22      <!-- 添加文档主体内容 -->
23      <h3>HTML 之嵌入式 script</h3>
24      <hr>
25      <!-- 添加文档主体内容 -->
26      <div id="id-div-header">header script log:</div>
27      <!-- 添加脚本 -->
28      <script type="text/javascript">
29          document.write("<h5>log: dynamic - script</h5>");
30          document.write("<div id='id-div-dynamic'>dynamic script
log:</div>");
31          document.close();
32  document.getElementById("id-div-dynamic").innerHTML+="<h3>dynamic-
script</h3>";
33      </script>
```

```
34        <!-- 添加文档主体内容 -->
35        <div id="id-div-body">body script log:</div>
36        <!-- 添加脚本 -->
37        <script type="text/javascript">
38            document.write("<h5>log: body - script</h5>");
39            document.close();
40    document.getElementById("id-div-body").innerHTML += "<br><h3>body - 
script</h3>";
41        </script>
42    </body>
43    </html>
```

在这段 HTML 代码中，使用的全部是内嵌脚本。下面解释这段代码：

先看第 14～18 行，这里是一段内嵌在 head 标签中的脚本代码。其中，第 15 行使用 document.write()方法尝试向 HTML 网页中写入一行日志，因为调用 document.write()方法将会打开一个输出流，所以在第 16 行使用 document.close()方法对其进行了关闭（建议读者予以重视）；第 17 行使用 document.getElementById()方法尝试在一个 div 标签（id 值为"id-div-script"，在第 26 行中定义）内插入一段文本；

然后看第 28～33 行，这里是一段内嵌在 body 标签中的脚本代码；其中，第 29～30 行使用 document.write()方法打开一个输出流尝试向 HTML 网页中写入一行日志并动态创建了一个 div 标签（id 值为"id-div-dynamic"），并在第 31 行使用 document.close()方法关闭了该输出流；第 32 行使用 document.getElementById()方法尝试在这个动态创建的 div 标签内插入一段文本；

最后看第 37～41 行，这里同样是一段内嵌在 body 标签中的脚本代码；其中，第 38 行使用 document.write()方法打开一个输出流尝试向 HTML 网页中写入一行日志，并在第 39 行使用 document.close()方法关闭了该输出流；第 40 行使用 document.getElementById()方法尝试在一个 div 标签（id 值为"id-div-body"，在第 35 行中定义）内插入一段文本。

下面我们运行测试这个页面，效果如图 1.22 所示。

HTML之嵌入式script
localhost:63342/html
log: header - script
HTML之嵌入式script
header script log:
log: dynamic - script
dynamic script log:
dynamic - script
body script log:
body - script
log: body - script

图 1.22　HTML 网页内嵌脚本效果图

从图 1.22 中看到页面中输出的信息比较多，下面我们针对图中输出结果进行详细的解释：

最先输出的是一行日志信息，通过查看【示例 1-17】代码知道是第 15 行中输出的，而上图中第二行输出的信息是第 23 行定义的，可见在 head 标签之间定义的第 14～18 行脚本代码最先被编译执行了，是先于 HTML 网页 DOM 树被解析之前就执行了，这完全是基于在 HTML 网页定义的 JavaScript 脚本语言编译执行一项基本原则，即“按顺序载入，载入即执行”；而第 17 行脚本代码尝试在 div 标签（id 值为"id-div-script"）中插入文本信息的操作却没有显示，上图中第三行输出的 div 标签（带细线边框风格）没有发生预期的改变，这是因为该标签是在第 26 行定义的，是在脚本操作之后，相当于操作时还没有被定义；

然后，页面第四行输出也是一行日志信息，通过查看【示例 1-17】代码知道是第 29 行中输出的；之后上图页面中第五行显示的是第 30 行动态创建的 div 标签（id 值为"id-div-dynamic"，带细线边框风格），而第 32 行尝试在动态创建的 div 标签中插入文本的操作也成功显示了，见上图页面中第六行的文本输出；

最后，上图页面中第七行显示的是第 35 行定义的 div 标签（id 值为"id-div-body"，带细线边框风格），而第 40 行尝试在该 div 标签中插入文本的操作也成功显示了，见上图页面中第八行的文本输出；上图页面第九行输出也是一行日志信息，通过查看【示例 1-17】代码知道是第 38 行中输出的，虽然第 38 行定义在第 40 行之前，也会被先于第 40 行执行，但由于 id 值为"id-div-body"的 div 标签是在第 35 行中定义的，所以第 38 行定义的文本信息是最后被显示输出的。

通过上面的分析，读者会对 HTML 网页中定义的 JavaScript 脚本语言的编译执行顺序有一个初步了解。JavaScript 脚本执行顺序需要遵循以下几个大的原则：

- 按顺序载入；
- 载入即执行；
- 执行时会阻塞后续内容。

所以，为了避免第 17 行没有被有效执行的情况出现，一般建议将自定义脚本放在 body 标签的最后（或 HTML 网页最后），这样可以保证全部 HTML 网页 DOM 树载入后，再执行脚本。当然，JavaScript 语言实际运用时非常复杂，上面的几个原则也是最基本的，读者可以自行深入研究。

1.5.2 载入外部脚本库

这一小节我们介绍载入外部脚本库的方法，这里先明确使用 script 标签载入外部脚本库的语法，看下面这行：

```
<script type="text/javascript" src="url.js"></script>
```

如果读者想在 HTML 网页中载入外部脚本库，一般需要遵循上面的写法，并建议放在 head 标签之内。

下面我们看一段载入外部脚本库的代码，这段代码（参见源代码 chapter01/ch01-htmlcomp-script-src.html 文件）是一个在 HTML 网页内载入外部脚本库的应用。

【示例 1-18】　HTML 网页载入外部脚本

```
01  <!DOCTYPE html>
02  <html lang="zh">
03  <head>
04      <meta http-equiv="Content-Type" content="text/html; charset=utf-8" />
05      <style type="text/css">
06          div {
07              margin: 2px;
08              padding: 2px;
09              width: auto;
10              height: auto;
11              border: 1px solid #000;
12          }
13      </style>
14      <script type="text/javascript" src="js/src.js"></script>
15      <title>HTML 之载入外部脚本</title>
16  </head>
17  <body>
18      <!-- 添加文档主体内容 -->
19      <h3>HTML 之载入外部脚本</h3>
20      <hr>
21      <!-- 添加文档主体内容 -->
22      <div id="id-div-body">body script log:</div>
23  </body>
24  </html>
```

在这段 HTML 代码中，使用的是载入外部脚本的方法。下面解释这段代码：

第 14 行使用 script 标签载入了一个外部脚本，其中通过 src 属性定义了该脚本的路径为"js/src.js"，该路径是一个基于本 HTML 网页的相对路径，将其转换成绝对路径为"chapter01/js/src.js"。

下面这段脚本代码（参见源代码 chapter01/js/src.js 文件）是【示例 1-18】HTML 代码中载入外部脚本库。

【示例 1-19】　HTML 网页载入外部脚本代码

```
01  window.onload = function() {
02  document.getElementById("id-div-body").innerHTML += "<br><h3>body -
script</h3>";
03  }
```

在这段 HTML 代码中，使用的全部是内嵌脚本。下面解释这段代码：

先看第 14～18 行，第 02 行使用 document.getElementById()方法尝试在一个 div 标签（id 值为"id-div-body"，在【示例 1-18】第 22 行中定义）内插入一段文本。

下面我们运行测试这个页面，页面打开后的效果如图 1.23 所示。第 02 行脚本代码定义的操作成功显示出来了，可见外部脚本与嵌入脚本执行效果是完全一样的。

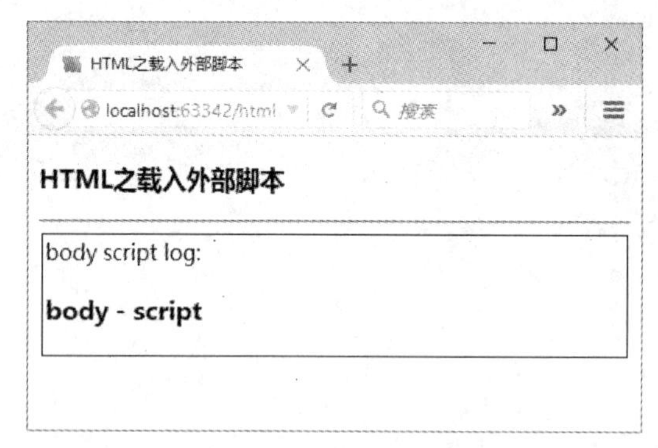

图 1.23　HTML 网页载入外部脚本效果图

1.5.3　推迟脚本执行

在前面 1.5.1 小节中，我们介绍过脚本语言定义在标签前面而导致操作失效的代码，这一小节我们给出推迟脚本执行的方法。通过在 script 标签中增加一个 defer 属性，就可以实现推迟脚本执行的功能。使用 defer 属性的语法，看下面这行：

```
<script type="text/javascript" src="url.js" defer></script>
```

如果读者想在 HTML 网页中推迟脚本执行，一般需要遵循上面的写法，并与 src 属性结合使用。

下面我们看一段推迟脚本执行的代码，这段代码（参见源代码 chapter01/ch01-htmlcomp-script-defer.html 文件）是一个在 HTML 网页内测试推迟脚本执行的应用。

【示例 1-20】　HTML 网页推迟脚本执行

```
01   <!DOCTYPE html>
02   <html lang="zh">
03   <head>
04       <meta http-equiv="Content-Type" content="text/html; charset=utf-8" />
05       <style type="text/css">
06           div {
07               margin: 2px;
08               padding: 2px;
09               width: auto;
10               height: auto;
11               border: 1px solid #000;
12           }
```

```
13          </style>
14          <title>HTML 之载入外部脚本</title>
15      </head>
16      <body>
17          <!-- 添加文档主体内容 -->
18          <h3>HTML 之载入外部脚本</h3>
19          <hr>
20          <!-- 添加脚本 -->
21          <script id="id-script-nodefer" type="text/javascript"
src="js/nodefer.js">
22          </script>
23          <!-- 添加文档主体内容 -->
24          <div id="id-div-nodefer">no defer script log:</div>
25          <!-- 添加脚本 -->
26          <script id="id-script-defer" type="text/javascript" src="js/defer.js"
defer>
27          </script>
28          <!-- 添加文档主体内容 -->
29          <div id="id-div-defer">defer script log:</div>
30          <!-- 添加脚本 -->
31          <script type="text/javascript">
32              document.getElementById("id-div-nodefer").innerHTML +=
33                      "<h3>defer value is " +
34                      document.getElementById("id-script-nodefer").defer +
35                      "</h3>";
36              document.getElementById("id-div-defer").innerHTML +=
37                      "<h3>defer value is " +
38                      document.getElementById("id-script-defer").defer +
39                      "</h3>";
40          </script>
41      </body>
42      </html>
```

在这段 HTML 代码中，主要载入了两个外部脚本，其中一个是使用 defer 属性定义的，而另一个则没有使用 defer 属性，下面我们分析这段代码：

第 21 行使用 script 标签载入了一个外部脚本，其中通过 src 属性定义了该脚本的路径为"js/nodefer.js"，注意并没有使用 defer 属性；

第 26 行同样使用 script 标签载入了一个外部脚本，其中通过 src 属性定义了该脚本的路径为"js/defer.js"，注意其添加了 defer 属性；

第 31～40 行主要是获取了两个 script 标签的 defer 属性值，测试定义与不定义 defer 属性的 script 标签取何值。

下面这段脚本代码（参见源代码 chapter01/js/nodefer.js 文件）是【示例 1-20】中第 21 行代码中载入外部脚本库。

【示例 1-21】 HTML 网页推迟脚本执行脚本代码（一）

```
document.getElementById("id-div-nodefer").innerHTML +=
    "<h3>no defer added.</h3>";
```

这段脚本代码尝试在 div 标签（id 值为"id-div-nodefer"，在【示例 1-20】中第 24 行定义）中插入文本信息。

下面这段脚本代码（参见源代码 chapter01/js/defer.js 文件）是【示例 1-20】中第 26 行代码中载入外部脚本库，其主要代码如下。

【示例 1-22】 HTML 网页推迟脚本执行脚本代码（二）

```
document.getElementById("id-div-defer").innerHTML +=
    "<h3>defer added.</h3>";
```

这段脚本代码尝试在 div 标签（id 值为"id-div-defer"，在【示例 1-20】中第 29 行定义）中插入文本信息。

下面我们运行测试这个页面，效果如图 1.24 所示。【示例 1-22】中脚本代码的操作成功显示出来了，而【示例 1-21】中脚本代码的操作却没有显示出来，可见定义了 defer 属性的外部脚本是可以推迟执行的；同时，定义了 defer 属性的 script 标签取值为 true，而没有定义 defer 属性的 script 标签取值为 false，通过判断该值也可以判定脚本在何时被执行。

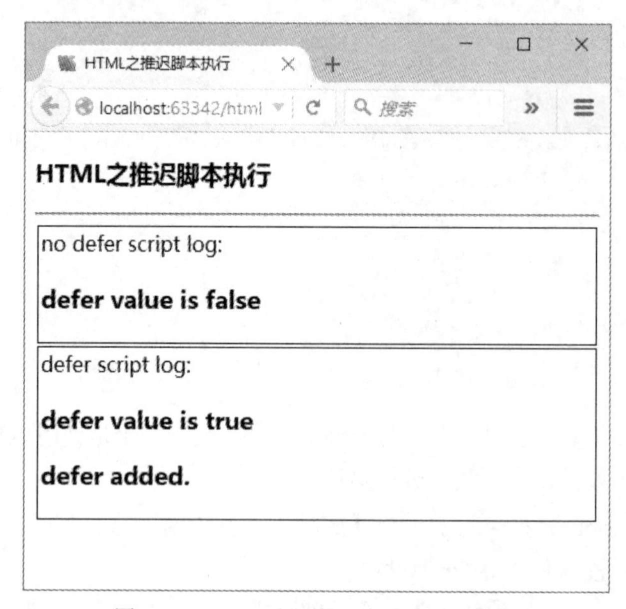

图 1.24 HTML 网页推迟脚本执行效果图

1.5.4 异步执行脚本

在前面 1.5.1 小节中，我们介绍过脚本会以阻塞方式运行，有些时候这并不是我们想要的效果。这一小节我们给出异步执行脚本的方法，通过在 script 标签中增加一个 async 属性，就可以实现异步执行脚本的功能。使用 async 属性的语法，看下面这行：

```
<script type="text/javascript" src="url.js" async></script>
```

如果读者想在 HTML 网页中异步执行脚本，一般需要遵循上面的写法，并与 src 属性结合使用。

下面我们看一段异步执行脚本的代码，这段代码（参见源代码 chapter01/ch01-htmlcomp-script-async.html 文件）是一个在 HTML 网页内异步执行脚本的应用。

【示例 1-23】 HTML 网页异步执行脚本

```
01  <!DOCTYPE html>
02  <html lang="zh">
03  <head>
04      <meta http-equiv="Content-Type" content="text/html; charset=utf-8" />
05      <style type="text/css">
06          /** h3 */
07          h3 {
08              margin: 8px;                            /** 设置外边距 */
09              padding: 4px;                               /** 设置内边距 */
10              font: italic 18px/1.8em arial,verdana;      /** 设置字体 */
11              letter-spacing: 1.0em;                      /** 设置字符间距 */
12          }
13          /** p */
14          p {
15              margin: 4px;                                /** 设置外边距 */
16              padding: 2px;                               /** 设置内边距 */
17              font: bold 12px/1.2em arial,verdana;        /** 设置字体 */
18              letter-spacing: 2px;                        /** 设置字符间距 */
19          }
20      </style>
21      <script type="text/javascript" src="js/noasync.js"></script>
22      <script type="text/javascript" src="js/async.js" async></script>
23      <title>HTML 之异步执行脚本</title>
24  </head>
25  <body>
26      <!-- 添加文档主体内容 -->
27      <h3>HTML 之异步执行脚本</h3>
28      <hr>
```

```
29        <!-- 添加文档主体内容 -->
30        <p>说明: async 属性规定一旦脚本可用,则会异步执行.</p><br>
31        <p>备注: async 属性仅适用于外部脚本（只有在使用 src 属性时）.</p><br>
32    </body>
33    </html>
```

在这段 HTML 代码中，主要载入了两个外部脚本，其中一个是使用 async 属性定义的，而另一个则没有使用 async 属性，下面我们向读者分析这段代码：

第 21 行使用 script 标签载入了一个外部脚本，其中通过 src 属性定义了该脚本的路径为"js/noasync.js"，注意并没有使用 async 属性；

第 22 行同样使用 script 标签载入了一个外部脚本，其中通过 src 属性定义了该脚本的路径为"js/async.js"，注意其添加了 async 属性；

下面这段脚本代码（参见源代码 chapter01/js/noasync.js 文件）是【示例 1-23】中第 21 行代码中载入外部脚本库。

【示例 1-24】　HTML 网页异步执行脚本代码（一）

```
alert("no async js");
```

下面这段脚本代码（参见源代码 chapter01/js/async.js 文件）是【示例 1-23】中第 22 行代码中载入外部脚本库。

【示例 1-25】　HTML 网页异步执行脚本代码（二）

```
alert("async js");
```

下面我们运行测试这个页面，页面打开后的效果如图 1.25 所示。

图 1.25　HTML 网页异步执行脚本效果图（一）

从图 1.25 中看到，【示例 1-24】中脚本代码的警告消息框先被显示出来，而【示例 1-23】中第 25～32 行定义的页面内容却没有显示出来，可见【示例 1-23】中第 21 行定义的外部脚本是以阻塞方式执行的。

下面我们继续单击消息框中的“确定”按钮，接着运行这个页面，之后的效果如图 1.26 所示。

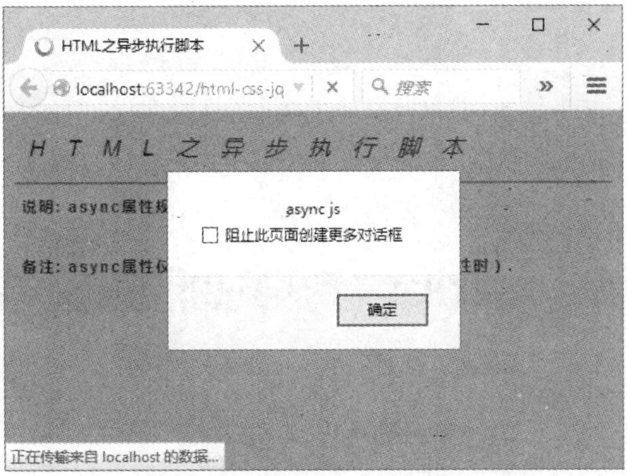

图 1.26　HTML 网页异步执行脚本效果图（二）

从图 1.26 中看到，【示例 1-25】中脚本代码的警告消息框先被显示出来，同时【示例 1-23】中第 25～32 行定义的页面内容也显示出来，可见【示例 1-23】中第 22 行定义的外部脚本是以异步方式执行的。

下面我们继续单击消息框中的“确定”按钮，接着运行这个页面，之后的效果如图 1.27 所示。

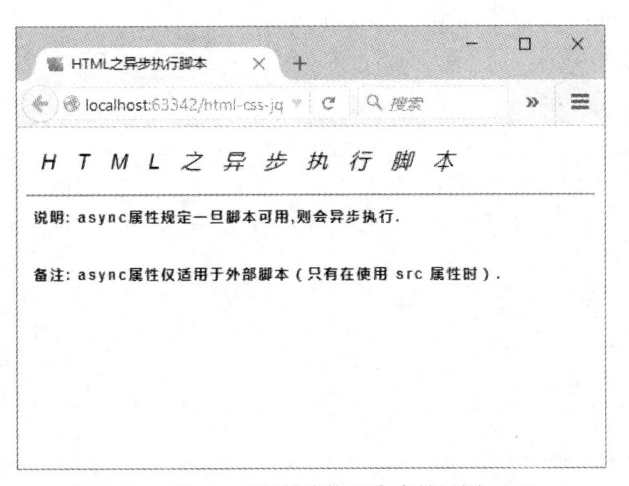

图 1.27　HTML 网页异步执行脚本效果图（三）

对比图 1.26 与图 1.27 可以看到，通过 async 属性定义脚本是以异步方式加载执行的，使用 async 属性可以大大丰富网页脚本的设计手段。

另外，async 属性与 defer 属性具有一定的关联性，根据 HTML 4 官方文档的解释说明，二者存在以下关系：

- 如果定义 async，脚本相对于页面的其余部分异步执行（当页面继续进行解析时，脚本将被执行）；

- 如果不定义 async，但是定义 defer，脚本将在页面完成解析时执行；
- 如果既不定义 async 也不定义 defer，则在浏览器继续解析页面之前，立即以阻塞方式读取并执行脚本。

读者可以参考相关文档，进行深入的学习了解。

1.6 使用 noscript 标签判断浏览器是否支持脚本

本节我们介绍 noscript 标签，它是用于判断浏览器是否支持脚本语言功能的，如果浏览器不支持脚本语言，则浏览器会将 noscript 标签中内容显示出来。

我们先看一下使用 noscript 标签的语法：

```
<noscript>…</noscript>
```

如果读者想在 HTML 网页中使用 noscript 标签判断浏览器是否支持脚本语言，一般需要遵循上面的写法。

下面我们看一段使用 noscript 标签的代码，这段代码（参见源代码 chapter01/ch01-htmlcomp-noscript.html 文件）是在 HTML 网页内使用 noscript 标签的方法。

【示例 1-26】HTML 网页内使用 noscript 标签

```
01  <!doctype html>
02  <html>
03  <head>
04      <meta http-equiv="Content-Type" content="text/html; charset=utf-8" />
05      <title>HTML 之 noscript 标签</title>
06  </head>
07  <body>
08      <!-- 添加文档内容 -->
09      <h1>HTML 之 noscript 标签</h1>
10      <hr>
11      <!-- 添加文档内容 -->
12      <noscript>Sorry, your browser does not support JavaScript!</noscript>
13      <p>注意：如果您的浏览器不支持 JavaScript 脚本语言，将显示 noscript 标签中的文本。
</p>
14  </body>
15  </html>
```

在这段 HTML 代码中，第 12 行使用 noscript 标签定义了一行文本，如果浏览器不支持脚本语言，则该行文本会被显示出来。

下面我们运行测试这个页面，效果如图 1.28 所示。

从图 1.28 中可看到，noscript 标签并没有生效，看起来目前默认不支持脚本语言的浏览器几乎绝迹了。不过没关系，我们可以通过设置浏览器的配置或者添加禁用脚本语言的插件，来实现测试效果。譬如笔者为 FireFox 浏览器添加了一款名为 NoScript 的插件，就全面禁止了脚本语言功能，当然读者也可以使用别的方法。

下面我们再次运行测试这个页面，效果如图 1.29 所示。浏览器在禁用脚本语言功能后，noscript 标签立即生效了，提示用户浏览器不支持 JavaScript 脚本语言。

图 1.28　使用 noscript 标签效果图（一）

图 1.29　使用 noscript 标签效果图（一）

1.7　为标签添加 id、name 或 class 属性

当我们在设计一些大型网页时，网页中会有多个相同的标签，如有很多行文字时，我们可能会有很多个 DIV。为了识别每个 DIV，我们需要为这个 DIV 添加几个属性：id、name，如果要让这几个 DIV 都具备相同的样式，那就要添加 class 属性来引入 CSS 样式。

1.7.1　为标签添加 id 属性

在 HTML 规范中，标签的 id 属性必须是唯一的，id 是英文单词 identity（一般翻译为身份标识）的缩写，读者可以这样理解：既然是身份标识，那就必须是唯一的，这样才可以与其他对象区别开来。

在 HTML 网页中 id 属性是非常有用的，通过 id 属性可以定义锚链接（link anchor），可以通过 JavaScript 脚本操作对象，还可以通过 CSS 样式表为带有指定 id 的对象添加或修改样式，等等。

下面我们看一段操作 id 属性的代码，这段代码（参见源代码 chapter01/ch01-htmlcomp-ele-id.html 文件）是一个通过标签 id 属性添加内容的操作方法，也是比较常见的一种操作。

【示例 1-27】　为标签添加 id 属性

```
01    <!DOCTYPE html>
02    <html lang="en">
```

```
03  <head>
04      <!-- 添加文档头部内容 -->
05      <meta http-equiv="Content-Type" content="text/html; charset=utf-8" />
06      <style type="text/css">
07          div {
08              margin: 2px;
09              padding: 2px;
10              width: auto;
11              height: auto;
12              border: 1px solid #000;
13          }
14      </style>
15      <title>HTML 之标签 id</title>
16  </head>
17  <body>
18      <!-- 添加文档主体内容 -->
19      <h3>HTML 之标签 id</h3>
20      <hr>
21      <!-- 添加文档主体内容 -->
22      <div>div</div>
23      <div id="id-div">div</div>
24      <script type="text/javascript">
25          document.getElementById("id-div").innerHTML += "操作 id";
26      </script>
27  </body>
28  </html>
```

在这段 HTML 代码中，第 22 行与第 23 行定义了两个同样的 div 标签，不同的地方是第 23 行定义 div 标签添加了 id 属性（属性值为"id-div"）作为其唯一标识，第 25 行脚本代码使用 document.getElementById()方法为第 23 行定义的 div 标签动态追加了文本“操作 id”。

下面我们运行测试这个页面，效果如图 1.30 所示。从中可以看到，如果标签定义了 id 属性就可以对其进行操作，来完成一些动态效果。

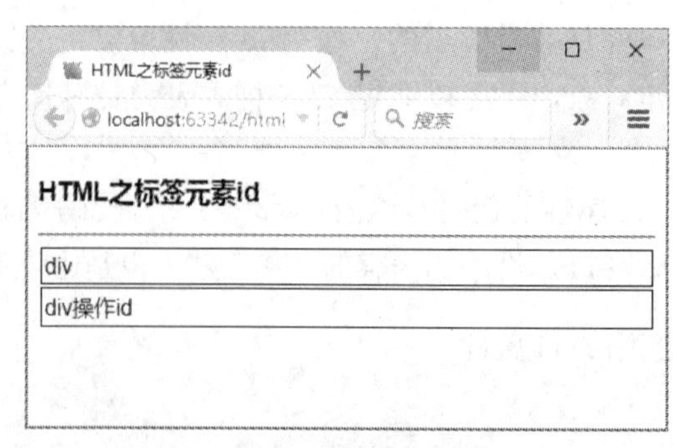

图 1.30　为标签添加 id 属性

1.7.2　为标签添加 name 属性

在 HTML 规范中，name 属性主要是用于定义表单域内标签的，譬如 input、select、textarea、iframe、frame、window、button 等，这些标签都与表单提交相关，一般服务器端只接收表单内具有 name 属性的元素，所以仅仅具有 id 属性的标签是无法通过表单服务器端接收的。

另外，我们知道 radio 类标签必须在同一个分组中，且“check”操作是互斥的，即同一时间只能选中一个 radio 标签，所以这个分组就是根据相同的 name 属性来实现的。

最后，name 属性与 id 属性类似，同样可以定义锚链接（link anchor），可以通过 JavaScript 脚本操作对象，通过 CSS 样式表为带有指定 name 的对象添加或修改样式，等等。

我们先看一段操作 name 属性的代码，这段代码（参见源代码 chapter01/ch01-htmlcomp-ele-name.html 文件）是一个通过标签 name 属性获取数组长度的操作方法。

【示例 1-28】为标签添加 name 属性

```
01  <!DOCTYPE html>
02  <html lang="en">
03  <head>
04      <!-- 添加文档头部内容 -->
05      <meta http-equiv="Content-Type" content="text/html; charset=utf-8" />
06      <style type="text/css">
07          input {
08              margin: 2px;
09              padding: 2px;
10              width: 64px;
11              border: 1px solid #000;
12          }
13      </style>
14      <title>HTML 之标签 name</title>
15  </head>
16  <body>
17      <!-- 添加文档主体内容 -->
18      <h3>HTML 之标签 name</h3>
19      <hr>
20      <!-- 添加文档主体内容 -->
21      <label>input 数组:</label><br>
22      <input type="text" name="name-input" value="input"/><br>
23      <input type="text" name="name-input" value="input"/><br>
24      <input type="text" name="name-input" value="input"/><br>
25      <input type="text" name="name-input" value="input"/><br>
26      <input type="text" name="name-input" value="input"/><br><br>
```

```
27        input 数组长度: <input type="text" id="id-input" value=""/><br>
28        <script type="text/javascript">
29            var len = document.getElementsByName("name-input").length;
30            document.getElementById("id-input").value = len;
31        </script>
32    </body>
33    </html>
```

在这段 HTML 代码中，第 22～26 行定义了一组具有相同的 name 属性的 input 标签（属性值为"name-input"）作为标识，第 29～30 行脚本代码通过 length 属性获取了这组 input 标签的长度，并将数组长度值显示在第 27 行定义的 input 标签中。

下面我们运行测试这个页面，效果如图 1.31 所示。从图中可以看到，第 22～26 行定义的一组 input 标签共 5 个，且具有相同的 name 属性，第 29 行脚本代码通过 length 属性获取的数组长度与定义的是一致的。

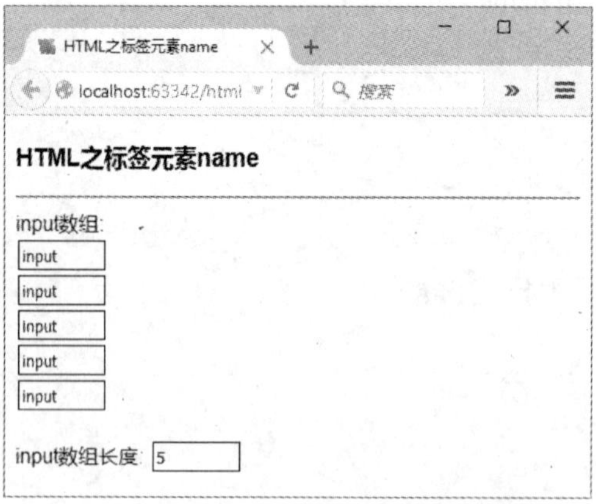

图 1.31　为标签添加 name 属性

下面我们来看一段关于定义 radio 类型 input 标签的代码。如果想定义一组具有互斥功能的选项的话，最好的方法就是使用 radio 类型 input 标签，这样用户选择选项时只能选中其中一个，也就是单项选择。这段代码（参见源代码 chapter01/ch01-htmlcomp-ele-radio.html 文件）是一个通过标签 name 属性定义 radio 标签的方法。

【示例 1-29】定义 radio 类型的 input 标签

```
01    <!DOCTYPE html>
02    <html lang="en">
03    <head>
04        <!-- 添加文档头部内容 -->
05        <meta http-equiv="Content-Type" content="text/html; charset=utf-8" />
06        <style type="text/css">
07            input {
08                margin: 2px;
```

```
09              padding: 2px;
10              width: 64px;
11              border: 1px solid #000;
12          }
13      </style>
14      <title>HTML之标签radio</title>
15  </head>
16  <body>
17      <!-- 添加文档主体内容 -->
18      <h3>HTML之标签name</h3>
19      <hr>
20      <!-- 添加文档主体内容 -->
21      <label>请选择你喜爱的编程语言:</label><br><br>
22  <input type="radio" name="name-radio" value="HTML"
checked="checked"/>HTML<br>
23      <input type="radio" name="name-radio"
value="JavaScript"/>JavaScript<br>
24      <input type="radio" name="name-radio" value="CSS"/>CSS<br>
25      <input type="radio" name="name-radio" value="jQuery"/>jQuery<br>
26  <input type="radio" name="name-radio" value="jQuery Mobile"/>jQuery
Mobile<br><br>
27  </body>
28  </html>
```

在这段 HTML 代码中，第 22～26 行定义了一组 radio 类型的 input 标签，且具有相同的 name 属性（属性值为"name-radio"）作为标识，这一组 input 标签其实就是一组单项选择。注意，这里 name 属性必须具有相同的属性值，否则单项选择功能是无法实现的。

下面我们运行测试这个页面，效果如图 1.32 所示。读者可以测试这个页面，每次只能选择一门编程语言，也就是说当选择另一个选项时，之前默认选择的选项会被清除。

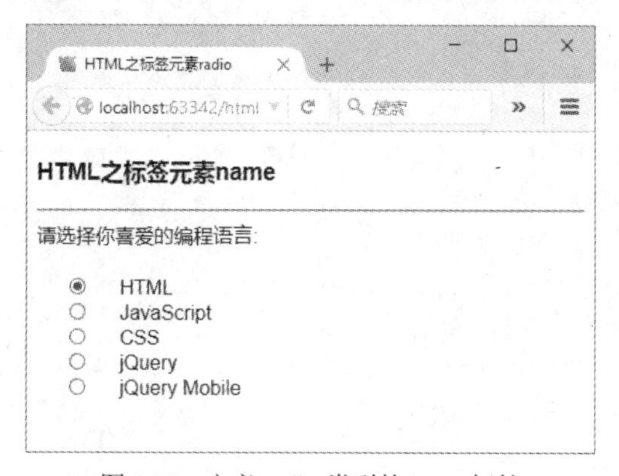

图 1.32　定义 radio 类型的 input 标签

1.7.3 为标签添加 class 属性

在 HTML 规范中，标签的 class 属性用于定义类名，一般该类名也就是指向 CSS 样式表中定义的类（class）。那么，既然 CSS 样式表中的类可以被定义于标签，我们就可以通过 JavaScript 脚本语言对其进行增加、修改或删除，实现动态改变样式类的功能。

当然，读者需要注意不是全部标签均可以使用 class 属性，譬如 base、html、head、script、style、title 等标签是不支持该属性的。

下面我们看一段定义并操作 class 属性的代码，这段代码（参见源代码 chapter01/ch01-htmlcomp-ele-class.html 文件）是一个通过脚本语言定义和修改标签 class 属性改变 CSS 样式的方法，也是比较常规的一种操作方法。

【示例 1-30】为标签添加 class 属性

```
01  <!DOCTYPE html>
02  <html lang="en">
03  <head>
04      <!-- 添加文档头部内容 -->
05      <meta http-equiv="Content-Type" content="text/html; charset=utf-8" />
06      <style type="text/css">
07          p.classnormal {
08              margin: 4px;
09              padding: 2px;
10              width: 196px;
11              font: normal 13.5px/1.2em arial,verdana;
12          }
13          p.classitalic {
14              margin: 4px;
15              padding: 2px;
16              width: 196px;
17              font: italic 13.5px/1.2em arial,verdana;
18          }
19          p.classbold {
20              margin: 4px;
21              padding: 2px;
22              width: 196px;
23              font: bold 13.5px/1.2em arial,verdana;
24          }
25      </style>
26      <title>HTML之标签class</title>
27  </head>
28  <body>
29      <!-- 添加文档主体内容 -->
```

```
30        <h3>HTML 之标签 class</h3>
31        <hr>
32        <!-- 添加文档主体内容 -->
33        <div>
34            <button type="button" id="id-button-normal"
onclick="on_normal_click();">
35                change to normal style
36            </button>
37            <button type="button" id="id-button-italic"
onclick="on_italic_click();">
38                change to italic style
39            </button>
40            <button type="button" id="id-button-bold"
onclick="on_bold_click();">
41                change to bold style
42            </button>
43        </div>
44        <!-- 添加文档主体内容 -->
45        <p class="classnormal">HTML 之标签 class</p>
46        <p class="classnormal">HTML 之标签 class</p>
47        <p class="classnormal">HTML 之标签 class</p>
48        <p class="classnormal">HTML 之标签 class</p>
49        <p class="classnormal">HTML 之标签 class</p>
50        <script type="text/javascript">
51            function on_normal_click() {
52                for(i=0;i<5;i++) {
53
document.getElementsByTagName("p")[i].className="classnormal";
54                }
55            }
56            function on_italic_click() {
57               for(i=0;i<5;i++) {
58                ocument.getElementsByTagName("p")[i].className = "classitalic";
59               }
60            }
61            function on_bold_click() {
62                for(i=0;i<5;i++) {
63                    document.getElementsByTagName("p")[i].className =
"classbold";
64                }
65            }
66        </script>
```

```
67   </body>
68   </html>
```

在这段 HTML 代码中，通过定义和操作标签的 class 属性，实现了动态改变 CSS 样式的效果。下面具体分析：

第 07～12 行、第 13～18 行与第 19～24 行分别定义了三个关于 p 标签的 CSS 样式类，名称分别为 classnormal、classitalic 和 classbold 这三个样式类风格基本一致，不同的地方是字体不一样，分别是 normal、italic 和 bold 三种字体；

第 33～43 行定义了三个 button 标签，分别用于执行三个脚本函数，来完成动态修改字体的功能。其中，第 34 行定义的 on_normal_click()函数在第 51～55 行脚本代码实现；第 37 行定义的 on_italic_click()函数在第 56～60 行脚本代码实现；第 40 行定义的 on_bold_click()函数在第 61～65 行脚本代码实现；

第 45～49 行定义了一组 p 标签，并增加了 class 属性，其初始属性值定义为"classnormal"，该样式类在上面的第 07～12 行中定义；

下面我们运行测试这个页面，效果如图 1.33 所示。从中可以看到，第 45～49 行中一组 p 标签定义的 class="classnormal"属性值的效果，全部字体均为“normal”样式。

下面我们单击名称为“change to italic style”的 button 标签按钮，运行测试一下，页面变化的效果如图 1.34 所示。可以看到，一组 p 标签的字体风格全部改变为 class="classitalic"属性值的效果，这是因为第 58 行脚本代码通过 className 属性改变了一组 p 标签的 class 属性值。

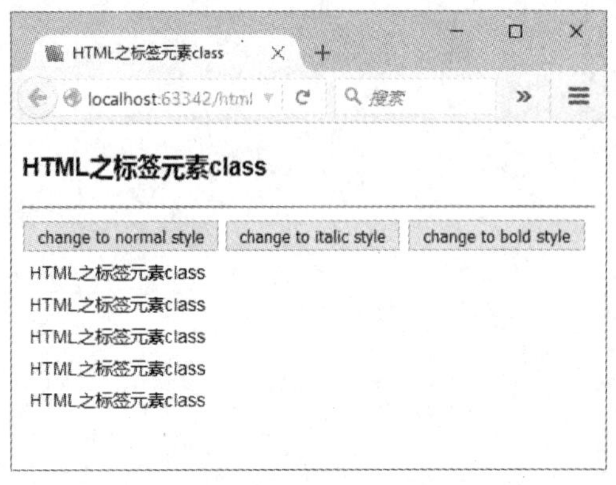

图 1.33　为标签添加 class 属性（一）

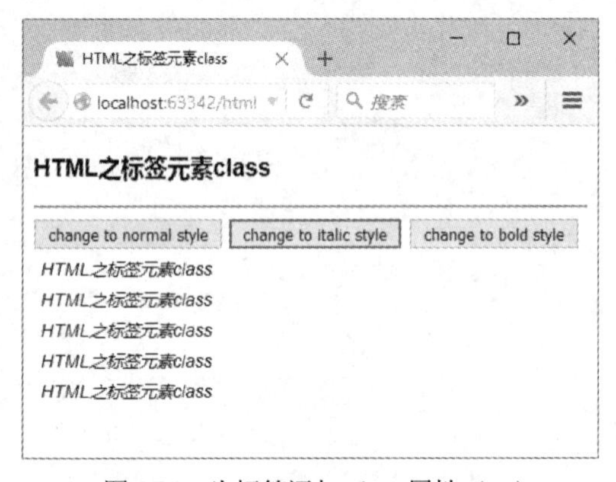

图 1.34　为标签添加 class 属性（二）

下面我们单击名称为“change to italic bold”的 button 标签按钮，运行测试一下，页面变化的效果如图 1.35 所示，一组 p 标签的字体风格全部改变为 class="classbold"属性值的效果，同样，这是因为第 63 行脚本代码通过 className 属性再次改变了一组 p 标签的 class 属性值。如果我们再单击名称为“change to italic normal”的 button 标签按钮，页面将会返回初始的效果，如图 1.33 所示。

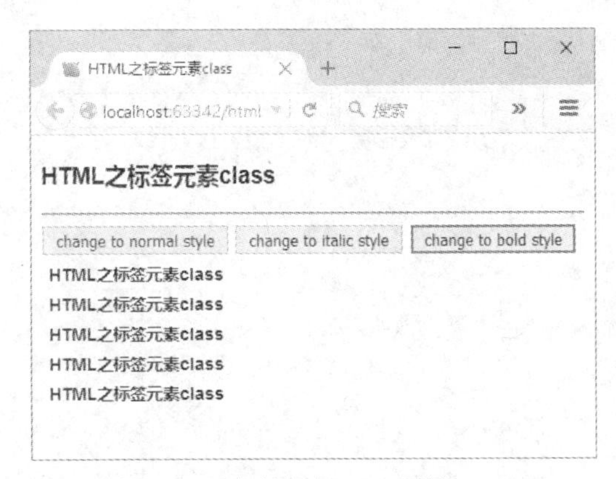

图 1.35　为标签添加 class 属性（三）

1.8 为标签添加 title 属性

本节我们向读者介绍 title 属性的使用方法。前文介绍 head 标签时有讲到在 HTML 网页头部使用 title 标签的方法，而本节介绍的 title 属性与 title 标签是完全不同的。

在标签内使用 title 属性相当于为该标签附加上提示信息，其表现形式为当鼠标移到该标签区域时，会显示出一个工具条提示信息文本（tooltip text）。

我们先看一下为标签添加 title 属性的语法：

```
<element title="value"></element>
```

如果读者想为标签添加 title 属性，一般需要遵循上面的写法。

下面我们看一段为标签添加 title 属性的代码，这段代码（参见源代码 chapter01/ch01-htmlcomp-title.html 文件）是一个在 HTML 网页内为标签添加 title 属性的方法。

【示例 1-31】　HTML 网页为标签添加 title 属性

```
01  <!DOCTYPE html>
02  <html lang="en">
03  <head>
04      <!-- 添加文档头部内容 -->
05      <meta http-equiv="Content-Type" content="text/html; charset=utf-8" />
06      <style type="text/css">
07          div {
08              margin: 2px;
09              padding: 2px;
10              width: auto;
11              height: auto;
12              border: 0px solid #000;
13              background: #f0f0f0;
```

```
14          }
15      </style>
16      <title>HTML之为标签添加title属性</title>
17  </head>
18  <body>
19      <!-- 添加文档主体内容 -->
20      <h3>HTML之为标签添加title属性</h3>
21      <hr>
22      <!-- 添加文档主体内容 -->
23      <p>
24    层叠样式表(<abbr title="Cascading Style Sheets">CSS</abbr>)目前最新版本为CSS 3.
25      </p>
26      <p>
27          <a href="#" title="链接到...">链接到...</a>
28      </p>
29      <!-- 添加文档主体内容 -->
30      <div>
31          表单提交：<br><br>
32          <form>
33              用户名：<input type="text" title="请输入用户名" value="" /><br><br>
34              密码：<input type="password" title="请输入密码" value="" /><br><br>
35          </form>
36      </div>
37  </body>
38  </html>
```

在这段 HTML 代码中，第 24 行为 abbr 标签添加了 title 属性，其中 abbr 标签属性用于标记一个缩写；在 HTML 标准规范中，abbr 标签使用全局的 title 属性，同时也是必须配合 title 属性来使用的；这样，当鼠标移到 abbr 缩写区域上时，就可以提示该缩写的完整内容。

下面我们运行测试这个页面，并将鼠标移到“CSS”缩写上，效果如图 1.36 所示。

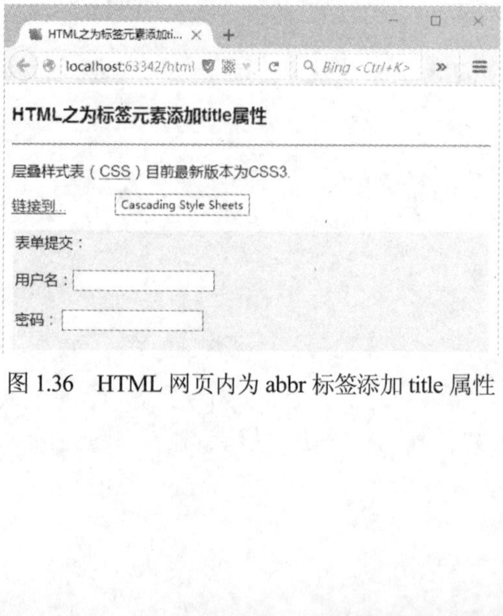

图 1.36　HTML 网页内为 abbr 标签添加 title 属性

从图 1.36 中看到，当鼠标移到“CSS”缩写上时，其完整内容“Cascading Style Sheets”就会以工具条提示信息的方式自动显示出来。

接着看【示例 1-31】这段 HTML 代码，第 27 行为超链接（a）标签添加了 title 属性；在 HTML 标准规范中，一般建议 a 标签也添加 title 属性，这样是为了给用户提供更多的提示信息。

下面，我们接着将鼠标移到超链接“链接到…”区域上，页面效果如图 1.37 所示。当鼠标移到“链接到…”区域上时，其提示信息“链接到…”同样以工具条提示信息的方式自动显示出来。最后，我们接着将鼠标移到表单区域中的输入框区域，页面效果如图 1.38 所示。当鼠标移到“用户名”输入框区域中时，其提示信息“请输入用户名”同样以工具条提示信息的方式自动显示出来。在表单中合理使用 title 属性，可以为用户在填写表单时提供更多的提示与帮助信息。

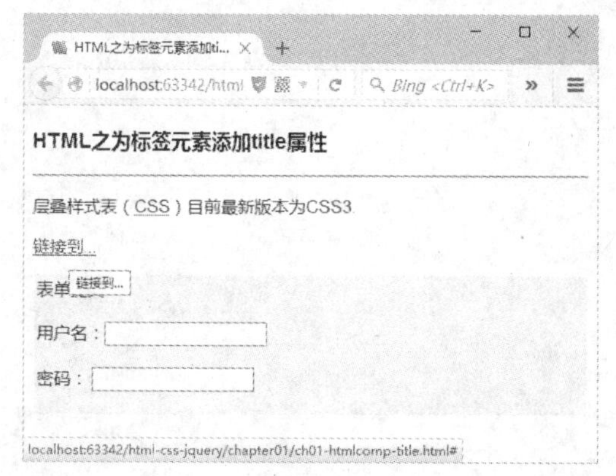

图 1.37　HTML 网页内为 a 标签添加 title 属性

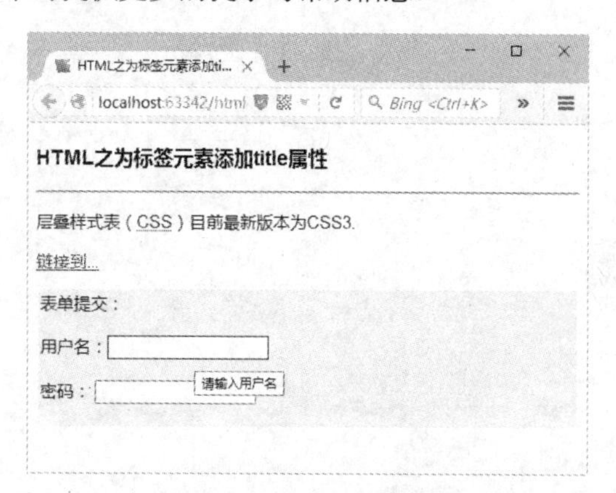

图 1.38　HTML 网页内为 form 表单元素添加 title 属性

1.9 添加网页注释

本节我们介绍 HTML 网页中添加注释的使用方法。HTML 网页中被注释的内容是不会显示在浏览器中的，这样可以有效避免页面中想隐藏的内容也被显示出来，这就是注释的功能所在。

在 HTML 网页中使用注释的优点有很多：比如为代码添加注释，既可以方便自己后期修改维护，也可以方便其他程序员阅读理解并完善你写的代码；又比如将暂时不需要执行的代码先注释起来，这样以后想重新恢复代码时就很简单；当然最关键的一点，一段优秀的代码配上合理必要的注释才算完美，这也是一个优秀程序员所必备的良好习惯之一。

如果读者想在 HTML 网页中使用注释，需要使用“<!-- -->”符号，并遵循下面的写法：

```
<!-- comment -->
```

只有上面这种符号对 HTML 网页代码起注释作用，而像“//”和“/* */”符号也会出现在 HTML 网页中，但只会对 JavaScript 脚本代码和 CSS 样式代码起作用。

下面我们看一段使用注释的代码，这段代码（参见源代码 chapter01/ch01-htmlcompcomment.html 文件）是一个在 HTML 网页内使用注释的方法。

【示例 1-32】HTML 网页中添加注释

```
01  <!DOCTYPE html>
02  <html lang="en">
03  <head>
04      <!-- 添加文档头部内容 -->
05      <meta http-equiv="Content-Type" content="text/html; charset=utf-8" />
06      <!-- 添加 CSS 样式代码 -->
07      <style type="text/css">
08          div {
09              margin: 2px;
10              padding: 2px;
11              width: auto;
12              height: auto;
13              border: 1px solid #e0e0e0;
14              background: #f0f0f0;
15          }
16          .classNormal {
17              font-style: normal;     /* 定义字体风格 */
18          }
19          .classBold {
20              font-weight: bold;      /* 定义字体风格 */
21          }
22          .classItalic {
23              font-style: italic;         /* 定义字体风格 */
24          }
25          .classLarge {
26              font-size: x-large;     /* 定义字体风格 */
27          }
28      </style>
29      <script type="text/javascript">
30          function funcComment() {
31              alert("ok");        // TODO: 警告消息框
32          }
33      </script>
34      <title>HTML 之使用注释</title>
35  </head>
36  <body>
37      <!-- 添加文档主体标题 -->
38      <h3>HTML 之为标签添加 title 属性</h3>
39      <hr>
```

```
40      <!-- 添加文档div层 -->
41      <div>
42          <!-- 添加 classNormal 字体风格 -->
43          <p class="classNormal">class font bold</p>
44          <!-- 添加 classBold 字体风格 -->
45          <p class="classBold">class font bold</p>
46          <!-- 添加 classItalic 字体风格 -->
47          <p class="classItalic">class font italic</p>
48          <!-- 添加 classLarge 字体风格 -->
49          <p class="classLarge">class font italic</p>
50          <!-- 添加 classNormal 字体风格
51          <p class="classNormal">class font bold</p>
52      </div>
53  </body>
54  </html>
```

在这段 HTML 代码中，有多处使用到了注释，下面我们详细介绍:

第 04 行的注释说明下面代码用于添加头部内容；

第 06 行的注释说明下面一段为定义 CSS 样式的代码；

第 17 行、第 20 行、第 23 行和第 26 行后面的 CSS 注释，使用的是“/* */”符号；

第 31 行脚本代码后面的 JavaScript 注释，使用的是“// TODO:”符号；

第 42 行、第 44 行、第 46 行和第 48 行的注释说明其后的代码添加了四种不同风格的 CSS 样式字体；

而第 50～51 行原本想完成与第 42～43 行同样的功能，但第 50 行注释代码中注释结尾符号“-->”不小心没写完，结果将第 51～54 行全部注释了。

下面我们运行测试这个页面，其效果如图 1.39 所示。从图中看到，由于第 50 行的错误，第 51 行的内容没有显示出来；同时，虽然第 52～54 行也被注释掉了，但并没有影响 HTML 网页的正常输出。

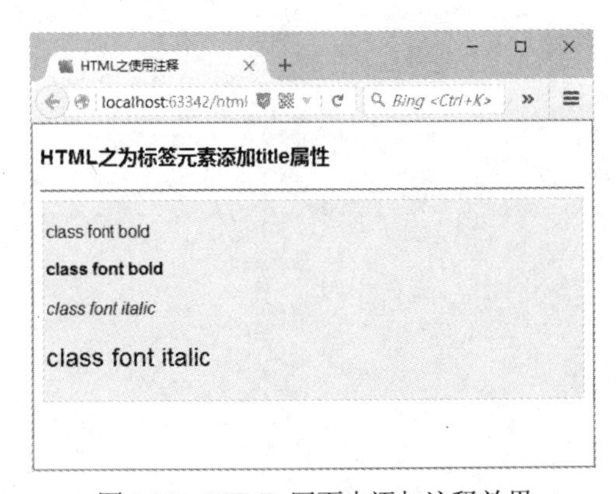

图 1.39　HTML 网页中添加注释效果

1.10 测试浏览器对 HTML 5 属性的支持

对于 HTML 开发设计人员来讲，浏览器的兼容性是一个复杂又不可回避的问题。随着技术的进步，目前市面上的主流浏览器对 HTML 的支持已经很完善了，不像早期浏览器的兼容性那样，让开发设计人员伤透了脑筋。

本节我们介绍浏览器对 HTML 属性的支持问题，包括对最新的 HTML 5 属性的支持。HTML 5 是一个全新的标准，增加了很多新的特性，对多媒体的支持也更全面。因此，浏览器对 HTML 5 属性的支持也是判断其兼容性的重要指标。

下面我们来看一段判断浏览器是否支持 HTML 某个属性的代码，这段代码（参见源代码 chapter01/ch01-htmlcomp-support-prop.html 文件）是一个判断 HTML 常用属性的方法。

【示例 1-33】判断 HTML 常用属性

```
01 <!doctype html>
02 <html lang="en">
03 <head>
04     <meta http-equiv="Content-Type" content="text/html; charset=utf-8" />
05     <style type="text/css">
06         div {
07             margin: 2px;
08             padding: 2px;
09             width: auto;
10             height: auto;
11             border: 1px solid #e0e0e0;
12             background: #f0f0f0;
13         }
14     </style>
15     <script type="text/javascript">
16         function isSupport(prop) {
17             return prop in document.createElement('div');
18         }
19     </script>
20     <title>HTML 之判断支持属性</title>
21 </head>
22 <body>
23     <!-- 添加文档内容 -->
24     <h1>HTML 之判断支持属性</h1>
25     <hr>
26     <!-- 添加文档内容 -->
27     <div id="id-div"></div>
```

```
28    <!-- 添加脚本代码 -->
29    <script type="text/javascript">
30        var prop = ["id", "name", "value", "type", "style", "title"];
31        for(var I in prop) {
32            isSupportProp(prop[i]);
33        }
34        function isSupportProp(v) {
35            if(isSupport(v)) {
36                document.getElementById("id-div").innerHTML +="层(div)标签支持"
+ v + "属性" + "<br>";
37            } else {
38                document.getElementById("id-div").innerHTML +="层(div)标签不支
持" + v + "属性" + "<br>";
39            }
40        }
41    </script>
42 </body>
43 </html>
```

在这段 HTML 代码中，判断了 div 标签是否支持一些常用的 HTML 属性，下面我们详细介绍：

第 15～19 行定义了一个 JavaScript 脚本函数 isSupport(prop)，第 17 行通过 createElement()函数方法创建一个 div 标签，并使用 in 方法将属性判断结果进行返回；

第 30 行定义了一个包含 6 个常用的 HTML 属性的数组“prop”；

第 31～33 行通过 for 循环语句依次判断数组“prop”中的属性是否为 div 标签所支持，具体通过 isSupportProp()函数方法来判断；

第 34～42 行是 isSupportProp()函数方法的实现过程，在该函数方法内部通过调用第 15～19 行定义的 isSupport(prop)函数方法来实现判断。

下面我们运行测试这个页面，其效果如图 1.40 所示。从图中看到，层（div）标签是支持“id”、“style”和“title”属性的，而“name”、“type”和“value”属性是不支持的。

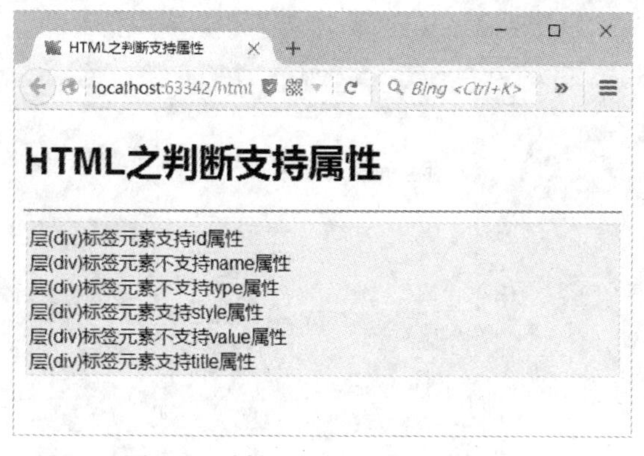

图 1.40　判断 HTML 常用属性结果

下面我们看一段判断浏览器是否支持 HTML 5 属性的代码，这段代码（参见源代码 chapter01/ch01-htmlcomp-support-HTML 5.html 文件）是一个判断 HTML 5 属性的方法。

【示例 1-34】判断浏览器是否支持 HTML 5 属性

```
01 <!doctype html>
02 <html lang="en">
03 <head>
04     <meta http-equiv="Content-Type" content="text/html; charset=utf-8" />
05     <script type="text/javascript">
06         if(typeof(Worker) !== "undefined") {
07             // Yes! Web worker support!
08             alert("正在使用的浏览器支持 HTML 5属性");
09         }
10         else {
11             // Sorry! No Web Worker support!
12             alert("正在使用的浏览器不支持 HTML 5属性");
13         }
14     </script>
15     <title>浏览器之支持 HTML 5属性</title>
16 </head>
17 <body>
18     <!-- 添加文档内容 -->
19     <h1>浏览器之支持 HTML 5属性</h1>
20     <hr>
21 </body>
22 </html>
```

在这段 HTML 代码中，判断浏览器是否支持 HTML 5 属性主要使用了 Web Worker 属性；第 06 行通过 typeof()方法判定 Worker 属性是否未定义（"undefined"），如果定义了则判定浏览器支持 HTML 5 属性。

下面我们使用最新版的 FireFox 浏览器（v.42.0 版）运行测试这个页面，其效果如图 1.41 所示。从图中看到，新版 FireFox 浏览器对 HTML 5 是支持的。

图 1.41　判断 FireFox 浏览器是否支持 HTML 5 属性

下面我们再使用最新版的 Microsoft Edge 浏览器（Windows 10 预览版自带）来运行测试这个页面，其效果如图 1.42 所示。从图中看到，Microsoft Edge 浏览器对 HTML 5 也是支持的。看来不支持 HTML 5 的浏览器只有早期 Windows XP 系统下的 IE6、IE7 和 IE8 浏览器了。

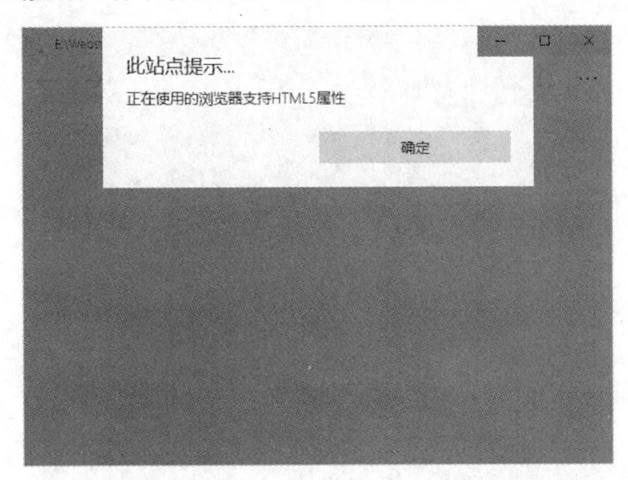

图 1.42　判断 Microsoft Edge 浏览器是否支持 HTML 5 属性

1.11 案例实战：一个完整的 HTML 5 网页应用

在前面几节中，我们逐步介绍了 HTML 网页架构中方方面面的内容，让读者对于 HTML 网页有了一个基本的了解。

本节我们向读者介绍一个完整的 HTML 网页应用，其中包含了 HTML 页面、CSS 样式和 JavaScript 脚本的全部内容，算是对前面内容的一个小结。另外，为了展现出一个美观的 HTML 页面，我们加入了流行的 Bootstrap 样式框架和 jQuery 脚本语言框架。读者可以先不去深入了解这两个框架的详细内容，只需要知道其实现了什么效果就可以了。

下面我们具体介绍这个 HTML 网页应用，这段代码（参见源代码 chapter01/all/index.html 文件）是该 HTML 网页应用的主页。

【示例 1-35】　一个完整的 HTML 网页应用

```
01 <!DOCTYPE html>
02 <html lang="en">
03  <head>
04  <!-- meta define -->
05  <meta http-equiv="Content-Type" content="text/html; charset=utf-8" />
06  <!-- css define -->
07  <link rel="stylesheet" href="css/bootstrap.min.css">
08  <!-- js define -->
09  <script src="js/jquery.min.js"></script>
```

```
10   <script src="js/bootstrap.min.js"></script>
11   <title>一个完整的 HTML 网页</title>
12   </head>
13   <body>
14   <div class="container">
15   <header id="site-header">
16   <div class="row">
17   <div class="col-md-4 col-sm-5 col-xs-8">
18   <div class="logo">
19   <h3><a href="#"><b>HTML</b> &amp; <b>CSS</b> &amp; <b>JS</b></a></h3>
20   </div>
21   </div><!-- col-md-4 -->
22   <div class="col-md-8 col-sm-7 col-xs-4">
23   <nav class="main-nav" role="navigation">
24   <div class="collapse navbar-collapse" id="bs-example-navbar-collapse-1">
25       <ul class="nav navbar-nav navbar-right">
26       <li class="cl-effect-11"><a href="#" data-hover="Home">主页</a></li>
27       <li class="cl-effect-11"><a href="#" data-hover="Blog">博客</a></li>
28       <li class="cl-effect-11"><a href="#" data-hover="Contact">联系我们
</a></li>
29       <li class="cl-effect-11"><a href="#" data-hover="About">关于</a></li>
30       </ul>
31   </div>
32   </nav>
33   </div>
34   </div>
35   </header>
36   </div>
37   <div class="content-body">
38   <div class="container">
39   <div class="row">
40   <main class="col-md-8">
41   <article class="post post-1">
42   <header class="entry-header">
43   <h1 class="entry-title">
44   <a href="single.html">一个 HTML + CSS + JavaScript 完整主页</a>
45   </h1>
46   <div class="entry-meta">
47   <span class="post-category"><a href="#">Design</a></span>
48   <span class="post-author"><a href="#">KING</a></span>
49   <span class="post-date">
50       <a href="#"><time class="entry-date">Nov 30, 2015</time></a>
```

```
51 </span>
52  </div>
53  </header>
54  <div class="entry-content clearfix">
55  <p>一个 HTML + CSS + JavaScript 完整主页.</p>
56  <p>一个 HTML + CSS + JavaScript 完整主页.</p>
57  <p>一个 HTML + CSS + JavaScript 完整主页.</p>
58  <div class="read-more cl-effect-14">
59  <a href="#" class="more-link">继续浏览<span class="meta-nav">→</span></a>
60  </div>
61  </div>
62  </article>
63  </main>
64  <aside class="col-md-4">
65  <div class="widget widget-archives">
66  <h3 class="widget-title">目录</h3>
67  <ul>
68      <li><a href="#">目录 2015</a></li>
69      <li><a href="#">目录 2014</a></li>
70      <li><a href="#">目录 2013</a></li>
71  </ul>
72  </div>
73  <div class="widget widget-category">
74  <h3 class="widget-title">分类</h3>
75  <ul>
76      <li><a href="#">分类 2015</a></li>
77      <li><a href="#">分类 2014</a></li>
78      <li><a href="#">分类 2013</a></li>
79  </ul>
80  </div>
81  </aside>
82  </div>
83  </div>
84  </div>
85  <footer id="site-footer"></footer>
86  <script src="js/script.js"></script>
87  </body>
88 </html>
```

在这段 HTML 代码中，总体上应用 DIV+CSS 分层结构将页面划分为四个模块，下面我们详细介绍：

第一个模块是页面的头部，主要通过第 15～35 行定义了一个 header 层；其中，第 19 行定义页面标题，第 25～30 行定义了一个水平方向的导航菜单；

第二个和第三个模块构成页面的主体部分；其中，第二个模块主要通过第 40～63 行定义了一个 main 层，实现了页面的主体内容部分；第三个模块主要通过 64～81 行定义了 aside 层，实现了一个垂直方向的导航菜单；

第四个模块是页面的底部，主要通过 85 行定义了一个 footer 层，其中主要包括页面注册信息、版权信息和作者信息等内容；

另外，第 07 行引入了外部的 CSS 样式表（参见源代码 chapter01/all/css 文件夹中的样式表文件），也就是前面提到的 Bootstrap 样式框架；第 09～10 行引入了外部的 JavaScript 脚本库（参见源代码 chapter01/all/js 文件夹中的脚本库文件），也就是前面提到的 jQuery 脚本语言框架。

下面我们运行测试这个页面，其效果如图 1.43 所示。从图中看到，整个 HTML 页面层次结构非常清晰，头部、主体（内容主体与垂直方向导航菜单）和底部模块依次排列在页面中，后续开发更复杂的页面内容时，可以继续以此框架为基础。

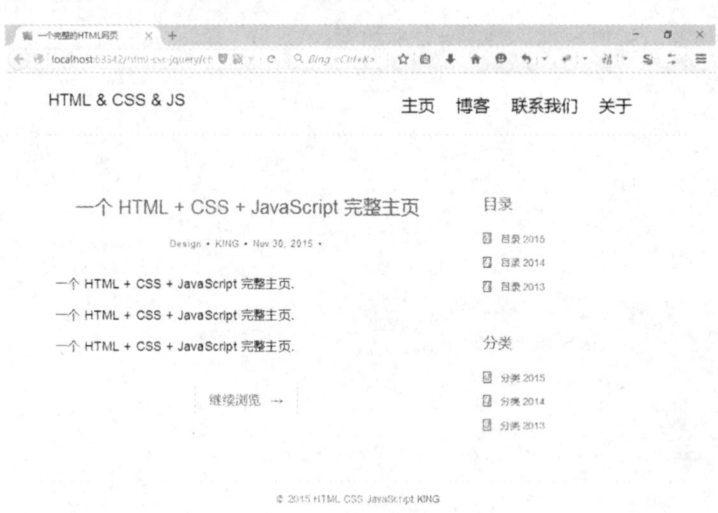

图 1.43　一个完整的 HTML 网页应用效果

1.12 小结

本章主要介绍了 HTML 网页的架构基础，包括 HTML 网页页面的构成、HTML 主要标签使用方法、以及 HTML 与 CSS 样式表和 JavaScript 脚本代码结合使用的内容，并在最后介绍了一个综合的 HTML 页面应用，该应用包含了 HTML 网页架构中方方面面的内容，还结合使用了最流行的前端框架，可以对读者进行 HTML 网页深入开发有所启迪。

第 2 章

◂ HTML网页的基本标签 ▸

本章我们介绍 HTML 网页的基本标签。一般来说，HTML 网页中的基本标签包括段落、文字、符号与编号、注释、特殊符号和超链接等内容。通过这些基本的标签，就可以构建出一个功能完整的 HTML 网页，并实现与用户进行基本交互的功能。

本章主要包括以下内容：

- 段落排版
- 文字效果
- 项目符号与编号
- 注释与特殊符号
- 超链接

2.1 HTML 网页段落排版

网页中避免不了段落文字，不管是视频网站还是门户网站。门户网站就是我们常说的新浪、搜狐，网页中多是一些图文性质的新闻，如果不进行排版，估计我们就要看花眼了。

2.1.1 设置段落样式的标记

HTML 网页中的段落是通过<p></p>标签来定义的。HTML 网页中的段落，类似于我们常说的文章写作中的自然段，是 HTML 网页中一个非常重要的元素。

在浏览器中展示段落<p></p>标签时，会自动为每一个段落的前后添加空行。同时，建议一定要带上结束标签（即使不小心忘了使用结束标签，目前的浏览器也会将 HTML 网页正确显示出来），一是因为良好的代码习惯，二是也有可能浏览器会出现无法正确解析 HTML 页面问题。

下面我们看一段设置段落样式标记的代码，这段代码（参见源代码 chapter02/ch02-htmltag-p-style.html 文件）是一个设置段落样式标记的方法。

【示例 2-1】 设置段落样式的标记

```
01  <!DOCTYPE html>
02  <html lang="zh-cn">
```

```
03 <head>
04     <meta http-equiv="Content-Type" content="text/html; charset=utf-8" />
05     <title>HTML之设置段落样式的标记</title>
06 </head>
07 <body>
08     <!-- 添加文档主体内容 -->
09     <h3>HTML之设置段落样式的标记</h3>
10     <!-- 添加文档主体内容 -->
11     <p>当前网页：ch01-htmltag-p-style.html</p>
12     <!-- 添加文档主体内容 -->
13     <p style="font-style: italic;font-size: larger">
14         当前网页：ch01-htmltag-p-style.html
15     </p>
16 </body>
17 </html>
```

在这段 HTML 代码中，对段落 p 标签设置了样式：第 11 行代码使用 p 标签定义了一个段落，其内容介绍了当前的 HTML 页面名称；第 13～15 行代码同第 11 行代码一样定义了一个段落，不同之处是在<p>标签内使用 style 属性定义了字体样式（font-style: italic;font-size: larger），这样两个段落虽然内容一致，但显示出来的字体风格会有差异。

运行测试这个页面，效果如图 2.1 所示。从图中看到，由于第 13～15 行代码定义了段落样式，所以页面中显示出来的字体风格产生了变化。

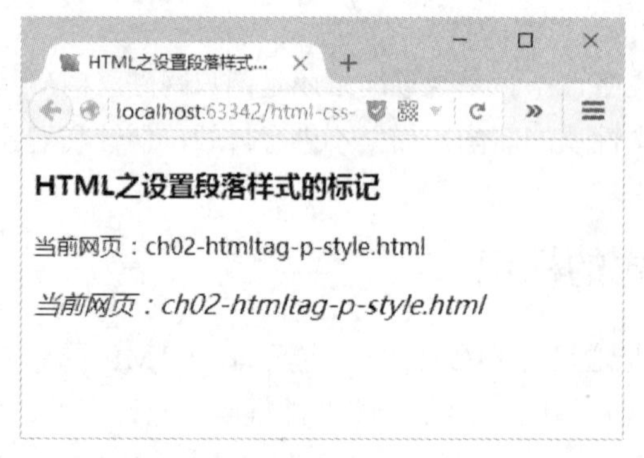

图 2.1　设置段落样式标记的效果

2.1.2　设置对齐与缩进的标记

在页面中使用<p></p>标签展示段落时，对齐（text-align）与缩进（text-intend）功能设置是必不可少的，就像小学生写作文一样，老师会强调作文的格式。

下面我们看一段设置对齐与缩进标记的代码，这段代码（参见源代码 chapter02/ch02-htmltag-p-intend.html 文件）是一个设置段落对齐与缩进标记的方法。

【示例 2-2】　设置对齐与缩进的标记

```
01 <!DOCTYPE html>
02 <html lang="zh-cn">
03 <head>
04     <meta http-equiv="Content-Type" content="text/html; charset=utf-8" />
05     <title>HTML之设置段落对齐与缩进</title>
06 </head>
07 <body>
08     <!-- 添加文档主体内容 -->
09     <h3>HTML之设置段落对齐与缩进</h3>
10     <!-- 添加文档主体内容 -->
11     <p style="text-align: justify;text-indent: 2em;">
12         段落的对齐和缩进是排版最常用的方法，也是要求学生重点掌握的内容。
13         这部分内容有“段落对齐”、“段落缩进”等几个知识点。
14     </p>
15     <p style="text-align: left;text-indent: 0em;">
16         “段落对齐”中对齐方式有“左对齐”、“居中”、
17         “右对齐”、“两端对齐”、“分散对齐”几种。
18     </p>
19     <p style="text-align: right;text-indent: 4em;">
20         “段落缩进”主要包括“左缩进”、“右缩进”等几种，
21         使用“段落缩进”方法可以让自然段落更美观。
22     </p>
23 </body>
24 </html>
```

在这段 HTML 代码中，对三个段落 p 标签设置了对齐与缩进，下面我们详细介绍：

第 11～14 行代码为第一个段落，在<p>标签内使用 style 属性定义了对齐与缩进样式（text-align: justify;text-indent: 2em;），其中“justify”表示两端对齐，而缩进的尺寸为两个相对字符长度（2em）；

第 15～18 行代码为第二个段落，在<p>标签内使用 style 属性定义了对齐与缩进样式（text-align: left;text-indent: 0em;），其中“left”表示左对齐，而缩进的尺寸为零个相对字符长度（0em）；

第 19～22 行代码为第三个段落，在<p>标签内使用 style 属性定义了对齐与缩进样式（text-align: right;text-indent: 4em;），其中“right”表示右对齐，而缩进的尺寸为零个相对字符长度（4em）。

运行测试这个页面，效果如图 2.2 所示。从图中看到，两端对齐的风格是比较美观的，而左右对齐的风格可以应用到特殊的场景之中；同时，缩进的长度不宜过大或过小，本段代码中设置的两个相对字符长度还比较合适。

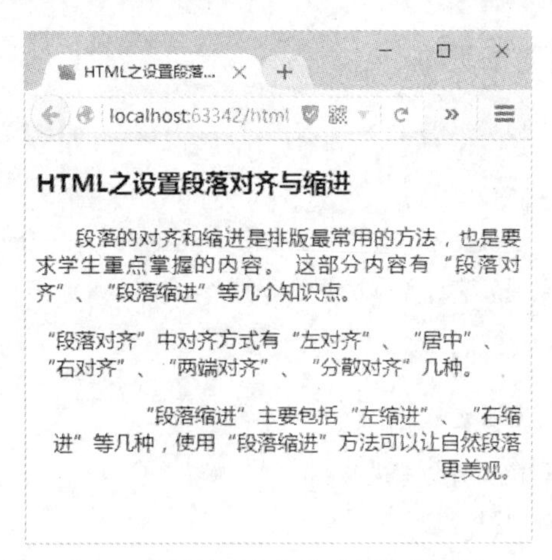

图 2.2　设置对齐与缩进标记的效果

2.1.3　添加分隔线

在页面中使用 hr 分割线标签也是很常见的，譬如在网页底部通常用一条分割线将公司信息、作者信息、版权信息和注册备案信息分割开来，以示和网页主体部分的区分。

下面我们看一段设置分割线的代码，这段代码（参见源代码 chapter02/ch02-htmltag-hr.html 文件）是一个设置页面底部分割线的方法。

【示例 2-3】　添加分隔线

```
01  <!DOCTYPE html>
02  <html lang="zh-cn">
03  <head>
04      <meta http-equiv="Content-Type" content="text/html; charset=utf-8" />
05      <title>HTML 之设置分割线</title>
06  </head>
07  <body>
08      <!-- 添加文档主体内容 -->
09      <h3>HTML 之设置分割线</h3>
10      <!-- 添加文档主体内容 -->
11      <p>页面正文</p>
12      <!-- 添加文档底部内容 -->
13      <hr>
14      <hr style="height:2px;border:dashed;">
15      <hr style="height:4px;border:double;">
16      <div style="text-align: center">
17          <p class="copyright">&copy; 2015 HTML CSS JavaScript
18              <a href="#" target="_blank" title="KING">KING</a>
19          </p>
20      </div>
```

```
21 </body>
22 </html>
```

在这段 HTML 代码中，在页面底部（第 16～20 行代码）上方添加了三条不同风格的分割线：第 13 行代码为第一条分割线，是没有添加任何风格的原始样式分割线；14 行代码为第二条分割线，设置了分割线高度（2px）和虚线（dashed）边框样式；第 15 行代码为第三条分割线，设置了分割线高度（4px）和双虚线（double）边框样式。

运行测试这个页面，效果如图 2.3 所示。

图 2.3　添加分割线的效果

2.1.4　设置段落标题

前面几个小节介绍了段落的相关内容，这个小节我们介绍为段落添加标题的方法，段落加上标题才会组成完整的文章。

下面这段代码（参见源代码 chapter02/ch02-htmltag-p-hx.html 文件）是一个设置段落标题的方法。

【示例 2-4】　设置段落标题

```
01 <!DOCTYPE html>
02 <html lang="zh-cn">
03 <head>
04     <meta http-equiv="Content-Type" content="text/html; charset=utf-8" />
05     <title>HTML 之设置段落标题</title>
06 </head>
07 <body>
08     <!-- 添加文档主体内容 -->
09     <h3 style="text-align: center">文章大标题</h3>
10     <h4>段落标题</h4>
11     <p style="text-align: justify;text-indent: 2em;">
12         段落的对齐和缩进是排版最常用的方法，也是要求学生重点掌握的内容。
13         这部分内容有“段落对齐”、“段落缩进”等几个知识点。
14     </p>
```

```
15        <h4>段落标题</h4>
16        <p style="text-align: justify;text-indent: 2em;">
17            段落的对齐和缩进是排版最常用的方法，也是要求学生重点掌握的内容。
18            这部分内容有“段落对齐”、“段落缩进”等几个知识点。
19        </p>
20    </body>
21    </html>
```

在这段 HTML 代码中，添加了文章大标题和段落小标题：第 09 行代码为文章添加了居中对齐的大标题；第 10 行与第 15 行代码为两个段落添加了小标题。

运行测试这个页面，效果如图 2.4 所示。

图 2.4　添加段落标题的效果

2.2 文字效果

网页中的文字效果一般包括文字的字体、字号、上标、下标等，本节主要通过小例子来演示网页中不同的文字展现形式。

2.2.1　设置字形样式的标记

在 HTML 网页中可以展现出风格多样的字形样式，一般通过设置 CSS 的 font-family 属性就可以实现。

下面我们看一段设置字形样式的代码，这段代码（参见源代码 chapter02/ch02-htmltag-font-family.html 文件）是一个设置不同风格字形的方法。

【示例 2-5】　设置字形样式的标记

```
01 <!DOCTYPE html>
02 <html lang="zh-cn">
03 <head>
04     <meta http-equiv="Content-Type" content="text/html; charset=utf-8" />
05     <style type="text/css">
06         p {
07             text-align: justify;
08             text-indent: 2em;
09         }
10     </style>
11     <title>HTML之设置字形样式</title>
12 </head>
13 <body>
14     <!-- 添加文档主体内容 -->
15     <h3>HTML之设置字形样式</h3>
16     <!-- 添加文档主体内容 -->
17     <p style="font-family: cursive;">
18         段落的对齐和缩进是排版最常用的方法，也是要求学生重点掌握的内容。
19         这部分内容有“段落对齐”、“段落缩进”等几个知识点。
20     </p>
21     <p style="font-family: '黑体';">
22         段落的对齐和缩进是排版最常用的方法，也是要求学生重点掌握的内容。
23         这部分内容有“段落对齐”、“段落缩进”等几个知识点。
24     </p>
25     <p style="font-family: '幼圆';">
26         段落的对齐和缩进是排版最常用的方法，也是要求学生重点掌握的内容。
27         这部分内容有“段落对齐”、“段落缩进”等几个知识点。
28     </p>
29 </body>
30 </html>
```

在这段 HTML 代码中，对三个段落设置了三种字形样式：第 17 行代码为第 17～20 行代码的段落定义了“cursive”字形样式，该字形与“Serif”和“Sans-serif”一样为通用样式；第 21 行代码为第 21～24 行代码的段落定义了“黑体”字形样式，该字形为特定样式；第 25 行代码为第 25～28 行代码的段落定义了“幼圆”字形样式，该字形也为特定样式。

运行测试这个页面，效果如图 2.5 所示。

图 2.5　设置字形样式标记的效果

在网页代码的头部建议将字符编码设置成“utf-8”编码，这样可以避免出现一些不必要的乱码现象。

2.2.2　设置上标、下标

在 HTML 网页中有时还需要定义上标字体和下标字体，譬如在文献引用时上标字体肯定要用到，而定义数理化等元素符号时下标字体也是必不可少的。HTML 规范设计了 sup 标签表示上标，sub 标签表示下标。

下面我们看一段使用上下标的代码，这段代码（参见源代码 chapter02/ch02-htmltag-sup-sub.html 文件）是一个设置字体上下标的方法。

【示例 2-6】　设置上、下标的标记

```
01 <!DOCTYPE html>
02 <html lang="zh-cn">
03 <head>
04     <meta http-equiv="Content-Type" content="text/html; charset=utf-8" />
05     <title>HTML 之字体上下标</title>
06 </head>
07 <body>
08     <!-- 添加文档主体内容 -->
09     <h3>HTML 之字体上下标</h3>
10     <!-- 添加文档主体内容 -->
11     <p style="text-align: justify;text-indent: 2em;">
12         引用文献<sup>【1】</sup>是关于 HTML 上标标签的。
13     </p>
14     <p style="text-align: justify;text-indent: 2em;">
15         H<sub>2</sub>O 是代表水分子元素符号的。
16     </p>
```

```
17 </body>
18 </html>
```

在这段 HTML 代码中，分别使用了上、下标标记：第 12 行代码使用 sup 标签定义了上标标记【1】，用于表示引用文献的序号；第 15 行代码使用 sub 标签定义了下标标记 2，用于表示水分子化学符号中氢元素（H）的分子量。

运行测试这个页面，效果如图 2.6 所示。

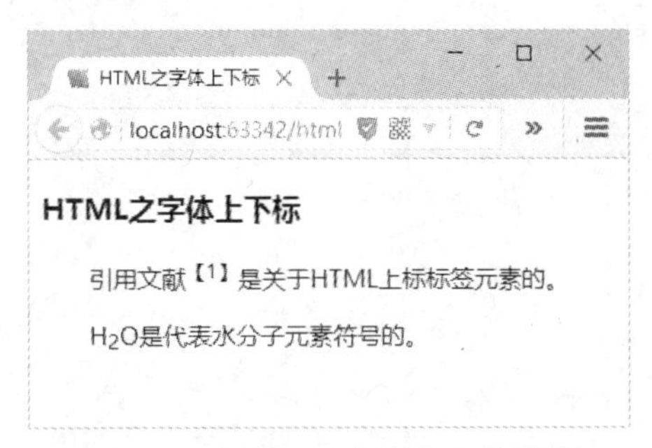

图 2.6　设置上、下标的标记的效果

2.3 项目符号与编号

在网页中我们经常会看到一些并列内容或有层次的文字，通常为了直观地显示这些内容，我们会用到项目符号和编号，这跟 Word 中的项目符号和编号类似。

2.3.1 符号列表

符号列表在文档中是一种比较常见的表现形式，符号可以定义为多种样式，譬如：圆点符号、星型符号、箭头符号等。在 HTML 网页中，我们可以通过 ul-li 标签来实现无序的符号列表。

下面我们看一段符号列表的代码，这段代码（参见源代码 chapter02/ch02-htmltag-ul-li.html 文件）是一个设置不同风格符号列表的方法。

【示例 2-7】　符号列表

```
01 <!DOCTYPE html>
02 <html lang="zh-cn">
03 <head>
04     <meta http-equiv="Content-Type" content="text/html; charset=utf-8" />
05     <title>HTML 之符号列表</title>
06 </head>
07 <body>
08     <!-- 添加文档主体内容 -->
```

```
09      <h3>HTML之符号列表</h3>
10      <!-- 添加文档主体内容 -->
11      <ul type="disc">
12          <li>列表1</li>
13          <li>列表2</li>
14          <li>列表3</li>
15      </ul>
16      <ul type="circle">
17          <li>列表1</li>
18          <li>列表2</li>
19          <li>列表3</li>
20      </ul>
21      <ul type="square">
22          <li>列表1</li>
23          <li>列表2</li>
24          <li>列表3</li>
25      </ul>
26  </body>
27  </html>
```

在这段 HTML 代码中，定义了三种样式的符号列表：第 11～15 行代码使用 ul 标签定义了 type="disc"样式的符号列表，"disc"样式表示实心圆点，同时该样式也为 ul 标签的缺省样式；第 16～20 行代码使用 ul 标签定义了 type="circle"样式的符号列表，"circle"样式表示空心圆圈；第 21～25 行代码使用 ul 标签定义了 type="square"样式的符号列表，"square"样式表示实心方块。

运行测试这个页面，效果如图 2.7 所示。

图 2.7　符号列表

另外，HTML 还支持一些特殊符号的列表，感兴趣的读者可以参阅相关文档做进一步的学习研究。

2.3.2　编号列表

编号列表在文档中也是一种比较常见的表现形式，同时编号也可以定义为多种样式，譬如：阿拉伯数字、罗马数字、字母等。在 HTML 网页中，我们可以通过 ol-li 标签来实现有序的编号列表。

下面我们看一段编号列表的代码，这段代码（参见源代码 chapter02/ch02-htmltag-ol-li.html 文件）是一个设置不同风格编号列表的方法。

【示例 2-8】　编号列表

```
01 <!DOCTYPE html>
02 <html lang="zh-cn">
03 <head>
04     <meta http-equiv="Content-Type" content="text/html; charset=utf-8" />
05     <title>HTML 之编号列表</title>
06 </head>
07 <body>
08     <!-- 添加文档主体内容 -->
09     <h3>HTML 之编号列表</h3>
10     <hr>
11     <!-- 添加文档主体内容 -->
12     <ol type="1">
13         <li>列表1</li>
14         <li>列表2</li>
15         <li>列表3</li>
16     </ol>
17     <hr>
18     <ol type="I">
19         <li>列表 I</li>
20         <ol type="i">
21             <li>列表 i</li>
22             <li>列表 ii</li>
23         </ol>
24         <li>列表 II</li>
25     </ol>
26     <hr>
27     <ol type="A">
28         <li>列表 A</li>
29         <ol type="a">
30             <li>列表 a</li>
31             <li>列表 b</li>
32         </ol>
```

```
33            <li>列表 B</li>
34        </ol>
35    </body>
36    </html>
```

在这段 HTML 代码中，定义了五种样式的编号列表，下面我们详细介绍：

第 12～16 行代码使用 ol 标签定义了 type="1"样式的编号列表，"1"样式表示阿拉伯数字，同时该样式也是 ol 标签的缺省样式；

第 18～25 行代码使用 ol 标签定义了 type="I"样式的编号列表，"I"样式表示大写罗马数字；同时，第 20～23 行代码定义了 type="i"样式的二级编号列表，"i"样式表示小写罗马数字；

第 27～34 行代码使用 ol 标签定义了 type="A"样式的编号列表，"A"样式表示大写字母；同时，第 29～32 行代码定义了 type="a"样式的二级编号列表，"a"样式表示小写字母。

运行测试这个页面，效果如图 2.8 所示。

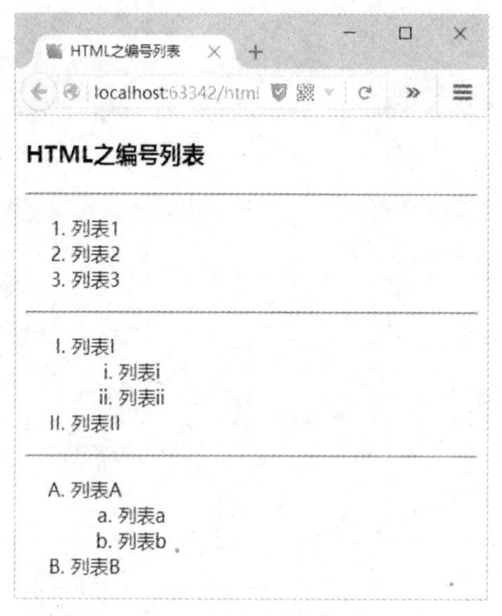

图 2.8　编号列表

另外，HTML 还支持一些复杂的编号符号的列表，感兴趣的读者可以参阅相关文档做进一步的学习研究。

2.3.3　自定义列表

自定义列表不仅仅是一列项目，同时也是项目及其注释的组合。自定义列表以 dl 标签开始，每个自定义列表项以 dt 标签开始，每个自定义列表项的定义以 dd 标签开始。

下面我们看一段自定义列表的代码，这段代码（参见源代码 chapter02/ch02-htmltag-dl-dt-dd.html 文件）是一个设置自定义列表的方法。

【示例 2-9】　自定义列表

```
01 <!DOCTYPE html>
02 <html lang="zh-cn">
03 <head>
04     <meta http-equiv="Content-Type" content="text/html; charset=utf-8" />
05     <title>HTML之自定义列表</title>
06 </head>
07 <body>
08     <!-- 添加文档主体内容 -->
09     <h3>HTML之自定义列表</h3>
10     <hr>
11     <!-- 添加文档主体内容 -->
12     <dl>
13         <dt>HTML</dt>
14         <dd>HyperText Mark-up Language</dd>
15         <dt>CSS3</dt>
16         <dd>Cascading Style Sheets 3</dd>
17         <dt>JavaScript</dt>
18         <dd>一种直译式脚本语言</dd>
19     </dl>
20 </body>
21 </html>
```

在这段 HTML 代码中，定义了一种自定义列表：第 12～19 行代码使用 dl 标签定义了自定义列表；第 13 行、第 15 行和第 17 行代码使用 dt 标签定义了自定义列表项；第 14 行、第 16 行和第 18 行代码使用 dd 标签定义了上面三个自定义列表项的注释。

运行测试这个页面，效果如图 2.9 所示。

图 2.9　自定义列表

另外，自定义列表的列表项内部可以使用段落、换行符、图片、链接以及其他列表等。

2.4 使用特殊符号

本节我们介绍 HTML 规范标准的特殊符号，这些特殊符号可能不是很常用，但在一些特殊情况下不得不使用。了解这些特殊符号的使用方法，可以帮助我们解决很多复杂的问题。

下面这段代码（参见源代码 chapter02/ch02-htmltag-specchar.html 文件）是一个如何在 HTML 文档内使用特殊符号的方法。

【示例 2-10】 HTML 网页内使用特殊字符

```
01 <!DOCTYPE html>
02 <html lang="zh-cn">
03 <head>
04     <meta http-equiv="Content-Type" content="text/html; charset=utf-8" />
05     <title>HTML 之使用特殊符号</title>
06 </head>
07 <body>
08     <!-- 添加文档主体内容 -->
09     <h3>HTML 之使用特殊符号</h3>
10     <!-- 添加文档主体内容 -->
11     <table  border="0" align="center" cellpadding="2" cellspacing="1"
bgcolor="#F8F8F8">
12         <tr>
13             <td width="109" height="28" bgcolor="#E9F8E7">
14                 <div align="center">特殊符号</div></td>
15             <td width="139" bgcolor="#F4FBF3" >
16                 <div align="center">命名实体</div></td>
17             <td width="128" bgcolor="#F4FBF3" >
18                 <div align="center">十进制编码</div></td>
19             <td width="109" bgcolor="#E9F8E7">
20                 <div align="center">特殊符号</div></td>
21             <td width="139" bgcolor="#F4FBF3" >
22                 <div align="center">命名实体</div></td>
23             <td width="129" bgcolor="#F4FBF3" >
24                 <div align="center">十进制编码</div></td>
25         </tr>
26         <tr>
27             <td width="109" height="28" bgcolor="#E9F8E7">
28                 <div align="center">&diams;       </div></td>
29             <td width="139" bgcolor="#F4FBF3" >
30                 <div align="center">&amp;diams; </div></td>
31             <td width="128" bgcolor="#F4FBF3" >
32                 <div align="center">&amp;#9830; </div></td>
33             <td width="109" bgcolor="#E9F8E7"><div
align="center"></div></td>
```

```
34            <td width="139" bgcolor="#F4FBF3" >
35               <div align="center">&amp;nbsp; </div></td>
36            <td width="129" bgcolor="#F4FBF3" >
37               <div align="center">&amp;#160; </div></td>
38         </tr>
39         <tr>
40            <td width="109" height="28" bgcolor="#E9F8E7">
41               <div align="center">&iexcl;         </div></td>
42            <td width="139" bgcolor="#F4FBF3" >
43               <div align="center">&amp;iexcl; </div></td>
44            <td width="128" bgcolor="#F4FBF3" >
45               <div align="center">&amp;#161; </div></td>
46            <td width="109" bgcolor="#E9F8E7">
47               <div align="center">&cent;         </div></td>
48            <td width="139" bgcolor="#F4FBF3" >
49               <div align="center">&amp;cent; </div></td>
50            <td width="129" bgcolor="#F4FBF3" >
51               <div align="center">&amp;#162; </div></td>
52         </tr>
53      </table>
54   </body>
55   </html>
```

在这段 HTML 代码中，我们分别将特殊字符、其命名实体编码和十进制编码罗列在表格之中。HTML 定义的特殊字符很多，由于篇幅限制不可能一一罗列出来，上面的代码仅仅介绍了一小部分，读者可以参阅源代码，里面包含了全部 HTML 字符。

运行测试这个页面，打开后的效果如图 2.10 所示。从图中看到，许多不常用的特殊字符，HTML 规范中均有定义，使用时可以直接编写十进制编码，也可以编写命名实体编码。

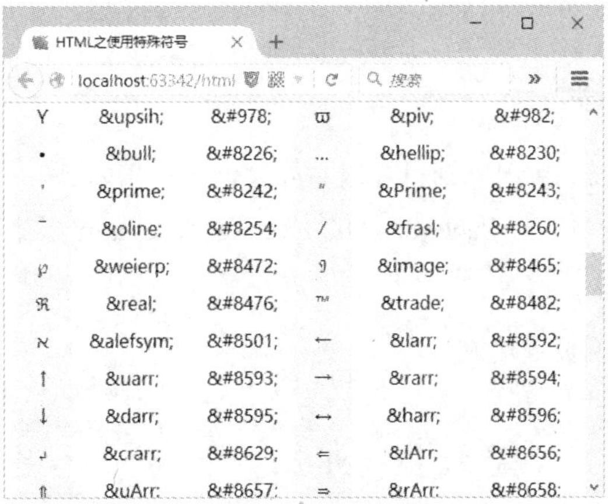

HTML之使用特殊符号

localhost:63342/html

ϒ	ϒ	ϒ	ϖ	ϖ	ϖ
•	•	•	…	…	…
′	′	′	″	″	″
‾	‾	‾	⁄	⁄	⁄
℘	℘	℘	ℑ	ℑ	ℑ
ℜ	ℜ	ℜ	™	™	™
ℵ	ℵ	ℵ	←	←	←
↑	↑	↑	→	→	→
↓	↓	↓	↔	↔	↔
↵	↵	↵	⇐	⇐	⇐
⇑	⇑	⇑	⇒	⇒	⇒

图 2.10　HTML 网页内使用特殊字符

2.5 创建超链接

当世界上的各种网络内容连接在一起时，我们要找某些资料就需要用到搜索引擎，而搜索引擎给出的结果都是一些链接，点击链接就会导航到具体的网站。这样的链接，我们在网页中一般称为超链接，有时也叫超链或超级链接。

2.5.1 什么是超链接

在 HTML 网页中使用超级链接，可以与网络上的另一个资源（包括页面、图片、视频等）建立连接关系。理论上，HTML 网页中的绝大部分元素均可以定义超链接，譬如文字、图片、视频、表格和控件等。用户可以通过点击这些超链接来跳转到新的页面当中去，也可以跳转到当前页面中的某个部分。

HTML 页面中，可以通过使用 a 标签定义和创建超链接，使用 a 标签的方式一般分为两种：

- 通过使用 href 属性创建指向另一个页面的链接地址;
- 通过使用 name 属性创建本页面内的书签。

定于超链接的 HTML 代码语法如下：

```
<a href="url">Link text</a>
```

其中，href 属性规定链接的目标地址，开始标签和结束标签之间的文字被作为超链接文本来显示。

下面我们就分别通过示例来介绍这两种链接方式。

2.5.2 站外网页链接

所谓站外网页的超链接，就是指通过使用 href 属性创建指向另一个页面的链接地址。

下面这段代码（参见源代码 chapter02/ch02-htmltag-a-href.html 文件）是一个创建站外网页的超链接的方法。

【示例 2-11】 站外网页链接

```
01 <!DOCTYPE html>
02 <html lang="zh-cn">
03 <head>
04     <meta http-equiv="Content-Type" content="text/html; charset=utf-8" />
05     <title>HTML之站外网页链接</title>
06 </head>
07 <body>
```

```
08      <!-- 添加文档主体内容 -->
09      <h3>HTML 之站外网页链接</h3>
10      <!-- 添加文档主体内容 -->
11      <a href="http://www.gov.cn/" target="_self">站外网页链接：政府网站</a>
12  </body>
13  </html>
```

在这段 HTML 代码中，第 11 行代码通过 a 标签定义了一个站外网页链接（href="http://www.gov.cn/"）。运行测试这个页面，效果如图 2.11 所示。

我们尝试点击上图页面中的链接地址（“站外网页链接：政府网站”），由于定义了 target 属性值为“_self”（target="_self"），因此站外网页将在当前浏览器窗口中打开，其效果如图 2.12 所示。

图 2.11　站外网页链接（一）

图 2.12　站外网页链接（二）

2.5.3　站内网页链接

所谓站内网页的超链接，就是指通过使用 name 属性创建本页面内的书签。

下面这段代码（参见源代码 chapter02/ch02-htmltag-a-name.html 文件）是一个创建站内网页的超链接的方法。

【示例 2-12】　站内网页链接

```
01  <!DOCTYPE html>
02  <html lang="zh-cn">
03  <head>
04      <meta http-equiv="Content-Type" content="text/html; charset=utf-8" />
05      <title>HTML 之站内网页链接</title>
06  </head>
07  <body>
```

```
08      <!-- 添加文档主体内容 -->
09      <h3>HTML 之站内网页链接</h3>
10      <!-- 添加文档主体内容 -->
11      <a href="#anchor01">HTML</a><br>
12      <a href="#anchor02">CSS</a><br>
13      <a href="#anchor03">JavaScript</a><br>
14      <!-- 添加文档主体内容 -->
15      <h4><a name="anchor01">HTML</a></h4>
16      <p>HTML5(HyperText Mark-up Language 5)是目前最流行网页设计语言。</p>
17      <br>
18      <h4><a name="anchor02">CSS</a></h4>
19      <p>CSS5(Cascading Style Sheets 3)是目前最流行样式设计语言。</p>
20      <br>
21      <h4><a name="anchor03">JavaScript</a></h4>
22      <p>JavaScript 是目前最流行前端脚本设计语言。</p>
23  </body>
24  </html>
```

在这段 HTML 代码中，定义了三个站内网页链接，下面我们详细介绍：

第 11 行代码通过 a 标签定义了一个站内网页链接（href="#anchor01"），其指向的是第 15 行代码定义的书签"anchor01"；

同样，第 12 行与第 13 行代码通过 a 标签定义了另外两个站内网页链接（href="#anchor02"与 href="#anchor03"），分别指向的是第 18 行和第 21 行代码定义的书签"anchor02"与"anchor03"。

运行测试这个页面，效果如图 2.13 所示。我们尝试点击上图页面中的链接地址（“CSS”），其效果如图 2.14 所示。从图 2.13 和 2.14 的效果来看，当点击第 12 行代码定义的站内链接地址后，页面直接跳转到第 18 行代码定义的书签的位置。同样，当我们点击两个站内链接地址时，页面也会自动跳转到相应的书签位置。

图 2.13　站内网页链接（一）

图 2.14　站内网页链接（二）

2.6 小结

本章主要介绍了 HTML 网页的基本标签，包括段落、文字、项目符号与编号、特殊符号以及超链接的内容。本章的内容比较基础，但也非常重要，是掌握 HTML 网页设计起步的必要阶段，希望能给广大读者带来帮助和启迪。

第 3 章

◀ HTML 5表单 ▶

本章我们介绍最新的 HTML 5 表单。在 HTML 5 表单中，为不同的标签增加了很多实用的属性，使得 HTML 网页设计开发更加快捷高效。同时，HTML 5 表单与 JavaScript 脚本语言结合得更加紧密，以前很复杂的交互功能在 HTML 5 表单中实现起来变得很简捷了。

本章主要包括以下内容：

- E-mail 和 URL 类型的输入元素
- 数值输入
- 日期选择器
- 用 datalist 来实现自动提示

3.1 各浏览器内核一览

众所周知，浏览器最重要的核心部分就是浏览器内核。其实，浏览器内核是一个通俗的称谓，比较专业的称谓是渲染引擎（英译为 Rendering Engine）。渲染引擎的功能主要是完成对网页语法的解释（包括 HTML 语法、CSS 样式表语法和 JavaScript 脚本语言语法等），并在浏览器中将页面内容进行渲染显示。因此，浏览器内核也即渲染引擎是浏览器最为核心的部分。

但是，现实中的情况却很复杂，主流的浏览器均由各大 IT 公司设计开发，不同的浏览器内核的实现也有所不同，对网页语法的解释也就有所不同。这样就出现问题了，同一个 HTML 网页在不同的浏览器里的渲染显示效果也可能不同，同一款浏览器对 HTML 网页与 HTML 5 网页的支持度也可能不同。因此网页开发者必须要测试浏览器的兼容性，也就是在不同内核的浏览器中测试同一个网页的显示效果。

下面我们简单介绍各款浏览器的内核，包括其起源、演变历史及显著特性：

- Trident 内核：微软公司开发的一款网页渲染引擎，其代表产品就是著名的 Internet Explorer 浏览器，因此又称为 IE 内核。另外，Netscape 8、傲游、世界之窗浏览器、Tecend TT 等浏览器使用的也是该内核。
- Edge 内核：微软公司最新推出的网页渲染引擎，其伴随着 Windows 10 操作系统内置的 Microsoft Edge 浏览器出现。
- WebKit 内核：主要代表作品有 Safari 浏览器和 Google Chrome 浏览器。其优点是源码结构清晰、渲染速度极快；缺点是对网页代码的兼容性不高，一些编写不标准的网页代码可能无法正常显示。

- Gecko内核：主要代表作品为著名的Mozilla Firefox浏览器。Gecko内核是一套开放源代码的、C++编写的网页渲染引擎。
- Presto内核：主要代表作品就是Opera浏览器。Presto内核是由Opera Software开发的浏览器渲染引擎，仅支持Opera 7.0及以上版本使用。该内核加入了动态功能，页面可以随着DOM及JavaScript脚本语法的事件而重新进行渲染显示。

另外，还有一些知名度及应用度均不高的浏览器引擎，譬如Tasman、KHTML、WebCore等，感兴趣的读者可以了解一下。

3.2 E-mail类型的input标签

HTML 5表单为input标签设计了几个全新的type类型，本小节介绍E-mail类型。设置成E-mail类型的input标签可以在表单提交时，自动验证其中内容是否为合法的E-mail类型地址，这样就降低了传统JS脚本语言验证时的复杂度。

下面我们看一段在HTML 5表单中使用E-mail类型的代码，这段代码（参见源代码chapter03/ch02-HTML 5form-input-email.html文件）就是一个使用E-mail类型input标签的方法。

【示例3-1】 E-mail类型input标签的使用

```
01 <!DOCTYPE html>
02 <html lang="zh-cn">
03 <head>
04     <meta http-equiv="Content-Type" content="text/html; charset=utf-8" />
05     <script type="text/css">
06         label {
07             margin: 4px;
08             width: 96px;
09             text-align: justify;
10         }
11         input {
12             margin: 4px;
13         }
14     </script>
15     <title>HTML 5表单之E-mail类型input标签</title>
16 </head>
17 <body>
18     <!-- 添加文档主体内容 -->
19     <h3>HTML 5表单之E-mail类型input标签</h3>
20     <!-- 添加文档主体内容 -->
21     <form action="#" method="get" autocomplete="on">
22         <label for="name">用户名:</label><br>
```

```
23          <input type="text" id="name" /><br/>
24          <label for="pwd">密  码:</label><br>
25          <input type="password" id="pwd" /><br/>
26          <label for="email">E-mail:</label><br>
27          <input type="email" id="email" autocomplete="off" /><br/><br/>
28          <input type="submit" />
29      </form>
30      <!-- 添加文档主体内容 -->
31  </body>
32  </html>
```

在这段 HTML 代码中，定义了一个 form 表单及一些标签，下面我们详细介绍：

第 21～29 行代码通过 form 标签定义了一个 HTML 5 表单，其中 action 属性定义为提交到当前页面，method 属性定义为“get”方式，并定义了 autocomplete 自动完成属性；

第 22～23 行代码定义了一个 type="text"类型的 input 标签，用于输入用户名称；

第 24～25 行代码定义了一个 type="password"类型的 input 标签，用于输入登录密码；

第 26～27 行代码定义了一个 type="email"类型的 input 标签，用于输入电子邮箱地址；其中，type="email"类型的 input 标签就是 HTML 5 表单新增加的特性，提交时可以自动完成对电子邮件地址类型的验证；第 27 行代码定义 E-mail 类型 input 标签时，还增加了 autocomplete="off"属性的定义，关闭了 input 标签的自动完成功能；

第 28 行代码定义了一个 type="submit"类型的 input 标签，用于提交 HTML 5 表单。

运行测试这个页面，效果如图 3.1 所示。从图中可以看到，当用户在 E-mail 类型的 input 标签中输入不合法的电子邮件地址时，该 input 标签的边框会自动加粗变成红色，提示用户输入有误。

下面我们单击“提交查询”按钮运行测试这个页面，效果如图 3.2 所示。从图中可以看到，如果用户不理会提示错误，强行单击“提交查询”按钮，页面会弹出一个 tooltip 提示窗口，告诉用户“请输入电子邮件地址”，这就是 HTML 5 表单的新特性，内部实现了以前使用脚本语言才能完成的验证功能，真的很强大。

图 3.1　E-mail 类型 input 标签的使用（一）

图 3.2　E-mail 类型 input 标签的使用（二）

在表单提交成功后，按 F5 键刷新这个页面，效果如图 3.3 所示。从图中可以看到，重新刷新页面后，text 类型的 input 标签的内容保留下来了，而 password 类型和 E-mail 类型的 input 标签的内容被清空了，这就是前面提到的 HTML 5 表单的自动完成新特性。

图 3.3　E-mail 类型 input 标签的使用（三）

3.3 URL 类型的 input 标签

本节我们介绍 HTML 5 表单为 input 标签设计的另一个全新的 type 类型，也就是 URL 类型。设置成 URL 类型的 input 标签可以在表单提交时，自动验证其中内容是否为合法的 URL 类型地址。

下面我们看一段在 HTML 5 表单中使用 URL 类型的代码，这段代码（参见源代码 chapter03/ch02-HTML 5form-input-url.html 文件）就是一个使用 URL 类型 input 标签的方法。

【示例 3-2】　URL 类型 input 标签的使用

```
01  <!DOCTYPE html>
02  <html lang="zh-cn">
03  <head>
04      <meta http-equiv="Content-Type" content="text/html; charset=utf-8" />
05      <script type="text/css">
06          label {
07              margin: 4px;
08              width: 96px;
09              text-align: justify;
10          }
11          input {
12              margin: 4px;
13          }
```

```
14      </script>
15      <title>HTML 5表单之 URL 类型 input 标签</title>
16  </head>
17  <body>
18      <!-- 添加文档主体内容 -->
19      <h3>HTML 5表单之 URL 类型 input 标签</h3>
20      <!-- 添加文档主体内容 -->
21      <form action="#" method="get">
22          <label for="url">URL:</label><br>
23          <input type="url" id="url" style="width: 256px" autocomplete="off"
/><br/><br/>
24          <input type="submit" value="提交网址" />
25      </form>
26  </body>
27  </html>
```

在这段 HTML 代码中，定义了一个 form 表单及一个 input 标签，下面我们详细介绍：

第 21～25 行代码通过 form 标签定义了一个 HTML 5 表单，其中 action 属性定义为提交到当前页面，method 属性定义为“get”方式；

第 22～23 行代码定义了一个 type="url"类型的 input 标签，用于输入 URL 类型地址；其中，type="url"类型的 input 标签就是 HTML 5 表单新增加的特性，提交时可以自动完成对 URL 地址的验证；第 23 行代码定义 URL 类型 input 标签时，还增加了 autocomplete="off"属性的定义，关闭了 input 标签的自动完成功能；

第 24 行代码定义了一个 type="submit"类型的 input 标签，用于提交 HTML 5 表单。

运行测试这个页面，效果如图 3.4 所示。从图中可以看到，当用户在 URL 类型的 input 标签中输入不合法的 URL 地址时，该 input 标签的边框会自动加粗变成红色，提示用户输入的 URL 地址有误。

下面我们单击“提交网址”按钮运行测试这个页面，效果如图 3.5 所示。从图中可以看到，如果用户不理会提示错误，强行单击“提交网址”按钮，页面会弹出一个 tooltip 提示窗口，告诉用户“请输入一个 URL”，这就是 HTML 5 表单的新特性。

图 3.4　URL 类型 input 标签的使用（一）

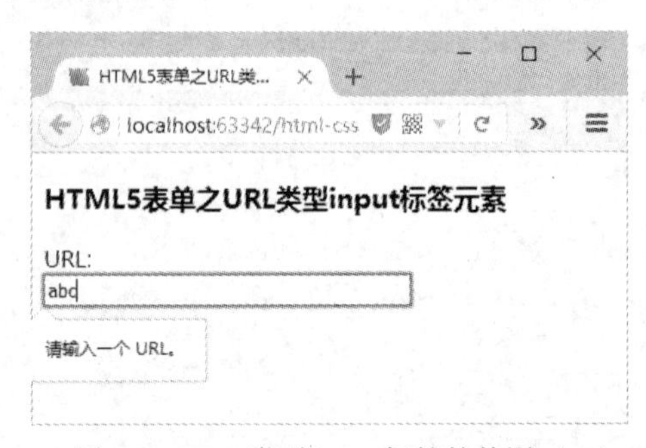

图 3.5　URL 类型 input 标签的使用（二）

3.4 数值类型的 input 标签

本节我们介绍 HTML 5 表单为 input 标签设计的下一个全新的 type 类型，也就是数值（number）类型。设置成 number 类型的 input 标签可以在表单提交时，自动验证其中内容是否为合法的数值类型。

下面我们看一段在 HTML 5 表单中使用数值类型的代码，这段代码（参见源代码 chapter03/ch02-HTML 5form-input-number.html 文件）是一个使用 number 类型 input 标签的方法。

【示例 3-3】　数值类型 input 标签的使用

```
01 <!DOCTYPE html>
02 <html lang="zh-cn">
03 <head>
04     <meta http-equiv="Content-Type" content="text/html; charset=utf-8" />
05     <script type="text/css">
06         label {
07             margin: 4px;
08             width: 96px;
09             text-align: justify;
10         }
11         input {
12             margin: 4px;
13         }
14     </script>
15     <title>HTML 5表单之数值类型 input 标签</title>
16 </head>
17 <body>
18     <!-- 添加文档主体内容 -->
19     <h3>HTML 5表单之数值类型 input 标签</h3>
20     <!-- 添加文档主体内容 -->
21     <form action="#" method="get" autocomplete="on">
22         <label for="month">月份:</label><br>
23         <input type="number" id="month" min="1" max="12" step="1" value="1"
/><br/>
24         <label for="day">日期:</label><br>
25         <input type="number" id="day" min="1" max="31" step="1" value="1"
/><br/>
26         <label for="year">年份:</label><br>
27     <input type="number" id="year" min="2012" max="2020" step="4"
value="2016" />
```

```
28      </form>
29  </body>
30  </html>
```

在这段 HTML 代码中，定义了一个 form 表单及三个 input 标签，下面我们详细介绍：

第 21～28 行代码通过 form 标签定义了一个 HTML 5 表单，其中 action 属性定义为提交到当前页面，method 属性定义为"get"方式；

第 22～23 行代码定义了第一个 type="number"类型的 input 标签，用于输入月份；第 23 行代码定义 number 类型 input 标签时，还增加了 min、max、step 和 value 属性的定义，其中 min 属性用于定义最小数值（月份最小值为 1），max 属性用于定义最大数值（月份最大值为 12），step 属性用于定义步长（步长值为 1），value 属性用于定义初始值；

第 24～25 行代码定义了第二个 type="number"类型的 input 标签，用于输入日期；第 25 行代码定义 number 类型 input 标签时，min 属性用于定义最小数值（日期最小值为 1），max 属性用于定义最大数值（日期最大值为 31），step 属性用于定义步长（步长值为 1），value 属性用于定义初始值；

第 26～27 行代码定义了第三个 type="number"类型的 input 标签，用于输入年份；第 27 行代码定义 number 类型 input 标签时，min 属性用于定义最小数值（年份最小值为 2012），max 属性用于定义最大数值（年份最大值为 2020），step 属性用于定义步长（步长值为 4，表示只支持闰年），value 属性用于定义初始值（为 2016 年）。

运行测试这个页面，效果如图 3.6 所示。

理论上，使用 input 标签右侧的上下箭头调整数值，是不会超出我们定义的数值范围的，步长也会按照设定值调整。但是，如果我们手动输入了不合法的数值，HTML 5 表单就会提醒出错了，其页面效果如图 3.7 所示。从图中可以看到，当用户在数值类型的 input 标签中输入超出范围的、不合法的数值时，该 input 标签的边框会自动加粗变成红色，提示用户输入的数值有误。

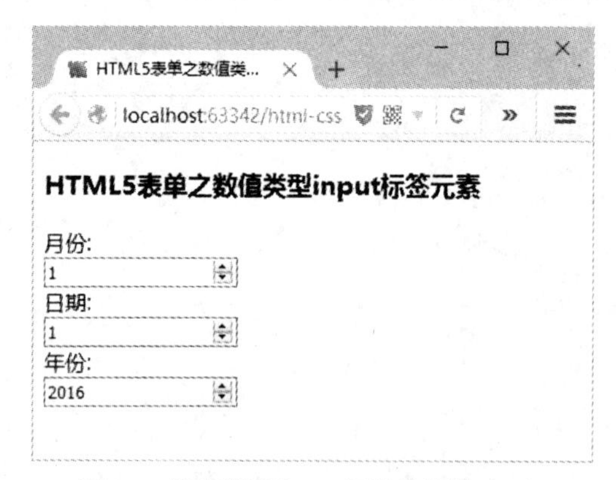

图 3.6　数值类型 input 标签的使用（一）

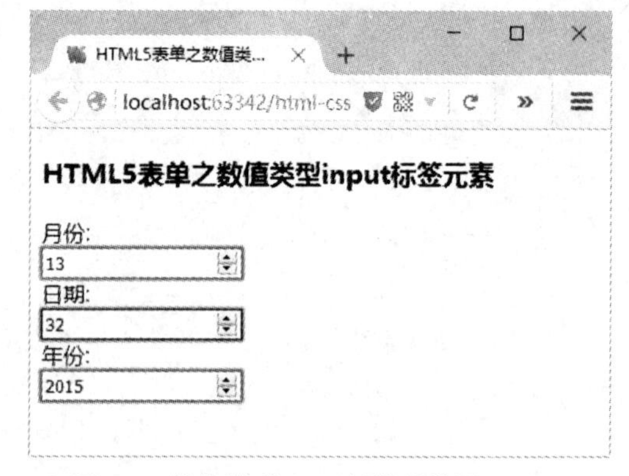

图 3.7　数值类型 input 标签的使用（二）

3.5 使用日期选择器

本节我们介绍 HTML 5 表单为 input 标签设计的全新的日期选择器（datepicker）类型。HTML 5 表单提供了大约五种形式的日期选择器，包括按照月份、周、时间等方式。

下面我们看一段在 HTML 5 表单中使用日期选择器的代码，这段代码（参见源代码 chapter03/ch02-HTML 5form-input-datepicker.html 文件）是一个使用 datepicker 类型 input 标签的方法。

【示例 3-4】　日期选择器类型 input 标签的使用

```
01 <!DOCTYPE html>
02 <html lang="zh-cn">
03 <head>
04     <meta http-equiv="Content-Type" content="text/html; charset=utf-8" />
05     <script type="text/css">
06         label {
07             margin: 4px;
08             width: 96px;
09             text-align: justify;
10         }
11         input {
12             margin: 4px;
13         }
14     </script>
15     <title>HTML 5表单之日期选择器</title>
16 </head>
17 <body>
18     <!-- 添加文档主体内容 -->
19     <h3>HTML 5表单之日期选择器</h3>
20     <!-- 添加文档主体内容 -->
21     <form action="#" method="get" autocomplete="on">
22         <label for="id-date">Date:</label><br>
23         <input type="date" id="id-date" name="user_date" /><br/>
24         <label for="id-month">Month:</label><br>
25         <input type="month" id="id-month" name="user_date" /><br/>
26         <label for="id-week">Week:</label><br>
27         <input type="month" id="id-week" name="user_date" /><br/>
28         <label for="id-time">Time:</label><br>
29         <input type="month" id="id-time" name="user_date" /><br/>
30         <label for="id-datetime">DateTime:</label><br>
```

```
31          <input type="month" id="id-datetime" name="user_date" /><br/>
32      </form>
33  </body>
34  </html>
```

在这段 HTML 代码中，定义了一个 form 表单及五个 input 标签：第 21～32 行代码通过 form 标签定义了一个 HTML 5 表单，其中 action 属性定义为提交到当前页面，method 属性定义为“get”方式；第 22～23 行代码定义了第一个 type="date"类型的日期选择器。

运行测试这个页面，单击 input 标签右侧的下拉箭头，"date"类型日期选择器的效果如图 3.8 所示。

第 24～25 行代码定义了第二个 type="month"类型的日期选择器；运行测试这个页面，单击 input 标签右侧的下拉箭头，"month"类型日期选择器的效果如图 3.9 所示。

图 3.8 "date"类型日期选择器

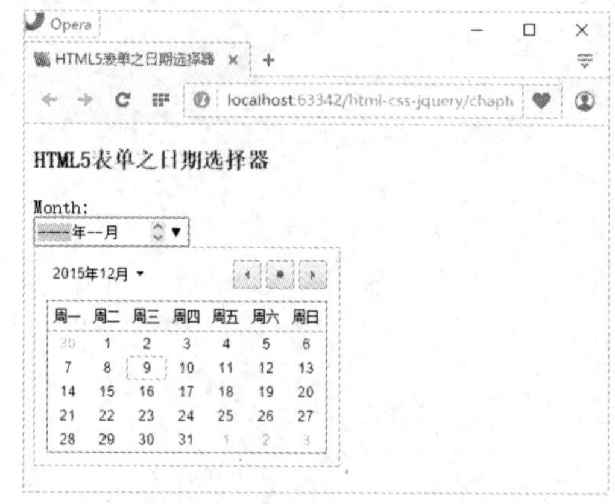

图 3.9 "month"类型日期选择器

第 26～27 行代码定义了第三个 type="week"类型的日期选择器；运行测试这个页面，单击 input 标签右侧的下拉箭头，"week"类型日期选择器的效果如图 3.10 所示。

第 28～29 行代码定义了第四个 type="time"类型的日期选择器；运行测试这个页面，单击 input 标签右侧的下拉箭头，"time"类型日期选择器的效果如图 3.11 所示。

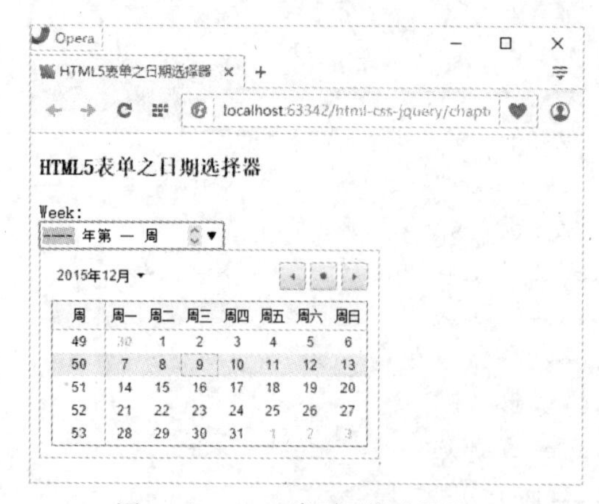

图 3.10 "week"类型日期选择器

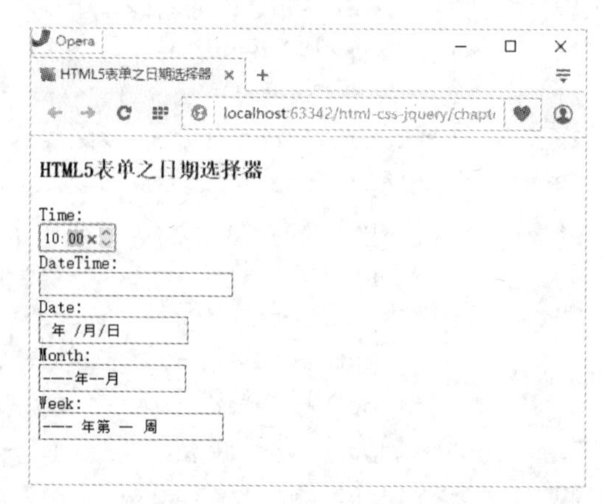

图 3.11 "time"类型日期选择器

第 30～31 行代码定义了第五个 type="datetime"类型的日期选择器；运行测试这个页面，单击 input 标签右侧的下拉箭头，"datetime"类型日期选择器的效果如图 3.12 所示。

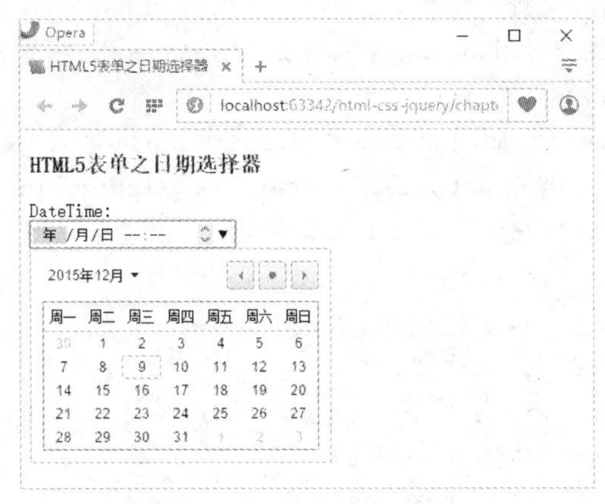

图 3.12 "datetime"类型日期选择器

3.6 用 datalist 来实现自动提示

本节我们介绍使用 HTML 5 表单的 datalist 类型标签实现自动提示的功能。在 HTML 5 规范标准中，datalist 类型标签用于定义选项列表，并与 input 标签配合来使用。实际应用中，datalist 中的选项不会被显示出来，其仅仅提供合法的输入值列表。

下面我们看一段在 HTML 5 表单中使用 datalist 类型标签的代码，这段代码（参见源代码 chapter03/ch02-HTML 5form-input-datalist.html 文件）是一个使用 datalist 类型标签的方法。

【示例 3-5】 数值类型 input 标签的使用

```
01 <!DOCTYPE html>
02 <html lang="zh-cn">
03 <head>
04     <meta http-equiv="Content-Type" content="text/html; charset=utf-8" />
05     <script type="text/css">
06         label {
07             margin: 4px;
08             width: 96px;
09             text-align: justify;
10         }
11         input {
12             margin: 4px;
13         }
14     </script>
15     <title>HTML 5表单之 datalist 标签</title>
```

```
16  </head>
17  <body>
18      <!-- 添加文档主体内容 -->
19      <h3>HTML 5表单之使用 datalist 标签实现自动提示</h3>
20      <!-- 添加文档主体内容 -->
21      <form action="#" method="get" autocomplete="on">
22          <label for="id-datalist">DataList:</label><br>
23          <input id="id-datalist" list="web" />
24          <datalist id="web">
25              <option value="HTML 5">
26              <option value="CSS3">
27              <option value="JavaScript">
28              <option value="jQuery">
29              <option value="Node">
30          </datalist>
31      </form>
32  </body>
33  </html>
```

在这段 HTML 代码中，定义了一个 form 表单、一个 input 标签和一个 datalist 标签，下面我们详细介绍：

第 21～31 行代码通过 form 标签定义了一个 HTML 5 表单，其中 action 属性定义为提交到当前页面，method 属性定义为“get”方式；

第 22～23 行代码定义了一个 type="text"类型的 input 标签，并通过 list 属性（list="web"）绑定其后的 datalist 标签选项；

第 24～30 行代码定义了一个 datalist 类型的标签，并通过 id 值（id="web"）绑定在上面的 input 标签上；第 24～29 行代码通过 option 标签定义一组可选的选项值。

运行测试这个页面，单击 input 标签右侧的下拉按钮，效果如图 3.13 所示。如果我们在 input 标签中输入第一个字符“H”，会自动提示首字母为“H”的选项值，其效果如图 3.14 所示。

图 3.13　datalist 类型标签的使用（一）

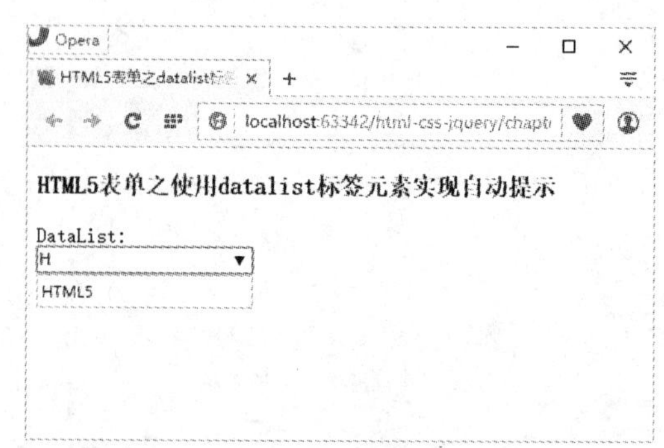

图 3.14　datalist 类型标签的使用（二）

如果我们在 input 标签中输入第一个字符“j”，会自动提示首字母为“j”的选项值，其效果如图 3.15 所示。从图中可以看到，首字母不区分大小写，输入字母“j”后，“JavaScript”和“jQuery”选项值全部出现在自动提示框之中了。

图 3.15　datalist 类型标签的使用（三）

3.7 各浏览器对 HTML 5 表单新类型的支持

本章前面几个小节主要介绍了 HTML 5 表单提供的一些新特性。细心的读者一定发现了，在介绍 E-mail 类型和 URL 类型的 input 标签时，测试页面我们使用的是 FireFox 浏览器，而在介绍日期选择器时，我们使用的是 Opera 浏览器。这是因为各个浏览器对 HTML 5 表单新特性的支持度是不一样的，有些支持得很好，有些支持得不足。该问题也是设计人员常常提到的浏览器兼容性问题的一种，是个考验开发水平的问题。

下面我们提供各个主流浏览器对 HTML 5 表单支持情况，如表 3-1 所示（该表格部分结果引用了一些开源代码组织提供的研究结果），表中内容仅供读者参考。

表 3-1　各主流浏览器对 HTML 5 表单支持情况

浏览器 类型	IE	Chrome	Firefox	Opera	Safari
email	不支持	支持	支持（4.0 版）	支持	不支持
URL	不支持	支持	支持（4.0 版）	支持	不支持
number	不支持	支持	不支持	支持	不支持
DatePicker	不支持	支持	不支持	支持	不支持
datalist	不支持	支持	不支持	支持	不支持

3.8 小结

本章主要介绍了 HTML 5 表单的新特性，包括 E-mail 类型、URL 类型、Number 类型和 DatePicker 类型的 input 标签的使用方法，另外还介绍了使用新的 datalist 类型标签实现自动提示功能的方法。希望 HTML 5 的新特性能给广大读者带来全新的体验。

第 4 章

◂HTML 5特色▸

本章我们介绍一下 HTML 5 具有哪些新的特性，其给 Web 前端技术带来了哪些质的变化。HTML 5 技术是融合了 HTML、CSS 与 JavaScript 大部分优点的综合体，可以讲其未来是 Web 2.0 技术的集大成者。从目前 HTML 5 展现出来的特色来看，其与传统 HTML 技术相比确实有明显的提升，且随着不断地完善还能为我们带来更大的惊喜，拭目以待吧！

本章主要包括以下内容：

- HTML 5 新特性
- Web 储存和应用缓存
- HTML 5 本地存储

4.1 HTML 5 之新特性

微信的发展带动了 HTML 5 的火爆，如今要说不会 HTML 5，就不能说会编写网页了，本节我们主要介绍 HTML 5 的新特性，让读者知道都有哪些网页形式发生了质的改变。

4.1.1 语义化标签元素

早期在 HTML+CSS 技术路线下，设计人员会使用大量的层（div）标签元素，其实这些 div 标签元素通常都是没有实际意义的，一般都是使用 id 或 class 来赋予其含义。

如今，HTML 5 规范提供了很多更加语义化的结构化代码标签来代替大量的无意义的 div 标签元素。HTML 5 使用这种语义化的新特性，不但提升了网页的可读性，还减少了以前大量使用 CSS 定义 id 和 class 属性的情况。

HTML 5 常用的语义标签元素主要有：

- article 标签元素：定义外部的内容，譬如一篇文档；
- aside 标签元素：定义 article 标签元素以外的内容，其内容可以作为文档的侧边栏；
- figure 标签元素：用于对元素进行组合，使用 figcaption 元素为元素组添加标题；
- figcaption 标签元素：定义 figure 元素的标题；
- header 标签元素：定义文档页眉；
- footer 标签元素：定义文档页脚；

- section 标签元素：定义文档中的节；
- hgroup 标签元素：用于对 section 或网页的标题进行组合，使用 figcaption 标签元素为元素组添加标题；
- nav 标签元素：定义导航链接部分；
- time 标签元素：定义日期或时间。

下面我们看一段应用 HTML 5 语义化标签元素的代码，这段代码（参见源代码 chapter04/ch04-HTML 5-new-tag.html 文件）是一个使用 HTML 5 语义化标签元素定义页面结构的方法。

【示例 4-1】 语义化标签元素

```
01 <!DOCTYPE html>
02 <html lang="zh-cn">
03 <head>
04     <meta http-equiv="Content-Type" content="text/html; charset=utf-8" />
05     <style type="text/css">
06     </style>
07     <title>HTML 5新特性之语义化</title>
08 </head>
09 <body>
10     <!-- 添加文档主体内容 -->
11     <header>
12         <nav>HTML 5新特性之语义化标签元素</nav>
13     </header>
14     <div class="container clear">
15         <section>section</section>
16         <aside>aside</aside>
17     </div>
18     <footer>footer</footer>
19 </body>
20 </html>
```

在这段 HTML 代码中，使用了 HTML 5 的语义化标签元素定义了页面结构，下面我们详细介绍：

第 11～13 行代码使用 header 标签元素定义了页面页眉（头部）；其中，第 12 行代码使用 nav 标签元素定义了页面导航链接；

第 14～17 行代码使用 div 标签元素定义了页面主体；其中，第 15 行代码使用 section 标签元素定义了页面主体部分的节，第 16 行代码使用 aside 标签元素定义了页面主体部分的侧边栏；

第 18 行代码使用 footer 标签元素定义了页面页脚（底部）。

运行测试这个页面，效果如图 4.1 所示。从图中看到，HTML 5 语义化标签元素 header、

section、aside 和 footer 在页面中的位置与其含义很吻合。

图 4.1　语义化标签元素的效果

4.1.2　CSS 3 新特性

CSS 3 提供了许多新特性，譬如圆角、阴影、旋转、动画、背景渐变等，同时还提供了更加丰富的 CSS 选择器。下面我们来详细介绍。

- RGBa：RGBa 新特性允许设计人员对每个元素的色彩以及透明度进行设置；
- 多栏布局选择器（Multi-column layout）：多栏布局选择器不需要传统的 HTML 布局标签就可以生成多栏布局，同时其“栏数”、“栏宽”以及“栏间距”均可定义；
- 圆角（Round corners）：通过圆角功能设计人员可以给任何 HTML 标签元素添加圆角，同时圆角的大小尺寸风格均是可定义的；
- @font-face：如果网页定义了某种本机没有安装的字体，CSS 3 提供的@font-face 功能会自动在后台从网络上下载相应的字体。

此外，CSS 3 还提供了渐变、多重背景、图片边框背景和防止字符串长度溢出等非常实用的功能。

将 CSS 3 的新特性与 HTML 5 的新特性充分结合起来，可以实现以前只能由图片才能完成的任务，同时还可以被搜索引擎检索。

4.1.3　音频、视频与多媒体

HTML 5 规范标准对多媒体技术提供了很好的支持，包括一些音频与视频格式的多媒体文件，都可以在 HTML 5 页面中直接进行播放。早期 HTML 多媒体技术通常是需要第三方插件才可以实现的功能，在 HTML 5 规范标准下仅仅需要几行代码就可以实现了。

下面我们看一段应用 HTML 5 多媒体功能的代码，这段代码（参见源代码 chapter04/ch04-HTML 5-audio-video.html 文件）是一个使用 HTML 5 的 audio 和 video 标签元素的方法。

【示例 4-2】 HTML 5 多媒体

```
01 <!DOCTYPE html>
02 <html lang="zh-cn">
03 <head>
04     <meta http-equiv="Content-Type" content="text/html; charset=utf-8" />
05     <style type="text/css">
06     </style>
07     <title>HTML 5新特性之多媒体</title>
08 </head>
09 <body>
10     <!-- 添加文档主体内容 -->
11     <header>
12         <nav>HTML 5新特性之多媒体</nav>
13     </header>
14     <div>
15         <h5>HTML 5音频播放器</h5>
16         <audio src="media/audio.wav" controls="controls">
17             该浏览器不支持 audio 标签
18         </audio>
19     </div>
20     <br/>
21     <div>
22         <h5>HTML 5视频播放器</h5>
23         <button onclick="playPause()">播放/暂停</button><br/>
24         <video id="id-video" style="margin-top:4px; width:auto">
25             <source src="media/video.mp4" type="video/mp4" />
26             该浏览器不支持 video 标签
27         </video>
28     </div>
29     <script type="text/javascript">
30         var vVideo=document.getElementById("id-video");
31         function playPause() {
32             if (vVideo.paused)
33                 vVideo.play();
34             else
35                 vVideo.pause();
36         }
37     </script>
38 </body>
39 </html>
```

在这段 HTML 代码中，使用了 HTML 5 的 audio 音频标签元素和 video 视频标签元素，下面我们详细介绍：

第 16～18 行代码使用 audio 标签元素定义了一个音频播放器，其中 src 属性用于定义音频文件地址，HTML 5 规范中，目前只支持 wav 和 ogg 这两种音频格式；

第 21～28 行代码使用 video 标签元素定义了一个视频播放器；其中，第 23 行代码定义了一个 button 标签元素，用于执行视频播放和暂停的操作；第 24～27 行代码使用 video 标签元素定义了视频播放器的样式风格；第 25 行代码使用 source 标签元素定义了视频文件，src 属性用于定义音视频文件地址，type 属性用于定义视频文件格式；HTML 5 规范中，目前只支持 MP4、ogg 和 WebM 这三种视频格式；

第 30 行的脚本代码获取了视频播放器的控件 id；

第 31～36 行的脚本代码定义了一个函数方法 playPause()，用于执行视频播放和暂停的操作；该函数方法是对第 23 行代码中 button 标签元素中 onclick 事件方法的实现。

运行测试这个页面，效果如图 4.2 所示。从图中看到，HTML 5 提供的音视频标签元素对于实现网页多媒体功能是很简单的。

图 4.2　HTML 5 多媒体

4.1.4　画布 Canvas

HTML 5 规范标准提供了一个全新的画布（canvas）标签元素，该画布是一个矩形区域，设计人员可以使用 JavaScript 脚本语言在画布内绘制图像。同时，画布（canvas）标签元素拥有多种绘图方法，譬如：路径、矩形、圆形、字符以及添加图像等。

画布（canvas）标签元素的绘图方法都没有定义在 canvas 标签元素本身上，而是定义在通过画布的 getContext()方法获得的一个“绘图环境”对象上。画布（canvas）标签元素没有对绘制文本提供任何支持，如果想在画布中加入文本，则需要绘制文本后与画布进行组合，或者在画布上方使用 CSS 定位来覆盖 HTML 文本。

下面我们看一段应用 HTML 5 画布（canvas）标签元素的代码，这段代码（参见源代码 chapter04/ch04-HTML 5-canvas.html 文件）是一个使用 HTML 5 的 audio 和 video 标签元素的方法。

【示例 4-3】 HTML 5 画布 canvas

```
01 <!DOCTYPE html>
02 <html lang="zh-cn">
03 <head>
04     <meta http-equiv="Content-Type" content="text/html; charset=utf-8" />
05     <style type="text/css">
06         canvas {
07             margin: 4px;
08             border: 1px solid black;
09         }
10     </style>
11     <title>HTML 5新特性之画布</title>
12 </head>
13 <body>
14     <!-- 添加文档主体内容 -->
15     <header>
16         <nav>HTML 5新特性之画布（canvas）标签元素</nav>
17     </header>
18     <div>
19         <canvas id="id-canvas" width="300" height="200"
20                 onmousemove="canvas_getCoordinates(event)"
21                 onmouseout="canvas_clearCoordinates()">
22         </canvas>
23     </div>
24     <footer>
25         <div id="id-footer"></div>
26     </footer>
27     <script type="text/javascript">
28         /* 获取画布 id */
29         var idc = document.getElementById("id-canvas");
30         /* 获取画布上下文环境 */
31         var cxt = idc.getContext("2d");
32         /* 定义画布填充风格 */
33         cxt.fillStyle = "#FF0000";
34         /* 绘制画布填充矩形 */
35         cxt.fillRect(50,50,50,35);
36         /* 开始画布路径 */
37         cxt.beginPath();
```

```
38          /* 定义画布绘图方法 */
39          cxt.arc(100,100,35,0,Math.PI*2,true);
40          /* 结束画布路径 */
41          cxt.closePath();
42          /* 画布填充 */
43          cxt.fill();
44          /* 定义画布字体 */
45          cxt.font = "16px 宋体";
46          /* 定义画布绘图文字 */
47          cxt.fillText("画布（canvas）标签元素",50,175,150);
48          /* 获取画布坐标函数 */
49          function canvas_getCoordinates(e) {
50              x = e.clientX;
51              y = e.clientY;
52              document.getElementById("id-footer").innerHTML =
53                      "画布（canvas）坐标：（" + x + "," + y + "）";
54          }
55          /* 清除画布坐标函数 */
56          function canvas_clearCoordinates() {
57              document.getElementById("id-footer").innerHTML =
58                      "画布（canvas）坐标:";
59          }
60      </script>
61  </body>
62  </html>
```

在这段 HTML 代码中，使用了 HTML 5 的画布（canvas）标签元素进行了绘图操作，下面我们详细介绍：

第 19～22 行代码使用画布（canvas）标签元素定义了一个宽度为 300、高度为 200 的带边框的画布区域；其中，第 20 行代码定义了 onmousemove 事件方法函数"canvas_getCoordinates(event)"，第 21 行代码定义了 onmouseout 事件方法函数"canvas_clearCoordinates()"；

第 27～60 行代码定义了一段操作画布（canvas）标签元素的脚本代码；

第 29 行的脚本代码获取了画布（canvas）标签元素的 id 值对象；第 31 行的脚本代码通过 getContext()方法获取了环境上下文对象（context 对象）；第 33 行的脚本代码通过 fillStyle 方法定义了画布填充风格；第 35 行的脚本代码通过 fillRect()方法绘制画布填充矩形；

第 37 行的脚本代码通过 beginPath()方法定义画布开始路径；第 39 行的脚本代码通过 arc()方法定义绘制画布圆形；第 41 行的脚本代码通过 closePath()方法定义画布结束路径；第 43 行的脚本代码通过 fill()方法定义画布填充图形；第 45 行的脚本代码通过 font 方法定义画布字体；

第 47 行的脚本代码通过 fillText()方法定义画布绘制文字；第 49～54 行的脚本代码定义一个函数方法 canvas_getCoordinates()，是对第 20 行代码中函数方法的实现，其主要功能是获取画布

（canvas）标签元素内部的坐标值；

第 56～59 行的脚本代码定义了一个函数方法 canvas_clearCoordinates()，是对第 21 行代码中函数方法的实现，其主要功能是清除画布（canvas）标签元素内部的坐标值。

运行测试这个页面，效果如图 4.3 所示。从图中看到，在画布（canvas）标签元素中成功绘制了矩形、圆形和文字，并将获取的坐标值显示在画布下方。由此可见，HTML 5 规范标准提供的画布（canvas）标签元素的绘图功能是十分强大的。

图 4.3　HTML 5 画布 canvas

4.1.5　本地文件访问

HTML 5 规范标准提供了一个全新的本地文件访问 API 接口（FileReader），设计人员可以通过该接口读取本地文件。FileReader 接口的使用方式非常简单，其提供了读取文件的方法和包含读取结果的事件模型。

根据 W3C 的 HTML 5 标准中的说明，FileReader 接口实例拥有 4 个方法，其中 3 个方法用来读取文件，另一个方法用来中断读取。下面我们简单描述一下这 4 个方法：

- 方法：readAsText(file, [encoding]) 功能：将文件读取为文本
- 方法：readAsDataURL(file)　功能：将文件读取为 DataURL
- 方法：readAsBinaryString(file)　功能：将文件读取为二进制码
- 方法：abort()　功能：中断读取文件

读者需要注意无论读取文件操作成功还是失败，以上方法并不会返回读取结果，而是将这一结果存储在 result 属性中。同时，FileReader 接口实例还包含了完整的事件模型，用于捕获读取文件时的状态。下面我们简单描述一下这些事件：

- onabort：中断时触发
- onerror：出错时触发

- onload：文件读取成功完成时触发
- onloadend：读取完成触发，无论成功或失败
- onloadstart：读取开始时触发
- onprogress：读取中

读取文件操作一旦开始，result 属性都会被填充（无论操作成功或失败，如果读取成功则 result 的值为读取的结果，如果读取失败则 result 的值为 null）。

下面我们看一段应用 FileReader 接口的代码，这段代码（参见源代码 chapter04/ch04-HTML 5-filereader.html 文件）是一个使用 FileReader 接口读取本地文本文件的方法。

【示例 4-4】 HTML 5 之 FileReader API

```
01  <!DOCTYPE html>
02  <html lang="zh-cn">
03  <head>
04      <meta http-equiv="Content-Type" content="text/html; charset=utf-8" />
05      <style type="text/css">
06          html {
07              font-family: Helvetica, Arial, sans-serif;
08              font-size: 100%;
09          }
10          form {
11              margin-top: 4px;
12              width: 100%;
13              height: auto;
14          }
15          legend {
16              margin: 4px;
17          }
18          h5 {
19              margin: 4px;
20          }
21          article {
22              margin: 4px;
23          }
24          #fileContentArea {
25              margin-top: 4px;
26              width: 100%;
27          }
28      </style>
29      <title>HTML 5新特性之画布</title>
```

```
30  </head>
31  <body>
32      <!-- 添加文档主体内容 -->
33      <header>
34          <nav>HTML 5新特性之 FileReader 接口</nav>
35      </header>
36      <!-- 添加文档主体内容 -->
37      <form>
38          <fieldset>
39              <legend>读取本地文本文件:</legend>
40              <input type="file" name="fileReader" id="fileReader"
41                      onChange="fileReader_readAsText(this.files);"/><br>
42              <h5>文本文件内容:</h5>
43              <article id="fileContentArea"></article>
44          </fieldset>
45      </form>
46  <script type="text/javascript">
47      function fileReader_readAsText(fr) {
48          //检测浏览器是否支持 FileReader 对象
49          if(typeof FileReader == 'undefined') {
50              alert("Check your browser can't support FileReader object!");
51          }
52          var tmpFile = fr[0];
53          var reader = new FileReader();
54          reader.readAsText(tmpFile, 'utf-8');
55          reader.onload = function(e){
56              document.getElementById("fileContentArea").innerHTML =
57                      "<pre>"+ e.target.result+"</pre>";
58          }
59      }
60  </script>
61  </body>
62  </html>
```

在这段 HTML 代码中，使用了 HTML 5 的 FileReader API 进行了读取本地文本文件的操作，下面我们详细介绍：

第 37～45 行代码使用 form 标签元素定义了一个表单用于读取本地文本文件；其中，第 40～41 行代码定义了一个 type="file" 的 input 标签元素，并注册了一个 onChange 事件函数方法 fileReader_readAsText(this.files)；第 43 行代码定义了一个 article 标签元素，用于显示读取到的文本文件的内容；

第 47～59 行代码是对第 41 行事件函数方法 fileReader_readAsText(this.files)的具体实现；

第 49～51 行代码是检测浏览器是否支持 FileReader 对象的方法；

第 52 行代码定义了一个文件数组变量 fr，用于保存读取到的文件句柄；

第 53 行代码创建了一个 FileReader 对象 reader；

第 54 行代码调用 reader 对象的 readAsText()函数方法将文件读取为文本，并定义了编码格式为“utf-8”；

第 55 行代码调用 reader 对象的 onload 事件方法将读取到的文本内容（保存在 result 属性中）显示到页面指定的区域中。

运行测试这个页面，效果如图 4.4 所示。从图中看到，页面有一个选择本地文件的浏览按钮。然后，我们点击该按钮选择一个本地文本文件，页面效果如图 4.5 所示。

图 4.4　HTML 5 之 FileReader API 效果（一）

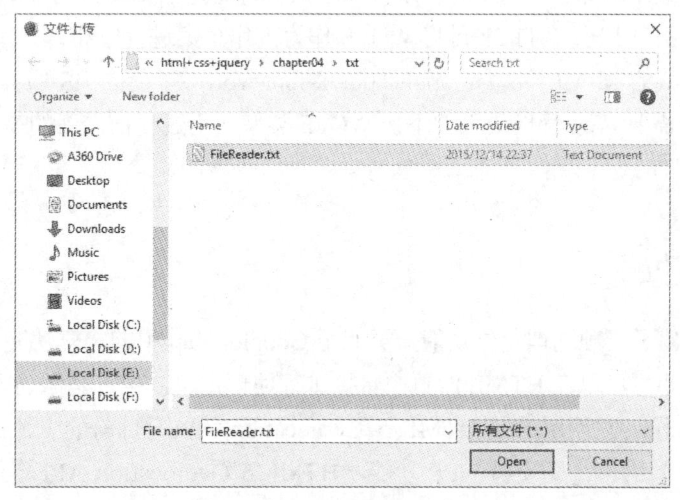

图 4.5　HTML 5 之 FileReader API 效果（二）

选择一个本地的文本文件（FileReader.txt），打开该文件后的页面效果如图 4.6 所示。文本文件（FileReader.txt）中的内容成功在页面中显示出来了。

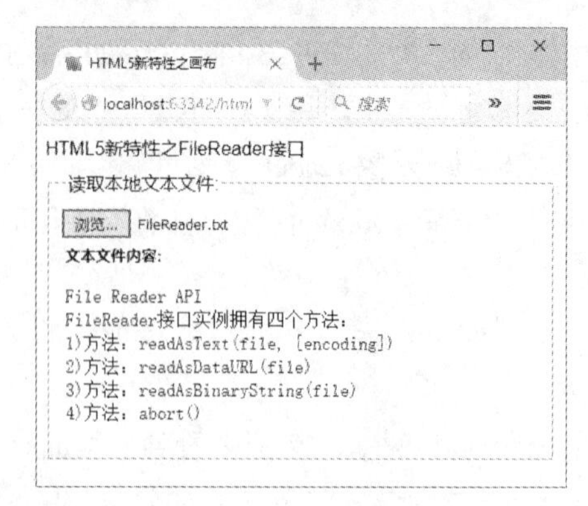

图 4.6　HTML 5 之 FileReader API 效果（三）

4.1.6　开放字体格式 WOFF

WOFF 是 Web 开放字体格式（Web Open Font Format）的简称，是 W3C 组织所推荐的一种全新的网页所采用的字体格式标准。WOFF 字体格式不但能够通过有效的压缩来减小文档，同时不包含加密，也不受 DRM（数位著作权管理）的限制。

WOFF 字体格式最初是于 2010 年 4 月由 Mozilla 基金会、Opera 软件公司和微软公司提交 W3C 组织的。W3C 组织希望 WOFF 将来可以成为所有浏览器都支持的、单一的、可互操作的（字体）格式，并于 2010 年 7 月 27 日将 WOFF 作为工作草案进行发布。

WOFF 字体格式的 MIME 类型是 application/x-font-woff，早前的 IIS 服务器内默认是没有这个 MIME 类型的，需要 Web 管理员手动添加 WOFF 类型，不过目前最新的 Windows Azure 是支持这个 MIME 类型的。

4.1.7　地理定位

HTML 5 新推出了一项地理定位功能，类似于 Google Map 中的定位功能，虽然没有 Google Map 那么强大，但想想可以在 HTML 网页中直接进行地理定位，也算是激动人心的事情。

HTML 5 的地理定位使用的是 HTML 5 Geolocation API，目前的主流浏览器均可以支持该功能。而且，如果用户终端支持 GPS 功能，HTML 5 Geolocation API 定位的位置会更加准确。另外，由于地理定位功能可能会侵犯用户隐私，建议除非用户同意，否则用户位置信息是不可用的。

下面我们看一段应用 HTML 5 Geolocation API 获取地理定位的代码，这段代码（参见源代码 chapter04/ch04-HTML 5-geolocation-getCurrentPosition.html 文件）是一个使用 HTML 5 Geolocation API 获取用户地理位置的方法。

【示例 4-5】　HTML 5 之 Geolocation API 获取地理定位

```
01    <!DOCTYPE html>
02    <html lang="zh-cn">
```

```
03  <head>
04      <meta http-equiv="Content-Type" content="text/html; charset=utf-8" />
05      <style type="text/css">
06          nav {
07              font: bold 20px arial,sans-serif;
08              text-align: center;
09          }
10          div {
11              margin: 16px;
12          }
13          h3 {
14              margin: 8px;
15          }
16      </style>
17      <title>HTML 5新特性之地理位置</title>
18  </head>
19  <body>
20      <!-- 添加文档主体内容 -->
21      <header>
22          <nav>HTML 5新特性之地理位置</nav>
23      </header>
24      <hr>
25      <h3>点击下面按钮来获得您的坐标:</h3>
26      <button onclick="getLocation()">获取您的坐标</button><br>
27      <div id="id-position"></div>
28      <script type="text/javascript">
29          var pos = document.getElementById("id-position");
30          /* 获取用户地理位置 */
31          function getLocation() {
32              if(navigator.geolocation) {
33                  navigator.geolocation.getCurrentPosition(showPosition);
34              }
35              else {
36                  pos.innerHTML = "Geolocation is not supported by this
browser.";
37              }
38          }
39          /* 显示用户地理位置 */
40          function showPosition(position) {
41              pos.innerHTML="Latitude: " + position.coords.latitude +
42                      "<br />Longitude: " + position.coords.longitude;
43          }
```

```
44          </script>
45      </body>
46      </html>
```

在这段 HTML 代码中，使用了 HTML 5 的 Geolocation API 进行了获取地理定位的操作，下面我们详细介绍：

第 26 行代码使用 button 标签元素定义了一个按钮控件，并注册了一个 onclick 事件方法 getLocation()；

第 27 行代码使用 div 标签元素定义了一个层区域，用于显示用户地理位置的信息；

第 29 行的脚本代码获取了第 27 行代码定义的 div 标签元素的 id 值；

第 31～38 行的脚本代码定义了一个函数方法，是对第 26 行代码中的事件方法 getLocation() 的具体实现；第 32 行代码通过判断浏览器是否支持 navigator.geolocation 属性来判断浏览器是否支持地理定位功能；第 33 行代码通过调用 Geolocation API 的 getCurrentPosition()函数方法来获取用户的地位定位信息，并通过 showPosition 参数进行传递；

第 40～43 行的脚本代码定义了一个函数方法 showPosition(position)，是对第 33 行脚本代码中 showPosition 参数的具体实现；第 41 行脚本代码通过 position.coords.latitude 属性获取纬度信息；第 42 行脚本代码通过 position.coords.longitude 属性获取经度信息；最后，将获取的地理定位信息显示在页面中 id 值为“pos”的区域中。

运行测试这个页面，效果如图 4.7 所示。从图中看到，页面有一个“获取您的坐标”按钮。然后，我们点击该按钮，页面效果如图 4.8 所示。从中看到，用户的地理位置信息（经纬度）成功显示在按钮下方的区域之中了。

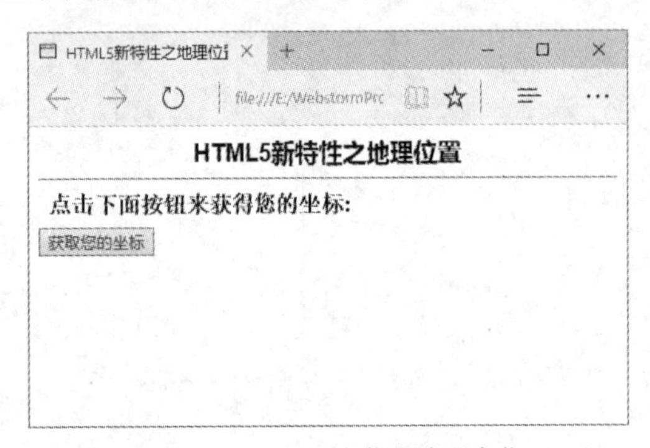

图 4.7　Geolocation API 获取地理定位（一）

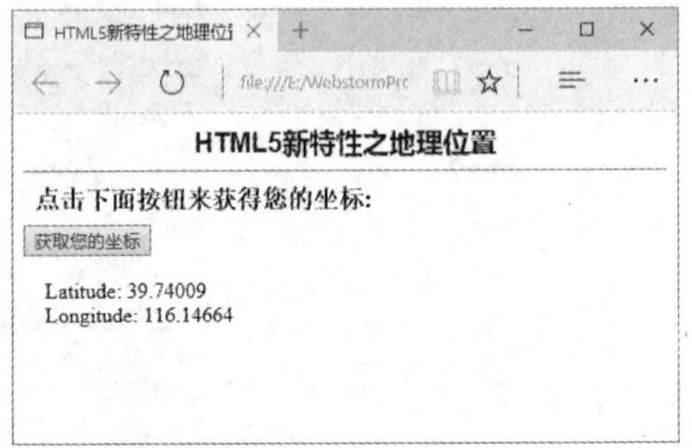

图 4.8　Geolocation API 获取地理定位（二）

4.1.8　微数据

为了提高网页语义化的功能，W3C 组织针对 HTML 5 规范推出了一个全新的微数据（Microdata）概念。那么，微数据是个什么概念呢？概括来讲，微数据是为了方便机器识别而产生的东西，其有特定的规范与格式，可以丰富搜索引擎的网页摘要。

微数据改变了传统 HTML 网页的表现形式，赋予其新的语义含义。对于网页中的内容，可以通过微数据来定义内嵌属性（名字-值）的方式，来表达网页中内容元素的语义。相当于设计人员有了一种全新的方式，来添加网页内容元素的额外语义信息。

上面是 W3C 官方对于微数据（Microdata）的概括，解释得可能比较抽象，对于读者不太好理解。下面我们看一个 W3C 官方给出的示例代码，这段代码是一个使用微数据的代码。

【示例 4-6】　HTML 5 之微数据示例

```
<div itemscope>
 <p>My name is <span itemprop="name">Elizabeth</span>.</p>
</div>
<div itemscope>
 <p>My name is <span itemprop="name">Daniel</span>.</p>
</div>
```

在这段 HTML 代码中，使用了我们初次见到的 HTML 5 关键字 itemscope 和 itemprop，其中 itemscope 属性创建了一个条目，而 itemprop 属性是 itemscope 属性的子属性，用于给条目添加一个属性。

其实【示例 4-6】这段 HTML 代码除去微数据功能，其代码大致如下所示。

【示例 4-7】　HTML 5 之微数据示例

```
<div>
 <p>My name is Elizabeth.</p>
</div>
<div>
 <p>My name is Daniel.</p>
</div>
```

在这段 HTML 代码中，其实就是定义了两个 div 元素标签，显示了两段介绍人名的句子。而添加上微数据功能后，代码就显得很不一样了，表达了想要着重突出的内容。

根据 W3C 官方给出的介绍，微数据引入了五个全局属性，这些属性适用于任意元素并为数据提供上下文机制。这五个全局属性的具体含义如下：

- itemscope：用于创建一个条目。itemscope 属性是一个布尔值属性，说明页面上有微数据以及它从哪里开始；
- itemtype：这个属性是一个有效的 URL，用于定义条目以及为属性提供上下文；
- itemid：这个属性是条目的全局标识符；
- itemprop：这个属性是为条目定义属性；
- itemref：这个属性提供了一个附加元素列表来抓取条目的名值对。

下面我们看一个定义微数据词汇表的具体应用。要定义一个微数据词汇表需要一个有效的命名空间 URL，例如网址（http://data-vocabulary.org/Person）可以作为如下命名属性的个人微数据词汇表的命名空间。

- name：人名，简单的字符串值；

- photo：指向人物照片的URL；
- url：属于个人的网站。

下面是一个使用个人微数据相关属性的例子。

```
<section itemscope itemtype="http://data-vocabulary.org/Person">
<h1 itemprop="name">king</h1>
<p>
<img itemprop="photo" src="http://www.example.com/photo.jpg">
</p>
<a itemprop="url" href="http://www.example.com/url">URL </a>
</section>
```

当Google的网页爬虫解析上面的代码页面并发现符合http://data-vocabulary.org/Person词汇表的微数据属性时，会解析出这些属性并将其存储到其他页面数据的旁边。

4.1.9 Ajax升级版——XMLHttpRequest Level 2

说起大名鼎鼎的Ajax技术，我相信绝大多数的读者一定不陌生，它就是基于XMLHttpRequest这个浏览器接口实现的。XMLHttpRequest Level 2这个概念是W3C组织在HTML 5规范形成后，为了弥补旧版XMLHttpRequest接口的不足之处，发布的规范化的XMLHttpRequest Level 2接口。XMLHttpRequest Level 2添加了很多新的功能特性，使得Ajax技术更加成熟强大。

下面我们针对XMLHttpRequest Level 2接口的新特性，并结合Ajax技术进行详细的介绍。

旧版本XMLHttpRequest接口的不足之处：

- 只支持文本数据的传送，无法用来读取和上传二进制文件；
- 传送和接收数据时，没有进度信息，只能提示有没有完成；
- 只能向同一域名的服务器请求数据。

新版本XMLHttpRequest Level 2接口做出了大幅改进：

- 可以设置HTTP请求的时限；
- 可以使用FormData对象管理表单数据；
- 可以上传文件；
- 可以请求不同域名下的数据（跨域请求）；
- 可以获取服务器端的二进制数据；
- 可以获得数据传输的进度信息。

1．HTTP请求的时限

有时，Ajax操作不但耗时且无法预知要花多少时间，XMLHttpRequest Level 2接口增加了

timeout 属性，可以设置 HTTP 请求的时限。例如：

```
xhr.timeout = 500;
```

这条语句将最长等待时间设为 3000 毫秒，过了这个时限就自动停止 HTTP 请求。与之配套的还有一个 timeout 事件用来指定回调函数，如下所示：

```
xhr.ontimeout = function (event) {
   alert ('请求超时!');
}
```

2．FormData 对象

Ajax 操作往往用来传递表单数据，为了方便表单处理，HTML 5 新增了一个 FormData 对象，可以模拟表单。具体方法如下：

首先，新建一个 FormData 对象：

```
var formData = new FormData ();
```

然后，为它添加表单项：

```
formData.append ('username', 'king');
formData.append ('id', 123456);
```

最后，直接传送这个 FormData 对象提交网页表单：

```
xhr.send (formData);
```

FormData 对象还可以用来获取网页表单的值：

```
var form = document.getElementById ('form');
var formData = new FormData (form);
formData.append (king, '123456');
xhr.open ('POST', form.action);
xhr.send (formData);
```

3．上传文件

新版 XMLHttpRequest Level 2 接口不仅可以发送文本信息，还可以上传文件。我们假定 files 是一个"选择文件"的表单元素（input[type="file"]），将它装入 FormData 对象：

```
var formData = new FormData ();
for (var i = 0; i < files.length;i++) {
   formData.append ('files[]',  files[i]);
}
```

然后，发送这个 FormData 对象：

```
xhr.send (formData);
```

4．跨域资源共享（CORS）

新版 XMLHttpRequest Level 2 接口可以向不同域名的服务器发出 HTTP 请求，我们称之为“跨域资源共享”（Cross-origin resource sharing，简称 CORS）；使用“跨域资源共享”的前提是浏览器必须支持这个功能，而且服务器端必须同意这种“跨域”。如果能够满足上面的条件，则代码的写法与不跨域的请求完全一样。

```
xhr.open ('GET', 'http://www.server.com/path/script');
```

5．接收二进制数据

从服务器接收二进制数据可以使用新增的 responseType 属性，可以将 responseType 设为 blob，表示服务器传回的是二进制对象。

```
var xhr = new XMLHttpRequest ();
xhr.open ('GET', '/path');
xhr.responseType = 'blob';
```

接收数据的时候，用浏览器自带的 Blob 对象即可。

```
var blob = new Blob ([xhr.response], {type: 'image/png'});
```

注意，是读取 xhr.response，而不是 xhr.responseText。

还可以将 responseType 设为 arraybuffer，把二进制数据装在一个数组里。

```
var xhr = new XMLHttpRequest ();
xhr.open ('GET', '/path ');
xhr.responseType = "arraybuffer";
```

接收数据的时候，需要遍历这个数组。

```
var arrayBuffer = xhr.response;
if (arrayBuffer) {
   var byteArray = new Uint8Array (arrayBuffer);
   for (var i = 0; i < byteArray.byteLength; i++) {
      // do something
   }
}
```

5．进度信息

新版 XMLHttpRequest Level 2 接口传送数据的时候，有一个 progress 事件，用来返回进度信息。

该事件分成上传和下载两种情况。下载的 progress 事件属于 XMLHttpRequest 接口，上传的

progress 事件属于 XMLHttpRequest.upload 接口。

需要先定义 progress 事件的回调函数。

```
xhr.onprogress = updateProgress;
xhr.upload.onprogress = updateProgress;
```

然后，在回调函数里面使用这个事件的一些属性。

```
function updateProgress (event) {
    if (event.lengthComputable) {
        var percentComplete = event.loaded / event.total;
    }
}
```

上面的代码中，event.total 是需要传输的总字节，event.loaded 是已经传输的字节。如果 event.lengthComputable 不为真，则 event.total 等于 0。

根据 W3C 组织官方文献，与 progress 事件相关的还有其他五个事件，可以分别指定回调函数：

- load 事件：传输成功完成；
- abort 事件：传输被用户取消；
- error 事件：传输中出现错误；
- loadstart 事件：传输开始；
- loadEnd 事件：传输结束，但是不知道成功还是失败。

4.1.10　HTML 5 Forms

HTML 5 规范对表单（Form）增加了很多新特性，与传统表单相比变化还是很大的，当然性能也更加快捷高效了。这一小节我们向读者介绍一下 HTML 5 新表单的新功能。

1．autocomplete 属性

autocomplete 属性规定 form 域或 input 标签元素拥有自动完成功能，当用户在自动完成域中开始输入时，浏览器应该在该域中显示填写的选项；

autocomplete 适用于 form 标签，以及使用 text、search、url、telephone、email、password、datepickers、range 和 color 类型的 input 标签。

下面我们看一个使用自动完成功能的表单，具体代码如下（参见源代码 chapter04/ch04-HTML 5-form-autocomplete.html 文件）所示。

【示例 4-8】　HTML 5 表单新特性之自动完成

```
01    <!DOCTYPE html>
02    <html lang="zh-cn">
```

```
03    <head>
04        <meta http-equiv="Content-Type" content="text/html; charset=utf-8" />
05        <style type="text/css">
06            nav {
07                font: bold 20px arial,sans-serif;
08                text-align: center;
09            }
10            form {
11                margin: 8px;
12            }
13            input {
14                margin: 4px;
15            }
16        </style>
17        <title>HTML 5表单新特性之自动完成</title>
18    </head>
19    <body>
20        <!-- 添加文档主体内容 -->
21        <header>
22            <nav>HTML 5表单新特性之自动完成</nav>
23        </header>
24        <hr>
25        <form action="#" method="get" autocomplete="on">
26            First name:<input type="text" name="fname" /><br />
27            Last name: <input type="text" name="lname" /><br />
28            E-mail: <input type="email" name="email" autocomplete="off" /><br
/>
29            <input type="submit" />
30        </form>
31    </body>
32    </html>
```

在这段 HTML 代码中，第 25～30 行代码使用 form 标签元素定义了一个表单域，第 25 行代码中为 form 表单增加了自动完成功能（autocomplete="on"），这样第 26 和 27 行代码定义的 input 标签元素会增加自动完成功能；而第 28 行代码定义的 email 类型的 input 标签元素将自动完成功能注销了（autocomplete="off"）。

运行测试这个页面，将表单域填写好并提交；提交后，当我们再次填写表单域时，会发现浏览器会自动完成输入选项，效果如图 4.9 所示。

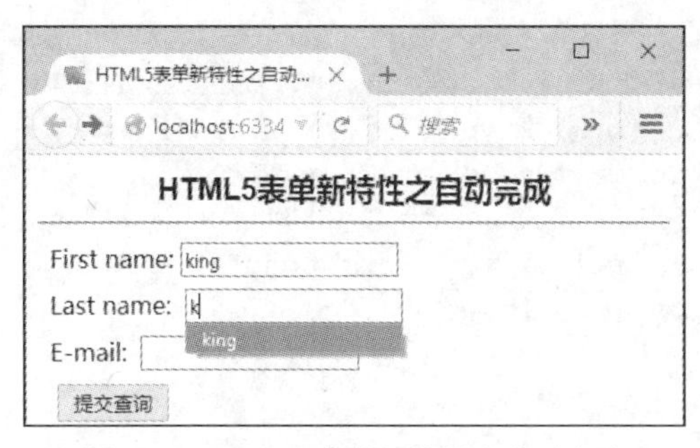

图 4.9　HTML 5 表单新特性之自动完成

而 email 类型 input 表单域由于注销了自动完成功能，因此当用户输入该表单域时，浏览器是不会提示自动完成输入选项的。

2．autofocus 属性

autofocus 属性规定 form 表单在加载时自动获取焦点的域。

autofocus 属性适用于所有类型的 input 标签元素。

下面我们看一个使用自动焦点功能的表单，具体代码如下（参见源代码 chapter04/ch04-HTML 5-form-autofocus.html 文件）所示。

【示例 4-9】　HTML 5 表单新特性之自动焦点

```
01  <!DOCTYPE html>
02  <html lang="zh-cn">
03  <head>
04      <meta http-equiv="Content-Type" content="text/html; charset=utf-8" />
05      <style type="text/css">
06          nav {
07              font: bold 20px arial,sans-serif;
08              text-align: center;
09          }
10          form {
11              margin: 8px;
12          }
13          input {
14              margin: 4px;
15          }
16      </style>
17      <title>HTML 5表单新特性之自动焦点</title>
18  </head>
19  <body>
20      <!-- 添加文档主体内容 -->
21      <header>
22          <nav>HTML 5表单新特性之自动焦点</nav>
23      </header>
24      <hr>
```

```
25        <form action="#" method="get" autocomplete="on">
26            First name:<input type="text" name="fname" /><br />
27            Last name: <input type="text" name="lname" /><br />
28            E-mail: <input type="email" name="email"
29                        autocomplete="off"
30                        autofocus="autofocus"/><br />
31            <input type="submit" />
32        </form>
33    </body>
34    </html>
```

在这段 HTML 代码中，第 30 行代码定义的 email 类型的 input 标签元素增加了自动焦点功能（autofocus="autofocus"）。

运行测试这个页面，页面加载后 email 类型的 input 标签元素域自动获取了输入焦点，效果如图 4.10 所示。

图 4.10　HTML 5 表单新特性之自动焦点

3．form 属性

form 属性规定输入域所归属于某一个表单或多一组表单。

form 属性适用于所有类型的 input 标签元素；如需引用一组表单，可以使用空格分隔的列表。

下面我们看一个使用 form 属性的表单，具体代码如下（参见源代码 chapter04/ch04-HTML 5-form-form.html 文件）所示。

【示例 4-10】　HTML 5 表单新特性之 form 属性

```
01    <!DOCTYPE html>
02    <html lang="zh-cn">
03    <head>
04        <meta http-equiv="Content-Type" content="text/html; charset=utf-8" />
05        <style type="text/css">
06            nav {
07                font: bold 20px arial,sans-serif;
08                text-align: center;
09            }
10            form {
```

```
11              margin: 8px;
12          }
13          input {
14              margin: 4px;
15          }
16      </style>
17      <title>HTML 5表单新特性之 form 属性</title>
18  </head>
19  <body>
20      <!-- 添加文档主体内容 -->
21      <header>
22          <nav>HTML 5表单新特性之 form 属性</nav>
23      </header>
24      <hr>
25      <form action="#" method="get" autocomplete="on" id="form-login">
26          First name:<input type="text" name="fname" /><br />
27          E-mail: <input type="email" name="email"
28                      autocomplete="off" /><br />
29          <input type="submit" />
30      </form>
31      Last name: <input type="text" name="lname" form="form-login" /><br />
32  </body>
33  </html>
```

在这段 HTML 代码中，第 31 行代码定义的 text 类型的 input 标签元素是在 form 表单域外部的，按照传统的表单定义，该表单域是不归属于上面 form 表单的；但我们为第 31 行的 input 标签元素增加了 form 属性（form="form-login"），其中"form-login"属性值与第 25 行代码中为 form 标签元素定义的 id 值对应；通过该方式，HTML 5 规范自动将第 31 行定义的 input 标签元素归属于第 25～30 行定义的表单域。

运行测试这个页面，在表单域输入内容后提交，测试一下第 31 行代码定义的表单域自动完成功能，效果如图 4.11 所示。从图中可以看到，第 31 行代码定义的表单域仍然具有自动完成功能，可见该表单域是归属于 form 表单的。

图 4.11　HTML 5 表单新特性之 form 属性

4．placeholder 属性

placeholder 属性提供一个输入提示，用于描述输入域所期待的值。

placeholder 属性适用于使用 text、search、url、telephone、email 和 password 类型的 input 标签。

下面我们看一个使用 placeholder 属性的表单，具体代码如下（参见源代码 chapter04/ch04-HTML 5-form-placeholder.html 文件）所示。

【示例 4-11】 HTML 5 表单新特性之 placeholder 属性

```
01  <!DOCTYPE html>
02  <html lang="zh-cn">
03  <head>
04      <meta http-equiv="Content-Type" content="text/html; charset=utf-8" />
05      <style type="text/css">
06          nav {
07              font: bold 20px arial,sans-serif;
08              text-align: center;
09          }
10          form {
11              margin: 8px;
12          }
13          input {
14              margin: 4px;
15          }
16      </style>
17      <title>HTML 5表单新特性之 form 属性</title>
18  </head>
19  <body>
20      <!-- 添加文档主体内容 -->
21      <header>
22          <nav>HTML 5表单新特性之 form 属性</nav>
23      </header>
24      <hr>
25      <form action="#" method="get" autocomplete="on" id="form-login">
26          First name:<input type="text" name="fname"
27                          placeholder="First name" /><br />
28          Last name: <input type="text" name="lname"
29                          placeholder="Last name" /><br />
30          E-mail: <input type="email" name="email"
31                      placeholder="email@domin.com"
32                      autocomplete="off" /><br />
33          <input type="submit" />
34      </form>
35  </body>
36  </html>
```

在这段 HTML 代码中，第 27、29 和 31 行代码为表单域增加了 placeholder 属性。

运行测试这个页面，效果如图 4.12 所示。从图中可以看到，增加了 placeholder 属性的表单域中给出了灰色字体的提示信息。

图 4.12　HTML 5 表单新特性之 placeholder 属性

5．required 属性

required 属性规定表单在提交之前必须填写输入域（不能为空）。

required 属性适用于使用 text、search、url、telephone、email、password、datepickers、number、checkbox、radio 和 file 类型的 input 标签。

下面我们看一个使用 required 属性的表单，具体代码如下（参见源代码 chapter04/ch04-HTML 5-form-required.html 文件）所示。

【示例 4-12】　HTML 5 表单新特性之 required 属性

```
01   <!DOCTYPE html>
02   <html lang="zh-cn">
03   <head>
04      <meta http-equiv="Content-Type" content="text/html; charset=utf-8" />
05      <style type="text/css">
06         nav {
07            font: bold 20px arial,sans-serif;
08            text-align: center;
09         }
10         form {
11            margin: 8px;
12         }
13         input {
14            margin: 4px;
15         }
16      </style>
17      <title>HTML 5表单新特性之 required 属性</title>
18   </head>
19   <body>
20      <!-- 添加文档主体内容 -->
21      <header>
22         <nav>HTML 5表单新特性之 required 属性</nav>
23      </header>
24      <hr>
25      <form action="#" method="get" autocomplete="on" id="form-login">
26         First name:<input type="text" name="fname"
```

```
27                          required="required" /><br />
28          Last name: <input type="text" name="lname"
29                          required="required" /><br />
30          E-mail: <input type="email" name="email"
31                       placeholder="email@domin.com"
32                       autocomplete="off" /><br />
33          <input type="submit" />
34      </form>
35  </body>
36  </html>
```

在这段HTML代码中，第27和29行代码为表单域增加了required属性。

运行测试这个页面，在不输入表单域的前提下点击“提交查询”按钮，效果如图4.13所示。从图中可以看到，增加了required属性的表单域在提交表单时，如果内容为空，浏览器会提示“请填写此字段”。

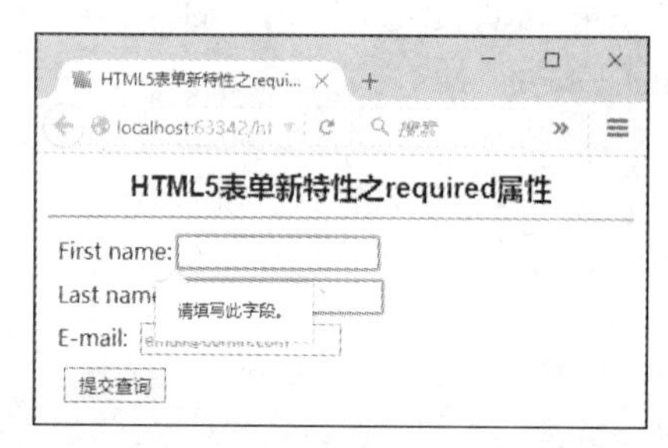

图4.13　HTML 5表单新特性之required属性

除了上面几个新特性外，HTML 5规范对表单（Form）还增加了诸如novalidate、multiple、list、min、max和step等新特性，感兴趣的读者可以自行了解一下使用方法。

4.2 HTML 5之Web储存

早先网页的存储都是通过cookie和session完成，但HTML 5提供了新的存储方式，本节的目的就是让读者了解这些新增加的存储方式。

4.2.1 Web存储概述

HTML 5规范提供了两种在客户端存储数据的新方法，分别是localStorage方式和sessionStorage方式。这两种方式的特点如下：

- localStorage：没有时间限制的数据存储；
- sessionStorage：针对一个session的数据存储。

在 HTML 5 规范出台之前，传统的 HTML 网页一般都是由 cookie 完成存储功能的。使用过 cookie 的读者一定知道，cookie 方式是不适合大量数据存储操作的。因为存储是由每次对服务器发起的请求来传递完成的，导致 cookie 的速度很慢、效率很低，无法适应大量数据的场景。

在 HTML 5 规范中，数据不是由每次服务器请求传递的，而是只有在请求时才使用数据。这样就使得在不影响网站性能的情况下，存储大量数据成为可能。对于每个单独的网站，数据存储于单独的区域，并且每个网站只能访问其自身的数据。

最后，HTML 5 规范下使用 JavaScript 来存储和访问数据。

4.2.2 localStorage 存储方式

在 4.2.1 小节我们提到，使用 localStorage 方式存储的数据没有时间限制，换言之就是无论经过多少天（可能是一天、一个月或是一年），存储的数据依然可用。

下面我们看一段使用 localStorage 方式存储的代码，这段代码（参见源代码 chapter04/ch04-HTML 5-webstorage-localstorage.html 文件）是一个模拟页面访问次数的应用。

【示例 4-13】　Web 存储之 localStorage 方式

```
01  <!DOCTYPE html>
02  <html lang="zh-cn">
03  <head>
04      <meta http-equiv="Content-Type" content="text/html; charset=utf-8" />
05      <style type="text/css">
06          nav {
07              font: bold 20px arial,sans-serif;
08              text-align: center;
09          }
10          div {
11              margin: 16px;
12          }
13          p {
14              margin: 8px;
15              font: normal 16px arial,sans-serif;
16          }
17      </style>
18      <title>HTML 5 - Web 存储 localStorage 存储方式</title>
19  </head>
20  <body>
21      <!-- 添加文档主体内容 -->
22      <header>
23          <nav>HTML 5 - Web 存储 localStorage 存储方式</nav>
24      </header>
25      <hr>
26      <div id="id-visitor-counts"></div>
27      <div>
28          <p>说明：</p>
29          <p>用户每刷新一次页面,计数器会随之增长.</p>
```

```
30            <p>即使用户关闭该页面,重新打开页面后计数器会继续计数.</p>
31        </div>
32        <script type="text/javascript">
33            if (localStorage.pagecount) {
34                localStorage.pagecount = Number(localStorage.pagecount) + 1;
35            } else {
36                localStorage.pagecount = 1;
37            }
38            document.getElementById("id-visitor-counts").innerHTML =
39                    "Visits: " + localStorage.pagecount + " time(s).";
40        </script>
41    </body>
42    </html>
```

在这段 HTML 代码中，使用 localStorage 存储方式模拟了页面访问次数的应用，下面我们详细介绍：

第 33～37 行的脚本代码使用 if 条件语句先判断 localStorage.pagecount 属性是否有效，如果有效则计数器加 1，如果无效则说明页面是第一次被访问，则计数器初始值定义为 1；

第 38～39 行的脚本代码通过 localStorage.pagecount 属性值将访问次数显示在页面第 26 行代码中定义的 id 值为"id-visitor-counts"的 div 标签元素区域中；每一次页面为访问刷新，该 div 标签元素中的内容会被更新；

运行测试这个页面，效果如图 4.14 所示。如图中提示的那样，即使关闭页面或浏览器，当我们再次打开该页面时，计数器会继续累计增加。

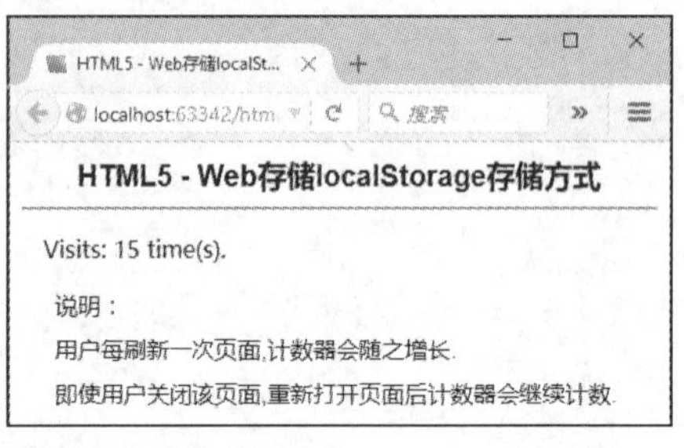

图 4.14　Web 存储之 localStorage 方式

4.2.3　sessionStorage 存储方式

在第 4.2.1 小节中我们提到，使用 sessionStorage 方式存储是针对一个 session（会话）进行数据存储，也就是说，当用户关闭浏览器窗口后，存储数据也会被自动删除。

下面我们看一段使用 sessionStorage 方式存储的代码，这段代码（参见源代码 chapter04/ch04-HTML 5-webstorage-sessionStorage.html 文件）同样是一个模拟页面访问次数的应用。

【示例 4-14】　Web 存储之 localStorage 方式

```
01    <!DOCTYPE html>
02    <html lang="zh-cn">
03    <head>
```

```
04      <meta http-equiv="Content-Type" content="text/html; charset=utf-8" />
05      <style type="text/css">
06          nav {
07              font: bold 20px arial,sans-serif;
08              text-align: center;
09          }
10          div {
11              margin: 16px;
12          }
13          p {
14              margin: 8px;
15              font: normal 16px arial,sans-serif;
16          }
17      </style>
18      <title>HTML 5 - Web 存储 sessionStorage 存储方式</title>
19  </head>
20  <body>
21      <!-- 添加文档主体内容 -->
22      <header>
23          <nav>HTML 5 - Web 存储 sessionStorage 存储方式</nav>
24      </header>
25      <hr>
26      <div id="id-visitor-counts"></div>
27      <div>
28          <p>说明：</p>
29          <p>用户每刷新一次页面,计数器会随之增长.</p>
30          <p>不过当用户关闭该浏览器后,重新打开页面后计数器会被重置清零.</p>
31      </div>
32      <script type="text/javascript">
33          if (sessionStorage.pagecount) {
34            sessionStorage.pagecount = Number(sessionStorage.pagecount) + 1;
35          } else {
36              sessionStorage.pagecount = 1;
37          }
38          document.getElementById("id-visitor-counts").innerHTML ="Visits: "
+ sessionStorage.pagecount + " time(s) in this session.";
39      </script>
40  </body>
41  </html>
```

在这段 HTML 代码中，使用 sessionStorage 存储方式模拟了页面访问次数的应用，下面我们详细介绍：

第 33～37 行的脚本代码使用 if 条件语句先判断 sessionStorage.pagecount 属性是否有效，如果有效则计数器加 1，如果无效则说明页面是第一次被访问，则计数器初始值定义为 1；

第 38～39 行的脚本代码通过 sessionStorage.pagecount 属性值将访问次数显示在页面第 26 行代码中定义的 id 值为"id-visitor-counts"的 div 标签元素区域中；每一次页面为访问刷新，则该 div 标签元素中的内容会被更新。

运行测试这个页面，效果如图 4.15 所示。如图中提示的那样，在关闭浏览器后再次打开该页面时，由于 session（会话）会随着浏览器关闭自动关闭的原因，计数器会被重置清零，从 1 开始重新计数，读者可以自行测试一下。

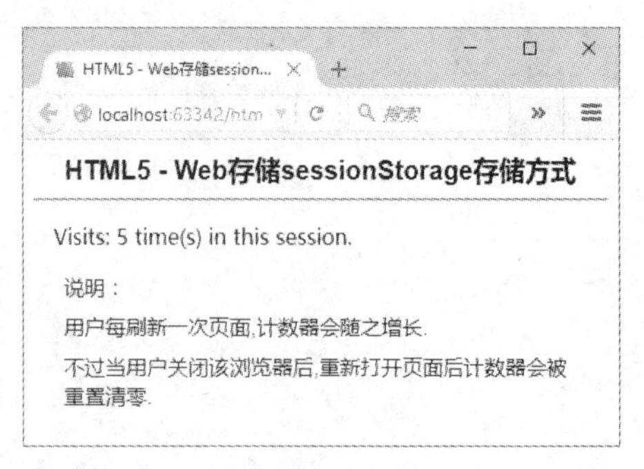

图 4.15 Web 存储之 sessionStorage 方式

4.3 HTML 5 之应用缓存

HTML 5 引入了应用程序缓存的概念，这表明 Web 应用可进行缓存，并且在没有因特网连接时也可以进行访问。应用程序缓存为 Web 应用带来三个优势：

- 离线浏览：用户可在应用离线时使用 Web 应用；
- 高速：已缓存资源加载得更快；
- 减少服务器负载：浏览器将只从服务器下载更新过或更改过的资源。

那么如何使用应用缓存呢？通过在 HTML 5 网页中创建 cache manifest 文件，就可以轻松地实现 Web 应用的离线版本。关于 cache manifest 文件的使用，请看下面的代码：

```
01  <!DOCTYPE HTML>
02  <html manifest="webapp.appcache">
03  ...
04  </html>
```

上面的第 02 行代码通过在文档的 html 标签元素中包含 manifest 属性，就可以启用应用程序缓存了。如果页面定义了 manifest，则用户访问时页面都会被缓存；反之，如果页面没有定义 manifest，则用户访问时页面不会被缓存。

manifest 文件的建议文件扩展名是".appcache"；同时，manifest 文件需要配置正确的 MIME-type（"text/cache-manifest"），且必须在 Web 服务器上进行配置。

那么 manifest 文件具体是如何定义的呢？manifest 文件其实是个简单的文本文件，其通知浏览器被缓存的内容和不缓存的内容。manifest 文件大致可分为如下三个部分：

- CACHE MANIFEST：在此条目下列出的文件将在首次下载后进行缓存；

- NETWORK：在此条目下列出的文件需要与服务器连接，且不会被缓存；
- FALLBACK：在此条目下列出的文件规定当页面无法访问时的回退页面（譬如著名的 404 错误页面）。

下面我们看一段应用缓存的代码，这段代码（参见源代码 chapter04/cache.manifest/ch04-HTML 5-cache-manifest.html 文件）是一个使用应用缓存进行离线浏览的应用。

【示例 4-15】　应用缓存之 HTML 网页

```
01  <!DOCTYPE html>
02  <html manifest="manifest.appcache">
03  <head>
04      <meta http-equiv="Content-Type" content="text/html; charset=utf-8" />
05      <link rel="stylesheet" type="text/css" href="style.css" />
06      <script type="text/javascript" src="manifest.js"></script>
07      <title>HTML 5之应用缓存</title>
08  </head>
09  <body>
10      <!-- 添加文档主体内容 -->
11      <header>
12          <nav>HTML 5之应用缓存</nav>
13      </header>
14      <hr>
15      <div>
16          <p>
17              <button onclick="changePng();">更换图片</button>
18          </p>
19      </div>
20      <div>
21          <p><img id="id-png" src="png1.png" /></p>
22      </div>
23      <div>
24          <p>
25              打开
26              <a href="ch04-HTML 5-cache-manifest.html" target="_blank">该页面
</a>,
27              <br>
28              然后脱机浏览并重新加载页面.<br>
29              页面中的脚本和图像依然可用.<br>
30          </p>
31      </div>
32  </body>
33  </html>
```

在这段 HTML 代码中，使用应用缓存创建了一个页面，下面我们详细介绍：

第 02 行代码在 html 标签元素中使用 manifest 属性定义了一个 manifest 文件 "manifest.appcache"，该文件保存在 Web 应用根目录下；

第 05 行代码定义了一个 CSS 样式文件"style.css"，该文件也保存在 Web 应用根目录下；

第 06 行代码定义了一个 JavaScript 脚本文件"manifest.js"，该文件同样也保存在 Web 应用根目录下；

第 11～31 行代码为页面主体部分，定义了一些页面内容用于测试应用缓存功能。

下面我们看一下第 05 行代码定义的 CSS 样式文件，这段样式代码（参见源代码 chapter04/cache.manifest/style.css 文件）为页面的 nav、div 和 p 标签元素定义了样式。

【示例 4-16】 应用缓存之 CSS 样式文件

```
nav {
   font: bold 20px arial,sans-serif;
   text-align: center;
}
div {
   margin: 16px;
}
p {
   margin: 8px;
   font: normal 16px arial,sans-serif;
}
```

接着我们看一下第 06 行代码定义的 JavaScript 脚本文件，【示例 4-17】这段脚本代码（参见源代码 chapter04/cache.manifest/manifest.js 文件）为更换图片功能提供了操作。

【示例 4-17】 应用缓存之脚本文件

```
01  function changePng() {
02      var i = Math.ceil(Math.random() * 3);
03      document.getElementById("id-png").src = "png" + i.toString() + ".png";
04  }
```

在这段脚本代码中，第 02 行的脚本代码使用 JavaScript 数学函数生成了 1～3 区间内的正整数，第 03 行的脚本代码根据随机数替换不同的 png 格式图片；

最后，我们看一下【示例 4-18】这段代码，其是本应用的 manifest 文件（"manifest.appcache"），具体代码如下。

【示例 4-18】 应用缓存之 Manifest 文件

```
CACHE MANIFEST
# 2015-12-16 v1.0.0
/style.css
/png1.png
/png2.png
/png3.png
/manifest.js

NETWORK:

FALLBACK:
/404.html
```

在这段代码中，CACHE MANIFEST 条目下定义了 style.css、manifest.js 和三个图片文件的存储位置，这样就可以保证网页脱机浏览时也能加载这些文件了。

运行测试该应用，打开 ch04-HTML 5-cache-manifest.html 文件，页面效果如图 4.16 所示。然后，我们点击页面中的“更换图片”按钮，尝试网页脚本语言功能的操作，页面效果如图 4.17 所示。

图 4.16　应用缓存 Web 应用（一）

图 4.17　应用缓存 Web 应用（二）

以上均是以联机方式浏览网页，下面我们尝试以脱机方式浏览网页，点击页面中的“该页面”链接，并使用脱机方式浏览该页面，并在此点击“更换图片”按钮，效果如图 4.18 所示。

图 4.18　应用缓存 Web 应用（三）

可见，使用 HTML 5 的应用缓存功能，在脱机浏览方式下，应用的样式文件、脚本文件和图片资源均可以使用。

4.4 Web 索引数据库：IndexedDB

Web IndexedDB 也就是 Web 索引数据库，其已经作为 HTML 5 规范的一部分而实现了。Web IndexedDB 对于创建的数据密集型的本地离线 HTML 5 Web 应用程序作用很突出。另外，Web IndexedDB 还对移动 Web 应用程序的本地数据缓存有很大的帮助，可以使得 Web 应用更快地响应和运行。

使用 IndexedDB 数据库的方法与传统关系型数据库还是有一定区别的，其更接近与 NoSQL 类型的非关系型数据库。不过，既然是数据库，自然也有创建、打开、增加、删除和更新等基本功能的操作。

4.4.1 打开一个 IndexedDB 数据库

首先，你需要知道你的浏览器是否支持 IndexedDB，代码如下所示：

```
window.indexedDB =
 window.indexedDB || window.mozIndexedDB ||
 window.webkitIndexedDB || window.msIndexedDB;
if(!window.indexedDB) {
    console.log("用户浏览器不支持 IndexedDB");
}
```

如果检测到浏览器支持 IndexedDB，就可以通过创建一个请求打开 IndexedDB 数据库。代码如下所示：

```
var request = window.indexedDB.open("dbName", 1);
```

其中，第一个参数是数据库的名称，第二个参数是数据库版本号。版本号可以在升级数据库时用来调整数据库的结构和数据。

增加数据库版本号时，会触发 onupgradeneeded 事件，该操作可能会发生成功、失败和阻止事件三种情况。代码如下所示：

```
var db;
request.onerror = function(event) {
    console.log("打开数据库失败", event);
}
request.onupgradeneeded = function(event) {
    console.log("upgrading");
    db = event.target.result;
    var objectStore = db.createObjectStore("tableName", { keyPath : "id" });
};
```

```
request.onsuccess = function(event) {
    console.log("成功打开数据库");
    db = event.target.result;
}
```

其中，onupgradeneeded 事件在第一次打开页面初始化数据库时或在版本号变化时会被调用，因此应该在 onupgradeneeded 函数方法里创建存储数据。如果没有版本号变化，而且页面之前被打开过，则将会获得一个 onsuccess 事件。如果有错误发生时则会触发 onerror 事件。

4.4.2　向 ObjectStore 里新增对象

为了往数据库里新增数据，首先需要创建一个事务，并要求具有读写权限。代码如下所示：

```
var transaction = db.transaction(["tableName"],"readwrite");
transaction.oncomplete = function(event) {
    console.log("Success");
};
transaction.onerror = function(event) {
    console.log("Error");
};
var objectStore = transaction.objectStore("tableName");
objectStore.add({id:id, name: name});
```

4.4.3　从 ObjectStore 里删除对象

删除跟新增一样需要创建事务，然后调用删除接口，通过 key 删除对象。代码如下所示：

```
db.transaction(["tableName"],"readwrite").objectStore("tableName").delete(id);
```

4.4.4　通过 key 取出对象

通过向 get()方法里传入对象的 key 值，来取出相应的对象。代码如下所示：

```
var request =
db.transaction(["tableName"],"readwrite").objectStore("tableName").get(id);
request.onsuccess = function(event){
    console.log("Name : "+request.result.name);
};
```

4.4.5 更新一个对象

更新一个对象的操作需要先把对象取出来，然后修改好后再保存回去。代码如下所示：

```
var transaction = db.transaction(["tableName"],"readwrite");
var objectStore = transaction.objectStore("tableName");
var request = objectStore.get(id);
request.onsuccess = function(event){
   console.log("Updating : "+request.result.name + " to " + name);
   request.result.name = name;
   objectStore.put(request.result);
};
```

Web IndexedDB 的功能非常强大，除了上面介绍的基本操作，还提供了很多高级功能，读者可以参阅 W3C 官方文档进行进一步了解。

4.5 小结

本章主要介绍了 HTML 5 提供的特色功能，包括 HTML 5 新特性、Web 存储、应用缓存和 Web IndexedDB 索引数据库等新特性内容。新特性部分是普通 HTML 应用人员从没有接触过的内容，也是 HTML 5 的主要变化。希望本章内容能给广大读者以帮助和启迪。

第二篇
CSS与CSS 3

第 5 章

定义CSS网页样式

本章我们介绍如何定义 CSS 网页样式。CSS 网页样式是一种用来表现 HTML 文档样式的计算机语言，在设计 HTML 文档时使用 CSS 网页样式，可以将网页的内容与表现形式进行有效分离。因此，基于 CSS 网页样式的优势，目前使用 HTML + CSS 方式设计网页是最主流的方法。

当然，使用 CSS 网页样式是需要设计人员遵循一定规范的，在这方面 W3C 组织发布了有关于 CSS 标准规范的文档。同时，基于 CSS 的使用还有很多非常实用的技巧，譬如标签语义化、CSS Sprites 技术、CSS Hack 等。因此，前端工程师需要对 CSS 网页样式有一个全面的了解，才可以设计出更好的 HTML 网页。

本章主要包括以下内容：

- 什么是 CSS
- CSS 文件构成
- 标签语义化
- CSS 命名规范
- CSS 样式重置
- CSS Sprites 技术
- 页面质量评估标准
- 代码注释的重要性
- CSS Hack

5.1 什么是 CSS

什么是 CSS 呢？CSS 的英文全拼是 Cascading Style Sheets，一般翻译成中文叫作“层叠样式表”。CSS 是一种用来表现 HTML 或 XML 等文件样式的计算机编程语言。

CSS 从最初发布的 CSS 1 版本开始，到 CSS 2 版本的完善，再到目前最新版本的 CSS 3，这期间经历了多次重大的修订、扩展与重构，是凝聚了众多开发者辛勤工作的成果。

CSS 是能够真正做到网页表现与内容分离的一种样式设计语言。相对于传统 HTML 的表现而言，CSS 能够对网页中元素对象的位置排版进行像素级的精确控制，支持几乎所有的字体字号样式，拥有对网页对象和模型样式编辑的能力，并能够进行初步交互设计，是目前基于文本展示最优秀的表现设计语言。

5.2 CSS 样式表构成

CSS 样式表的使用比较灵活，在本书第 1.3 节中，我们对 CSS 样式表的使用有过初步的介绍。大体上，CSS 样式表可以分为内联式、嵌入式和外链式这三种。而外链式的 CSS 样式表，是通过引用一个外部 CSS 文件来实现的，该方式也是使用最普遍的一种形式。

对于编写一个 CSS 样式表文件，我们需要掌握一些基本的语法规则，下面详细介绍。

5.2.1 CSS 样式表构成

CSS 样式主要由两部分构成，选择器以及一条或多条的声明。其语法格式如下：

```
selector {
 declaration1;
 declaration2;
 ......
 declaration
}
```

其中，选择器（selector）通常是需要改变样式的 HTML 元素，而每条声明（declaration）由一个属性和一个值组成。

属性（property）是准备设置的样式属性（style attribute），每个属性有一个值，属性和值中间使用冒号分隔开来。

下面看一段实际 CSS 样式代码的例子：

```
p {
 margin: 2px;
 font-size: 12px;
 color: red;
 text-align: center;
}
```

在上面这段 CSS 样式代码中，p 是选择器，margin（外边距）、font-size（字体大小）、color（颜色）和 text-align（文本对齐方式）是属性，依次对应的 2px、12px、red 和 center 是值。而像“margin: 2px;”这样一组{属性:值}对就称为一个声明。

5.2.2 CSS 样式表高级语法

CSS 样式表支持选择器分组功能，之所以对选择器进行分组，是因为被分组的选择器可以共享相同的声明。进行分组时，要使用逗号将需要分组的选择器分开。我们看下面的例子：

```
h1,h2,h3,h4,h5,h6 {
  color:red;
}
```

上面这段代码对h1、h2、h3、h4、h5和h6这些标签元素进行了分组，这样全部标题元素的字体颜色都被设置成红色。

另外，CSS 样式表还支持选择器继承功能。所谓 CSS 继承，就是子元素将继承最高级元素定义的全部属性。我们看下面的例子：

```
body {
  color:red;
  font-family:黑体;
}
```

根据上面的代码，所有 body 的子元素在不需要另外定义的条件下，也都具有显示红色“黑体”字的样式，其作用域包括子元素、子元素的子元素等。

有的时候我们需要继承发挥作用，有的时候我们也希望子元素具有特殊的样式，那么避免子元素继承父元素样式的方法就是单独给子元素定义一种样式。我们看下面的例子：

```
body {
  color:red;
  font-family:黑体;
}
p {
  color:green;
  font-family:宋体;
}
```

根据上面的代码，所有 p 的子元素均不继承 body 标签元素的样式，将显示绿色“宋体”字的样式。

5.2.3 CSS 选择器

CSS 选择器是使用 CSS 样式表最核心的部分，如果想对 HTML 网页中元素的样式实现一对一，一对多或者多对一的控制，就必须要用到 CSS 选择器。

CSS 选择器按照类别可以分为以下几种：

- 类选择器：根据类名为 HTML 标签元素定义的样式；
- id 选择器：根据标有特定 id 值的 HTML 标签元素指定样式；
- 标签选择器：根据 HTML 标签元素定义的样式；
- 伪类选择器：根据伪类名为 HTML 标签元素定义的样式；
- 通用选择器：使用*表示的成为通用选择器；

- 属性选择器：根据标签元素的属性来定义的选择器，其属性可以是标准属性也可以是自定义属性;
- 群组选择器：当若干表标签元素样式属性一样时，可以使用群组选择器共同调用一个声明，元素之间用逗号分隔。

另外，还有一些选择器大多数场合不太常用，但在某些特定场合使用最合适，譬如：子选择器、后代选择器、相邻选择器、伪元素选择器和结构性伪类选择器等，读者可以参考 CSS 规范中的内容进一步了解。

5.3 标签语义化

在前面第 4.1 节中我们提到了 HTML 5 全新的语义化特性，CSS 规范紧跟 HTML 5 的发展，也提出了标签语义化的特性。在计算机语言里，“语义化”指的是机器在需要更少的人为干预的情况下、能够更好地获取和研究分析代码，让代码能够被机器更好地识别，最终使得人机交互更加顺畅。

CSS 标签语义化是让大家直观地认识标签和属性的用途和作用，语义化的 CSS 样式代码对于设计人员更加友好，良好的结构和直观的语义为代码的维护省下不少时间与精力。同时，语义化技术有助于利用基于开放标准的技术，从数据、文档内容或应用代码中分离出实际意义。

下面我们看这段代码，介绍 CSS 标签语义化的写法。

【示例 5-1】　CSS 标签语义化

```
01  /*-- Page section --*/
02  #container {
03    ......
04  }
05  /*-- Top section --*/
06  #header {
07    ......
08  }
09  #navbar {
10    ......
11  }
12  /*-- Main section --*/
13  #menu {
14    ......
15  }
16  #main {
17    ......
```

```
18  }
19  #sidebar {
20    ......
21  }
22  /*-- Footer section --*/
23  #footer {
24    ......
25  }
```

在这段 CSS 样式代码中，定义了一个完整的页面 CSS 样式结构，下面我们详细介绍：

第 02～04 行代码定义了一个 id 选择器（#container），相当于整个 HTML 页面的容器；

第 06～08 行代码定义了一个 id 选择器（#header），第 09～11 行代码定义了一个 id 选择器（#navbar），相当于整个 HTML 页面的顶部；语义化的 id 选择器#header 相当于头部、#navbar 相当于导航条；

第 13～15 行代码定义了一个 id 选择器（#menu），第 16～18 行代码定义了一个 id 选择器（#main），第 19～21 行代码定义了一个 id 选择器（#sidebar），相当于整个 HTML 页面的主体；语义化的 id 选择器#menu 相当于菜单、#main 相当于页面主体、#sidebar 相当于页面侧边条；

第 23～25 行代码定义了一个 id 选择器（#footer），语义化的 id 选择器#footer 相当于页面底部；

经过以上 CSS 代码的定义，就将整个 HTML 页面划分为不同的区域，设计人员可以根据不同的区域设计不同的样式风格。

5.4 CSS 命名规范

前一小节我们介绍了 CSS 标签语义化，这一小节我们引申一下，讲一讲 CSS 命名规范。既然是规范，就是绝大多数设计人员都承认并建议统一执行的标准。这样做的好处不言而喻，有利于形成整体风格统一的编码习惯，这样代码更易于维护和扩展。下面我们具体介绍。

1 . CSS 文件名称的命名规范

在创建 CSS 样式表文件时，我们一般会按照样式表的含义分类编写 CSS 文件，并统一保存于项目目录下 css 文件夹中。例如：项目中全部页面都需要包含的样式表一般命名为 main.css；全部关于文字的样式文件一般命名为 font.css；风格主题相关的样式文件一般命名为 themes.css；关于按钮控件的样式文件一般命名为 button.css；关于表单的样式文件一般命名为 form.css；关于表格的样式文件一般命名为 table.css；等等。这样 CSS 文件的名称与其样式的内容能一一对应起来，十分有利于 CSS 文件的管理。

2．页面功能区域的命名规范

一般设计人员会将页面划分为不同的功能区域，这样页面会易于管理，功能划分也十分清晰，关键是还非常美观。因此，在命名 CSS 样式时就会根据功能区域来进行，例如：header 可以表示页面头部；container 可以用来表示页面整个容器；main 可以用来表示页面主体；nav 可以用来表示导航；sidebar 可以用来表示侧栏；menu 可以用来表示菜单；而 footer 最常用来表示页面底部。

3．页面位置的命名规范

很多时候设计人员需要根据页面位置来划分 CSS 样式，其中 top、left、bottom、right 和 center 就是最常用的五种位置。如果我们打算命名导航菜单，那么 topmenu 就可以定义为顶部菜单，leftmenu 就可以定义为左侧菜单，rightmenu 就可以定义为右侧菜单。

4．父子关系的命名规范

父子关系比较好理解，比如父一级菜单可以命名为 menu，那么子一级菜单就可以命名为 submenu。

5．具体功能的命名规范

很多小的页面元素，可以根据其具体功能来命名 CSS 样式。比如：logo 可以表示网页标志，search 可以表示搜索，banner 可以表示广告区域，title 可以表示标题，status 可以表示状态，scroll 可以表示滚动，tab 可以表示标签页，news 可以表示新闻，note 可以表示注释，hot 可以表示热点，download 可以表示下载，等等。

6．控件的命名规范

在一个包含表单的页面中，各种控件是必不可少的，一般可以根据控件的类型来命名 CSS 样式。比如：form 或 frm 表示表单，btn 或 button 表示按钮，radio 表示单选按钮，check 表示复选按钮，listbox 表示下来菜单，combobox 表示组合框，等等。

具体到每一个项目，都可以根据上面的命名规范来定义，当然也可以根据项目的独特性进行本项目特有风格的定义，这一点是不做硬性规定的，但一个基本原则是命名要通俗、易懂，便于管理维护。

5.5 CSS 样式重置

本节介绍 CSS 样式重置，所谓样式重置，就是将网页的 CSS 重新设置成默认样式。由于各个浏览器对 HTML 标签元素设置的默认样式不尽相同，因此设计人员就想到编写一个统一的 HTML 标签元素的默认样式，使得各个浏览器的显示效果尽量统一。

使用 CSS 样式重置，可以为设计人员带来很多便利，下面简单总结其几个优势：

- 可以将各个浏览器的兼容性问题降到最小；
- 可以提供完全空白的页面，这样就可以进行自定义样式了；
- 提供更合理的基础样式框架，后续开发则更具有逻辑性（设计人员只需添加样式，而不用移除或修改样式）。

不过，使用 CSS 样式重置也不是万能的，在某些特殊场景下，CSS 重置样式代码会带来一些不必要的困扰。譬如：CSS 重置代码中的内外边距（margin 和 padding）通常为 0，但这往往不是我们想要的，所以每次使用时需要对其进行修改，等等。所以，设计人员对 CSS 样式重置的态度往往因人而异，这也是可以理解的。但是笔者认为，仅仅考虑到各个浏览器的兼容性与规范性，使用 CSS 样式重置功能也是值得推荐的。

目前，比较流行的 CSS 样式重置代码有 Eric Mayer 的 CSS Reset、Yahoo 的 YUI Reset，等等。另外，很多前段框架内置的 Themes 也都是使用的 CSS 样式重置代码。下面，我们就列举 Eric Mayer 的 CSS Reset 来介绍一下。这段代码（参见源代码 chapter05/ch05-css-reset.css 文件）就是 Eric Mayer 的 CSS Reset。

【示例 5-2】 Eric Mayer 的 CSS Reset 源码

```
01  /* http://meyerweb.com/eric/tools/css/reset/
02     v2.0 | 20110126
03     License: none (public domain)
04  */
05  /* 完全参考 Eric Mayer 的 CSS Reset 代码 */
06  html, body, div, span, applet, object, iframe,
07  h1, h2, h3, h4, h5, h6, p, blockquote, pre,
08  a, abbr, acronym, address, big, cite, code,
09  del, dfn, em, img, ins, kbd, q, s, samp,
10  small, strike, strong, sub, sup, tt, var,
11  b, u, i, center,
12  dl, dt, dd, ol, ul, li,
13  fieldset, form, label, legend,
14  table, caption, tbody, tfoot, thead, tr, th, td,
15  article, aside, canvas, details, embed,
16  figure, figcaption, footer, header, hgroup,
17  menu, nav, output, ruby, section, summary,
18  time, mark, audio, video {
19      margin: 0;
20      padding: 0;
21      border: 0;
22      font-size: 100%;
23      font: inherit;
```

```
24        vertical-align: baseline;
25     }
26     /* HTML 5 display-role reset for older browsers */
27     article, aside, details, figcaption, figure,
28     footer, header, hgroup, menu, nav, section {
29        display: block;
30     }
31     body {
32        line-height: 1;
33     }
34     ol, ul {
35        list-style: none;
36     }
37     /* blockquote, q */
38     blockquote, q {
39        quotes: none;
40     }
41     blockquote:before, blockquote:after,
42     q:before, q:after {
43        content: '';
44        content: none;
45     }
46     /* table css */
47     table {
48        border-collapse: collapse;
49        border-spacing: 0;
50     }
```

在这段 Eric Mayer 版本的 CSS Reset 样式代码中，定义了一个基本 HTML 标签元素的样式，下面我们详细介绍：

第 01 行代码的注释文本中，描述了该源文件的原始链接地址；第 02 行代码的注释文本中，给出了版本号和发布日期；目前，v2.0 版是 Eric Mayer 的 CSS Reset 的最新版；

从第 06 行开始，一直到第 18 行结束，列举了一长串 HTML 标签，均定义了相同的 CSS 样式；第 19～24 行代码为具体定义的样式代码，包括内外边距、边框、字体和排列方式；

第 27～30 行代码定义了与文章类相关的 HTML 5 标签元素的重置样式代码，具体见第 29 行代码定义的 display:block（将元素显示为块级元素，前后均带换行符）；

第 31～33 行代码定义了 body 标签元素的重置样式代码，具体见第 32 行代码定义的 line-height:1（设置行间距为一倍当前字体的大小）；

第 34～36 行代码定义了 ol 与 ul 标签元素的重置样式代码，具体见第 35 行代码定义的 list-style:none（设置 ol 与 ul 列表标签为无标记样式）；

第 38～40 行代码定义了 blockquote 与 q 标签元素的重置样式代码，具体见第 39 行代码定义的 quotes:none（设置长标记与短标记标签不产生任何引号）；

第 41～45 行代码定义了 blockquote 与 q 标签元素使用 before 和 after 伪元素的重置样式代码；

第 47～50 行代码定义了 table 标签元素的重置样式代码，具体见第 48～49 行代码的定义，包括边框合并为单线框和无边框间距样式。

5.6 CSS Sprites 技术

CSS Sprites 技术（很多人称其为 CSS 精灵技术）是一种网页图片应用处理方式。具体来讲，就是将一个页面涉及的所有零星图片都集成到一张图片当中，这样当申请该页面时，图片加载就不会一个一个慢慢依次显示出来了。对于当今以网络性能论成败的用户体验来说，网页加载速度就是一个跨不过去的硬性指标了。好在对于现今的互联网硬件来讲，一般 200KB 以内的单张图片（无论体积大小）所需的载入时间基本是相差不大的，因此无须担心早期网络中图片过大而加载变慢的问题。

那么，CSS Sprites 技术是基于什么原理设计的呢？我们都知道，决定网络速度快慢的一项指标就是 HTTP 请求次数。大多数情况下，同样的一项操作，请求一次完成的时间当然比请求多次完成的时间要少，时间少自然速度就快、性能就高。CSS Sprites 技术其实就是把网页中一些背景图片集成到一个图片文件中，再利用 CSS 的“background-image”、“background- repeat”和“background-position”这些属性的组合对背景进行定位，这样通过一次请求加载图片来实现提高网页加载速度的目的。

本节介绍使用 HTML 5 表单的 datalist 类型标签元素实现自动提示的功能。在 HTML 5 规范标准中，datalist 类型标签元素用于定义选项列表，并与 input 标签元素配合来使用。实际应用中，datalist 中的选项不会被显示出来，其仅仅是提供合法的输入值列表。

下面，我们列举 jQuery UI 中使用的 CSS Sprites 技术来介绍一下。这段代码（参见源代码 chapter05/css-sprites/index.html 文件）就是使用 CSS Sprites 技术实现图标加载的。

【示例 5-3】 CSS Sprites 技术（HTML 代码）

```
01  <!doctype html>
02  <html lang="en">
03  <head>
04      <meta charset="utf-8">
05      <title>CSS Sprites 技术</title>
06      <link href="css-sprites.css" rel="stylesheet">
07      <script src="external/jquery/jquery.js"></script>
08      <script src="jquery-ui.js"></script>
```

```
09        <style>
10        ...
11        </style>
12    </head>
13    <body>
14        <h1>HTML 之 CSS Sprites 技术</h1>
15        <h2 class="demoHeaders">图标集合</h2>
16        <ul id="icons" class="ui-widget ui-helper-clearfix">
17        <li class="ui-state-default ui-corner-all" title=".ui-icon-carat-1-n">
18            <span class="ui-icon ui-icon-carat-1-n"></span>
19        </li>
20        <li class="ui-state-default ui-corner-all" title=".ui-icon-carat-1-ne">
21            <span class="ui-icon ui-icon-carat-1-ne"></span>
22        </li>
23        <li class="ui-state-default ui-corner-all" title=".ui-icon-carat-1-e">
24            <span class="ui-icon ui-icon-carat-1-e"></span>
25        </li>
26        <li class="ui-state-default ui-corner-all" title=".ui-icon-carat-1-se">
27            <span class="ui-icon ui-icon-carat-1-se"></span>
28        </li>
29        <li class="ui-state-default ui-corner-all" title=".ui-icon-carat-1-s">
30            <span class="ui-icon ui-icon-carat-1-s"></span>
31        </li>
32        <li class="ui-state-default ui-corner-all" title=".ui-icon-carat-1-sw">
33            <span class="ui-icon ui-icon-carat-1-sw"></span>
34        </li>
35        <li class="ui-state-default ui-corner-all" title=".ui-icon-carat-1-w">
36            <span class="ui-icon ui-icon-carat-1-w"></span>
37        </li>
38        <li class="ui-state-default ui-corner-all" title=".ui-icon-carat-1-nw">
39            <span class="ui-icon ui-icon-carat-1-nw"></span>
40        </li>
41        <li class="ui-state-default ui-corner-all" title=".ui-icon-carat-2-n-s">
42            <span class="ui-icon ui-icon-carat-2-n-s"></span>
43        </li>
44        <li class="ui-state-default ui-corner-all" title=".ui-icon-carat-2-e-w">
45            <span class="ui-icon ui-icon-carat-2-e-w"></span>
46        </li>
47        <li class="ui-state-default ui-corner-all" title=".ui-icon-triangle-1-n">
48            <span class="ui-icon ui-icon-triangle-1-n"></span>
49        </li>
50        <li class="ui-state-default ui-corner-all" title=".ui-icon-triangle-1-ne">
```

```
51            <span class="ui-icon ui-icon-triangle-1-ne"></span>
52        </li>
53        <li class="ui-state-default ui-corner-all" title=".ui-icon-triangle-1-e">
54            <span class="ui-icon ui-icon-triangle-1-e"></span>
55        </li>
56        <li class="ui-state-default ui-corner-all" title=".ui-icon-triangle-1-se">
57            <span class="ui-icon ui-icon-triangle-1-se"></span>
58        </li>
59        <li class="ui-state-default ui-corner-all" title=".ui-icon-triangle-1-s">
60            <span class="ui-icon ui-icon-triangle-1-s"></span>
61        </li>
62        <li class="ui-state-default ui-corner-all" title=".ui-icon-triangle-1-sw">
63            <span class="ui-icon ui-icon-triangle-1-sw"></span>
64        </li>
65        <li class="ui-state-default ui-corner-all" title=".ui-icon-triangle-1-w">
66            <span class="ui-icon ui-icon-triangle-1-w"></span>
67        </li>
68        <li class="ui-state-default ui-corner-all" title=".ui-icon-triangle-1-nw">
69            <span class="ui-icon ui-icon-triangle-1-nw"></span>
70        </li>
71        <li class="ui-state-default ui-corner-all" title=".ui-icon-triangle-
2-n-s">
72            <span class="ui-icon ui-icon-triangle-2-n-s"></span>
73        </li>
74        <li class="ui-state-default ui-corner-all" title=".ui-icon-triangle-
2-e-w">
75            <span class="ui-icon ui-icon-triangle-2-e-w"></span>
76        </li>
77       </ul>
78   </body>
79   </html>
```

在这段 HTML 代码中，通过 ul-li 标签元素定义了一组图标，下面我们详细介绍：

第 16～77 行代码通过 ul-li 标签元素定义了一组列表；在每组 li 标签元素中，通过 span 标签元素定义了一个图标；细心的读者一定有注意到，在每一个 span 标签元素中，class 属性定义的属性值均不同，这就是本例中使用 CSS Sprites 技术的关键之处，这些 class 属性值的定义引自本例第 06 行代码中定义的样式文件（css-sprites.css）。

关于 css-sprites.css 的定义可见如下这段 CSS 代码（参见源代码 chapter05/css-sprites/css-sprites.css 文件）。

【示例 5-4】 CSS Sprites 技术（CSS 代码）

```
01   /* states and images */
```

```
02  .ui-icon {
03      width: 16px;
04      height: 16px;
05  }
06  .ui-icon,
07  .ui-widget-content .ui-icon {
08      background-image: url("images/ui-icons_444444_256x240.png");
09  }
10  /* positioning */
11  .ui-icon-blank { background-position: 16px 16px; }
12  .ui-icon-carat-1-n { background-position: 0 0; }
13  .ui-icon-carat-1-ne { background-position: -16px 0; }
14  .ui-icon-carat-1-e { background-position: -32px 0; }
15  .ui-icon-carat-1-se { background-position: -48px 0; }
16  .ui-icon-carat-1-s { background-position: -64px 0; }
17  .ui-icon-carat-1-sw { background-position: -80px 0; }
18  .ui-icon-carat-1-w { background-position: -96px 0; }
19  .ui-icon-carat-1-nw { background-position: -112px 0; }
20  .ui-icon-carat-2-n-s { background-position: -128px 0; }
21  .ui-icon-carat-2-e-w { background-position: -144px 0; }
22  .ui-icon-triangle-1-n { background-position: 0 -16px; }
23  .ui-icon-triangle-1-ne { background-position: -16px -16px; }
24  .ui-icon-triangle-1-e { background-position: -32px -16px; }
25  .ui-icon-triangle-1-se { background-position: -48px -16px; }
26  .ui-icon-triangle-1-s { background-position: -64px -16px; }
27  .ui-icon-triangle-1-sw { background-position: -80px -16px; }
28  .ui-icon-triangle-1-w { background-position: -96px -16px; }
29  .ui-icon-triangle-1-nw { background-position: -112px -16px; }
30  .ui-icon-triangle-2-n-s { background-position: -128px -16px; }
31  .ui-icon-triangle-2-e-w { background-position: -144px -16px; }
```

在这段 CSS 代码中，通过 background-image 和 background-position 属性来对图标进行定位，下面我们详细介绍：

第 02～05 行代码定义了一个 CSS 样式类（.ui-icon），其中宽度和高度值（均为 16px）为图标的尺寸；

第 08 行样式代码通过 background-image 属性引用了一幅图片（"images/ui-icons_444444_256x240.png"），该图片就相当于我们前面提到的集成图片，具体如图 5.1 所示。

第 11～31 行代码通过 background-position 属性定义了一组 CSS 样式，我们看到其每组属性值均为不同的坐标值，这相当于对每一个图标进行 X、Y 轴的定位，而用于定位的坐标系的零点位于图片（"images/ui-icons_444444_256x240.png"）的左上角。

下面我们运行测试这个页面，效果如图 5.2 所示。从图中可以看到，经过 CSS Sprites 技术的操作，我们成功将图标从一幅集成的大图中提取出来了。

图 5.1 CSS Sprites 技术的集成图片

图 5.2 CSS Sprites 技术效果图

下面，我们简单总结 CSS Sprites 技术的特点。

使用 CSS Sprites 技术有很多优势：能够减少网页的 HTTP 请求，从而提高页面的性能；能够减少图片的字节，集成图片的大小总是小于分开的图片的大小；易于风格样式，只需要替换集成图片的颜色或样式，就可以达到改变整个网页风格的效果，维护起来也更方便。

当然，CSS Sprites 技术也不是没有劣势：首先，设计集成图片的门槛就比较高，需要很强的美术功底（本小节的例子是借用 jQuery UI 的素材）；其次，定位工作也很烦琐，需要很细致地对待，否则会发生错误；最后，修改集成图片很容易产生问题，因为涉及 CSS 样式的改变，所以必须细心。

目前有些设计人员开发出了自动实现 CSS Sprites 技术的根据，感兴趣的读者可以借助网络资源学习了解。

5.7 页面质量评估标准

HTML 页面质量评估是一个含义很广的概念，从不同的角度去考量，会有不同的评估标准或者说评价体系。目前，比较公认的一个评价角度，就是从搜索引擎的方面来评估一个 HTML 页面的质量。

搜索引擎的作用就是给用户提供最想要的、质量最高的、最能满足用户需求的页面。因此，搜索引擎会有一个页面质量的评估标准，搜索引擎会根据这个标准给页面评级或评分。这样，当用户在进行检索查询时，搜索引擎会给用户提供一个按照评级或评分给出的页面列表。所以，我们在设计页面时，要尽量契合搜索引擎的评估标准，这样做出来的高质量的页面既能满足用户需要，又能实现自身的最大价值。

下面，我们列举出一些公认的、对评估页面质量有帮助的要求，让读者对 HTML 页面质量评估有一个基本的了解：

- 相关性

相关性就是指页面的关键词与其具体内容要有直接关系，如果页面的关键词与页面实际内容关系不大，甚至不相关，那用户根本就得不到想要的内容，那这样的页面基本就可以打零分了。

- 丰富度

页面中的具体内容不但要明确，还要详尽丰富，这样才能给用户最大程度的满足，获得最大程度的知识。

- 时效性

互联网最讲究的就是时效性，最完美的就是事件实时同步。试想一下，世界上某个角落刚刚发生一件震惊世界的事件，全世界网民就能获得最新消息，这就是时效性的最好体现。因此，如果页面能够实现最好的时效性，搜索引擎对其评分一定很高。

- 有效性

页面的内容要真实有效，经得起用户体验，如果页面内容是无效的，甚至是错误的，那即使时效性做得再好，也没有意义。

- 需求度

一个评估水平高的页面，往往会给需求度高的内容增加权重。譬如，放在页面醒目的位置，增加重点突出功能，一切都是为了服务于用户，使用户得到更好的体验。

- 权威度

页面中的内容要尽量提供官方网站、教科书或相关标准中的解释，这样的内容可信度高，也会得到用户的支持与信任。

目前，搜索引擎市场还是几家独大的局面（如 Google、百度等），所以设计人员要尽量研究这些搜索引擎给出的页面质量评估标准，让自己的页面尽量契合其中的要求。

5.8 CSS Hack

5.8.1 什么是 CSS Hack

由于目前市面上不同 IT 厂商对浏览器的实现方法不同，因此其对 CSS 的支持与解析也不完全相同，最终导致页面的展现效果也会不一样。设计人员需要给用户提供统一的页面效果，所以就要针对不同的浏览器版本编写特定的 CSS 样式。一般我们把这个针对不同的浏览器版本编写相应的 CSS 样式代码的过程称为 CSS Hack。

5.8.2 CSS Hack 原理

CSS Hack 的原理用一句话概括就是，根据不同的浏览器对 CSS 的不同支持与解析，并结合 CSS 中的优先级关系，来编写针对不同浏览器的 CSS 样式代码。

CSS Hack 大致有 3 种表现形式：CSS 类内部 Hack、选择器 Hack 以及 HTML 头部引用 Hack。下面具体介绍：

- CSS Hack 类内部 Hack：比如 Internet Explorer 系列浏览器能识别下划线"_"或者星号"*"（根据 IE 版本会略有不同），而 FireFox 浏览器两种符号都不能识别；
- 选择器 Hack：比如 IE6 能识别*html 和.class{}，IE7 能识别*+html、.class{}或者*:first-child+html.class{};
- HTML 头部引用(if IE)Hack：针对所有 IE6+版本，可以使用<!--[if IE]><!--您的代码--><![endif]-->，这类 Hack 不仅对 CSS 生效，对写在判断语句里面的所有代码都会生效。

这里代码的书写顺序有一个技巧，一般是将识别能力强的浏览器的 CSS 代码写在后面。

5.8.3 CSS Hack 实例

1．针对 IE 系列浏览器

```
// 只在 IE 下生效
<!--[if IE]>
这段文字只在 IE 浏览器显示
<![endif]-->
// 只在 IE6下生效
<!--[if IE 6]>
这段文字只在 IE6浏览器显示
```

```
<![endif]-->
// 只在 IE6以上版本生效
<!--[if gte IE 6]>
这段文字只在 IE6以上(包括)版本 IE 浏览器显示
<![endif]-->
// 只在 IE8上不生效
<!--[if ! IE 8]>
这段文字在非 IE8浏览器显示
<![endif]-->
// 非 IE 浏览器生效
<!--[if !IE]>
这段文字只在非 IE 浏览器显示
<![endif]-->
```

2．特殊字符区分 IE 和非 IE 浏览器

- IE 浏览器支持大部分特殊字符，其他主流浏览器 FireFox、Chrome、Opera（部分支持）、Safari 不支持;
- "\9"：所有 IE 浏览器都支持;
- "_"和"-"：仅 IE6 支持;
- "*"：IE6、IE7 支持;
- "\0"：IE8、IE9 支持，opera 部分支持;
- "\9\0"：IE8 部分支持、IE9 支持;
- "\0\9"：IE8、IE9 支持。

3．FireFox 浏览器特殊属性

```
// FireFox 浏览器特殊属性
@-moz-document url-prefix(){ .element{color:#f1f1f1;}} //FireFox
```

4．Safari（Chrome）浏览器特殊属性

```
// Opera (Chrome) 浏览器特殊属性
@media screen and (-webkit-min-device-pixel-ratio:0) {
  .sc {background-color:#000}
}{} /*Safari(Chrome) 有效 */
```

5．Webkit 和 Opera 浏览器

```
@media all and (min-width: 0px) {
  .element {
   color:#777;
  }
}
// Webkit
```

```
@media screen and (-webkit-min-device-pixel-ratio:0) {
  .element {
    color:#444;
  }
}
// Opera
@media all and (-webkit-min-device-pixel-ratio:10000),
not all and (-webkit-min-device-pixel-ratio:0) {
  .element {
    color:#336699;
  }
}
```

6．依次区分 IE 各个版本浏览器

```
.ie {
  background-color:#123456;        /* 所有识别浏览器 */
  .background-color:#234567\9;         /* \9被 IE6、7、8浏览器识别 */
  +background-color:#345678;           /* +被 IE6、7浏览器识别 */
  _background-color:#456789;           /* _被 IE6浏览器识别 */
}
```

7．全兼容 CSS Hack

下面的这段代码（参见源代码 chapter05/ch05-css-hack.html 文件）是一个全兼容 CSS Hack。

【示例 5-5】 CSS Hack（HTML 代码）

```
01  ……//省略网页头部标记
05      <style type="text/css">
06          /* 各浏览器兼容 CSS */
07          .div-color {
08              height:64px;
09              background-color:#fff;   /*所有识别*/
10              background-color:gray\9; /*IE6、7、8识别*/
11          }
12          @media screen and (-ms-high-contrast: active), (-ms-high-contrast:
none) {
13              _:-ms-fullscreen, :root .div-color {
14                  background-color:blue;
15              } /* IE10+ */
16          }
17          @media screen and (-webkit-min-device-pixel-ratio:0) {
18              .div-color {
19                  background-color:yellow;
```

```
20            }/* Opera 有效 */
21        }
22        .div-color, x:-moz-any-link, x:default {
23            background-color:#4eff00;/*IE7、Firefox3.5及以下 识别 */
24        }
25        @-moz-document url-prefix() {
26            .div-color {
27                background-color:green;/*仅 Firefox 识别 */
28            }
29        }
30        .browsers td {
31            width:8%;
32            text-align:center;
33            padding:8px;
34        }
35        .browsercolor {
36            color:#333;
37            font-size:16px;
38            font-weight:bold;
39        }
40        .ie {
41            background-color:blue;
42        }
43        .firefox {
44            background-color:green;
45        }
46        .webkit {
47            background-color:yellow;
48        }
49        #tipTable td,#tipTable th {
50            border:1px solid black;
51            width:56px;
52            height:16px;
53            text-align:center;
54        }
55        #wordTable td {
56            margin-left:8px;
57        }
58        span {
59            padding: 8px;
60            font-size: 16px;
61            font-weight: bold;
```

```
62          }
63          #ieTip {
64              display:none;
65          }
66          @media screen and (-ms-high-contrast: active), (-ms-high-contrast:
none) {
67              _:-ms-fullscreen, :root #ieTip {
68                  display:block;
69              } /* IE10+ */
70          }
71          #firefoxTip {
72              display:none;
73          }
74          #firefoxTip, x:-moz-any-link, x:default {
75              display:block;/*IE7 firefox3.5及以下 识别 */
76              +display:none;/*再区分一次 IE7*/
77          }
78          @-moz-document url-prefix() {
79              #firefoxTip {
80                  display:block;/*仅 firefox 识别 */
81              }
82          }
83          #webkitTip {
84              display:none;
85          }
86          @media screen and (-webkit-min-device-pixel-ratio:0) {
87              #webkitTip {
88                  display:block;
89              }/* Opera 有效 */
90          }
91      </style>
92  </head>
93  <body>
94  <h3>CSS Hack 应用</h3>
95  <table class="browsers" width="100%" cellspacing="0" cellpadding="0">
96      <tr>
97          <td>IE10+</td>
98          <td></td>
99          <td>Firefox</td>
100          <td></td>
101          <td>WebKit(Chrome/Opera/Safari)</td>
102          <td></td>
```

```
103        </tr>
104        <tr class="browsercolor">
105            <td class="ie">IE10+</td>
106            <td></td>
107            <td class="firefox">Firefox</td>
108            <td></td>
109            <td class="webkit">WebKit(Chrome/Opera/Safari)</td>
110            <td></td>
111        </tr>
112    </table>
113    <div class="div-color">
114        <span id="ieTip">
115            IE10+的辨别色是蓝色
116        </span >
117        <span id="firefoxTip">
118            Firefox 的辨别色是绿色
119        </span >
120        <span id="webkitTip">
121            WebKit(Chrome/Opera/Safari)的辨别色是黄色(Webkit 内核)
122        </span >
123        <!--[if IE 8]>IE8的辨别色是蓝色<![endif]-->
124        <!--[if IE 7]>IE7的辨别色是紫色<![endif]-->
125        <!--[if IE 6]>IE6的辨别色是红色<![endif]-->
126    ……//省略网页尾部标记
```

在这段 HTML 代码中，使用 CSS Hack 技术实现了对不同版本浏览器的支持，下面我们详细介绍：

第 07～11 行代码定义了一个 CSS 样式类（.div-color），其高度值为 64px；其中，第 09 行代码定义了识别全部浏览器的背景颜色（background-color:#fff）；第 10 行代码通过“\9”字符定义了识别 IE6、IE7、IE8 版本浏览器的背景颜色（background-color:gray\9）；

第 12～16 行代码定义了针对 IE10+版本浏览器下识别 CSS 样式类（.div-color）的背景颜色（background-color:#blue）；注意第 12 行与第 13 行代码的写法，是专门用于识别 IE10+版本浏览器的 CSS Hack；

第 17～21 行代码定义了针对使用 WebKit 内核的 Chrome/Opera/Safari 等浏览器下识别 CSS 样式类（.div-color）的背景颜色（background-color:yellow）；注意第 17 行代码的写法，是专门用于识别 WebKit 内核浏览器的 CSS Hack；

第 25～29 行代码定义了针对 FireFox 浏览器下识别 CSS 样式类（.div-color）的背景颜色（background-color:green）；注意第 25 行代码的写法，是专门用于识别 FireFox 浏览器的 CSS Hack；

以上这些使用 CSS Hack 定义的样式类（.div-color）应用于第 113～126 行代码定义的 div 标

签元素，其目的是针对不同的浏览器在页面中显示出不同的识别颜色；

然后，第 63～65 行代码定义的 id 值为“#ieTip”的 CSS 样式。第 71～73 行代码定义的 id 值为“#firefoxTip”的 CSS 样式，第 83～85 行代码定义的 id 值为“#webkitTip”的 CSS 样式，均使用了“display:none”的 CSS 样式；这样定义的目的是将第 114～122 行代码定义的全部 span 标签元素 CSS 样式的初始状态设定为不显示；

而第 66～70 行代码、第 78～82 行代码、和第 86～90 行代码同样使用 CSS Hack 针对不同的浏览器将“display:none”的 CSS 样式改变为“display:block”的 CSS 样式；这样，当我们使用不同版本的浏览器打开【示例 5-4】定义的页面时，就会显示针对该版本浏览器的识别颜色。

下面我们使用 FireFox 浏览器运行测试这个页面，效果如图 5.3 所示。从图中可以看到，经过 CSS Hack 技术的操作，可以成功识别出运行该 HTML 页面的为 FireFox 浏览器。

下面我们再使用 IE 浏览器运行测试这个页面，效果如图 5.4 所示。从图中可以看到，经过 CSS Hack 技术的操作，可以成功识别出运行该 HTML 页面的为 Internet Explorer 11 浏览器。

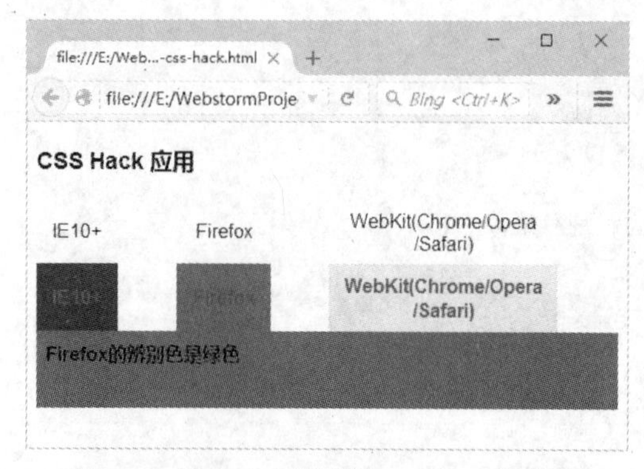

图 5.3　CSS Hack 效果图（FireFox 浏览器）

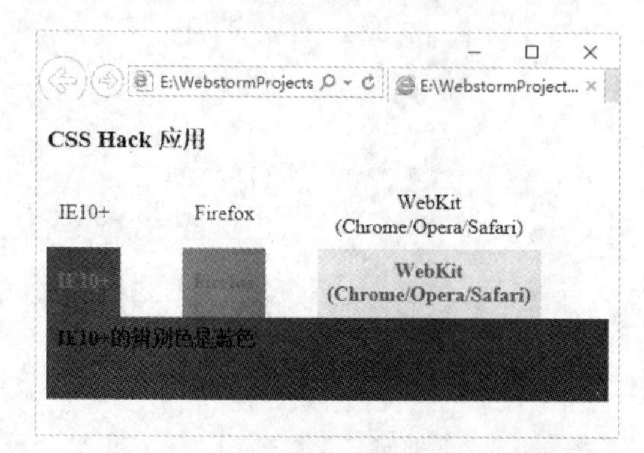

图 5.4　CSS Hack 效果图（IE 浏览器）

下面我们再使用 Opera 浏览器运行测试这个页面，效果如图 5.5 所示。从图中可以看到，经过 CSS Hack 技术的操作，可以成功识别出运行该 HTML 页面的为 Opera 浏览器。这里读者需要注意，早期的 Opera 浏览器使用的不是 WebKit 内核，而是独立的 Presto 内核，在 Opera 13 版本以后浏览器迁移到 WebKit 内核上，而本文中使用的是 Opera 34 版本浏览器。

另外，读者可以自行测试同样是基于 WebKit 内核开发的 Chrome 浏览器和 Safari 浏览器，页面效果与图 5.5 是否一样。

最后，我们测试在 Windows 10 内置的 Windows Edge 浏览器中的效果，如图 5.6 所示。从图中可以看到，浏览器识别为 WebKit 内核，可见 Windows Edge 浏览器确实像 Microsoft 宣传的那样，是全面兼容 WebKit 内核开发的。

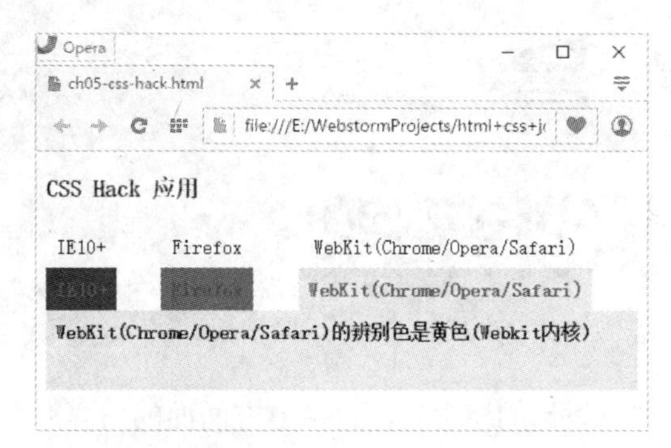

图 5.5　CSS Hack 效果图（Opera 浏览器）

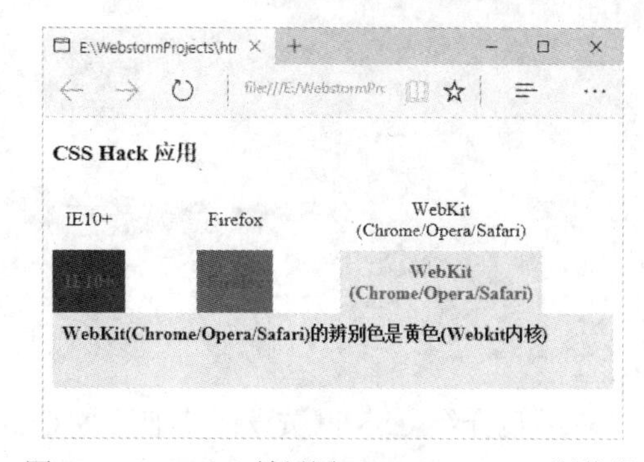

图 5.6　CSS Hack 效果图（Windows Edge 浏览器）

5.9 小结

本章主要介绍了定义 CSS 网页样式，包括 CSS 概念、CSS 样式表构成、标签语义化、CSS 命名规范、CSS 样式重置、CSS Sprites、页面质量评估和 CSS Hack 的相关内容，希望这些 CSS 的内容能给广大读者带来帮助。

第 6 章

CSS网页设计基础

本章我们介绍 CSS 网页设计基础。在 CSS 网页设计的概念里，包括方方面面的内容，但最基础的无外乎就是关于文字、背景、边界和定位这几方面的内容。

本章主要包括以下内容：

- 设计文字样式
- 设计背景样式
- 设计边界样式
- 网页元素定位

6.1 设计文字样式

如果直接在网页代码中设计文字，那就会产生很多的重复代码，比如标题都统一用一个文字样式，则每个标题都要写上文字样式代码。但如果用 CSS 先统一设计好标题样式，在网页中直接引用这种样式即可，修改的话也只需要修改 CSS 代码，不需要将整个 HTML 文档都修改得面目全非。

6.1.1 字体属性

关于 CSS 字体属性主要包括以下内容：字体系列、字体大小、字体加粗、斜体和变形风格，等等。在 CSS 规范中，对于这些字体属性均有相关定义，设计人员通过设定这些 CSS 字体属性，就可以得到预期的字体效果。

下面我们针对这些字体属性一一进行介绍。

1．字体系列

在 CSS 规范中，定义了两种不同类型的字体系列，分别是通用字体系列和特定字体系列，具体如下：

- 通用字体系列：拥有相似外观的字体系统组合；CSS 规范共定义了 5 种通用字体，分别是 Serif 字体、Sans-serif 字体、Monospace 字体、Cursive 字体和 Fantasy 字体；
- 特定字体系列：具体的字体系列（比如"Times"、"Courier"、"Georgia"等）；

下面的这段代码（参见源代码 chapter06/ch06-font-family.html 文件）是一个设置字体系列的应用。

【示例 6-1】　CSS 之字体系列

```
01  <!DOCTYPE html>
02  <html lang="zh-cn">
03  <head>
04      <meta http-equiv="Content-Type" content="text/html; charset=utf-8" />
05      <style type="text/css">
06          body {
07              font-family:sans-serif;
08          }
09          nav {
10              font-family:'黑体', serif;
11          }
12          div {
13              font-family:Georgia, serif;
14          }
15          h2 {
16              font-family:Fantasy;
17          }
18          h3 {
19              font-family:'微软雅黑', serif;
20          }
21          h4 {
22              font-family:'幼圆', serif;
23          }
24          h5 {
25              font-family:Cursive;
26          }
27          p {
28              font-family:'仿宋', serif;
29          }
30      </style>
31      <title>CSS 网页设计基础之字体属性</title>
32  </head>
33  <body>
34      <!-- 添加文档主体内容 -->
35      <header id="id-header">
36          <nav>CSS 网页设计基础之字体属性（'黑体'）</nav>
37      </header>
38      <hr>
```

```
39      <div id="id-div">
40          Font-Family : Georgia, serif<br>
41          <h2>Font-Family : Fantasy</h2>
42          <h3>Font-Family : '微软雅黑'</h3>
43          <h4>Font-Family : '幼圆'</h4>
44          <h5>Font-Family : Cursive</h5>
45          <p>Font-Family : '仿宋'</p>
46      </div>
47      <hr>
48      <footer>
49          <div id="id-footer">Font-Family : sans-serif</div>
50      </footer>
51  </body>
52  </html>
```

在这段代码中，我们使用 CSS 的 font-family 字体属性定义了一系列 HTML 标签元素的字体系列。下面我们详细介绍一下：

第 07 行代码使用 font-family 字体属性定义了 body 标签元素内的全部字体系列为通用字体（sans-serif)；同理，第 16 行与第 25 行代码为 h2 与 h5 标签元素也定义了通用字体；

第 10 行代码使用 font-family 字体属性定义了 nav 标签元素内的全部字体系列为特定字体与通用字体的组合（'黑体', serif)；使用组合字体系列定义是为了避免系统在没有安装特定字体的条件下，浏览器能够使用通用字体来显示文字；同理，第 13 行、第 19 行、第 22 行与第 28 行代码也使用组合字体系列定义了相应的标签元素。

运行测试这个页面，效果如图 6.1 所示。

图 6.1　CSS 之字体系列

2．字体大小

在 CSS 规范中，通过 font-size 属性可以定义字体大小，其属性值可以是预定义大小值，相对大小值，也可以是百分比大小或者固定大小值，具体如下：

- 预定义大小：xx-small、x-small、small、medium、large、x-large 和 xx-large，默认值是 medium;
- 相对大小：smaller 或 larger;
- 百分比大小：基于父元素的一个百分比值;
- 固定大小：实际的像素尺寸值（单位如 px、em 等）。

设置 font-size 属性值实际是设置字体中字符框的高度，因此实际的字体大小可能比这些字符框较高或较矮（一般为较矮）。

下面的这段代码（参见源代码 chapter06/ch06-font-size.html 文件）是一个设置字体大小的应用。

【示例 6-2】　CSS 之字体大小

```
01  <!DOCTYPE html>
02  <html lang="zh-cn">
03  <head>
04      <meta http-equiv="Content-Type" content="text/html; charset=utf-8" />
05      <style type="text/css">
06          body {
07              font-size:medium;
08          }
09          nav {
10              font-size:large;
11          }
12          div {
13              font-size:small;
14          }
15          h2 {
16              font-size:xx-large;
17          }
18          h3 {
19              font-size:x-large;
20          }
21          h4 {
22              font-size:x-small;
23          }
24          h5 {
25              font-size:xx-small;
26          }
27          p.smaller {
28              font-size:smaller;
```

```
29          }
30          p.larger {
31              font-size:larger;
32          }
33          p.percent {
34              font-size:150%;
35          }
36          p.length {
37              font-size:32px;
38          }
39      </style>
40      <title>CSS 网页设计基础之字体大小</title>
41  </head>
42  <body>
43      <!-- 添加文档主体内容 -->
44      <header id="id-header">
45          <nav>CSS 网页设计基础之字体大小（nav - font-size:large;）</nav>
46      </header>
47      <hr>
48      <div id="id-div">
49          div - font-size:small;<br>
50          <h2>h2 - font-size:xx-large;</h2>
51          <h3>h3 - font-size:x-large;</h3>
52          <h4>h4 - font-size:x-small;</h4>
53          <h5>h5 - font-size:xx-small;</h5>
54          <p class="smaller">p - font-size:smaller;</p>
55          <p class="larger">p - font-size:larger;</p>
56          <p class="percent">p - font-size:150%;</p>
57          <p class="length">p - font-size:32px;</p>
58      </div>
59      <hr>
60      <footer>
61          <div id="id-footer">footer - font-size:medium;</div>
62      </footer>
63  </body>
64  </html>
```

在这段代码中，我们使用 CSS 的 font-size 字体属性定义了一系列 HTML 标签元素的字体大小。下面我们详细介绍一下：

第 07 行代码使用 font-size 字体属性定义了 body 标签元素内的全部字体大小为 medium（默认大小）；

第 10 行代码使用 font-size 字体属性定义了 nav 标签元素内的全部字体大小为 large；

第 13 行代码使用 font-size 字体属性定义了 div 标签元素内的全部字体大小为 small，第 49 行代码中定义的文本将使用该字体大小；

第 16 行代码使用 font-size 字体属性定义了 h2 标签元素内的全部字体大小为 xx-large；

第 19 行代码使用 font-size 字体属性定义了 h3 标签元素内的全部字体大小为 x-large；

第 22 行代码使用 font-size 字体属性定义了 h4 标签元素内的全部字体大小为 x-small；

第 25 行代码使用 font-size 字体属性定义了 h5 标签元素内的全部字体大小为 xx-small；

第 28 行代码使用 font-size 字体属性定义了 p 标签元素内的全部字体大小为 smaller；由于 smaller 是相对大小（相对于父元素），该 p 标签元素的父元素是第 48 行代码定义的 div 标签元素，因此第 28 行代码定义的字体大小是相对于第 13 行代码定义的字体大小（smaller）来确定的；

第 31 行代码使用 font-size 字体属性定义了 p 标签元素内的全部字体大小为 larger；同第 28 行代码一样，第 31 行代码定义的字体大小也是相对于第 13 行代码定义的字体大小（smaller）来确定的；

第 34 行代码用 font-size 字体属性定义了 p 标签元素内的全部字体大小为 150%；同样，这个百分比也是相对于第 13 行代码定义的字体大小（smaller）来确定的；

第 37 行代码用 font-size 字体属性定义了 p 标签元素内的全部字体大小为 32px，该值是一个固定值（相对于屏幕像素来讲）；

最后，第 61 行代码定义了一个页面底部，前面的 CSS 样式代码没有为其专门设置字体大小，那么其字体大小将继承于为页面 body 标签元素定义的字体大小（见第 07 行代码定义的 medium）。

运行测试这个页面，效果如图 6.2 所示。

图 6.2 CSS 之字体大小

3．字体风格

在 CSS 规范中，通过 font-style 属性可以定义字体风格，其属性值可以是 normal、italic、oblique 和 inherit，其具体含义如下：

- normal：浏览器会显示一个标准的字体样式风格；
- italic：浏览器会显示一个斜体的字体样式风格；
- oblique：浏览器会显示一个倾斜的字体样式风格；
- inherit：继承自父元素的字体样式风格。

下面的这段代码（参见源代码 chapter06/ch06-font-style.html 文件）是一个设置字体风格的应用。

【示例 6-3】 CSS 之字体风格

```
01  <!DOCTYPE html>
02  <html lang="zh-cn">
03  <head>
04      <meta http-equiv="Content-Type" content="text/html; charset=utf-8" />
05      <style type="text/css">
06          body {
07              font-family: sans-serif;
08              font-size: 16px;
09              font-style: normal;
10          }
11          nav {
12              font-style: normal;
13          }
14          div {
15              font-style: normal;
16          }
17          h3 {
18              font-style: oblique;
19          }
20          p {
21              font-style: italic;
22          }
23      </style>
24      <title>CSS 网页设计基础之字体风格</title>
25  </head>
26  <body>
27      <!-- 添加文档主体内容 -->
28      <header id="id-header">
```

```
29          <nav>CSS 网页设计基础之字体风格（'font-style: normal;'）</nav>
30      </header>
31      <hr>
32      <div id="id-div">
33          font-style: normal;<br>
34          <h3>font-style: oblique;</h3>
35          <p>font-style: italic;</p>
36      </div>
37      <hr>
38      <footer>
39          <div id="id-footer">font-style: normal;</div>
40      </footer>
41  </body>
42  </html>
```

在这段代码中，我们使用 CSS 的 font-style 字体属性定义了一系列 HTML 标签元素的字体风格。下面我们详细介绍一下：

第 09 行、第 12 行和第 15 行代码使用 font-style 字体属性定义了 body、nav 和 div 标签元素内的全部字体风格为 normal；

第 18 行代码使用 font-style 字体属性定义了 h3 标签元素内的全部字体风格为 oblique；

第 21 行代码使用 font-style 字体属性定义了 p 标签元素内的全部字体风格为 italic；

最后，第 39 行代码定义了一个页面底部，前面的 CSS 样式代码没有为其专门设置字体风格，那么其字体风格将继承于为页面 body 标签元素定义的字体风格（见第 09 行代码定义的 normal）。

运行测试这个页面，效果如图 6.3 所示。

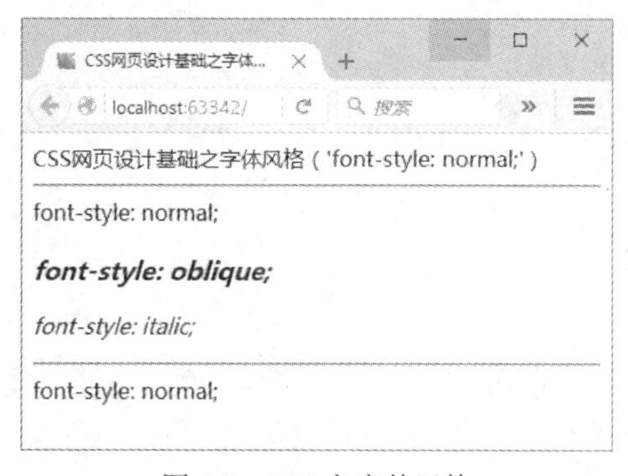

图 6.3　CSS 之字体风格

4．字体加粗

在 CSS 规范中，通过 font-weight 属性可以定义字体加粗，其属性值可以是 normal、bold、bolder、lighter、inherit 和自定义数值，其具体含义如下：

- normal：浏览器会显示一个标准粗细的字体；

- bold：浏览器会显示一个粗体的字体；
- bolder：浏览器会显示一个相对于 normal 更粗的字体；
- lighter：浏览器会显示一个相对于 normal 更细的字体；
- inherit：继承自父元素的字体加粗；
- 自定义数值：取值为 100、200、300、……、900；其中 400 相当于 normal，700 相当于 bold。

下面的这段代码（参见源代码 chapter06/ch06-font-weight.html 文件）是一个设置字体加粗的应用。

【示例 6-4】　CSS 之字体加粗

```
01  <!DOCTYPE html>
02  <html lang="zh-cn">
03  <head>
04      <meta http-equiv="Content-Type" content="text/html; charset=utf-8" />
05      <style type="text/css">
06          body {
07              font-family: sans-serif;
08              font-size: 14px;
09              font-style: normal;
10              font-weight: normal;
11          }
12          nav {
13              font-weight: normal;
14          }
15          div {
16              font-weight: 100;
17          }
18          p.normal {
19              font-weight: normal;
20          }
21          p.bold {
22              font-weight: bold;
23          }
24          p.bolder {
25              font-weight: bolder;
26          }
27          p.lighter {
28              font-weight: lighter;
29          }
30          p.size200 {
31              font-weight: 200;
```

```
32          }
33          p.size400 {
34              font-weight: 400;
35          }
36          p.size700 {
37              font-weight: 700;
38          }
39          p.size900 {
40              font-weight: 900;
41          }
42      </style>
43      <title>CSS 网页设计基础之字体加粗</title>
44  </head>
45  <body>
46      <!-- 添加文档主体内容 -->
47      <header id="id-header">
48          <nav>CSS 网页设计基础之字体加粗（'font-weight: normal;'）</nav>
49      </header>
50      <hr>
51      <div id="id-div">
52          font-weight: 100;<br>
53          <p class="normal">font-weight: normal;</p>
54          <p class="bold">font-weight: bold;</p>
55          <p class="bolder">font-weight: bolder;</p>
56          <p class="lighter">font-weight: lighter;</p>
57          <p class="size200">font-weight: size200;</p>
58          <p class="size400">font-weight: size400;</p>
59          <p class="size700">font-weight: size700;</p>
60          <p class="size900">font-weight: size900;</p>
61          <p>font-weight: 100;</p>
62      </div>
63      <hr>
64      <footer>
65          <div id="id-footer">font-weight: normal;</div>
66      </footer>
67  </body>
68  </html>
```

在这段代码中，我们使用 CSS 的 font-weight 字体属性定义了一系列 HTML 标签元素的字体加粗。下面我们详细介绍一下：

第 10 行、第 13 行和第 19 行代码使用 font-weight 字体属性定义了 body、nav 和 p 标签元素（class="normal"）内的全部字体加粗属性值为 normal；

第 16 行代码使用 font-weight 字体属性定义了 div 标签元素内的全部字体加粗属性值为 100；

第 22 行代码使用 font-weight 字体属性定义了 p 标签元素（class="bold"）内的全部字体加粗属性值为 bold；

第 25 行代码使用 font-weight 字体属性定义了 p 标签元素（class="bolder"）内的全部字体加粗属性值为 bolder；

第 28 行代码使用 font-weight 字体属性定义了 p 标签元素（class="lighter"）内的全部字体加粗属性值为 lighter；

第 31 行、第 34 行、第 37 行和第 40 行代码使用 font-weight 字体属性定义了四个 p 标签元素内的全部字体加粗属性值分别为 200、400（等于 normal）、700（等于 bold）和 900；

最后，第 65 行代码定义了一个页面底部，前面的 CSS 样式代码没有为其专门设置字体加粗，那么其字体加粗将继承于为页面 body 标签元素定义的字体风格（见第 10 行代码定义的 normal）。

运行测试这个页面，效果如图 6.4 所示。从图中显示的结果可以看到，font-weight 属性值为 400 与 normal 的显示效果是一致的；font-weight 属性值为 700 与 bold 的显示效果是一致的。另外需要读者注意的是，bolder 是相对于 normal 而言的，从图中可以看到 bold 比 bolder 的字体还要粗。

图 6.4　CSS 之字体加粗

6.1.2　段落属性

CSS 段落属性主要包括以下内容：行高、字距、缩进、对齐方式、大小写和下划线，等等。在 CSS 规范中，对于这些段落属性均有相关定义，设计人员通过设定这些 CSS 段落属性，就可以得到预期的页面效果。

下面我们针对这些段落属性一一进行介绍。

1 . 行高

在 CSS 规范中，定义了几种方式来表现行高，具体如下：

- 默认行高：使用 normal 来定义默认行高，浏览器会取最合理的值；
- 数字行高：使用 1、2、……、n 数字来定义行高，浏览器会使用数字乘以当前字体大小尺寸来设置行高；
- 百分比行高：基于当前字体大小尺寸的百分比设置行高；
- 固定值行高：使用固定的数值（单位为 px 或 em 等）；
- 继承行高：使用 inherit 来定义继承行高，浏览器根据父元素的行高取值。

下面的这段代码（参见源代码 chapter06/ch06-line-height.html 文件）是一个设置段落行高的应用。

【示例 6-5】　CSS 之段落行高

```
01  <!DOCTYPE html>
02  <html lang="zh-cn">
03  <head>
04      <meta http-equiv="Content-Type" content="text/html; charset=utf-8" />
05      <style type="text/css">
06          body {
07              font-family: sans-serif;
08              font-size: 14px;
09              line-height: normal;
10          }
11          nav {
12              line-height: normal;
13          }
14          div {
15              line-height: 14px;
16          }
17          p.normal {
18              line-height: normal;
19          }
20          p.lhx2 {
21              line-height: 2;
22          }
23          p.percent300 {
24              line-height: 300%;
25          }
26          p.length {
27              line-height: 8px;
```

```
28          }
29      </style>
30      <title>CSS 网页设计基础之段落行高</title>
31  </head>
32  <body>
33      <!-- 添加文档主体内容 -->
34      <header id="id-header">
35          <nav>CSS 网页设计基础之段落行高（'line-height: normal;'）</nav>
36      </header>
37      <hr>
38      <div id="id-div">
39          <p class="normal">
40              line-height: normal;line-height: normal;line-height: normal;
41              line-height: normal;line-height: normal;line-height: normal;
42              line-height: normal;line-height: normal;line-height: normal;
43          </p>
44          <hr>
45          <p class="lhx2">
46              line-height: 2;line-height: 2;line-height: 2;
47              line-height: 2;line-height: 2;line-height: 2;
48              line-height: 2;line-height: 2;line-height: 2;
49          </p>
50          <hr>
51          <p class="percent300">
52              line-height: 300%; line-height: 300%; line-height: 300%;
53              line-height: 300%; line-height: 300%; line-height: 300%;
54              line-height: 300%; line-height: 300%; line-height: 300%;
55          </p>
56          <hr>
57          <p class="length">
58              line-height: 8px;line-height: 8px;line-height: 8px;
59              line-height: 8px;line-height: 8px;line-height: 8px;
60              line-height: 8px;line-height: 8px;line-height: 8px;
61          </p>
62          <hr>
63          <p>
64              line-height: 14px;line-height: 14px;line-height: 14px;
65              line-height: 14px;line-height: 14px;line-height: 14px;
66              line-height: 14px;line-height: 14px;line-height: 14px;
67          </p>
68      </div>
69      <hr>
```

```
70          <footer>
71              <div id="id-footer">line-height: normal;</div>
72          </footer>
73      </body>
74      </html>
```

在这段代码中，我们使用 CSS 的 line-height 段落属性定义了一系列 HTML 标签元素的段落行高。下面我们详细介绍一下：

第 09 行代码使用 line-height 段落属性定义了 body 标签元素内的全部行高为 normal；同理，第 12 行与第 18 行代码为 nav 与 p 标签元素（class="normal"）也定义了相同的行高；

第 15 行代码使用 line-height 段落属性定义了 div 标签元素内的行高固定值（line-height: 14px）；

第 21 行代码使用 line-height 段落属性定义了 p 标签元素（class="lhx2"）内的数字行高（line-height: 2）；

第 24 行代码使用 line-height 段落属性定义了 p 标签元素（class="percent300"）内的百分比行高（line-height: 300%）；

第 27 行代码使用 line-height 段落属性定义了 p 标签元素（class="length"）内的行高固定值（line-height: 8px）；注意，该行高固定值是小于字体大小尺寸的（见第 08 行代码定义的 font-size: 14px）。

运行测试这个页面，效果如图 6.5 所示。从图中显示的结果可以看到，当设置的行高小于字体大小尺寸时，页面会显示出来重叠的字体效果。

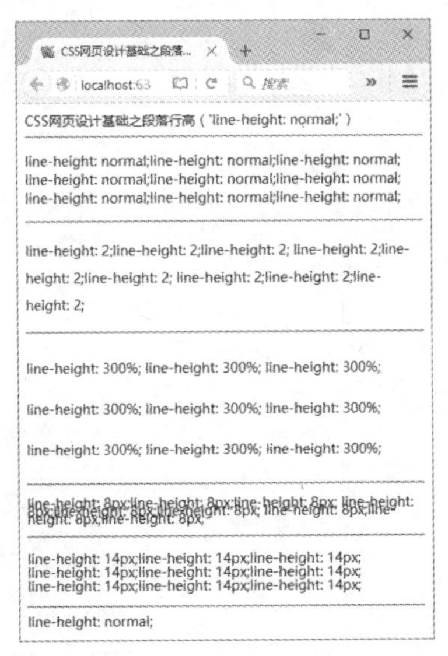

图 6.5　CSS 之段落行高

2．字距与词距

在 CSS 规范中，使用 letter-spacing 来定义字距，使用 word-spacing 来定义词距。对于英文文本来讲，所谓 letter-spacing（字距）就是字母之间的空白间距，word-spacing（词距）就是单词之间的空白间距；而对于中文文本来讲，一般使用 letter-spacing 设置字与字之间的空白间距。

下面的这段代码（参见源代码 chapter06/ch06-lw-spacing.html 文件）是一个设置字距和词距的应用。

【示例 6-6】 CSS 之字距和词距

```
01  <!DOCTYPE html>
02  <html lang="zh-cn">
03  <head>
04      <meta http-equiv="Content-Type" content="text/html; charset=utf-8" />
05      <style type="text/css">
06          body {
07              font-family: sans-serif;
08              font-size: 14px;
09              letter-spacing: normal;
10              word-spacing: normal;
11          }
12          nav {
13              letter-spacing: normal;
14              word-spacing: normal;
15          }
16          div {
17              letter-spacing: -2px;
18              word-spacing: 4px;
19          }
20          p.normal {
21              letter-spacing: normal;
22              word-spacing: normal;
23          }
24          p.lp {
25              letter-spacing: 4px;
26              word-spacing: normal;
27          }
28          p.wp {
29              letter-spacing: normal;
30              word-spacing: 16px;
31          }
32          p.ch {
33              letter-spacing: 8px;
34              word-spacing: -2px;
35          }
36      </style>
```

```
37      <title>CSS 网页设计基础之字距词距</title>
38  </head>
39  <body>
40      <!-- 添加文档主体内容 -->
41      <header id="id-header">
42          <nav>CSS 网页设计基础之字距词距（'normal'）</nav>
43      </header>
44      <hr>
45      <div id="id-div">
46          <p class="normal">
47              letter-spacing: normal;letter-spacing: normal;letter-spacing:
normal;
48              word-spacing: normal;word-spacing: normal;word-spacing: normal;
49          </p>
50          <hr>
51          <p class="lp">
52              letter-spacing: 4px;letter-spacing: 4px;letter-spacing: 4px;
53          </p>
54          <hr>
55          <p class="wp">
56              word-spacing: 16px;word-spacing: 16px;word-spacing: 16px;
57          </p>
58          <hr>
59          <p class="ch">
60          设置中文文本字距和词距设置中文文本字距和词距设置中文文本字距和词距
61          </p>
62          <hr>
63          <p>
64              letter-spacing: -2px;letter-spacing: -2px;letter-spacing: -2px;
65          </p>
66      </div>
67      <hr>
68      <footer>
69          <div id="id-footer"> </div>
70      </footer>
71  </body>
72  </html>
```

在这段代码中，我们使用 CSS 的 letter-spacing 和 word-spacing 段落属性定义了一系列 HTML 标签元素的字距和词距。下面我们详细介绍一下：

第 09～10 行代码使用 letter-spacing 和 word-spacing 段落属性定义了 body 标签元素内的全部字距和词距为 normal；同理，第 13～14 行与第 21～22 行代码为 nav 与 p 标签元素

（class="normal"）也定义了相同的字距和词距（normal）；

第 17 行代码使用 letter-spacing 段落属性为 div 标签元素内的字距定义了固定值（letter-spacing: -2px）；第 18 行代码使用 word-spacing 段落属性为 div 标签元素内的词距定义了固定值（word-spacing: 4px）；此处读者应注意，字距和词距是可以接收负值的；

第 25 行代码使用 letter-spacing 段落属性为 p 标签元素（class="lp"）内的字距定义了固定值（letter-spacing: 4px）；

第 30 行代码使用 word-spacing 段落属性为 p 标签元素（class="wp"）内的词距定义了固定值（word-spacing: 16px）；

第 33～34 行代码使用 letter-spacing 和 word-spacing 段落属性为 p 标签元素（class="ch"）内的字距和词距定义了固定值（letter-spacing: 8px;word-spacing: -2px）；

最后，第 63～65 行代码定义了一个 p 标签元素，前面的 CSS 样式代码没有为其专门设置字距和词距，那么其将继承为父元素 div 标签元素定义的字距和词距（见第 17～18 行代码）。

运行测试这个页面，效果如图 6.6 所示。从图中显示的结果可以看到，当 letter-spacing 与 word-spacing 属性设置成负值时，字与字之间空白距离就是负值，因此字与字会重叠覆盖；另外，设置中文文本的字距和词距时，letter-spacing 属性会起作用，而 word-spacing 属性不会起作用。

图 6.6　CSS 之字距和词距

3．对齐与缩进

在 CSS 规范中，使用 text-align 来定义文本对齐方式，使用 text-indent 来定义段落首行缩进。

下面的这段代码（参见源代码 chapter06/ch06-text-align.html 文件）是一个设置段落对齐与缩进的应用。

【示例 6-7】　CSS 之对齐与缩进

```
01  <!DOCTYPE html>
02  <html lang="zh-cn">
03  <head>
04      <meta http-equiv="Content-Type" content="text/html; charset=utf-8" />
05      <style type="text/css">
06          body {
07              font-family: sans-serif;
08              font-size: 14px;
09          }
10          nav {
11              text-align: center;
12          }
13          div {
14              text-align: left;
15              text-indent: 0px;
16          }
17          p.center {
18              text-align: center;
19              text-indent: 32px;
20          }
21          p.left {
22              text-align: left;
23              text-indent: 32px;
24          }
25          p.right {
26              text-align: right;
27              text-indent: 32px;
28          }
29          p.justify {
30              text-align: justify;
31              text-indent: 32px;
32          }
33      </style>
34      <title>CSS 网页设计基础之对齐与缩进</title>
35  </head>
36  <body>
37      <!-- 添加文档主体内容 -->
38      <header id="id-header">
39          <nav>CSS 网页设计基础之对齐与缩进</nav>
40      </header>
41      <hr>
```

```
42        <div id="id-div">
43            <p class="center">
44                中间对齐与缩进中间对齐与缩进中间对齐与缩进
45                中间对齐与缩进中间对齐与缩进中间对齐与缩进
46                中间对齐与缩进中间对齐与缩进中间对齐与缩进
47            </p>
48            <hr>
49            <p class="left">
50                左对齐与缩进左对齐与缩进左对齐与缩进
51                左对齐与缩进左对齐与缩进左对齐与缩进
52                左对齐与缩进左对齐与缩进左对齐与缩进
53            </p>
54            <hr>
55            <p class="right">
56                右对齐与缩进右对齐与缩进右对齐与缩进
57                右对齐与缩进右对齐与缩进右对齐与缩进
58                右对齐与缩进右对齐与缩进右对齐与缩进
59            </p>
60            <hr>
61            <p class="justify">
62                两端对齐与缩进两端对齐与缩进两端对齐与缩进
63                两端对齐与缩进两端对齐与缩进两端对齐与缩进
64                两端对齐与缩进两端对齐与缩进两端对齐与缩进
65            </p>
66            <hr>
67            <p>
68                设置对齐与缩进设置对齐与缩进设置对齐与缩进
69                设置对齐与缩进设置对齐与缩进设置对齐与缩进
70                设置对齐与缩进设置对齐与缩进设置对齐与缩进
71            </p>
72        </div>
73        <hr>
74        <footer>
75            <div id="id-footer"></div>
76        </footer>
77    </body>
78    </html>
```

在这段代码中，我们使用 CSS 的 text-align 和 text-indent 段落属性实现了页面文本的对齐与缩进效果。下面我们详细介绍一下：

第 13～16 行代码使用 text-align 和 text-indent 段落属性定义了 div 标签元素内的段落的对齐与缩进方式；其中，text-align 属性值为 left，表示“左对齐”，text-indent 属性值为“32px”，表示段落首行的缩进值；

第 17～20 行代码使用 text-align 和 text-indent 段落属性定义了 p 标签元素（class="center"）内段落的对齐与缩进方式；其中，text-align 属性值为 center，表示“中间对齐”，text-indent 属性值为“32px”，表示段落首行的缩进值；

第 21～24 行代码使用 text-align 和 text-indent 段落属性定义了 p 标签元素（class="left"）内段落的对齐与缩进方式；其中，text-align 属性值为 left，表示“左对齐”，text-indent 属性值为“32px”，表示段落首行的缩进值；

第 25～28 行代码使用 text-align 和 text-indent 段落属性定义了 p 标签元素（class="right"）内段落的对齐与缩进方式；其中，text-align 属性值为 right，表示“右对齐”，text-indent 属性值为“32px”，表示段落首行的缩进值；

第 29～32 行代码使用 text-align 和 text-indent 段落属性定义了 p 标签元素（class="justify"）内段落的对齐与缩进方式；其中，text-align 属性值为 justify，表示“两端对齐”，text-indent 属性值为“32px”，表示段落首行的缩进值；

最后，第 67～71 行代码定义了一个 p 标签元素，前面的 CSS 样式代码没有为其专门设置对齐与缩进方式，那么其将继承为父元素 div 标签元素定义的对齐与缩进方式（见第 13～16 行代码）。

运行测试这个页面，效果如图 6.7 所示。

图 6.7　CSS 之对齐与缩进

6.1.3　文字效果

CSS 可以实现很多种文字风格效果，譬如：下划线、删除线、变形字体、阴影特效、发光字体、翻转字体，等等。下面我们针对这些 CSS 文字效果一一进行介绍。

1．下划线、删除线和顶划线

在 CSS 规范中，使用 text-decoration 文本修饰属性来定义文本下划线、删除线和顶划线。关于 text-decoration 属性值具体如下：

- underline：定义文本下划线；
- overline：定义文本顶划线；
- line-through：定义文本删除线。

下面的这段代码（参见源代码 chapter06/ch06-text-decoration.html 文件）是一个设置文本下划线、顶划线和删除线的应用。

【示例 6-8】 CSS 之文本修饰

```
01  <!DOCTYPE html>
02  <html lang="zh-cn">
03  <head>
04      <meta http-equiv="Content-Type" content="text/html; charset=utf-8" />
05      <style type="text/css">
06          body {
07              font-family: sans-serif;
08              font-size: 16px;
09          }
10          nav {
11              text-decoration: none;
12          }
13          div {
14              text-decoration: none;
15          }
16          p.underline {
17              text-decoration: underline;
18          }
19          p.overline {
20              text-decoration: overline;
21          }
22          p.line-through {
23              text-decoration: line-through;
24          }
25      </style>
26      <title>CSS 网页设计基础之文本修饰</title>
27  </head>
28  <body>
29      <!-- 添加文档主体内容 -->
30      <header id="id-header">
```

```
31            <nav>CSS 网页设计基础之文本修饰 ('font-decoration: none;') </nav>
32        </header>
33        <hr>
34        <div id="id-div">
35            <p class="underline">font-decoration: underline;</p>
36            <p class="overline">font-decoration: overline;</p>
37            <p class="line-through">font-decoration: line-through;</p>
38            <p>font-decoration: none;</p>
39        </div>
40        <hr>
41        <footer>
42            <div id="id-footer">font-decoration: none;</div>
43        </footer>
44    </body>
45    </html>
```

在这段代码中，我们使用 CSS 的 text-decoration 文本修饰属性实现了文本下划线、顶划线和删除线效果。下面我们详细介绍一下：

第 17 行代码使用 text-decoration 文本修饰属性定义了 p 标签元素（class="underline"）内文本下划线样式；

第 20 行代码使用 text-decoration 文本修饰属性定义了 p 标签元素（class="overcast"）内文本顶划线样式；

第 23 行代码使用 text-decoration 文本修饰属性定义了 p 标签元素（class="line-through"）内文本删除线样式。

运行测试这个页面，效果如图 6.8 所示。

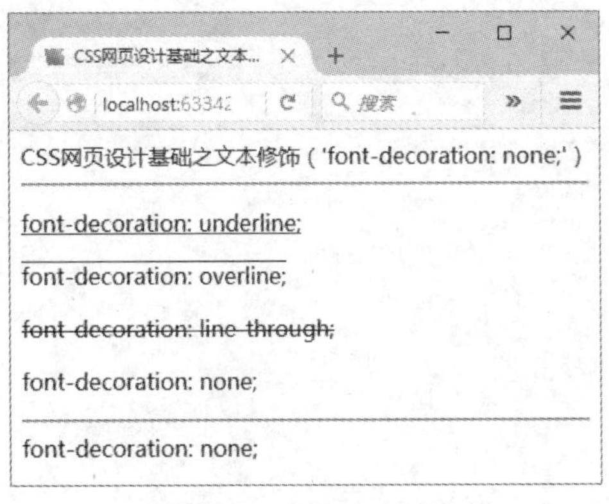

图 6.8　CSS 之文本修饰

2．CSS3 文字阴影效果

在 CSS3 规范中，使用 text-shadow 文本阴影属性来实现文本阴影效果。关于 text-shadow 属性的语法如下：

```
text-shadow: h-shadow v-shadow blur color;
```

其中：

- h-shadow：定义水平阴影的位置；
- v-shadow：定义垂直阴影的位置；
- blur：定义字体模糊距离；
- color：定义字体颜色。

下面的这段代码（参见源代码 chapter06/ch06-text-shadow.html 文件）是一个实现文字阴影效果的应用。

【示例 6-9】 CSS 之文字阴影效果

```
<!DOCTYPE html>
<html lang="zh-cn">
<head>
    <meta http-equiv="Content-Type" content="text/html; charset=utf-8" />
    <style type="text/css">
        body {
            font-family: sans-serif;
            font-size: 16px;
        }
        nav {
            text-decoration: none;
        }
        div.style0 {
            text-shadow: 5px 5px 5px black;
        }
        div.style1 {
            text-shadow:0 0 3px black;
        }
        div.style2 {
            text-shadow:2px 2px 4px black;
        }
        div.style3 {
            text-shadow:2px 2px 8px black;
        }
    </style>
    <title>CSS 网页设计基础之文本阴影效果</title>
</head>
<body>
    <!-- 添加文档主体内容 -->
    <header id="id-header">
```

```
        <nav>CSS 网页设计基础之阴影效果</nav>
    </header>
    <hr>
    <div class="style0">
        CSS 网页设计基础之阴影效果
    </div>
    <hr>
    <div class="style1">
        CSS 网页设计基础之阴影效果
    </div>
    <hr>
    <div class="style2">
        CSS 网页设计基础之阴影效果
    </div>
    <hr>
    <div class="style3">
        CSS 网页设计基础之阴影效果
    </div>
    <hr>
    <footer>
        <div id="id-footer"></div>
    </footer>
</body>
</html>
```

在这段代码中，我们使用 CSS 的 text-shadow 文本阴影属性实现了多种文字阴影效果。运行测试这个页面，效果如图 6.9 所示。

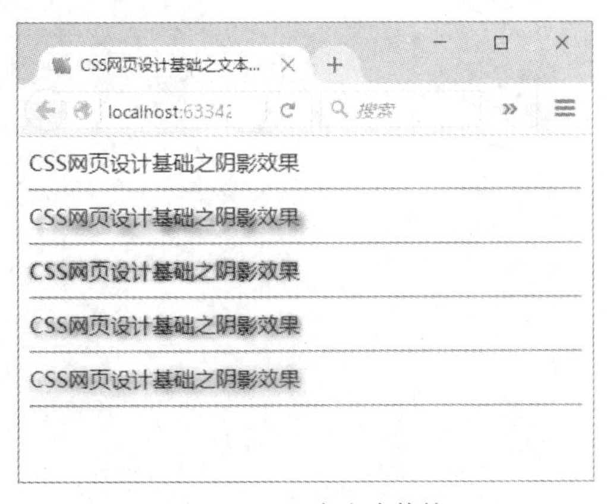

图 6.9　CSS 之文本修饰

3．CSS 3 文字描边效果

在 CSS 3 规范中，使用-webkit-text-stroke 属性来实现文字描边效果。另外，-webkit-text-stroke 属性目前仅仅支持使用 webkit 内核的 Chrome 和 Safari 浏览器。

下面的这段代码（参见源代码 chapter06/ch06-text-stroke.html 文件）是一个实现文字描边效果的应用。

【示例 6-10】 CSS 之文字描边效果

```
<!DOCTYPE html>
<html lang="zh-cn">
<head>
    <meta http-equiv="Content-Type" content="text/html; charset=utf-8" />
    <style type="text/css">
        body {
            font-family: sans-serif;
            font-size: 20px;
        }
        nav {
            text-decoration: none;
        }
        div {
            color: transparent;
            -webkit-text-stroke: 2px black;
        }
    </style>
    <title>CSS 网页设计基础之文字描边效果</title>
</head>
<body>
    <!-- 添加文档主体内容 -->
    <header id="id-header">
        <nav>CSS 网页设计基础之文字描边效果</nav>
    </header>
    <hr>
    <div>
        CSS 网页设计基础之文字描边效果
    </div>
    <hr>
    <footer>
    </footer>
</body>
</html>
```

在这段代码中，我们使用 CSS 的-webkit-text-stroke 属性实现了文字描边效果。运行测试这个页面，效果如图 6.10 所示。

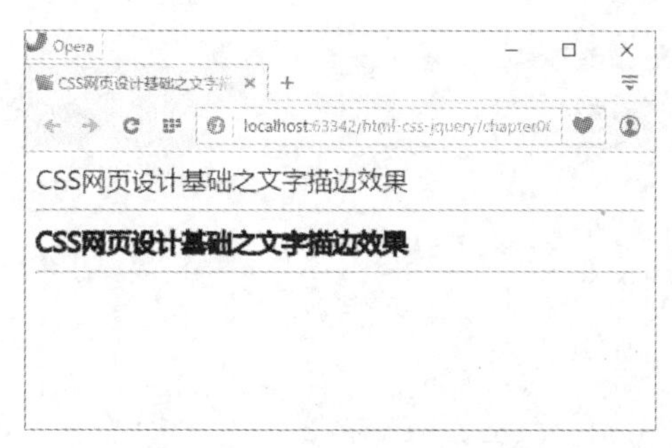

图 6.10　CSS 之文字描边效果

6.2 设计背景样式

网页一般是白底黑字，但在 Web 2.0 时代，越来越多的网页有了自己的特色，网页的颜色也丰富多彩起来，本节通过设置 CSS 背景样式来让读者发现网页的多彩之处。

6.2.1　设计背景颜色

在 CSS 规范中，通过 background-color 属性可以设计背景颜色，其属性值可以是预定义颜色名称，也可以是 rgb 代码或十六进制固定值，还可以是透明色。具体如下：

- color_name：规定颜色值为预定义颜色名称的背景颜色（例如：black、white、red 等）；
- hex_number：规定颜色值为十六进制值的背景颜色（例如：#ff0000）；
- rgb_number：规定颜色值为 rgb 代码的背景颜色（例如：rgb(255,0,0)）；
- transparent：默认值，表示背景颜色为透明；
- inherit：规定继承于父元素的 background-color 属性值。

下面的这段代码（参见源代码 chapter06/ch06-background-color.html 文件）是一个设置字体大小的应用。

【示例 6-11】　CSS 之背景颜色

```
01   <!DOCTYPE html>
02   <html lang="zh-cn">
03   <head>
04       <meta http-equiv="Content-Type" content="text/html; charset=utf-8" />
05       <style type="text/css">
06           body {
07               font-family: sans-serif;
08               font-size: 14px;
```

```
09              background-color: #f0f0f0;
10          }
11          nav {
12              color: white;
13              background-color: black;
14          }
15          div.gray {
16              background-color: gray;
17          }
18          div.lightgray {
19              background-color: lightgray;
20          }
21          div.darkgray {
22              background-color: darkgray;
23          }
24      </style>
25      <title>CSS 网页设计基础之背景颜色</title>
26  </head>
27  <body>
28      <!-- 添加文档主体内容 -->
29      <header id="id-header">
30          <nav>CSS 网页设计基础之背景颜色</nav>
31      </header>
32      <hr>
33      <div class="gray">
34          CSS 网页设计基础之背景颜色
35      </div>
36      <hr>
37      <div class="lightgray">
38          CSS 网页设计基础之背景颜色
39      </div>
40      <hr>
41      <div class="darkgray">
42          CSS 网页设计基础之背景颜色
43      </div>
44      <hr>
45      <footer>
46      </footer>
47  </body>
48  </html>
```

在这段代码中，我们使用 CSS 的 background-color 属性定义了一系列 HTML 标签元素的背景颜色。下面我们详细介绍一下：

第 09 行代码使用 background-color 属性定义了 body 标签元素内的全部背景颜色为#f0f0f0（一种淡灰色）；

第 13 行代码使用 background-color 属性定义了 nav 标签元素内的背景颜色为 black（黑色）；同时，为了能够显示文字，第 12 行代码定义文字颜色为 white（白色）；

第 15～17 行代码使用 background-color 属性定义了 div 标签元素（class="gray"）内的背景颜色为 gray（灰色）；

第 18～20 行代码使用 background-color 属性定义了 div 标签元素（class="lightgray"）内的背景颜色为 lightgray（淡灰色）；

第 21～23 行代码使用 background-color 属性定义了 div 标签元素（class="darkgray"）内的背景颜色为 darkgray（深灰色）。

运行测试这个页面，效果如图 6.11 所示。

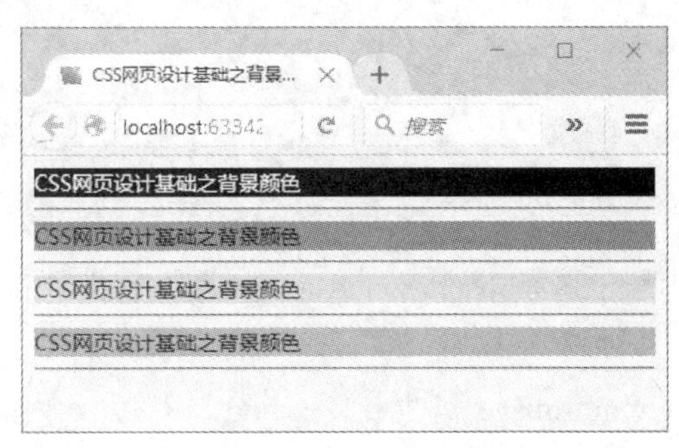

图 6.11　CSS 之背景颜色

6.2.2　设计背景图片

在 CSS 规范中，通过 background-image 属性可以设计背景图片，其属性值是一个 url 类型的图片链接。

下面的这段代码（参见源代码 chapter06/ch06-background-image.html 文件）是一个设置背景图片的应用。

【示例 6-12】　CSS 之背景图片

```
01  <!DOCTYPE html>
02  <html lang="zh-cn">
03  <head>
04      <meta http-equiv="Content-Type" content="text/html; charset=utf-8" />
05      <style type="text/css">
06          body {
07              font-family: sans-serif;
08              font-size: 14px;
09              background-image: url(images/bg.jpg);
```

```
10          }
11          nav {
12              color: white;
13              background-color: black;
14          }
15      </style>
16      <title>CSS 网页设计基础之背景图片</title>
17  </head>
18  <body>
19      <!-- 添加文档主体内容 -->
20      <header id="id-header">
21          <nav>CSS 网页设计基础之背景图片</nav>
22      </header>
23      <hr>
24      <footer>
25      </footer>
26  </body>
27  </html>
```

在这段代码中，我们使用 CSS 的 background-image 属性定义了 body 标签元素的背景图片。下面我们详细介绍一下：

第 09 行代码使用 background-image 属性定义了 body 标签元素内的背景图片，其属性值为一个 url 图片链接（url(images/bg.jpg)）；

第 11～14 行代码使用 background-color 属性定义了 nav 标签元素内的背景颜色为 black（黑色）；同时，为了能够显示文字，第 12 行代码定义文字颜色为 white（白色）；在页面实际显示效果中，定义的文字将显示在背景图片之上。

运行测试这个页面，效果如图 6.12 所示。

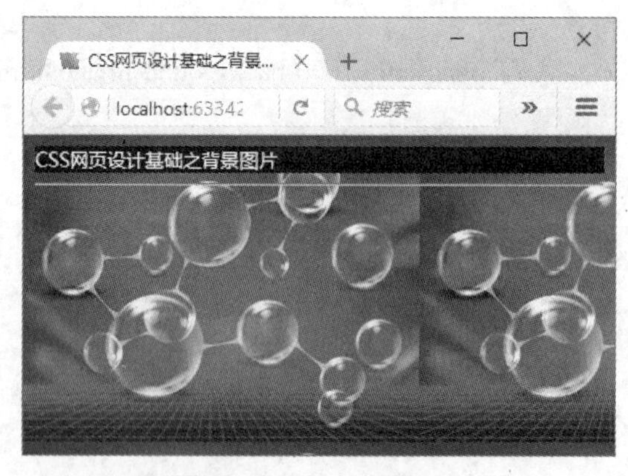

图 6.12　CSS 之背景图片

6.2.3　设计背景渐变

在 CSS 规范中，通过 gradient 属性可以设计背景颜色渐变效果。不过需要注意的是，不同的浏览器对 gradient 属性的定义方式是不一样的。

下面的这段代码（参见源代码 chapter06/ch06-linear-gradient.html 文件）是一个设置背景颜色渐变的应用。

【示例 6-13】　CSS 之背景颜色渐变

```
01    <!DOCTYPE html>
02    <html lang="zh-cn">
03    <head>
04       <meta http-equiv="Content-Type" content="text/html; charset=utf-8" />
05       <style type="text/css">
06          body {
07          font-family: sans-serif;
08          font-size: 14px;
09          }
10          nav {
11          color: white;
12          background-color: black;
13          }
14          div.class1 {
15          width:100%;
16          height:120px;
17          backgound:-ms-linear-gradient(top, #333,  #f0f0f0); /* IE 10 */
18          background:-moz-linear-gradient(top,#333,#f0f0f0); /* FireFox */
19    background:-webkit-gradient(linear,0%0%,0%100%,from(#333),to(#f0f0f0));/
*Chrom*/
20    background:-webkit-gradient(linear,0%0%,0%100%,from(#333),to(#f0f0f0));
/*Safari*/
21       background:-webkit-linear-gradient(top, #333, #f0f0f0); /* Safari5.1
Chrome 10+ */
22       background:-o-linear-gradient(top, #333, #f0f0f0); /* Opera 11.10+ */
23          }
24          div.class2 {
25          width:100%;
26          height:120px;
27          backgound:-ms-linear-gradient(top, #f0f0f0,  #333); /* IE 10 */
28          background:-moz-linear-gradient(top,#f0f0f0,#333); /* FireFox */
29    background:-webkit-
gradient(linear,0%0%,0%100%,from(#f0f0f0),to(#333));/*Chrom*/
```

```
30    background:-webkit-
gradient(linear,0%0%,0%100%,from(#f0f0f0),to(#333));/*Safari */
31        background:-webkit-linear-gradient(top, #f0f0f0, #333); /* Safari5.1
Chrome 10+ */
32        background:-o-linear-gradient(top, #f0f0f0, #333); /* Opera 11.10+
*/
33          }
34      </style>
35      <title>CSS 网页设计基础之背景颜色渐变</title>
36  </head>
37  <body>
38      <!-- 添加文档主体内容 -->
39      <header id="id-header">
40          <nav>CSS 网页设计基础之背景颜色渐变</nav>
41      </header>
42      <hr>
43      <div class="class1">
44          背景颜色渐变（由深至浅）背景颜色渐变（由深至浅）背景颜色渐变（由深至浅）
45      </div>
46      <hr>
47      <div class="class2">
48          背景颜色渐变（由浅至深）背景颜色渐变（由浅至深）背景颜色渐变（由浅至深）
49      </div>
50      <hr>
51      <footer>
52      </footer>
53  </body>
54  </html>
```

在这段代码中，我们使用 CSS 的 gradient 属性定义了背景颜色渐变效果。下面我们详细介绍一下：

第 14～23 行代码使用 gradient 属性定义了 div 标签元素（class="class1"）内的背景颜色渐变效果是由深至浅（从颜色#333 渐变至颜色#f0f0f0）；

其中，第 17 行代码使用-ms-linear-gradient 关键字定义方式是针对 IE10 浏览器的；

第 18 行代码使用-moz-linear-gradient 关键字定义方式是针对 FireFox 浏览器的；

第 19～20 行代码使用-webkit-gradient 关键字定义方式是针对早期 Chrome 和 Safari 浏览器的；

第 21 行代码使用-webkit-linear-gradient 关键字定义方式是针对目前 Chrome 10+和 Safari 5.1+版本浏览器的；

第 22 行代码使用-o-linear-gradient 关键字定义方式是针对最新的 Opera 10+ 11+ 版本浏览器的。

运行测试这个页面，效果如图 6.13 所示。

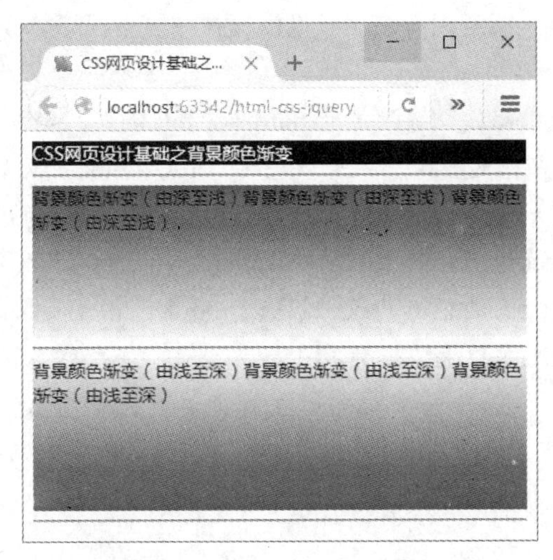

图 6.13　CSS 之背景颜色渐变效果

6.3 设计边界样式

本节要介绍的边界样式为常见的 3 个：边框、内边距和外边距。设置了这些边界样式后，网页的视角才会更分明，网页中的内容才会更错落有致。

6.3.1 边框

在 CSS 规范中，通过 border 属性可以设计边框样式，关于边框的属性有 border-color、border-style 和 border-width 三种。

（1）border-color：规定边框颜色值，颜色的取值方式如下：

- color_name：规定颜色值为预定义颜色名称的背景颜色（例如：black、white、red 等）；
- hex_number：规定颜色值为十六进制值的背景颜色（例如：#ff0000）；
- rgb_number：规定颜色值为 rgb 代码的背景颜色（例如：rgb(255,0,0)）；
- transparent：默认值，表示背景颜色为透明；
- inherit：规定继承于父元素的 background-color 属性值。

（2）border-style：规定边框样式，边框样式的定义方式如下：

- none：定义无边框；
- hidden：与"none"相同，但应用于表时除外，hidden 可以用于解决边框冲突；

- dotted：定义点状边框，不过在大多数浏览器中可能呈现为实线；
- dashed：定义虚线，不过同样在大多数浏览器中可能呈现为实线；
- solid：定义实线；
- double：定义双线，双线的宽度等于 border-width 定义的值；
- groove：定义 3D 凹槽边框，其效果取决于 border-color 定义的值；
- ridge：定义 3D 垄状边框，其效果取决于 border-color 定义的值；
- inset：定义 3D inset 边框，其效果取决于 border-color 定义的值；
- outset：定义 3D outset 边框，其效果取决于 border-color 定义的值；
- inherit：规定从父元素继承边框样式。

（3）border-width：规定边框宽度，其可以取如下值：

- medium：默认值，定义中等宽度边框；
- thin：定义细边框；
- thick：定义粗边框；
- length：允许自定义边框的宽度；
- inherit：规定继承于父元素的边框宽度。

下面的这段代码（参见源代码 chapter06/ch06-border.html 文件）是一个设置边框的应用。

【示例 6-14】 CSS 之边框

```
01  <!DOCTYPE html>
02  <html lang="zh-cn">
03  <head>
04      <meta http-equiv="Content-Type" content="text/html; charset=utf-8" />
05      <style type="text/css">
06          body {
07              font-family: sans-serif;
08              font-size: 14px;
09          }
10          nav {
11              text-decoration: none;
12          }
13          div.border1 {
14              border: medium solid rgb(0,0,0);
15          }
16          div.border2 {
17              border-width: thin;
18              border-style: solid;
19              border-color: black;
20          }
21          div.border3 {
```

```
22            border: thick solid rgb(0,0,0);
23        }
24        div.border4 {
25            border-width: 8px;
26            border-style: solid;
27            border-color: rgb(192,192,192);
28        }
29        div.border5 {
30            border: medium double rgb(0,0,0);
31        }
32        div.border6 {
33            border-width: medium;
34            border-style: dashed;
35            border-color: black;
36        }
37        div.border7 {
38            border: medium dotted rgb(0,0,0);
39        }
40        div.border8 {
41            border-width: medium;
42            border-style: groove;
43            border-color: rgb(128,128,128);
44        }
45    </style>
46    <title>CSS 网页设计基础之边框效果</title>
47 </head>
48 <body>
49    <!-- 添加文档主体内容 -->
50    <header id="id-header">
51        <nav>CSS 网页设计基础之边框效果</nav>
52    </header>
53    <hr>
54    <div class="border1">
55        CSS 网页设计基础之边框效果
56    </div>
57    <br>
58    <div class="border2">
59        CSS 网页设计基础之边框效果
60    </div>
61    <br>
62    <div class="border3">
63        CSS 网页设计基础之边框效果
```

```
64        </div>
65        <br>
66        <div class="border4">
67            CSS 网页设计基础之边框效果
68        </div>
69        <br>
70        <div class="border5">
71            CSS 网页设计基础之边框效果
72        </div>
73        <br>
74        <div class="border6">
75            CSS 网页设计基础之边框效果
76        </div>
77        <br>
78        <div class="border7">
79            CSS 网页设计基础之边框效果
80        </div>
81        <br>
82        <div class="border8">
83            CSS 网页设计基础之边框效果
84        </div>
85        <br>
86        <footer></footer>
87    </body>
88    </html>
```

在这段代码中，我们使用 CSS 的 border 边框属性定义了一系列 HTML 标签元素的边框效果。下面我们详细介绍一下：

第 14 行代码使用 border 属性定义了 div 标签元素（class="border1"）的边框样式（border: medium solid rgb(0,0,0);），其中 medium 表示中等边框，solid 表示实线，颜色 rgb(0,0,0)为黑色；

第 17～19 行代码分别使用 border-width 属性、border-style 属性和 border-color 属性定义了 div 标签元素（class="border2"）的边框样式；border-width: thin 表示细边框，border-style: solid 表示边框样式为实线，border-color: black 表示边框颜色为黑色；

第 22 行代码使用 border 属性定义了 div 标签元素（class="border3"）的边框样式（border: thick solid rgb(0,0,0);），其中 thick 表示粗边框；

第 25～27 行代码分别使用 border-width 属性、border-style 属性和 border-color 属性定义了 div 标签元素（class="border4"）的边框样式；border-width: 8px 表示边框实际宽度为 8px，border-color: rgb(192,192,192)表示边框颜色为一种灰色；

第 30 行代码使用 border 属性定义了 div 标签元素（class="border5"）的边框样式（border: medium double rgb(0,0,0);），其中 double 表示双线框；

第 33～35 行代码分别使用 border-width 属性、border-style 属性和 border-color 属性定义了 div 标签元素（class="border6"）的边框样式；border-style: dashed 表示边框样式为虚线；

第 38 行代码使用 border 属性定义了 div 标签元素（class="border7"）的边框样式（border: medium dotted rgb(0,0,0);），其中 dotted 表示点状线边框；

第 41～43 行代码分别使用 border-width 属性、border-style 属性和 border-color 属性定义了 div 标签元素（class="border8"）的边框样式；border-style: groove 表示边框为 3D 凹槽样式。

运行测试这个页面，效果如图 6.14 所示。

图 6.14　CSS 之边框效果

使用 border 属性与分别使用 border-width 属性、border-style 属性和 border-color 属性定义边框的方式不一样，但现实的效果是完全一致的。

6.3.2　内边距

在 CSS 规范中，通过 padding 属性可以定义内边距样式，所谓内边距就是指元素边框与元素内容间的空白区域。同时，padding 属性可以分成 padding-top（上）、padding-right（右）、padding-bottom（下）和 padding-left（左），四个属性分别定义四个方向的内边距。padding 属性可以按照以下几种方式定义：

- auto：通过浏览器计算内边距值；
- length：规定固定内边距值（单位为 px、cm 等）；
- 百分比（%）：基于父元素宽度的百分比定义内边距值。

不允许定义负的内边距值。

下面的这段代码（参见源代码 chapter06/ch06-padding.html 文件）是一个设置内边距的应用。

【示例 6-15】 CSS 之内边距

```
01  <!DOCTYPE html>
02  <html lang="zh-cn">
03  <head>
04      <meta http-equiv="Content-Type" content="text/html; charset=utf-8" />
05      <style type="text/css">
06          body {
07              font-family: sans-serif;
08              font-size: 14px;
09          }
10          nav {
11              text-decoration: none;
12          }
13          div.padding1 {
14              border: medium solid rgb(0,0,0);
15              padding: 32px;
16          }
17          div.padding2 {
18              border: medium solid rgb(0,0,0);
19              padding: 32px 16px 8px 4px;
20          }
21          div.padding3 {
22              border: medium solid rgb(0,0,0);
23              padding-top: 4px;
24              padding-right: 8px;
25              padding-bottom: 32px;
26              padding-left: 16px;
27          }
28          div.padding4 {
29              border: medium solid rgb(0,0,0);
30              padding: 1cm 0.5cm 1cm 0.5cm;
31          }
32      </style>
33      <title>CSS 网页设计基础之内边距</title>
34  </head>
35  <body>
36      <!-- 添加文档主体内容 -->
37      <header id="id-header">
38          <nav>CSS 网页设计基础之内边距</nav>
39      </header>
40      <hr>
41      <div class="padding1">
```

```
42            CSS 网页设计基础之内边距(padding: 32px;)
43        </div>
44        <br>
45        <div class="padding2">
46            CSS 网页设计基础之内边距(padding: 32px 16px 8px 4px;)
47        </div>
48        <br>
49        <div class="padding3">
50            CSS 网页设计基础之内边距<br>
51            padding-top: 4px;<br>
52            padding-right: 8px;<br>
53            padding-bottom: 32px;<br>
54            padding-left: 16px;<br>
55        </div>
56        <br>
57        <div class="padding4">
58            CSS 网页设计基础之内边距(padding: 1cm 0.5cm 1cm 0.5cm;)
59        </div>
60        <br>
61        <footer></footer>
62    </body>
63    </html>
```

在【示例 6-15】这段代码中，我们使用 CSS 的 padding 属性定义了一系列 HTML 标签元素的内边距。下面我们详细介绍一下：

第 15 行代码使用 padding 属性定义了 div 标签元素（class="padding1"）的内边距，padding: 32px 表示上下左右的内边距均为固定值 32px；

第 19 行代码使用 padding 属性定义了 div 标签元素（class="padding2"）的内边距，padding: 32px 16px 8px 4px 表示上内边距为固定值 32px、右内边距为固定值 16px、下内边距为固定值 8px、左内边距为固定值 4px；

第 23～26 行代码分别使用 padding-top: 4px、padding-right: 8px、padding-bottom: 32px 和 padding-left: 16px 属性定义了 div 标签元素（class="padding3"）的上下左右内边距；

第 30 行代码使用 padding 属性定义了 div 标签元素（class="padding4"）的内边距，padding: 1cm 0.5cm 1cm 0.5cm;表示上内边距为固定值 1cm、右内边距为固定值 0.5cm、下内边距为固定值 1cm、左内边距为固定值 0.5cm，此处内边距单位为厘米。

运行测试这个页面，效果如图 6.15 所示。

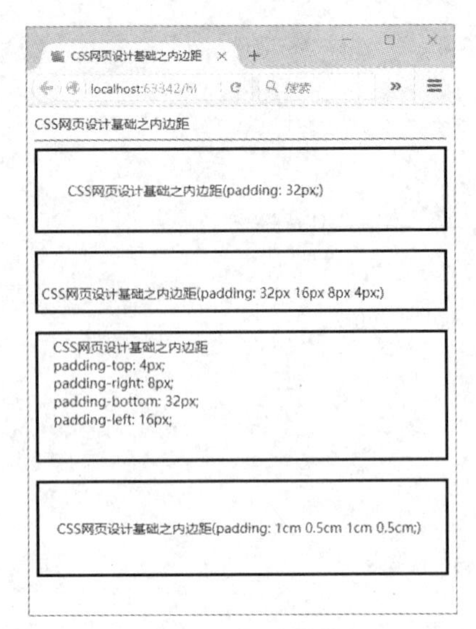

图 6.15　CSS 之内边距

6.3.3　外边距

在 CSS 规范中，通过 margin 属性可以定义外边距样式，所谓外边距就是指元素边框与外部容器间的空白区域距离。同时，margin 属性也可以分成 margin-top（上）、margin-right（右）、margin-bottom（下）和 margin-left（左），四个属性分别定义四个方向的内外距。margin 属性可以按照以下几种方式定义：

- auto：通过浏览器计算外边距值；
- length：规定固定外边距值（单位为 px、cm 等）；
- 百分比（%）：基于父元素宽度的百分比定义外边距值。

margin 是允许定义负的外边距值的。

下面的这段代码（参见源代码 chapter06/ch06-margin.html 文件）是一个设置外边距的应用。

【示例 6-16】　CSS 之外边距

```
01  <!DOCTYPE html>
02  <html lang="zh-cn">
03  <head>
04      <meta http-equiv="Content-Type" content="text/html; charset=utf-8" />
05      <style type="text/css">
06          body {
07              font-family: sans-serif;
08              font-size: 14px;
09          }
```

```
10          nav {
11             text-decoration: none;
12          }
13          div {
14             border: medium solid rgb(0,0,0);
15             margin: 2px;
16             padding: 2px;
17          }
18          div.margin1 {
19             border: medium solid rgb(0,0,0);
20             margin: 32px;
21          }
22          div.margin2 {
23             border: medium solid rgb(0,0,0);
24             margin: 32px 16px 8px 4px;
25          }
26          div.margin3 {
27             border: medium solid rgb(0,0,0);
28             margin-top: 4px;
29             margin-right: 8px;
30             margin-bottom: 32px;
31             margin-left: 16px;
32          }
33          div.margin4 {
34             border: medium solid rgb(0,0,0);
35             margin: 1cm 0.5cm -1cm 0.5cm;
36          }
37       </style>
38       <title>CSS 网页设计基础之外边距</title>
39    </head>
40    <body>
41       <!-- 添加文档主体内容 -->
42       <header id="id-header">
43          <nav>CSS 网页设计基础之外边距</nav>
44       </header>
45       <hr>
46       <div>
47          <div class="margin1">
48             CSS 网页设计基础之外边距(margin: 32px;)
49          </div>
50          <br>
51          <div class="margin2">
```

```
52              CSS 网页设计基础之外边距(margin: 32px 16px 8px 4px;)
53          </div>
54          <br>
55          <div class="margin3">
56              CSS 网页设计基础之外边距<br>
57              margin-top: 4px;<br>
58              margin-right: 8px;<br>
59              margin-bottom: 32px;<br>
60              margin-left: 16px;<br>
61          </div>
62          <br>
63          <div class="margin4">
64              CSS 网页设计基础之外边距(margin: 1cm 0.5cm -1cm 0.5cm;)
65          </div>
66      </div>
67      <footer></footer>
68  </body>
69  </html>
```

在这段代码中，我们使用了 CSS 的 margin 属性定义了一系列 HTML 标签元素的外边距。下面我们详细介绍：

第 13～17 行代码使用 border、margin 和 padding 属性定义了 div 标签元素的边框和内外边距，该 div 标签元素相当于一个容器，包含了第 47～65 行代码定义的一系列 div 标签元素；

第 20 行代码使用 margin 属性定义了 div 标签元素（class="margin1"）的外边距，margin: 32px 表示上下左右的外边距均为固定值 32px；第 24 行代码使用 margin 属性定义了 div 标签元素（class=" margin2"）的外边距，margin: 32px 16px 8px 4px 表示上外边距为固定值 32px、右外边距为固定值 16px、下外边距为固定值 8px、左外边距为固定值 4px；

第 28～31 行代码分别使用 margin-top: 4px、margin-right: 8px、margin-bottom: 32px 和 margin-left: 16px 属性定义了 div 标签元素（class="margin3"）的上下左右外边距；第 35 行代码使用 margin 属性定义了 div 标签元素（class="margin4"）的外边距，margin: 1cm 0.5cm -1cm 0.5cm;表示上外边距为固定值 1cm、右外边距为固定值 0.5cm、下外边距为固定值-1cm、左外边距为固定值 0.5cm，此处外边距单位为厘米。

运行测试这个页面，效果如图 6.16 所示。最后一个 div 标签元素（class="margin4"）原本是定义在最外部 div 容器内的，但由于其下外边距值定义为-1cm（负值），因此在实际页面中显示时，超出了最外部 div 容器的边框。

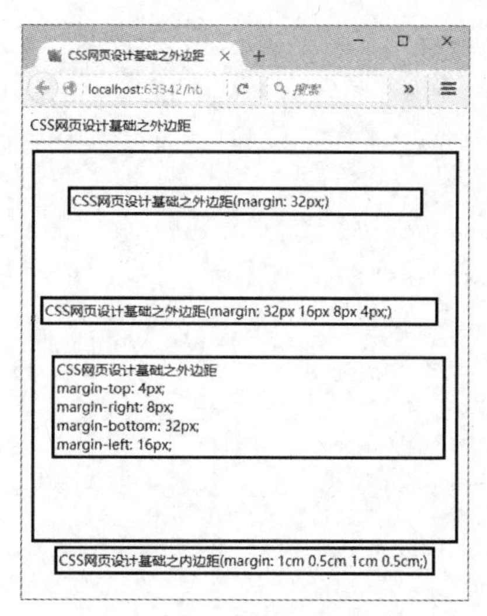

图 6.16　CSS 之外边距

6.4 网页元素的定位

所谓网页元素的定位，其实就是通过 CSS 的一系列 position 属性对网页元素位置进行设定。在 CSS 规范中，position 属性可以取的值有 relative、absolute、static、fixed 和 inherit 这 5 种，其具体含义如下：

- relative：生成相对定位的网页元素，相对于其正常位置进行定位；
- absolute：生成绝对定位的网页元素，相对于 static 定位以外的第一个父元素进行定位。网页元素的位置通过"left"、"top"、"right"和"bottom"属性进行设定；
- static：默认值，相当于没有定位，网页元素出现在正常的流中（使用 static 定位就相当于忽略了 top、bottom、left、right 或者 z-index 的定义）；
- fixed：生成绝对定位的元素，相对于浏览器窗口进行定位，元素的位置通过"left"、"top"、"right"和"bottom"属性进行设定；
- inherit：规定从父元素继承 position 属性的设定。

6.4.1　相对定位

在 CSS 规范中，通过设定 position 属性值为 relative 来实现相对定位。所谓相对定位，就是通过设定某元素的垂直或水平的位置（通过 top、right、bottom 和 left 实现），让这个元素“相对于”其起点进行移动。

下面的这段代码（参见源代码 chapter06/ch06-position-relative.html 文件）是一个设置相对定位的应用。

【示例 6-17】 CSS 之相对定位

```
01  <!DOCTYPE html>
02  <html lang="zh-cn">
03  <head>
04      <meta http-equiv="Content-Type" content="text/html; charset=utf-8" />
05      <style type="text/css">
06          body {
07              font-family: sans-serif;
08              font-size: 14px;
09          }
10          nav {
11              font-size: 20px;
12          }
13          div {
14              position: relative;
15              width: 350px;
16              height: 300px;
17              background-color: #f0f0f0;
18          }
19          div.relative1 {
20              position: relative;
21              width: 120px;
22              height: 60px;
23              background-color: #ccc;
24          }
25          div.relative2 {
26              position: relative;
27              width: 120px;
28              height: 60px;
29              top: 20px;
30              left: 50px;
31              background-color: #aaa;
32          }
33          div.relative3 {
34              position: relative;
35              width: 120px;
36              height: 60px;
37              top: -5px;
38              left: 80px;
39              background-color: #666;
40          }
41          div.relative4 {
```

```
42              position: relative;
43              width: 120px;
44              height: 60px;
45              top: 30px;
46              left: -10px;
47              background-color: #333;
48          }
49          div.relative5 {
50              position: relative;
51              width: 120px;
52              height: 60px;
53              top: 20px;
54              left: 150px;
55              background-color: #333;
56          }
57      </style>
58      <title>CSS 网页设计基础之相对定位</title>
59  </head>
60  <body>
61      <!-- 添加文档主体内容 -->
62      <header id="id-header">
63          <nav>CSS 网页设计基础之相对定位</nav>
64      </header>
65      <hr>
66      <div>
67          <div class="relative1">相对定位层元素(class="relative1")</div>
68          <div class="relative2">相对定位层元素(class="relative2")</div>
69          <div class="relative3">相对定位层元素(class="relative3")</div>
70          <div class="relative4">相对定位层元素(class="relative4")</div>
71          <div class="relative5">相对定位层元素(class="relative5")</div>
72      </div>
73      <footer>
74      </footer>
75  </body>
76  </html>
```

在这段代码中，我们使用 CSS 的 position 属性定义了一系列 div（层）标签元素的相对定位。下面我们详细介绍一下：

第 13～18 行代码定义了一个 div（层）标签元素的相对定位样式，该 div 标签元素相当于一个容器，包含了第 67～71 行代码定义的一组 div（层）标签元素；其中，第 14 行代码使用 position: relative 表示该 div 标签元素为相对定位方式；第 15～17 行代码定义了该 div 标签元素的宽度、高度和背景颜色；

第 19～24 行代码定义了一个 div（层）标签元素（class="relative1"）的相对定位样式；其中，第 20 行代码使用 position: relative 表示该 div 标签元素为相对定位方式；第 21～23 行代码定义了该 div 标签元素的宽度（120px）、高度（60px）和背景颜色；

第 25～32 行代码定义了一个 div（层）标签元素（class="relative2"）的相对定位样式；其中，第 20 行代码使用 position: relative 表示该 div 标签元素为相对定位方式；第 29～30 行代码定义了该 div 标签元素的上位移（top: 20px）和左偏移（left: 50px）；

第 33～40 行代码定义了一个 div（层）标签元素（class="relative3"）的相对定位样式；其中，第 34 行代码使用 position: relative 表示该 div 标签元素为相对定位方式；第 37～38 行代码定义了该 div 标签元素的上位移（top: -5px）和左偏移（left: 80px）；

第 41～48 行代码定义了一个 div（层）标签元素（class="relative4"）的相对定位样式；其中，第 42 行代码使用 position: relative 表示该 div 标签元素为相对定位方式；第 45～46 行代码定义了该 div 标签元素的上位移（top: 30px）和左偏移（left: -10px）；

第 49～56 行代码定义了一个 div（层）标签元素（class="relative5"）的相对定位样式；其中，第 50 行代码使用 position: relative 表示该 div 标签元素为相对定位方式；第 53～54 行代码定义了该 div 标签元素的上位移（top: 20px）和左偏移（left: 150px）。

运行测试这个页面，效果如图 6.17 所示。

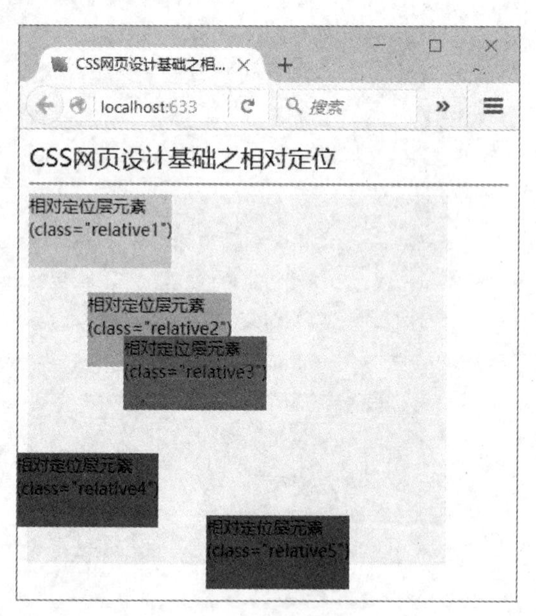

图 6.17　CSS 之相对定位

从图中可以看到，第 67～71 行代码定义的 5 个 div 标签元素全部出现在第 13～18 行代码定义的 div 元素容器中了，只不过每个 div 标签元素的定位均不一样，下面我们具体分析一下：

第 1 个 div 标签元素（class="relative1"）由于没有定义偏移，因此其原点显示在父元素的左上角原点位置；

第 2 个 div 标签元素（class="relative2"）由于定义了上偏移和左偏移，因此其原点相对于原始位置发生了偏移；注意，此处的偏移是相对于其原始位置来计算的；那么原始位置是什么样的呢？读者可以把【示例 6-17】代码中全部关于偏移的 CSS 样式定义去掉，在浏览器中运行一下就明白了；

第 3 个 div 标签元素（class="relative3"）由于定义的上偏移为-5px，因此其覆盖在第 2 个 div 标签元素之上；第 4 个 div 标签元素（class="relative4"）由于定义的左偏移为-10px，因此其左边界出了父元素 div 容器；第 5 个 div 标签元素（class="relative5"）由于高度累加后超出了父元素 div 容器定义的高度 300px，因此其下边界也出了父元素 div 容器。

设计人员在使用相对定位时一定要注意，原始位置很重要，任何相对偏移都是基于原始位置计算的。

6.4.2　绝对定位

在 CSS 规范中，通过设定 position 属性值为 absolute 来实现绝对定位。所谓绝对定位，也就是设定某元素的垂直或水平的位置（通过 top、right、bottom 和 left 实现），不同之处在于其原点是根据最近一个有定位设置的父元素来计算的，如果父元素没有设置定位属性，则将以 body 标签元素的坐标原点进行定位。

下面的这段代码（参见源代码 chapter06/ch06-position-absolute.html 文件）是一个设置绝对定位的应用。

【示例 6-18】　CSS 之绝对定位

```
01    <!DOCTYPE html>
02    <html lang="zh-cn">
03    <head>
04        <meta http-equiv="Content-Type" content="text/html; charset=utf-8" />
05        <style type="text/css">
06            body {
07                font-family: sans-serif;
08                font-size: 14px;
09            }
10            nav {
11                font-size: 20px;
12            }
13            div.absolute1 {
14                position: absolute;
15                width: 350px;
16                height: 300px;
17                background-color: #f0f0f0;
18            }
19            div.absolute11 {
20                width: 300px;
```

```
21              height: 250px;
22              background-color: #ccc;
23          }
24          div.absolute111 {
25              position: absolute;
26              width: 250px;
27              height: 200px;
28              top: 30px;
29              left: 30px;
30              background-color: #aaa;
31          }
32          div.absolute1111 {
33              position: absolute;
34              width: 200px;
35              height: 150px;
36              top: 30px;
37              left: 80px;
38              background-color: #666;
39          }
40          div.relative11111 {
41              position: relative;
42              width: 200px;
43              height: 50px;
44              left: 20px;
45              background-color: #333;
46          }
47          div.absolute11111 {
48              position: absolute;
49              width: 200px;
50              height: 50px;
51              top: 80px;
52              left: 30px;
53              background-color: #888;
54          }
55      </style>
56      <title>CSS 网页设计基础之绝对定位</title>
57  </head>
58  <body>
59      <!-- 添加文档主体内容 -->
60      <header id="id-header">
61          <nav>CSS 网页设计基础之绝对定位</nav>
62      </header>
```

```
63        <hr>
64        <div class="absolute1">
65            绝对定位层元素(class="absolute1")
66            <div class="absolute11">
67                绝对定位层元素(class="absolute11")
68                <div class="absolute111">
69                    绝对定位层元素(class="absolute111")
70                    <div class="absolute1111">
71                        绝对定位层元素(class="absolute1111")
72                        <div class="relative11111">
73                            相对定位层元素(class="relative11111")
74                        </div>
75                        <div class="absolute11111">
76                            绝对定位层元素(class="absolute11111")
77                        </div>
78                    </div>
79                </div>
80            </div>
81        </div>
82        <footer>
83        </footer>
84    </body>
85    </html>
```

在这段代码中，我们使用 CSS 的 position 属性定义了一系列 div（层）标签元素的绝对定位。下面我们详细介绍一下：

第 13～18 行代码定义了一个 div（层）标签元素（class="absolute1"）的绝对定位样式，该 div 标签元素相当于一个容器，包含了第 65～80 行代码定义的一组 div（层）标签元素；其中，第 14 行代码使用 position: absolute 表示该 div 标签元素为绝对定位方式；第 15～17 行代码定义了该 div 标签元素的宽度、高度和背景颜色；

第 19～23 行代码定义了一个 div（层）标签元素（class="absolute11"），其既没有使用绝对定位也没有使用相对定位；

第 24～31 行代码定义了一个 div（层）标签元素（class="absolute111"）的绝对定位样式；其中，第 25 行代码使用 position: absolute 表示该 div 标签元素为绝对定位方式；第 28～29 行代码定义了该 div 标签元素的上位移（top: 30px）和左偏移（left: 30px）；

第 32～39 行代码定义了一个 div（层）标签元素（class="absolute1111"）的绝对定位样式；其中，第 33 行代码使用 position: absolute 表示该 div 标签元素为绝对定位方式；第 36～37 行代码定义了该 div 标签元素的上位移（top: 30px）和左偏移（left: 80px）；

第 40～46 行代码定义了一个 div（层）标签元素（class="relative11111"）的相对定位样式；其中，第 41 行代码使用 position: relative 表示该 div 标签元素为相对定位方式；第 44 行代码定义了该 div 标签元素的左偏移（left: 20px）；

第 47～54 行代码定义了一个 div（层）标签元素（class="absolute11111"）的绝对定位样式；其中，第 48 行代码使用 position: absolute 表示该 div 标签元素为绝对定位方式；第 51～52 行代码定义了该 div 标签元素的上位移（top: 80px）和左偏移（left: 30px）。

运行测试这个页面，效果如图 6.18 所示。从图中可以看到，第 64～81 行代码定义的一系列 div 标签元素全部出现在页面中了，只不过每个 div 标签元素的定位均不一样，下面我们具体分析一下：

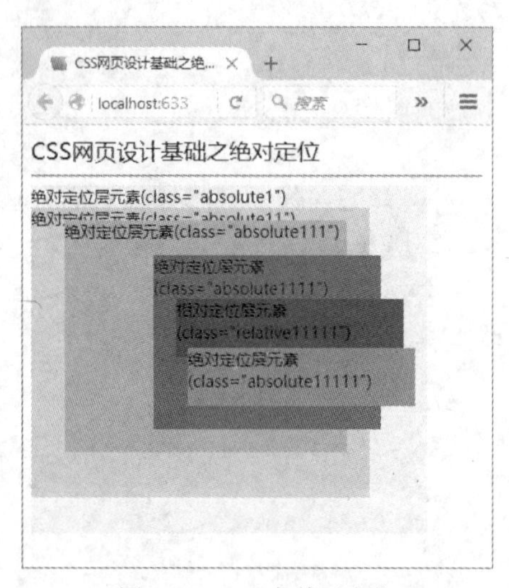

图 6.18　CSS 之绝对定位

第 1 个 div 标签元素（class="absolute1"）相当于容器；

第 2 个 div 标签元素（class="absolute11"）相当于第 1 个 div 标签元素（class="absolute1"）的子元素，由于没有使用定位，因此该 div 标签元素是依次显示在第 1 个 div 标签元素（class="absolute1"）内部的；

第 3 个 div 标签元素（class="absolute111"）相当于第 2 个 div 标签元素（class="absolute11"）的子元素，由于使用了绝对定位方式，而其父元素没有定义定位方式，其父元素的父元素，即第 1 个 div 标签元素（class="absolute1"）定义了绝对定位方式，因此该标签元素的偏移值（见第 28 和 29 行代码）将以第 1 个 div 标签元素（class="absolute1"）作为参照；

第 4 个 div 标签元素（class="absolute1111"）类似于第 3 个 div 标签元素，将使用绝对定位方式进行显示；

第 5 个 div 标签元素（class="relative11111"）使用了相对定位方式，偏移量将以第 4 个 div 标签元素为原点。

第 6 个 div 标签元素（class="absolute11111"）与第 5 个 div 标签元素同为第 4 个 div 标签元素的并列子元素，且按照绝对定位方式进行显示。

设计人员在使用绝对定位时一定要注意，父元素是否使用定位方式很重要，因为任何绝对偏移都是基于最近使用过定位方式的父元素来进行计算的。

6.5 小结

本章主要介绍了定义 CSS 网页设计基础，包括如何设计文字样式、背景样式、边界样式和元素定位的相关内容，希望这些关于 CSS 基础设计的内容能给广大读者带来帮助。

第 7 章

CSS选择器

本章我们介绍 CSS 选择器的使用。那么什么是 CSS 选择器呢？我们知道，CSS 样式定义由选择器和样式两部分组成，即语法形式：选择器 {样式}，在大括号之前的部分就是“选择器”。选择器用于表明样式所作用的对象，或者是具体作用于网页中的哪些元素。

那么 CSS 选择器的作用是什么呢？使用 CSS 选择器可以有效地控制 HTML 标签元素，可以为标签元素定义特定的风格样式，还可以实现各种动态的页面效果，等等。总之，掌握 CSS 选择器的用法可以为 HTML 网页设计带来更多的选择。

本章主要包括以下内容：

- 标签选择器
- 类别选择器
- ID 选择器
- 后代选择器
- 子选择器
- 伪类选择器
- 通用选择器
- 群组选择器
- 相邻同胞选择器
- 属性选择器
- 伪元素选择器
- 结构性伪类选择器
- UI 元素状态伪类选择器

7.1 标签选择器

CSS 标签选择器实际上就是直接对 HTML 标签元素的样式定义。每个 HTML 网页中通常由很多不同的 HTML 标签元素组成，使用 CSS 标签选择器可以针对每一种标签元素进行单独的样式定义，这样当修改某一个 CSS 标签选择器所定义的样式时，就会整体改变页面中该标签元素的风格样式。

下面的这段代码（参见源代码 chapter07\ch07-css-selector-tag.html 文件）是使用标签元素选

择器的应用。

【示例 7-1】 CSS 选择器之标签选择器

```
01  <!DOCTYPE html>
02  <html lang="zh-cn">
03  <head>
04      <meta http-equiv="Content-Type" content="text/html; charset=utf-8" />
05      <style type="text/css">
06          body {
07              font-family: sans-serif;
08              font-size: 20px;
09          }
10          nav {
11              background-color: gray;
12          }
13          div {
14              font-family: "黑体";
15              font-size: 16px;
16          }
17          p {
18              font-family: "仿宋";
19              font-style: italic;
20              font-size: 14px;
21          }
22          footer {
23              text-align: center;
24              font-size: 12px;
25              background-color: lightgray;
26          }
27      </style>
28      <title>CSS 选择器之标签选择器</title>
29  </head>
30  <body>
31      <!-- 添加文档主体内容 -->
32      <header id="id-header">
33          <nav>CSS 选择器之标签选择器</nav>
34      </header>
35      <hr>
36      <div>
37          div 标签元素选择器
38          <p>
39              p 标签元素选择器
```

```
40              </p>
41              div 标签元素选择器
42          </div>
43          <hr>
44          <footer>footer 标签元素选择器</footer>
45      </body>
46      </html>
```

在这段代码中，我们使用 CSS 标签选择器定义了一系列 HTML 标签元素的风格样式。下面我们详细介绍：

第 06～09 行代码使用 CSS 标签选择器为 body 标签元素定义了样式，包括字体系列（sans-serif）和字体大小（20px）；

第 10～12 行代码使用 CSS 标签选择器为 nav 标签元素定义了样式，包括元素背景色为灰色（gray）；

第 13～16 行代码使用 CSS 标签选择器为 div（层）标签元素定义了样式，包括字体系列（黑体）和字体大小（16px）；

第 17～21 行代码使用 CSS 标签选择器为 p（段落）标签元素定义了样式，包括字体系列（仿宋）、字体风格（斜体）和字体大小（14px）；

第 22～26 行代码使用 CSS 标签选择器为 footer（段落）标签元素定义了样式，包括字体居中显示、字体大小（12px）和元素背景色为浅灰色（lightgray）。

运行测试这个页面，效果如图 7.1 所示。

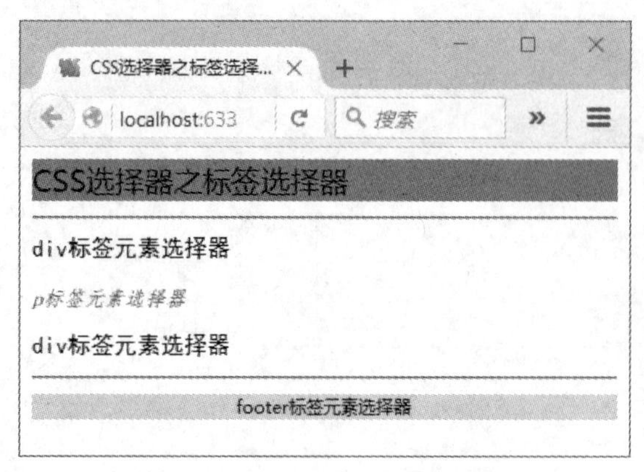

图 7.1　CSS 选择器之标签选择器

从图中可以看到，nav 标签元素没有定义字体大小，所以其字体大小继承自父元素 body 标签元素的字体大小（20px）；div、p 标签元素定义了各自的字体样式，所以在页面中显示的字体是不同的；footer 标签元素定义了字体居中显示，因此在页面显示中该元素是唯一一个具有居中显示风格的字体，其他标签元素的字体均是左对齐显示。

7.2 后代与子代选择器

本节我们引申一下，介绍如何选择后代与子代的标签元素。下面的这段代码（参见源代码 chapter07\ch07-css-selector-tags.html 文件）是一个使用后代与子代选择器的应用。

【示例 7-2】　CSS 选择器之复合标签选择器

```
01  <!DOCTYPE html>
02  <html lang="zh-cn">
03  <head>
04      <meta http-equiv="Content-Type" content="text/html; charset=utf-8" />
05      <style type="text/css">
06          body {
07              font-family: sans-serif;
08              font-size: 20px;
09          }
10          nav {
11              background-color: gray;
12          }
13          h3, h5 {
14              font-family: "黑体";
15              font-size: 14px;
16          }
17          div p {
18              font-family: "仿宋";
19              font-style: italic;
20              font-size: 16px;
21              background-color: #f0f0f0;
22          }
23          footer>p {
24              text-align: center;
25              font-size: 12px;
26              background-color: lightgray;
27          }
28      </style>
29      <title>CSS 选择器之复合标签选择器</title>
30  </head>
31  <body>
32      <!-- 添加文档主体内容 -->
33      <header id="id-header">
34          <nav>CSS 选择器之复合标签选择器</nav>
35      </header>
36      <hr>
37      <div>
38          div 标签元素选择器
39          <p>p 标签元素选择器</p>
40          <p>p 标签元素选择器</p>
41          div 标签元素选择器
```

```
42        </div>
43        <hr>
44        <footer>
45            <p>footer 标签元素选择器</p>
46            <div>
47                <p>footer 标签元素选择器</p>
48            </div>
49            <p>footer 标签元素选择器</p>
50        </footer>
51    </body>
52    </html>
```

在这段代码中，我们使用复合式的 CSS 标签选择器定义了一系列 HTML 标签元素的风格样式。下面我们详细介绍：

第 13～16 行代码使用逗号分隔 CSS 标签选择器（h3, h5）定义了 CSS 样式，包括字体系列（sans-serif）和字体大小（20px）；根据 CSS 规范的定义，使用逗号分隔的 CSS 标签选择器是并列关系，所以第 13～16 行代码定义的 CSS 样式对 h3、h5 的作用是一样的；

第 17～22 行代码使用空格分隔的后代选择器（div p）定义了 CSS 样式，包括字体样式和背景颜色；根据 CSS 规范的定义，后代选择器是选择某元素的后代元素的选择器，所以第 17～22 行代码定义的 CSS 样式指对 div 标签元素内的全部 p 标签元素起作用的；

第 23～27 行代码使用大于号“>”分隔的子选择器（footer>p）定义了 CSS 样式，包括字体居中、字体样式和背景颜色；根据 CSS 规范的定义，子选择器是选择父子关系标签元素中子元素，所以第 23～27 行代码定义的 CSS 样式指对父元素是 div 标签元素的 p 标签元素起作用的。

运行测试这个页面，效果如图 7.2 所示。

图 7.2　CSS 选择器之复合标签选择器

从图中可以看到，第 38～41 行代码定义了一个 div 标签元素，其中第 38 行和第 41 行代码的样式与第 39～40 行代码中定义的 p 标签元素的样式是不一样的，可见第 17～22 行代码定义的样式仅仅是针对 div 标签元素内的全部 p 标签元素的；同样，第 44～50 行代码定义了一个 footer 标签元素，其中第 45 行和第 49 行代码中定义的 p 标签元素的样式与第 47 行代码中定义的 p 标签元素的样式是不一样的，可见第 23～27 行代码定义的样式仅仅是针对父元素是 footer 标签元素的全部 p 标签元素的，第 47 行代码中定义的 p 标签元素的父元素是 div 标签元素，所以样式不同。

7.3 类别选择器

CSS 类别选择器实际上就是针对具有指定类（class）的标签元素的样式定义。每个 HTML 网页中通常需要对同一 HTML 标签元素定义不同的样式风格，使用 CSS 类别选择器就可以实现不同样式的定义，这样当修改某一个 CSS 类别选择器所定义的样式时，就会改变页面中所有使用该类标签元素的风格样式。

下面的这段代码（参见源代码 chapter07\ch07-css-selector-class.html 文件）是使用类别选择器的应用。

【示例 7-3】　CSS 选择器之类别选择器

```
01  <!DOCTYPE html>
02  <html lang="zh-cn">
03  <head>
04      <meta http-equiv="Content-Type" content="text/html; charset=utf-8" />
05      <style type="text/css">
06          body {
07              font-family: sans-serif;
08              font-size: 20px;
09          }
10          nav {
11              background-color: gray;
12          }
13          div {
14              font-family: "黑体";
15              font-size: 16px;
16          }
17          div.divclass {
18              font-family: "仿宋";
19              font-size: 14px;
20          }
21          footer {
22              text-align: center;
23              font-size: 12px;
24              background-color: lightgray;
25          }
26      </style>
27      <title>CSS 选择器之类别选择器</title>
28  </head>
29  <body>
30      <!-- 添加文档主体内容 -->
31      <header id="id-header">
```

```
32          <nav>CSS 选择器之类别选择器</nav>
33      </header>
34      <hr>
35      <div>div 标签元素选择器</div>
36      <div class="divclass">div 标签元素选择器(class="divclass")</div>
37      <hr>
38      <div class="divclass">
39          div 标签元素选择器(class="divclass")
40          <div>div 标签元素选择器</div>
41      </div>
42      <hr>
43      <footer>footer 标签元素选择器</footer>
44  </body>
45  </html>
```

在这段代码中，我们使用 CSS 类别选择器定义了一系列 HTML 标签元素的风格样式。下面我们详细介绍：

第 13～16 行代码使用 CSS 标签选择器为 div 标签元素定义了样式，包括字体系列（黑体）和字体大小（16px）；

第 17～20 行代码使用 CSS 类别选择器（.divclass）为 div 标签元素定义了样式，包括字体系列（仿宋）和字体大小（14px）；

第 36 行和第 40 行代码使用 CSS 类别选择器时，在 div 标签元素内添加了 class 属性（class="divclass"）。

运行测试这个页面，效果如图 7.3 所示。

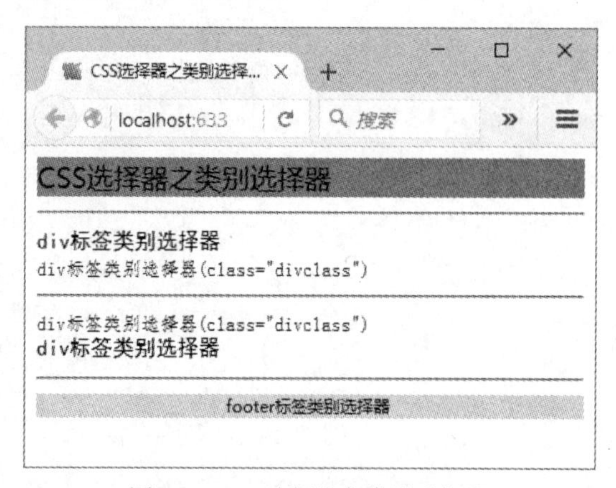

图 7.3　CSS 选择器之类别选择器

从图中可以看到，第 35 行代码定义的 div 标签元素没有添加类别，与第 36 行代码定义的 div 标签元素添加类别（class="divclass"）的样式是不一样的。第 40 行代码定义的 div 标签元素没有添加类别，即使该元素包含在第 38～41 行代码定义的 div 标签元素（使用 class="divclass" 类别）中，其仍是按照没有定义类别的样式显示的。

7.4 id 选择器

CSS 的 id 选择器实际上就是针对具有指定 id 的标签元素的样式定义。每个 HTML 网页中通常都需要为每一个 HTML 标签元素定义一个特有的 id，使用 CSS 的 id 选择器就可以实现对单个标签元素定义样式，这样当修改某一个 CSS 的 id 选择器所定义的样式时，就会单独改变页面中该标签元素的风格样式。

下面的这段代码（参见源代码 chapter07\ch07-css-selector-id.html 文件）是使用 id 选择器的应用。

【示例 7-4】　CSS 选择器之 id 选择器

```
01  <!DOCTYPE html>
02  <html lang="zh-cn">
03  <head>
04      <meta http-equiv="Content-Type" content="text/html; charset=utf-8" />
05      <style type="text/css">
06          body {
07              font-family: sans-serif;
08              font-size: 20px;
09          }
10          nav {
11              background-color: gray;
12          }
13          div {
14              font-family: "黑体";
15              font-size: 16px;
16          }
17          div#id-div {
18              font-family: "仿宋";
19              font-size: 14px;
20          }
21          #id-p-class {
22              font-family: "幼圆";
23              font-size: 20px;
24          }
25          div#id-p {
26              font-family: "黑体";
27              font-size: 12px;
28          }
29          #id-footer {
```

```
30              text-align: center;
31              font-size: 12px;
32              background-color: lightgray;
33          }
34      </style>
35      <title>CSS 选择器之 id 选择器</title>
36  </head>
37  <body>
38      <!-- 添加文档主体内容 -->
39      <header id="id-header">
40          <nav>CSS 选择器之 id 选择器</nav>
41      </header>
42      <hr>
43      <div>
44          div 之 id 元素选择器
45      </div>
46      <hr>
47      <div id="id-div">
48          div 之 id 元素选择器(id="id-div")
49      </div>
50      <hr>
51      <p id="id-p-class">
52          div 之 id 元素选择器(id="id-div")
53      </p>
54      <hr>
55      <p id="id-p">
56          div 之 id 元素选择器(id="id-div")
57      </p>
58      <hr>
59      <footer id="id-footer">footer 标签 id 选择器</footer>
60  </body>
61  </html>
```

在这段代码中，我们使用 CSS 类别选择器定义了一系列 HTML 标签元素的风格样式。下面我们详细介绍：

第 13～16 行代码使用 CSS 标签选择器为 div 标签元素定义了样式，包括字体系列（黑体）和字体大小（16px）；

第 17～20 行代码使用 CSS 的 id 选择器（div#id-div）为 div 标签元素定义了样式，包括字体系列（仿宋）和字体大小（14px）；

第 21～24 行代码使用 CSS 的 id 选择器（#id-p-class）定义了样式，包括字体系列（幼圆）和字体大小（20px）；

第 25～28 行代码使用 CSS 的 id 选择器（div#id-p）为 div 标签元素定义了样式，包括字体系列（黑体）和字体大小（12px）；

第 29～33 行代码使用 CSS 的 id 选择器（#id-footer）定义了样式，包括字体居中、字体大小（12px）和背景颜色。

运行测试这个页面，效果如图 7.4 所示。从图中可以看到，第 43～45 行代码定义的 div 标签元素没有定义 id 属性，则其使用第 13～16 行代码定义的 CSS 样式；第 47～49 行代码定义的 div 标签元素定义了 id 属性（"id-div"），则其使用第 17～20 行代码定义的 CSS 样式；第 51～53 行代码定义的 p 标签元素定义了 id 属性（"id-p-class"），则其使用第 21～24 行代码定义的 CSS 样式；第 55～57 行代码定义的 p 标签元素定义了 id 属性（"id-p"），而第 25～28 行代码定义的 CSS 样式（div#id-p）是作用于 div 标签元素的，因此该 p 标签元素无法使用第 25～28 行代码定义的 CSS 样式，而是继承了其父元素 body 标签元素所定义的样式。

图 7.4　CSS 选择器之 id 选择器

7.5 属性选择器

CSS 属性选择器实际上就是针对具有指定属性的标签元素的样式定义。设计网页时，HTML 标签元素可以定义多个属性，使用 CSS 属性选择器就可以实现对定义了这些属性的标签元素进行样式定义，这样当修改某一个 CSS 属性选择器所定义的样式时，就会改变页面中定义有该属性的标签元素的风格样式。

下面的这段代码（参见源代码 chapter07\ch07-css-selector-attribute.html 文件）是使用属性选择器的应用。

【示例 7-5】　CSS 选择器之属性选择器

```
01    <!DOCTYPE html>
02    <html lang="zh-cn">
03    <head>
04        <meta http-equiv="Content-Type" content="text/html; charset=utf-8" />
```

```
05      <style type="text/css">
06          body {
07              font-family: sans-serif;
08              font-size: 12px;
09          }
10          nav {
11              background-color: gray;
12          }
13          div {
14              font-family: "宋体";
15              font-size: 12px;
16          }
17          [id] {
18              font-family: "黑体";
19              font-size: 20px;
20          }
21          [title] {
22              font-family: "仿宋";
23              font-size: 14px;
24          }
25          p[title=title] {
26              font-family: "幼圆";
27              font-size: 20px;
28          }
29          p[title^="start"] {
30              font-family: "隶书";
31              font-size: 14px;
32              text-align: left;
33          }
34          p[title*="mid"] {
35              font-family: "隶书";
36              font-size: 14px;
37              text-align: center;
38          }
39          p[title$="end"] {
40              font-family: "隶书";
41              font-size: 14px;
42              text-align: right;
43          }
44          #id-footer {
45              text-align: center;
46              font-size: 12px;
```

```
47                background-color: lightgray;
48            }
49        </style>
50        <title>CSS 选择器之属性选择器</title>
51    </head>
52    <body>
53        <!-- 添加文档主体内容 -->
54        <header id="id-header">
55            <nav>CSS 选择器之属性选择器</nav>
56        </header>
57        <hr>
58        <div>
59            CSS 选择器之属性选择器
60            <p id="id-p-1">CSS 选择器之属性选择器</p>
61            <p id="id-p-2">CSS 选择器之属性选择器</p>
62            <p title="">CSS 选择器之属性选择器</p>
63            <p title="">CSS 选择器之属性选择器</p>
64            <p title="title">CSS 选择器之属性选择器</p>
65            <p title="title">CSS 选择器之属性选择器</p>
66            <p title="startxxx">CSS 选择器之属性选择器</p>
67            <p title="startxxx">CSS 选择器之属性选择器</p>
68            <p title="xxxmidxxx">CSS 选择器之属性选择器</p>
69            <p title="xxxmidxxx">CSS 选择器之属性选择器</p>
70            <p title="xxxend">CSS 选择器之属性选择器</p>
71            <p title="xxxend">CSS 选择器之属性选择器</p>
72        </div>
73        <hr>
74        <footer id="id-footer">footer 属性选择器</footer>
75    </body>
76    </html>
```

在这段代码中，我们使用 CSS 属性选择器定义了一系列 HTML 标签元素的风格样式。下面我们详细介绍：

第 13～16 行代码使用 CSS 标签选择器为 div 标签元素定义了样式，包括字体系列（宋体）和字体大小（12px）；

第 17～20 行代码使用 CSS 的属性选择器（[id]）为全部定义了 id 属性的标签元素定义了样式，包括字体系列（黑体）和字体大小（20px）；

第 21～24 行代码使用 CSS 的属性选择器（[title]）为全部定义了 title 属性的标签元素定义了样式，包括字体系列（仿宋）和字体大小（14px）；

第 25～28 行代码使用 CSS 的属性选择器（p[title=title]）为全部定义了 title 属性且属性值为"title"的 p 标签元素定义了样式，包括字体系列（幼圆）和字体大小（20px）；

第 29～33 行代码使用 CSS 的属性选择器（p[title^="start"]）为全部定义了 title 属性且属性值以"start"开头的 p 标签元素定义了样式，包括字体系列（隶书）、字体大小（14px）和字体左对齐；

第 34～38 行代码使用 CSS 的属性选择器（p[title*="mid"]）为全部定义了 title 属性且属性值中包含"mid"字符串的 p 标签元素定义了样式，包括字体系列（隶书）、字体大小（14px）和字体居中对齐；

第 39～43 行代码使用 CSS 的属性选择器（p[title$="end"]）为全部定义了 title 属性且属性值以"end"结尾的 p 标签元素定义了样式，包括字体系列（隶书）、字体大小（14px）和字体右对齐。

运行测试这个页面，效果如图 7.5 所示。从图中可以看到，第 59 行代码定义的文本使用了第 13～16 行代码为 div 标签元素所定义的样式；

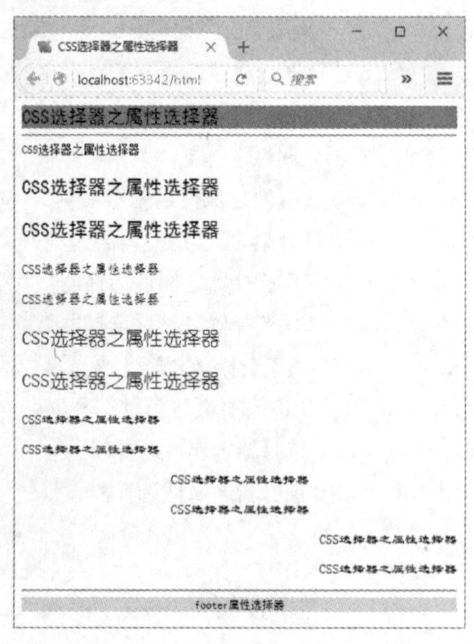

图 7.5　CSS 选择器之属性选择器

第 60～61 行代码定义的 p 标签元素均定义了 id 属性，所以使用了第 17～20 行代码定义的 CSS 样式；

第 62～65 行代码定义的 p 标签元素均定义了 title 属性，应该使用第 21～24 行代码定义的 CSS 样式，但第 64～65 行代码定义的 p 标签元素被后面定义的样式覆盖了，所以只有第 62～63 行代码定义的 p 标签元素使用了第 21～24 行代码定义的 CSS 样式；

第 64～65 行代码定义的 p 标签元素定义 title 属性时也赋予了属性值"title"，所以使用了第 25～28 行代码定义的 CSS 样式；

第 66～67 行代码定义的 p 标签元素定义 title 属性时也赋予了以"start"开头的属性值，所以使用了第 29～33 行代码定义的 CSS 样式；

第 68～69 行代码定义的 p 标签元素定义 title 属性时也赋予了包含"mid"字符串的属性值，所以使用了第 34～38 行代码定义的 CSS 样式；

第 70～71 行代码定义的 p 标签元素定义 title 属性时也赋予了以"end"结尾的属性值，所以使用了第 39～43 行代码定义的 CSS 样式。

7.6 伪类选择器

伪类是 CSS 规范中一个全新的概念，使用 CSS 伪类可以实现很复杂的样式效果，而 CSS 伪类分为好几种表现形式，每一种伪类选择器也有其相应的使用方法。下面我们逐一进行介绍。

7.6.1 动态伪类选择器

动态伪类在 HTML 页面处于静态时并不显示，只有当用户与页面进行交互时，才会产生效果。譬如：link、visited、hover 和 focus 这些都属于动态伪类，而动态伪类选择器实际上就是针对伪类所定义的样式。

下面的这段代码（参见源代码 chapter07\ch07-css-selector-pseudoclass.html 文件）是使用动态伪类选择器的应用。

【示例 7-6】　CSS 选择器之动态伪类选择器

```
01  <!DOCTYPE html>
02  <html lang="zh-cn">
03  <head>
04      <meta http-equiv="Content-Type" content="text/html; charset=utf-8" />
05      <style type="text/css">
06          body {
07              font-family: sans-serif;
08              font-size: 16px;
09          }
10          nav {
11              background-color: gray;
12          }
13          div {
14              font-family: "宋体";
15              font-size: 16px;
16          }
17          a:link {
18              color: blue;
19          }
20          a:visited {
21              color:red;
```

```
22          }
23          a:hover {
24              color:green;
25          }
26      </style>
27      <title>CSS 选择器之动态伪类选择器</title>
28  </head>
29  <body>
30      <!-- 添加文档主体内容 -->
31      <header id="id-header">
32          <nav>CSS 选择器之动态伪类选择器</nav>
33      </header>
34      <hr>
35      <div>
36          <p>
37              <a href="#1">CSS 选择器之动态伪类选择器(link)</a>
38          </p>
39          <p>
40              <a href="#2">CSS 选择器之动态伪类选择器(visited)</a>
41          </p>
42          <p>
43              <a href="#3">CSS 选择器之动态伪类选择器(hover)</a>
44          </p>
45      </div>
46      <hr>
47      <footer id="id-footer">CSS 选择器之动态伪类选择器</footer>
48  </body>
49  </html>
```

在这段代码中，我们使用了 CSS 动态伪类选择器定义了一组输入框的风格样式。下面我们详细介绍：

第 17～19 行代码使用 link 伪类选择器为 a 标签元素定义了样式，具体是当超链接未访问时字体颜色为蓝色（blue）；

第 20～22 行代码使用 visited 伪类选择器为 a 标签元素定义了样式，具体是当超链接被访问时字体颜色为红色（red）；

第 23～25 行代码使用 hover 伪类选择器为 a 标签元素定义了样式，具体是当鼠标移动到超链接上时字体颜色为绿色（green）。

运行测试这个页面，效果如图 7.6 所示。

图 7.6　CSS 选择器之动态伪类选择器

下面我们再看一个使用 focus 伪类的例子，这段代码（参见源代码 chapter07\ch07-css-selector-focus.html 文件）是使用 focus 动态伪类选择器的应用。

【示例 7-7】　CSS 选择器之 focus 选择器

```
01    <!DOCTYPE html>
02    <html lang="zh-cn">
03    <head>
04        <meta http-equiv="Content-Type" content="text/html; charset=utf-8" />
05        <style type="text/css">
06            body {
07                font-family: sans-serif;
08                font-size: 16px;
09            }
10            nav {
11                background-color: gray;
12            }
13            div {
14                font-family: "宋体";
15                font-size: 16px;
16            }
17            input:focus {
18                background-color: red;
19            }
20        </style>
21        <title>CSS 选择器之 focus 选择器</title>
22    </head>
23    <body>
24        <!-- 添加文档主体内容 -->
25        <header id="id-header">
26            <nav>CSS 选择器之 focus 选择器</nav>
27        </header>
```

```
28        <hr>
29        <div>
30            <p>
31                focus 选择器：<input />
32            </p>
33            <p>
34                focus 选择器：<input />
35            </p>
36            <p>
37                focus 选择器：<input />
38            </p>
39        </div>
40        <hr>
41        <footer id="id-footer">CSS 选择器之 focus 选择器</footer>
42    </body>
43    </html>
```

在这段代码中，我们使用 focus 动态伪类选择器定义了一组输入框的风格样式。第 17～19 行代码使用 focus 伪类选择器为 input 标签元素定义了样式，具体是当输入框获取焦点时背景颜色为红色（red）。

运行测试这个页面，效果如图 7.7 所示。当用户让第二个输入框获取焦点时，输入框的背景颜色变为红色。

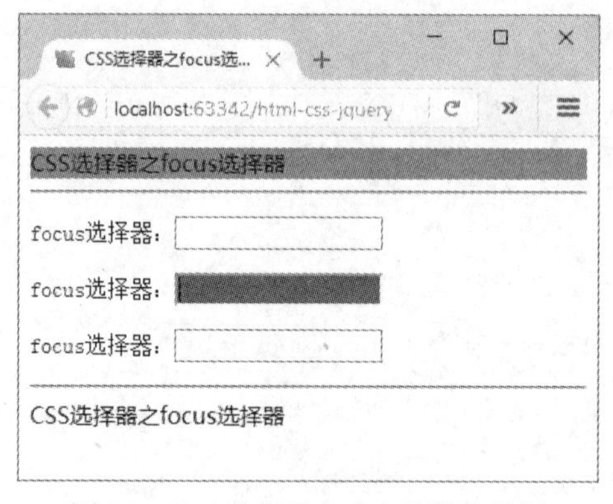

图 7.7　CSS 选择器之动态伪类选择器

7.6.2　状态伪类选择器

一般将 enabled 和 disabled 称为状态伪类，这些伪类主要针对 HTML 页面中的表单元素进行操作。

下面的这段代码（参见源代码 chapter07\ch07-css-selector-able.html 文件）是使用状态伪类选择器的应用。

【示例 7-8】 CSS 选择器之状态伪类选择器

```
01  <!DOCTYPE html>
02  <html lang="zh-cn">
03  <head>
04      <meta http-equiv="Content-Type" content="text/html; charset=utf-8" />
05      <style type="text/css">
06          body {
07              font-family: sans-serif;
08              font-size: 16px;
09          }
10          nav {
11              background-color: gray;
12          }
13          div {
14              font-family: "宋体";
15              font-size: 16px;
16          }
17          input[type="text"]:enabled {
18              background-color: white;
19          }
20          input[type="text"]:disabled {
21              background-color: gray;
22          }
23      </style>
24      <title>CSS 选择器之状态伪类选择器</title>
25  </head>
26  <body>
27      <!-- 添加文档主体内容 -->
28      <header id="id-header">
29          <nav>CSS 选择器之状态伪类选择器</nav>
30      </header>
31      <hr>
32      <div>
33          <div>
34              <p>
35                  enabled: <input type="text"/>
36              </p>
37              <p>
38                  disabled: <input type="text" disabled/>
39              </p>
40          </div>
41      </div>
```

```
42      <hr>
43      <footer id="id-footer">CSS 选择器之状态伪类选择器</footer>
44  </body>
45  </html>
```

在这段代码中，我们使用 CSS 状态伪类选择器定义了一组输入框的风格样式。下面我们详细介绍：

第 17～19 行代码使用 enabled 伪类选择器为 input 标签元素定义了样式（input[type="text"]:enabled），具体是当输入框为可输入状态时背景颜色为白色（white）；

第 20～22 行代码使用 disabled 伪类选择器为 input 标签元素定义了样式（input[type="text"]:disabled），具体是当输入框为不可输入状态时背景颜色为灰色（gray）。

运行测试这个页面，效果如图 7.8 所示。

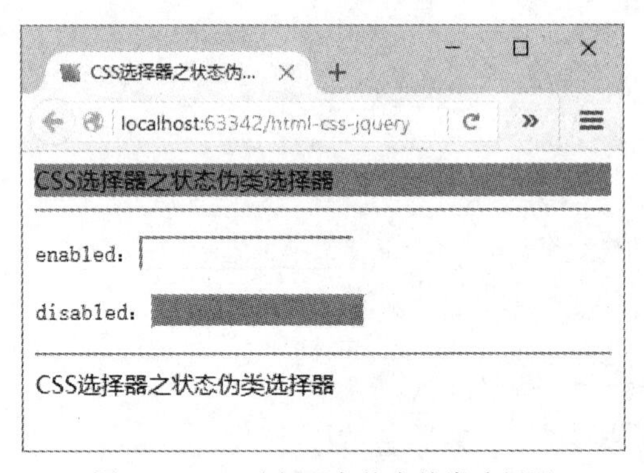

图 7.8　CSS 选择器之状态伪类选择器

从图中可以看到，在代码中第 38 行定义的 input 标签元素为 disabled 状态，因此该输入框将使用第 20～22 行代码定义的样式，其背景颜色变为灰色。

7.6.3　伪元素选择器

一般将 before 和 after 称为伪元素，这些伪元素主要是针对 HTML 页面中的标签元素进行操作。

下面的这段代码（参见源代码 chapter07\ch07-css-selector-ele.html 文件）是使用伪元素选择器的应用。

【示例 7-9】　CSS 选择器之伪元素选择器

```
01  <!DOCTYPE html>
02  <html lang="zh-cn">
03  <head>
04      <meta http-equiv="Content-Type" content="text/html; charset=utf-8" />
05      <style type="text/css">
06          body {
07              font-family: sans-serif;
08              font-size: 16px;
```

```
09          }
10          nav {
11              background-color: gray;
12          }
13          div:before {
14              content:"before div - ";
15              background-color: lightgray;
16          }
17          div:after {
18              content:" - div after";
19              background-color: darkgray;
20          }
21          p:before {
22              content:"before content - ";
23              background-color: lightgray;
24          }
25          p:after {
26              content:" - content after";
27              background-color: darkgray;
28          }
29      </style>
30      <title>CSS 选择器之伪元素选择器</title>
31  </head>
32  <body>
33      <!-- 添加文档主体内容 -->
34      <header id="id-header">
35          <nav>CSS 选择器之伪元素选择器</nav>
36      </header>
37      <hr>
38      <div>
39          <p>
40              CSS 选择器之伪元素选择器
41          </p>
42      </div>
43      <hr>
44      <footer id="id-footer">CSS 选择器之伪元素选择器</footer>
45  </body>
46  </html>
```

在这段代码中，我们使用 before 和 after 伪元素选择器为 div 和 p 标签元素定义了一组风格样式。下面我们详细介绍：

第 13～16 行代码使用 before 伪元素选择器为 div 标签元素定义了样式（div:before），其中为

content 属性定义了属性值（"before div - "）；

第 17～20 行代码使用 after 伪元素选择器为 div 标签元素定义了样式（div:after），其中为 content 属性定义了属性值（" - div after"）；

第 21～24 行代码使用 before 伪元素选择器为 p 标签元素定义了样式（p:before），其中为 content 属性定义了属性值（"before p - "）；

第 25～28 行代码使用 before 伪元素选择器为 div 标签元素定义了样式（p:after），其中为 content 属性定义了属性值（" - p after"）。

运行测试这个页面，效果如图 7.9 所示。

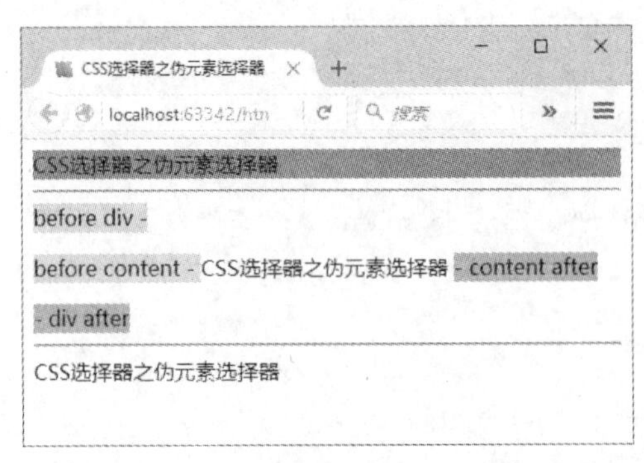

图 7.9　CSS 选择器之伪元素选择器

如图 7.9 中显示，在代码中第 38～42 行定义的 div 标签元素将使用第 13～16 行代码与第 17～20 行代码定义的 CSS 样式，在 div 标签元素的前后均插入了 content 属性定义的文本内容；同理，第 39～41 行定义的 p 标签元素将使用第 21～24 行代码与第 25～28 行代码定义的 CSS 样式，在 p 标签元素的前后均插入了 content 属性定义的文本内容。

7.7 结构性伪类选择器

CSS 结构性伪类选择器可以针对父元素的某个子元素进行样式定义。譬如，如果打算单独指定列表的第一项或最后一项的样式，可以使用 first-child 或 last-child 伪类选择器进行定义。

下面的这段代码（参见源代码 chapter07\ch07-css-selector-child.html 文件）是使用结构性伪类选择器的应用。

【示例 7-10】　CSS 选择器之结构性伪类选择器

```
01  <!DOCTYPE html>
02  <html lang="zh-cn">
03  <head>
04      <meta http-equiv="Content-Type" content="text/html; charset=utf-8" />
05      <style type="text/css">
06          body {
```

```
07              font-family: sans-serif;
08              font-size: 16px;
09          }
10          nav {
11              background-color: gray;
12          }
13          div {
14              font-family: "宋体";
15              font-size: 16px;
16          }
17          ul>li:first-child {
18              background: lightgray;
19          }
20          li:last-child {
21              color: white;
22              background: black;
23          }
24      </style>
25      <title>CSS 选择器之结构性伪类选择器</title>
26  </head>
27  <body>
28      <!-- 添加文档主体内容 -->
29      <header id="id-header">
30          <nav>CSS 选择器之结构性伪类选择器</nav>
31      </header>
32      <hr>
33      <div>
34          <ul>
35              <li>结构性伪类选择器01</li>
36              <li>结构性伪类选择器02</li>
37              <li>结构性伪类选择器03</li>
38              <li>结构性伪类选择器04</li>
39              <li>结构性伪类选择器05</li>
40          </ul>
41      </div>
42      <hr>
43      <footer id="id-footer">CSS 选择器之结构性伪类选择器</footer>
44  </body>
45  </html>
```

在这段代码中，我们使用 CSS 的 first-child 和 last-child 选择器单独定义了列表元素的风格样式。下面我们详细介绍：

第 13～16 行代码使用 CSS 标签选择器为 div 标签元素定义了样式，包括字体系列（黑体）和字体大小（16px）；

第 17～19 行代码使用 CSS 的 first-child 选择器（ul>li:first-child）为 ul 标签元素的首个列表元素定义了背景颜色（lightgray）样式；

第 20～23 行代码使用 CSS 的 last-child 选择器（li:last-child）为最后一项列表元素定义了样式，包括字体颜色（white）和背景颜色（black）；

第 34～40 行代码使用 ul-li 标签元素定义了一组列表，共包含 5 个列表项。

运行测试这个页面，效果如图 7.10 所示。

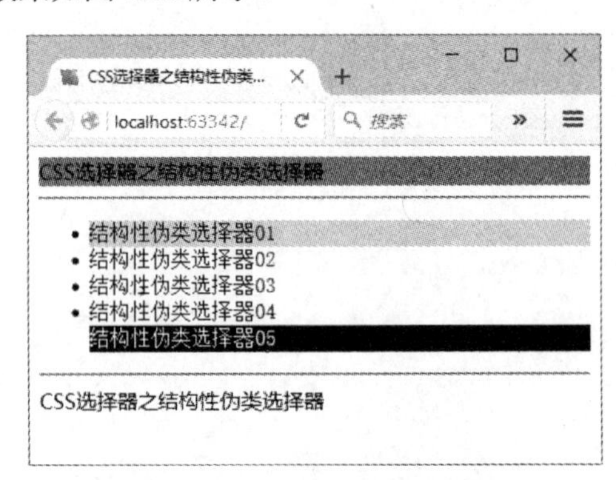

图 7.10　CSS 选择器之结构性伪类选择器

从图 7.10 中可以看到，第 35 行代码定义的 li 标签元素背景色使用了第 17～19 行代码定义的 CSS 样式；第 39 行代码定义的 li 标签元素的字体颜色和背景色使用了第 20～23 行代码定义的 CSS 样式。

7.8　nth 伪类选择器

在 CSS 规范中，可以使用 nth 伪类选择器针对父元素的某类子元素进行样式定义，nth 伪类选择器指的是一组以 nth 开头的选择器，包括 nth-child()、nth-last-child()、nth-of-type()和 nth-last-of-type()这四种选择器。譬如，如果打算单独指定列表中 3 的倍数列表的样式，可以使用 nth-of-type(3n)形式的伪类选择器进行样式定义。

下面的这段代码（参见源代码 chapter07\ch07-css-selector-nth.html 文件）是使用 nth 伪类选择器的应用。

【示例 7-11】　CSS 选择器之结构性伪类选择器

```
01    <!DOCTYPE html>
02    <html lang="zh-cn">
03    <head>
04        <meta http-equiv="Content-Type" content="text/html; charset=utf-8" />
```

```
05      <style type="text/css">
06          body {
07              font-family: sans-serif;
08              font-size: 16px;
09          }
10          nav {
11              background-color: gray;
12          }
13          div {
14              font-family: "宋体";
15              font-size: 16px;
16          }
17          li:nth-child(1) {
18              font-size: x-large;
19              color: white;
20              background: black;
21          }
22          li:nth-last-child(1) {
23              font-size: x-large;
24              color: white;
25              background: darkgray;
26          }
27          li:nth-of-type(3n) {
28              font-style: italic;
29              color: white;
30              background: gray;
31          }
32          li:nth-last-of-type(6) {
33              font-weight: bold;
34              background: lightgray;
35          }
36      </style>
37      <title>CSS 选择器之 nth 伪类选择器</title>
38  </head>
39  <body>
40      <!-- 添加文档主体内容 -->
41      <header id="id-header">
42          <nav>CSS 选择器之 nth 伪类选择器</nav>
43      </header>
44      <hr>
45      <div>
46          <ul>
```

```
47                <li>nth 伪类选择器01</li>
48                <li>nth 伪类选择器02</li>
49                <li>nth 伪类选择器03</li>
50                <li>nth 伪类选择器04</li>
51                <li>nth 伪类选择器05</li>
52                <li>nth 伪类选择器06</li>
53                <li>nth 伪类选择器07</li>
54                <li>nth 伪类选择器08</li>
55                <li>nth 伪类选择器09</li>
56                <li>nth 伪类选择器10</li>
57            </ul>
58        </div>
59        <hr>
60        <footer id="id-footer">CSS 选择器之 nth 伪类选择器</footer>
61    </body>
62    </html>
```

在这段代码中，我们使用 CSS 的 nth-child()、nth-last-child()、nth-of-type()和 nth-last-of-type()这四种选择器单独定义了列表元素的风格样式。下面我们详细介绍：

第 13～16 行代码使用 CSS 标签选择器为 div 标签元素定义了样式，包括字体系列（黑体）和字体大小（16px）；

第 17～21 行代码使用 CSS 的 nth-child 伪类选择器（li:nth-child(1)）为 ul 标签元素的第一个列表元素定义了 CSS 样式，包括字体大小（font-size: x-large）、字体颜色（white）和背景颜色（black）；

第 22～26 行代码使用 CSS 的 nth-last-child 伪类选择器（li:nth-last-child(1)）为 ul 标签元素的最后一个列表元素定义了 CSS 样式，包括字体大小（font-size: x-large）、字体颜色（white）和背景颜色（darkgray）；

第 27～31 行代码使用 CSS 的 nth-of-type 伪类选择器（li:nth-of-type(3n)）为 li 列表组合中属于 3 的倍数（n 从数字 1 开始计数）的列表元素定义了 CSS 样式，包括字体风格（font-style: italic）、字体颜色（white）和背景颜色（gray）；

第 32～35 行代码使用 CSS 的 nth-last-of-type 伪类选择器（li:nth-last-of-type(6)）为 li 列表组合中倒数第 6 个列表元素定义了 CSS 样式，包括字体重量（font-weight: bold）和背景颜色（gray）；

第 46～57 行代码使用 ul-li 标签元素定义了一组列表，共包含 10 个列表项。

运行测试这个页面，效果如图 7.11 所示。从图中可以看到，第 47 行代码定义的 li 标签元素使用了第 17～21 行代码定义的 CSS 样式；第 56 行代码定义的 li 标签元素使用了第 22～26 行代码定义的 CSS 样式；第 49 行、第 52 行和第 55 行代码定义的 li 标签元素使用了第 27～31 行代码定义的 CSS 样式；第 51 行代码定义的 li 标签元素使用了第 32～35 行代码定义的 CSS 样式。

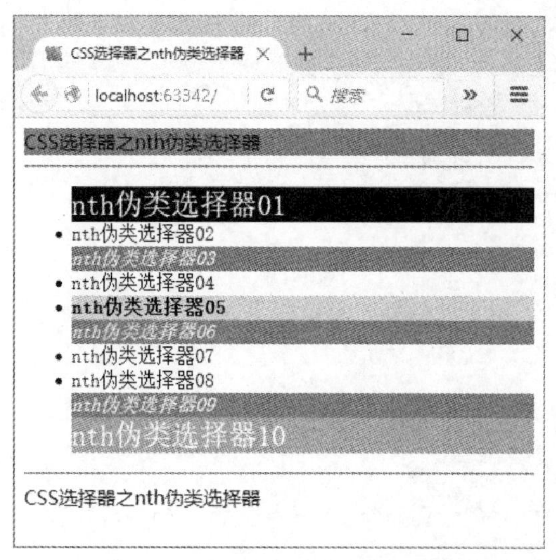

图 7.11　CSS 选择器之 nth 伪类选择器

7.9 取反伪类选择器

CSS 规范中提供了一个非常有用的取反（not）伪类选择器，可以针对某个元素以外的全部元素进行样式定义。

下面的这段代码（参见源代码 chapter07\ch07-css-selector-not.html 文件）是使用取反（not）伪类选择器的应用。

【示例 7-12】　CSS 选择器之取反伪类选择器

```
01  <!DOCTYPE html>
02  <html lang="zh-cn">
03  <head>
04      <meta http-equiv="Content-Type" content="text/html; charset=utf-8" />
05      <style type="text/css">
06          body {
07              font-family: sans-serif;
08              font-size: 16px;
09          }
10          nav {
11              background-color: gray;
12          }
13          div {
14              font-family: "宋体";
15              font-size: 14px;
16          }
```

```
17          p.notclass {
18              font-size: 14px;
19          }
20          p:not(.notclass) {
21              font-size: x-large;
22          }
23      </style>
24      <title>CSS 选择器之取反伪类选择器</title>
25  </head>
26  <body>
27      <!-- 添加文档主体内容 -->
28      <header id="id-header">
29          <nav>CSS 选择器之取反(not)伪类选择器</nav>
30      </header>
31      <hr>
32      <div>
33          <p>取反(not)伪类选择器</p>
34          <p class="notclass">取反(not)伪类选择器</p>
35          <p>取反(not)伪类选择器</p>
36          <p class="notclass">取反(not)伪类选择器</p>
37          <p>取反(not)伪类选择器</p>
38          <p class="notclass">取反(not)伪类选择器</p>
39      </div>
40      <hr>
41      <footer id="id-footer">CSS 选择器之取反(not)伪类选择器</footer>
42  </body>
43  </html>
```

在这段代码中，我们使用了 CSS 的取反（not）选择器为 p 标签元素分别定义了风格样式。下面我们详细介绍：

第 13～16 行代码使用 CSS 标签选择器为 div 标签元素定义了样式，包括字体系列（黑体）和字体大小（16px）；

第 17～19 行代码为 p 标签元素定义了 CSS 样式类（p.notclass），包括字体大小（font-size: 14px）；

第 33～38 行代码使用 p 标签元素定义了一组段落元素，其中第 34 行、第 36 行和第 38 行代码中的 p 标签元素增加了类属性（class="notclass"）。

下面我们先注销第 20～22 行代码，运行测试这个页面，效果如图 7.12 所示。

从图 7.12 中可以看到，无序和有序的列表均使用了【示例 7-12】中第 13～16 行与第 17～19 行代码定义的样式。

第 20～22 行代码使用 CSS 的取反（not）伪类选择器（p:not(class="notclass")）为全部 p 标

签元素中除去定义样式类（class="notclass"）的元素定义了新的 CSS 样式，包括字体大小（font-size: x-large）。

运行测试这个页面，效果如图 7.13 所示。从图中可以看到，【示例 7-12】中第 33 行、第 35 行和第 37 行代码中的 p 标签元素都没有定义类属性（class="notclass"），因此使用了第 20～22 行代码定义的风格样式（font-size: x-large）。

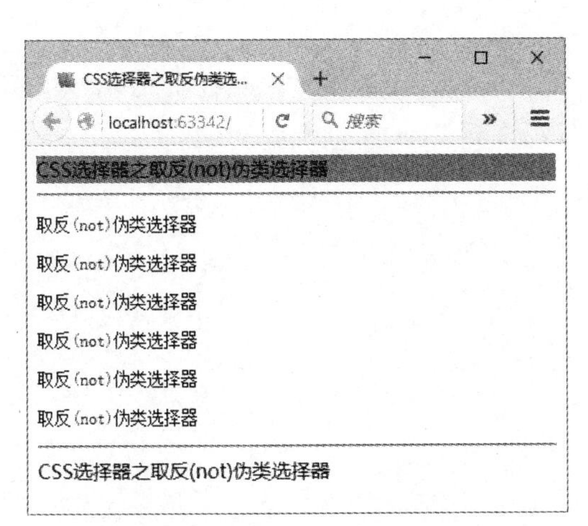

图 7.12　取反（not）伪类选择器（一）

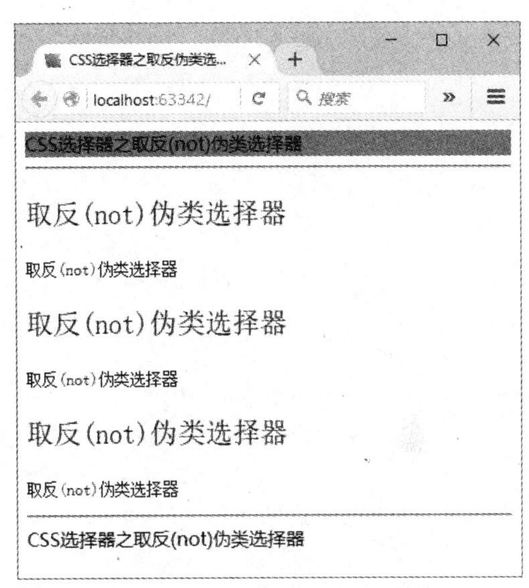

图 7.13　取反（not）伪类选择器（二）

7.10 全局选择器

CSS 规范中还提供了另一个非常有用的全局（*）选择器，可以针对页面中的全部元素或某个标签元素内的全部元素进行样式定义。

下面的这段代码（参见源代码 chapter07\ch07-css-selector-all.html 文件）是使用全局（*）选择器的应用。

【示例 7-13】　CSS 选择器之全局（*）选择器

```
01    <!DOCTYPE html>
02    <html lang="zh-cn">
03    <head>
04        <meta http-equiv="Content-Type" content="text/html; charset=utf-8" />
05        <style type="text/css">
06            body {
07                font-family: sans-serif;
08                font-size: 14px;
09            }
```

```
10          nav {
11              background-color: gray;
12          }
13          * {
14              font-family: "宋体";
15              font-size: 16px;
16          }
17          div * {
18              font-family: "黑体";
19              font-size: 20px;
20          }
21      </style>
22      <title>CSS 选择器之全局选择器</title>
23  </head>
24  <body>
25      <!-- 添加文档主体内容 -->
26      <header id="id-header">
27          <nav>CSS 选择器之全局选择器</nav>
28      </header>
29      <hr>
30      <div>
31          <p>全局选择器</p>
32          <p>全局选择器</p>
33          <p>全局选择器</p>
34      </div>
35      <hr>
36      <footer id="id-footer">CSS 选择器之全局选择器</footer>
37  </body>
38  </html>
```

在这段代码中，我们使用了 CSS 的全局（*）选择器对页面中的元素分别定义了风格样式。下面我们详细介绍：

第 06～09 行代码使用 CSS 标签选择器为 body 标签元素定义了样式，包括字体系列（sans-serif）和字体大小（14px）；

下面我们先注销第 13～20 行代码，运行测试这个页面，效果如图 7.14 所示。从图中可以看到，页面中的标签元素均使用了第 06～09 行代码为 body 标签元素定义的样式。

第 13～16 行代码使用 CSS 的全局（*）选择器为全部标签元素定义了新的风格样式，包括字体系列（"宋体"）和字体大小（16px）。

下面我们接着注销第 17～20 行代码，运行测试这个页面，效果如图 7.15 所示。从图中可以看到，页面中的标签元素均使用了【示例 7-13】中第 13～16 行代码使用全局（*）选择器定义的样式。

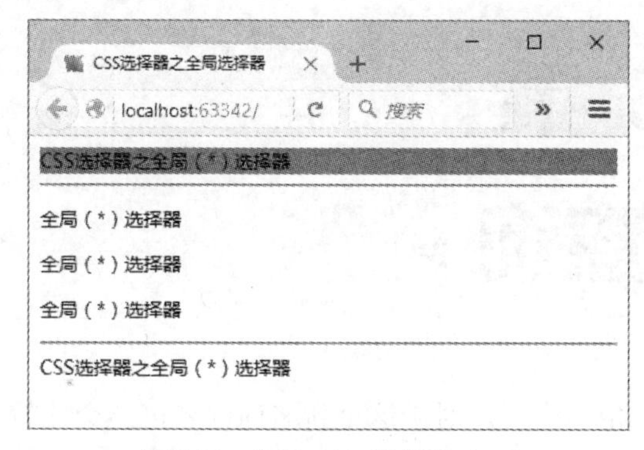

图 7.14　全局（*）选择器（一）

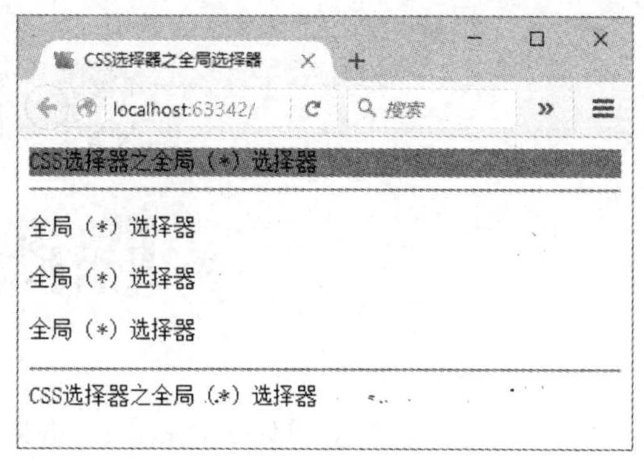

图 7.15　全局（*）选择器（二）

第 17～20 行代码使用 CSS 的全局（*）选择器为 div 标签元素内的全部元素定义了新的风格样式，包括字体系列（"黑体"）和字体大小（20px）；

运行测试这个页面，效果如图 7.16 所示。从图中可以看到，第 30~34 行代码定义的 div 标签元素内的全部 p 标签元素均使用了第 17～20 行代码定义的风格样式，其中字体系列为"黑体"、字体大小为 20px。

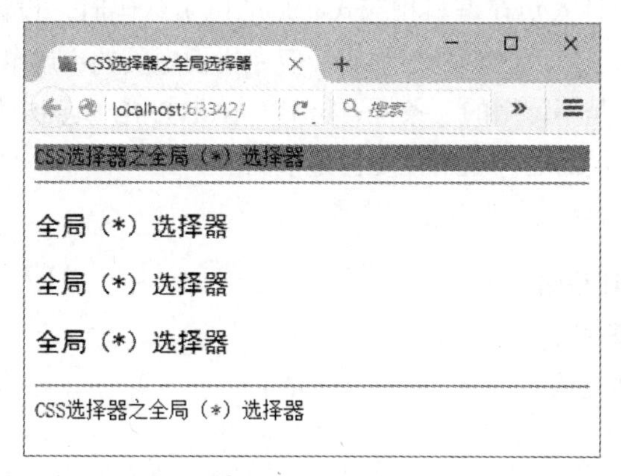

图 7.16 全局（*）选择器（三）

7.11 小结

本章主要介绍了定义 CSS 选择器的使用方法，包括标签选择器、类别选择器、id 选择器、属性选择器、伪类选择器、取反（not）伪类选择器和全局（*）选择器等的相关内容，希望这些关于 CSS 选择器的内容能帮助广大读者在使用 CSS 的过程中起到作用。

第 8 章

◀ 媒体查询 ▶

本章我们介绍 CSS 媒体（@media）查询的相关内容。对于这个新名词读者可能会比较陌生，但如果知道该技术可以实现目前最流行的页面响应式布局，是不是会感到很激动呢？

设计 HTML 页面时使用媒体（@media）查询技术，可以针对不同的媒体类型定义不同的样式。媒体（@media）查询技术将针对不同硬件的屏幕尺寸设置不同的样式，特别是针对目前流行的响应式页面，媒体（@media）查询技术是非常有用的。在实际应用中，用户在改变浏览器大小尺寸的过程中，响应式布局的页面也会根据浏览器的宽度和高度重新渲染页面。

响应式布局设计可根据屏幕或浏览器的大小尺寸而改变，提供给用户的最佳 UI 体验效果。举个简单的例子，假设设计人员在编写相应式布局的网页代码时，设计了一个 20%左右宽度的右侧边栏，其在桌面显示器呈现时会是正常的，但在平板电脑的小屏幕上呈现时可能就会很窄，如果再到手机屏幕可能就是不可用的一条框。可见，在 HTML 页面中使用媒体（@media）查询技术的响应式布局是非常灵活的，适用程度也是很高的。

本章主要包括以下内容：

- 响应式 Web 设计介绍
- 媒体查询基本语法
- 组织和使用媒体查询

8.1 响应式 Web 设计介绍

响应式 Web 设计可根据屏幕或浏览器的大小尺寸设计相应的布局，通过媒体（@media）查询技术编写 CSS 样式代码，自动将布局设计表现为不同屏幕大小尺寸的最佳 UI 用户体验。

8.1.1 流动布局

所谓流动布局本质上是一种适应不同屏幕尺寸的技术，即不固定 div 层的宽度，而采用百分比作为单位来确定每一层的宽度。流动布局的优势是通常在设计完成后，可以自适应各种不同设备的屏幕尺寸（譬如：桌面显示器、移动终端、平面 Pad 等设备）。

下面的这段代码（参见源代码 chapter08\ch08-media-fluidlayout.html 文件）是一个使用流动

布局的例子。

【示例 8-1】　DIV+CSS 流动布局

```
01    <!DOCTYPE html>
02    <html lang="zh-cn">
03    <head>
04        <meta http-equiv="Content-Type" content="text/html; charset=utf-8" />
05        <style type="text/css">
06            body {
07                font-family: sans-serif;
08                font-size: 14px;
09            }
10            #div-main {
11                width: 100%;
12                overflow: auto;
13                background-color: #f0f0f0;
14            }
15            #id-header {
16                width: 100%;
17                background-color: lightgray;
18            }
19            nav {
20                width: 100%;
21                text-align: center;
22            }
23            #div-leftup {
24                float: left;
25                width: 25%;
26                height: 100px;
27                margin: 8px;
28                border: 1px solid gray;
29                background-color: gray;
30            }
31            #div-leftdown {
32                float: left;
33                width: 25%;
34                height: 100px;
35                margin: 8px;
36                border: 1px solid gray;
37                background-color: gray;
38            }
39            #div-content {
40                float: left;
41                width: 50%;
42                height: 150px;
43                margin: 8px;
44                border: 1px solid gray;
45                background-color: gray;
46            }
47            #div-center {
```

```
48             float: left;
49             width: 50%;
50             height: 80px;
51             margin: 8px;
52             border: 1px solid gray;
53             background-color: gray;
54         }
55         #div-rightup {
56             float: left;
57             width: 15%;
58             height: 120px;
59             margin: 8px;
60             border: 1px solid gray;
61             background-color: gray;
62         }
63         #div-rightdown {
64             float: left;
65             width: 15%;
66             height: 150px;
67             margin: 8px;
68             border: 1px solid gray;
69             background-color: gray;
70         }
71         #id-footer {
72             position: fixed;
73             width: 100%;
74             bottom: 0px;
75             text-align: center;
76         }
77         p {
78             margin: 8px auto;
79             text-align: center;
80         }
81     </style>
82     <title>流动布局</title>
83 </head>
84 <body>
85     <!-- 添加文档主体内容 -->
86     <div id="div-main">
87         <div id="id-header">
88             <nav>流动布局</nav>
89         </div>
90         <div id="div-leftup">
91             <p>左上布局</p>
92         </div>
93         <div id="div-content">
94             <p>中上布局</p>
95         </div>
96         <div id="div-rightup">
97             <p>右上布局</p>
98         </div>
```

```
 99            <div id="div-leftdown">
100                <p>左下布局</p>
101            </div>
102            <div id="div-center">
103                <p>中下布局</p>
104            </div>
105            <div id="div-rightdown">
106                <p>右下布局</p>
107            </div>
108            <div id="id-footer">流动布局</div>
109        </div>
110    </body>
111    </html>
```

在这段代码中，我们使用目前比较流行的 DIV+CSS 方式创建了一个 HTML 网页。下面我们详细介绍：

第 86～109 行代码使用 div 标签元素定义了一个容器（id="div-main"），其中包含了许多小的层元素，这些小的层元素以流动布局的方式构成了页面内容；例如，第 87～89 行代码定义的顶部层（div）布局（id="id-header"），第 90～92 行代码定义的顶部层（div）布局（id="div-leftup"），第 108 行代码定义的底部层（div）布局（id="id-footer"），等等；

为了实现 CSS 流动布局方式，我们为每个小的层（div）元素定义了唯一的 id 值，并使用 CSS 样式代码进行了定义；例如，第 10～14 行代码定义的是最外部层（div）容器（id="div-main"）的样式，第 23～30 行代码定义的是左上层（div）元素（id="div-leftup"）的布局样式，第 39～46 行代码定义的是中上层（div）元素（id="div-content"）的布局样式，等等；

同时，每一个小的层（div）元素的 CSS 样式代码中，都使用 float 属性定义了左对齐（float: left;）的浮动方式，同时还使用 width 属性和 height 属性定义了宽度和高度，在宽度上使用的是百分比形式，在高度上使用的固定值方式，这样就可以实现层（div）元素在页面中根据宽度占比自动排列的效果。

运行测试这个页面，效果如图 8.1 所示。

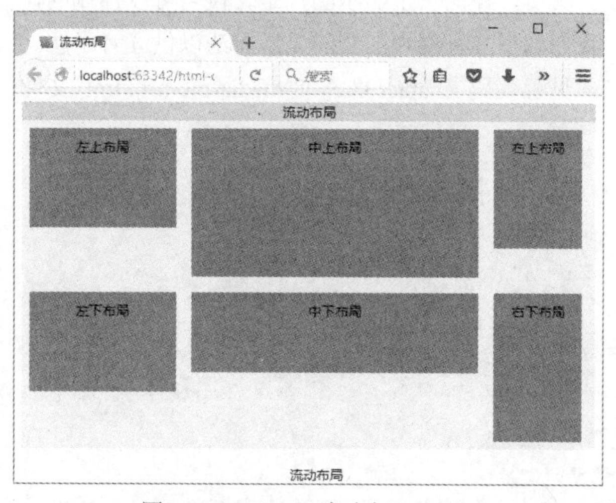

图 8.1　DIV+CSS 流动布局（一）

图中显示，当我们将浏览器窗口调整到合适的大小时，第 87～108 行代码定义的若干个小的层（div）布局将会按照一排三个进行自动排列；而当我们继续调整浏览器窗口，向更小的尺寸方向调整时，由于窗口的宽度和高度均变小，页面布局将会改变，效果如图 8.2 所示。第 87～108 行代码定义的若干个小的层（div）布局将会按照一排两个进行自动排列，这就是 DIV+CSS 流动布局方式所展现的页面效果。

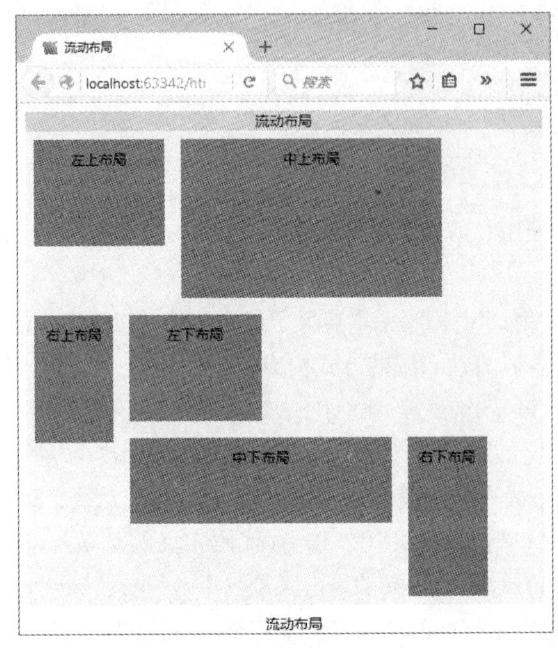

图 8.2　DIV+CSS 流动布局（二）

8.1.2　自适应图片

如果读者设计过网页图片，一定知道图片的尺寸是个很棘手的问题，不合适的图片尺寸会将页面布局弄得乱七八糟。其实，在网页上显示图片是有技巧可以控制的，譬如自适应图片就是比较常用的方法。下面，我们列举几种网页图片的显示方法以供读者了解。

下面的这段代码（参见源代码 chapter08\ch08-media-pic-ori.html 文件）是一个显示图片原始尺寸的例子。

【示例 8-2】　DIV+CSS 显示原始图片

```
01  <!DOCTYPE html>
02  <html lang="zh-cn">
03  <head>
04      <meta http-equiv="Content-Type" content="text/html; charset=utf-8" />
05      <style type="text/css">
06          body {
07              font-family: sans-serif;
08              font-size: 14px;
```

```
09          }
10          #id-header {
11              position: fixed;
12              width: 100%;
13              height: 24px;
14              top: 0px;
15              text-align: center;
16          }
17          nav {
18              width: 100%;
19              text-align: center;
20          }
21          #id-main {
22              width: 100%;
23              margin: 32px auto;
24              height: auto;
25          }
26          #id-footer {
27              position: fixed;
28              width: 100%;
29              bottom: 0px;
30              text-align: center;
31          }
32          #id-img-ori img {
33              width: auto;
34              height: auto;
35          }
36      </style>
37      <title>自适应图片</title>
38  </head>
39  <body>
40  <!-- 添加文档主体内容 -->
41  <div id="id-header">
42      <nav>原始图片</nav>
43  </div>
44  <div id="id-main">
45      <div id="id-img-ori">
46          <p>图片原始尺寸: 450px &times; 337px</p>
47          <img src="images/horse.jpg" alt="自适应图片" />
48      </div>
49  </div>
50  <div id="id-footer">原始图片</div>
```

```
51    </body>
52    </html>
```

在这段代码中，我们使用 DIV+CSS 方式显示了一幅原始图片。下面我们详细介绍：

第 45～48 行代码使用 div 标签元素定义了一个容器（id="id-img-ori"），其中第 47 行代码使用 img 标签元素定义了一幅图片；

第 32～35 行代码为 img 标签元素定义了 CSS 样式，其中图片的宽度（width）和高度（height）均为“auto”，也就是图片的原始尺寸（原图尺寸大小为 450px×337px）。

运行测试这个页面，效果如图 8.3 所示。原图尺寸（450px×337px）已经超出了浏览器的尺寸大小，因此水平方向与垂直方向的滚动条自动出现在了浏览器中。这种现实效果是设计人员比较头疼的，不但无法显示出图片全貌，还会影响页面的整齐美观。

图 8.3　DIV+CSS 显示原始图片

下面的这段代码（参见源代码 chapter08\ch08-media-pic-div.html 文件）是一个显示将图片限定在层（div）中的例子。

【示例 8-3】　DIV+CSS 显示 DIV 图片

```
01    <!DOCTYPE html>
02    <html lang="zh-cn">
03    <head>
04        <meta http-equiv="Content-Type" content="text/html; charset=utf-8" />
05        <style type="text/css">
06            body {
07                font-family: sans-serif;
08                font-size: 14px;
09            }
10            #id-header {
```

```
11              position: fixed;
12              width: 100%;
13              height: 24px;
14              top: 0px;
15              text-align: center;
16          }
17          nav {
18              width: 100%;
19              text-align: center;
20          }
21          #id-main {
22              width: 100%;
23              margin: 32px auto;
24              height: auto;
25          }
26          #id-footer {
27              position: fixed;
28              width: 100%;
29              bottom: 0px;
30              text-align: center;
31          }
32          #id-div-img {
33              max-width:200px;
34              max-height:150px;
35          }
36          #id-div-img img {
37              width: 100%;
38              height: 100%;
39          }
40      </style>
41      <title>自适应图片</title>
42  </head>
43  <body>
44      <!-- 添加文档主体内容 -->
45      <div id="id-header">
46          <nav>DIV 图片</nav>
47      </div>
48      <div id="id-main">
49          <div id="id-div-img">
50              <p>图片 DIV 尺寸: 200px &times; 150px</p>
51              <img src="images/horse.jpg" alt="自适应图片" />
52          </div>
```

```
53        </div>
54        <div id="id-footer">DIV 图片</div>
55    </body>
56    </html>
```

在这段代码中，我们使用 DIV+CSS 方式将图片限定在一个层（div）标签元素中进行显示。下面我们详细介绍：

第 49～52 行代码使用 div 标签元素定义了一个容器（id="id-div-img"），其中第 51 行代码使用 img 标签元素定义了一幅图片；

第 32～35 行代码为第 49～52 行代码定义的层（div）容器（id="id-div-img"）设计了 CSS 样式，其中宽度（width）为固定值 200px，高度（height）为固定值 150px；读者注意，这个尺寸是小于图片原始尺寸（原图尺寸大小为 450px×337px）的；

第 36～39 行代码为第 51 行代码定义的 img 标签元素设计了 CSS 样式，其中图片的宽度（width）和高度（height）均为“100%”，也就是全部占据层（div）容器（id="id-div-img"）的空间。

运行测试这个页面，效果如图 8.4 所示。原图尺寸（450px×337px）被限定在层（div）容器（200px×150px）中，也就是图片被压缩显示了。这种显示效果是可以有效控制图片显示尺寸的，不过我们还有更好的处理方法。

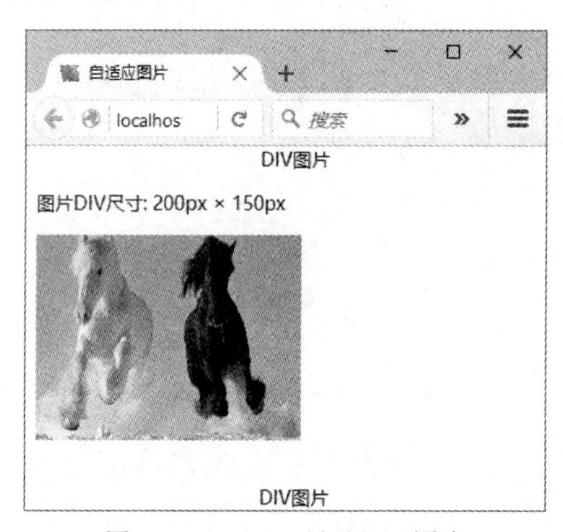

图 8.4　DIV+CSS 显示 DIV 图片

下面的这段代码（参见源代码 chapter08\ch08-media-pic-selfadaption.html 文件）是一个显示自适应图片的例子。

【示例 8-4】　DIV+CSS 显示自适应图片

```
01    <!DOCTYPE html>
02    <html lang="zh-cn">
03    <head>
04        <meta http-equiv="Content-Type" content="text/html; charset=utf-8" />
05        <style type="text/css">
```

```
06          body {
07              font-family: sans-serif;
08              font-size: 14px;
09          }
10          #id-header {
11              position: fixed;
12              width: 100%;
13              height: 24px;
14              top: 0px;
15              text-align: center;
16          }
17          nav {
18              width: 100%;
19              text-align: center;
20          }
21          #id-main {
22              width: 100%;
23              margin: 32px auto;
24              height: auto;
25          }
26          #id-footer {
27              position: fixed;
28              width: 100%;
29              bottom: 0px;
30              text-align: center;
31          }
32          #id-img-selfadaption img {
33              max-width: 150px;
34              width: 150px;
35             width:  expression(document.body.clientWidth>150?"150px":"auto");
36              max-height: 120px;
37              height: 120px;
38              height: expression(document.body.clientWidth>120?"120px":"auto");
39              overflow: hidden;
40          }
41      </style>
42      <title>自适应图片</title>
43  </head>
44  <body>
45      <!-- 添加文档主体内容 -->
46      <div id="id-header">
47          <nav>自适应图片</nav>
```

```
48        </div>
49        <div id="id-main">
50            <div id="id-img-selfadaption">
51                <p>图片自适应尺寸: 150px &times; 120px</p>
52                <img src="images/horse.jpg" alt="自适应图片" />
53            </div>
54        </div>
55        <div id="id-footer">自适应图片</div>
56    </body>
57    </html>
```

在这段代码中，我们使用 DIV+CSS 方式显示了一幅自适应图片。下面我们详细介绍：

第 50～53 行代码使用 div 标签元素定义了一个容器（id="id-img-selfadaption"），其中第 52 行代码使用 img 标签元素定义了一幅图片；读者注意，我们没有为该容器定义大小尺寸；

第 32～40 行代码为第 51 行代码定义的 img 标签元素设计了 CSS 样式，其中图片的宽度（width）为固定值 150px，高度（height）为固定值 120px；另外，还设置了图片的最大宽度（max-width）为固定值 150px，最大高度（max-height）均为固定值 120px；

本例最关键的地方是第 35 行与第 38 行代码使用 expression 表达式定义的自适应图片尺寸；第 35 行代码定义的是自适应宽度，通过 document.body.clientWidth 属性（表示窗体客户端宽度）与图片预定义宽度（150px）进行比较，如果大于则取 150px，否则宽度定义为“auto”；第 38 行代码定义的是自适应高度，通过 document.body.clientHeight 属性（表示窗体客户端高度）与图片预定义宽度（120px）进行比较，如果大于则取 120px，否则宽度定义为“auto”；

运行测试这个页面，效果如图 8.5 所示。原图（450px×337px）经过自适应技术处理后，尺寸大小被调整了（150px×120px）。

图 8.5　DIV+CSS 显示自适应图片

使用 expression 表达式需要考虑浏览器的兼容性问题。

8.1.3 媒体查询

媒体（@media）查询是实现页面响应式布局的最强大的一种方法。媒体（@media）查询通常包含一个媒体类型，以及该媒体类型的宽度、高度和颜色等媒体属性的表达式。在 CSS 3 中加入媒体（@media）查询可以实现定义一次样式，就可以使其适用于各种不同媒体类型的功能。

下面的这段代码（参见源代码 chapter08\ch08-media-query.html 文件）是一个使用媒体（@media）查询的简单例子。

【示例 8-5】　媒体（@media）查询

```
01  <!DOCTYPE html>
02  <html lang="zh-cn">
03  <head>
04      <meta http-equiv="Content-Type" content="text/html; charset=utf-8" />
05      <style type="text/css">
06          body {
07              font-family: sans-serif;
08              font-size: 14px;
09          }
10          #id-header {
11              position: fixed;
12              width: 100%;
13              height: 24px;
14              top: 0px;
15              text-align: center;
16          }
17          nav {
18              width: 100%;
19              text-align: center;
20          }
21          #id-div-width {
22              margin: 64px auto;
23              font-family: '微软雅黑', serif;
24              font-size: 24px;
25              text-align: center;
26          }
27          #id-footer {
28              position: fixed;
29              width: 100%;
30              bottom: 0px;
31              text-align: center;
32          }
```

```
33          @media screen and (max-width: 350px) {
34              body {
35                  background-color:gray;
36              }
37          }
38      </style>
39      <title>媒体查询</title>
40  </head>
41  <body>
42      <!-- 添加文档主体内容 -->
43      <div id="id-header">
44          <nav>媒体（@media）查询</nav>
45      </div>
46      <div id="id-div-width">
47          当前浏览器窗口宽度:
48      </div>
49      <div id="id-footer">媒体（@media）查询</div>
50  <script type="text/javascript">
51      document.getElementById("id-div-width").innerHTML =
52              "当前浏览器窗口宽度:" + window.innerWidth + "px";
53  </script>
54  </body>
55  </html>
```

在这段代码中，我们使用媒体（@media）查询实现了当浏览器窗口宽度尺寸小于等于350px 时，自动修改背景颜色的功能。下面我们详细介绍：

第 46～48 行代码使用 div 标签元素定义了一个容器（id="id-div-width"），用于显示当前浏览器窗口宽度值；

第 21～26 行代码为第 46～48 行代码定义的 div 标签元素设计了 CSS 样式，包括边距、字体大小和居中显示；

第 50～53 行的脚本代码通过 window.innerWidth 属性获取当前浏览器窗口的宽度值，并显示在第 46～48 行代码定义的层（div）容器（id="id-div-width"）之中；

本例最关键的地方是第 33～37 行代码使用媒体（@media）的查询功能，当浏览器窗口宽度尺寸小于等于 350px（max-width:350px）时，背景颜色自动修改为灰色（gray）；关于媒体（@media）查询的语法我们在下一小节详细介绍。

运行测试这个页面，效果如图 8.6 所示。当我们调整浏览器窗口宽度尺寸值为 351px 时，背景颜色为默认的白色；再继续调整浏览器窗口宽度尺寸值为 350px 时，页面效果如图 8.7 所示。

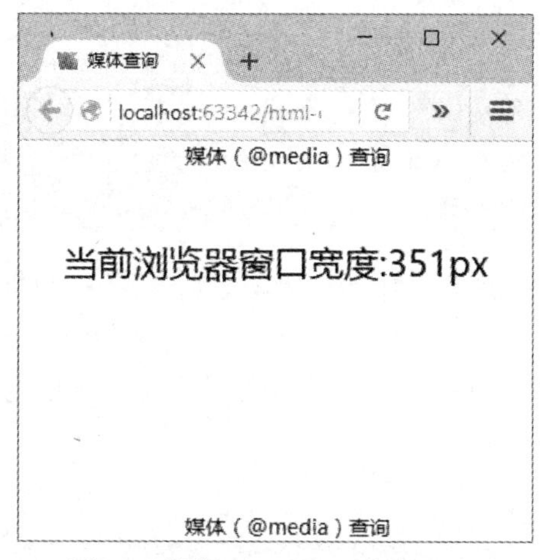

图 8.6　媒体（@media）查询（一）

图 8.7　媒体（@media）查询（二）

图 8.7 中显示，当浏览器窗口宽度尺寸值为 350px 时，背景颜色修改为灰色（gray）。可见，第 33～37 行代码定义的媒体（@media）查询功能按照预定设计实现了。

8.2 媒体查询使用方法

根据 CSS 规范的说明，从 CSS 2 版本开始就支持媒体查询功能了，而到了 CSS 3 版本媒体查询的使用就更加灵活了。我们本节来看看它们的不同。

8.2.1 媒体查询基本语法

在 CSS 2 和 CSS 3 这两个版本中使用媒体查询的方法略有不同，通常在 CSS 2 版本中需要将媒体查询放置于 HTML 文档头部，并使用 link 标签元素对 media 属性加以引用，类似于下面代码的形式：

```
<link rel="stylesheet" type="text/css" media="screen" href="style.css">
```

而在 CSS 3 版本中，不但支持上面的写法，还可以使用下面这种更加灵活的写法：

```
@media screen and (max-width: 350px) {
 body {
     background-color:gray;
 }
}
```

上面的代码引用自【示例 8-5】，这样写媒体查询代码能够实现更复杂的功能，可阅读性也很好。

下面我们看 CSS 规范中，关于媒体（@media）查询的语法是如何定义的：

```
@media mediatype and|not|only (media feature) {
    CSS-Code;
}
```

其中，@media 关键字用于定义媒体查询，mediatype 关键字用于指定媒体类型，and|not|only 表示媒体规则，media feature 用于指定媒体功能。

关于媒体类型，实际指的就是我们的用户终端设备的屏幕，譬如桌面显示器、平板电脑、手机等。如表 8-1 所示为 CSS 规范中关于媒体类型的定义。

表 8-1　媒体类型

No	属性值	描述
1	all	用于所有设备
2	print	用于打印机和打印预览
3	screen	用于电脑屏幕，平板电脑，智能手机等
4	speech	应用于屏幕阅读器等发声设备

关于媒体规则（and|not|only），and 指的是“与”规则，not 指的是“非”规则，only 指的是“唯一”规则。

关于媒体功能，是指设定诸如屏幕宽度、高度、色彩等属性功能。如表 8-2 所示为 CSS 规范中关于媒体功能的定义。

表 8-2　媒体功能

No	属性值	描述
1	aspect-ratio	定义输出设备中的页面可见区域宽度与高度的比率
2	color	定义输出设备每一组彩色原件的个数
3	color-index	定义在输出设备的彩色查询表中的条目数
4	device-aspect-ratio	定义输出设备的屏幕可见宽度与高度的比率
5	device-height	定义输出设备的屏幕可见高度
6	device-width	定义输出设备的屏幕可见宽度
7	grid	用来查询输出设备是否使用栅格或点阵
8	height	定义输出设备中的页面可见区域高度
9	max-aspect-ratio	定义输出设备的屏幕可见宽度与高度的最大比率
10	max-color	定义输出设备每一组彩色原件的最大个数
11	max-color-index	定义在输出设备的彩色查询表中的最大条目数
12	max-device-aspect-ratio	定义输出设备的屏幕可见宽度与高度的最大比率

（续表）

No	属性值	描述
13	max-device-height	定义输出设备的屏幕可见的最大高度
14	max-device-width	定义输出设备的屏幕最大可见宽度
15	max-height	定义输出设备中的页面最大可见区域高度
16	max-monochrome	定义在一个单色框架缓冲区中每像素包含的最大单色原件个数
17	max-resolution	定义设备的最大分辨率
18	max-width	定义输出设备中的页面最大可见区域宽度
19	min-aspect-ratio	定义输出设备中的页面可见区域宽度与高度的最小比率
20	min-color	定义输出设备每一组彩色原件的最小个数
21	min-color-index	定义在输出设备的彩色查询表中的最小条目数
22	min-device-aspect-ratio	定义输出设备的屏幕可见宽度与高度的最小比率
23	min-device-width	定义输出设备的屏幕最小可见宽度
24	min-device-height	定义输出设备的屏幕的最小可见高度
25	min-height	定义输出设备中的页面最小可见区域高度
26	min-monochrome	定义在一个单色框架缓冲区中每像素包含的最小单色原件个数
27	min-resolution	定义设备的最小分辨率
28	min-width	定义输出设备中的页面最小可见区域宽度
29	monochrome	定义在一个单色框架缓冲区中每像素包含的单色原件个数
30	orientation	定义输出设备中的页面可见区域高度是否大于或等于宽度
31	resolution	定义设备的分辨率。如：96dpi、118dpcm 等
32	scan	定义电视类设备的扫描工序
33	width	定义输出设备中的页面可见区域宽度

8.2.2 使用媒体查询

这一小节我们介绍使用媒体（@media）查询的几种典型用法，包括对终端设备、屏幕尺寸等属性的设定方法。

下面的这段代码是通过媒体（@media）查询在 CSS 代码中设定支持媒体类型的例子。

【示例 8-6】 设定支持媒体类型

```
<link rel="stylesheet" type="text/css" href="screen.css" media="screen" />
<link rel="stylesheet" type="text/css" href="print.css" media="print" />
```

在这段代码中，我们根据表 8-1 可知，screen 代表电脑屏幕、平板电脑、智能手机等终端设备，print 代表打印机设备；因此，在使用电脑屏幕、平板电脑、智能手机等终端设备时，会使用 screen.css 样式表；而在使用打印机终端设备时，会使用 print.css 样式表。

下面的这段代码是通过媒体（@media）查询在 CSS 代码中设定不同屏幕尺寸使用不同 CSS 样式的例子。

【示例 8-7】 设定支持屏幕尺寸

```
@media screen and (min-width: 1441px) {
// 如果屏幕宽度 > 1440px，将会载入这里的 CSS
// 适用于超宽尺寸显示器
}
@media screen and (min-width: 1024px) and (max-width: 1440px) {
    // 如果屏幕宽度介于1024px ~ 1440px，将会载入这里的 CSS
}
@media screen and (min-width: 768px) and (max-width: 1023px) {
    // 如果屏幕宽度介于768px ~ 1023px，将会载入这里的 CSS
}
@media screen and (max-width: 767px) {
    // 如果屏幕宽度介于 < 768px，将会载入这里的 CSS
}
@media screen and (max-device-width: 480px) {
    // 如果屏幕可见宽度 <= 480px，将会载入这里的 CSS
}
```

在这段代码中，screen 代表电脑屏幕、平板电脑、智能手机等终端设备，max-width 代表屏幕最大宽度，min-width 代表屏幕最小宽度，max-device-width 代表屏幕最大可见宽度。另外，因为市场上流行的终端设备的屏幕尺寸都是有固定值的，所以通过设定不同的屏幕宽度值，就可以编写适用于不同终端设备的 CSS 样式代码。

8.3 实战：响应式登录页面

这一小节我们介绍一个响应式登录界面的实际应用，该应用综合了响应式布局、媒体（@media）查询和 Bootstrap 框架技术，可以让读者深入体会到 HTML5 + CSS 3 技术的强大功能。

首先，我们为这个应用命名一个项目名称：html5-css-login，先看项目目录都包含哪些代码文件，如图 8.8 所示。

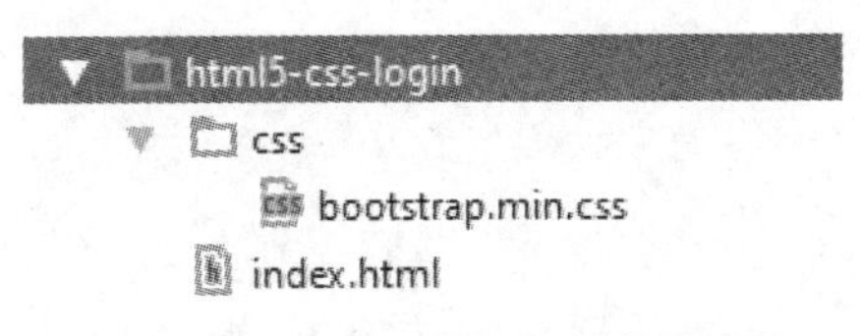

图 8.8　html5-css-login 应用代码目录

从图 8.8 中可以看到，项目中包括一个页面文件 index.html，一个 CSS 样式文件 bootstrap.min.css。其中，bootstrap.min.css 样式文件引用 Bootstrap 框架时加入的，主要用于页面的响应式布局设计。bootstrap.min.css 样式文件的内容非常丰富，我们就仅对本应用使用到的功能进行介绍。

下面的这段代码（参见源代码 chapter08\html5-css-login\index.html 文件）是项目的页面文件。

【示例 8-8】　html5-css-login 应用 HTML 页面文件

```
01   ……//省略部分开始符号
05   <meta name="viewport" content="width=device-width,initial-scale=1 " />
06   <meta http-equiv="Content-Type" content="text/html; charset=utf-8" />
07   <link rel="stylesheet" type="text/css" href="css/bootstrap.min.css" />
08   <style type="text/css">
09   html,body {
10       height: 100%;
11   }
12   /* 登录界面容器 */
13   .container {
14       margin: 0 auto;
15       position: relative;
16       width: 100%;
17       height: 100%;
18       /*  for IE */
19       filter:progid:DXImageTransform.Microsoft.gradient(
20           startColorstr=gray,
21           endColorstr=lightgray
22       );
23       /* for other Browser */
24       background-image:linear-gradient(bottom, lightgray 0%, lightgray 100%);
25      background-image:-o-linear-gradient(bottom, lightgray 0%, lightgray 100%);
26       background-image:-moz-linear-gradient(bottom, lightgray 0%, lightgray 100%);
27       background-image:-webkit-linear-gradient(bottom, lightgray 0%,
lightgray 100%);
28       background-image:-ms-linear-gradient(bottom, lightgray 0%, lightgray 100%);
29   }
30   .login-div  {
```

```
31        width: 100%;
32        max-width: 500px;
33        height: 350px;
34        position: absolute;
35        top: 50%;
36        /*设置负值，定位登录框50%的高度*/
37        margin-top: -175px;
38    }
39    @media screen and (min-width:500px){
40        .login-div {
41            left: 50%;
42            /*设置负值，定位登录框50%的宽度*/
43            margin-left: -250px;
44        }
45    }
46    .login-content {
47        height: 250px;
48        width: 100%;
49        max-width: 500px;
50        background-color: rgba(255, 250, 255, 0.6);
51        float: left;
52    }
53    .login-form {
54        width: 100%;
55        max-width: 400px;
56        height: 200px;
57        margin: 20px auto 0px auto;
58        padding-top: 20px;
59    }
60    .input-group {
61        margin: 0px 0px 30px 0px !important;
62    }
63    .form-control,
64    .input-group {
65        height: 48px;
66    }
67    .form-group {
68        margin-bottom: 0px !important;
69    }
70    .login-title {
71        padding: 20px 10px;
72        background-color: rgba(0, 0, 0, 0.3);
```

```
73  }
74  .login-title h3 {
75      margin-top: 10px !important;
76  }
77  .btn-sm {
78      padding: 8px 24px !important;
79      font-size: 16px !important;
80  }
81  </style>
82  <title>响应式登录界面模板（基于 Bootstrap 框架）</title>
83  </head>
84  <body>
85  <div class="container">
86  <div class="login-div">
87  <div class="login-title">
88      <h3>响应式登录界面（基于 Bootstrap 框架）</h3>
89  </div>
90  <div class="login-content">
91  <div class="login-form">
92  <form action="#" method="post">
93  <div class="form-group">
94  <div class="col-xs-12">
95  <div class="input-group">
96      <span class="input-group-addon">用 户 名</span>
97      <input type="text" id="username" name="username"
98      class="form-control" placeholder="用户名">
99  </div>
100 </div>
101 </div>
102 <div class="form-group">
103 <div class="col-xs-12">
104 <div class="input-group">
105     <span class="input-group-addon">密    码</span>
106     <input type="text" id="password" name="password"
107     class="form-control" placeholder="密码">
108 </div>
109 </div>
110 </div>
111 <div class="form-group">
112 <div class="col-xs-4 col-xs-offset-4">
113     <button type="submit" class="btn btn-sm btn-info">
114      登  录 
```

```
115         </button>
116  ……//省略部分结束符号
```

在这段代码中，我们创建了一个响应式的登录页面。下面我们详细介绍：

第 85～122 行代码使用 div 标签元素定义了一个容器，并为该元素添加了类属性（class="container"）；其中，"container"样式类的定义在第 13～29 行代码中，包括宽度、高度、位置、边距和背景色等样式属性，在定义背景色时还考虑到浏览器的兼容性问题；

第 86～121 行代码使用 div 标签元素定义了一个登录容器，并为该元素添加了类属性（class="login-div"）；其中，"login-div"样式类的定义在第 30～38 行代码与第 39～45 行代码中；

第 30～38 行代码为第 86～121 行代码定义的登录容器设定了宽度（width: 100%;）、最大宽度（max-width: 500px;）、高度（height: 350px;）、绝对定位（position: absolute;）、顶部位置（top: 50%;）和上部边距（margin-top: -175px;）等样式属性，将上部边距定义为负值（-175px）表示为登录容器高度（350px）的一半；

第 39～45 行代码使用媒体（@media）查询技术为第 86～121 行代码定义的登录容器增加了适应不同浏览器窗口尺寸的功能，当浏览器窗口宽度小于等于 500px 时，将重新设定左侧位置（left: 50%;）和左侧边距（margin-left: -250px;），将左侧边距定义为负值（-250px）表示为登录容器宽度（500px）的一半；

第 87～89 行代码使用 div 标签元素定义了一个登录标题层，并为该元素添加了类属性（class="login-title"）；其中，"login-title"样式类的定义在第 70～73 行代码中，包括内边距和背景色样式属性；

第 90～120 行代码使用 div 标签元素定义了一个登录内容层，并为该元素添加了类属性（class="login-content"）；其中，"login-content"样式类的定义在第 46～52 行代码中，包括宽度（width: 100%;）、最大宽度（max-width: 500px;）、高度（height: 250px;）、背景色和浮动位置（float: left;）等样式属性；

第 91～119 行代码使用 div 标签元素定义了一个登录表单层，并为该元素添加了类属性（class="login-form"）；其中，"login-form"样式类的定义在第 53～59 行代码中，包括宽度（width: 100%;）、最大宽度（max-width: 400px;）、高度（height: 200px;）、外边距和上部内边距等样式属性；

第 92～118 行代码使用 form 标签元素定义了一个登录表单，并为该元素定义了登录方式（method="post"）；

第 93～101 行代码使用 div 标签元素定义了一个登录用户名层，第 102～110 行代码使用 div 标签元素定义了一个登录密码层，第 111～117 行代码使用 div 标签元素定义了一个登录提交层，并为该三个元素添加了相同的类属性（class="form-group"）；其中，"form-group"样式类的定义在第 67～69 行代码中，包括底部外边距样式属性，注意此处使用“!important”关键字设定了样式的优先级为最高；

第 94～100 行代码与第 103～109 行代码使用 div 标签元素分别定义了一个样式层，并为该两个元素添加了相同的类属性（class="col-xs-12"）；注意该属性是由 Bootstrap 框架提供的，用于设定控件的栅格数，“col-xs-XX”系列适用于小屏幕设备，此处“XX 值定义为 12”代表最大栅格数，既登录用户名层与登录密码层均占据最大栅格数的宽度；

第 95～99 行代码与第 104～108 行代码使用 div 标签元素分别定义了一个输入框组合样式层，并为该两个元素添加了相同的类属性（class="input-group"）；其中，"input-group"样式类的定义在第 60～66 行代码中，包括高度和外边距样式属性，注意此处使用“!important”关键字设定了样式的优先级为最高；

第 96 行代码与第 105 行代码使用 span 标签元素分别定义了一个行内区域，用于显示文字提示；

第 97～98 行代码与第 106～107 行代码分别使用 input 标签元素分别定义了一个输入框，并为该两个元素添加了相同的类属性（class="form-control"）；其中，"form-control"样式类的定义在第 63～66 行代码中，包括高度样式属性；

第 112～116 行代码使用 div 标签元素定义了一个样式层，并为该元素添加了类属性（class="col-xs-4 col-xs-offset-4"）；注意该属性是由 Bootstrap 框架提供的，用于设定控件的栅格数与位移，“col-xs-offset-4”表示向右侧位移 4 个栅格数，“col-xs-4”代表占用 4 个栅格数，即提交控件占据栅格数的宽度；

第 113～115 行代码使用 button 标签元素定义了一个提交控件，并为该元素添加了类属性（class="btn btn-sm btn-info"）；其中，"btn-sm"样式类的定义在第 77～80 行代码中，包括内边距和字体大小样式属性；而"btn"与"btn-info"样式类则由 Bootstrap 框架提供。

运行测试这个页面，效果如图 8.9 所示。下面我们将浏览器窗口大小向大的方向拉伸一下，运行测试这个页面，效果如图 8.10 所示。从图中可以看到，登录界面随着浏览器窗口大小的调整，也进行了调整，其宽度与高度尺寸保持不变、界面定位基本居于窗口中间位置，这就是响应式布局的效果，保证了界面的美观。

图 8.9 响应式登录页面（一）

图 8.10 响应式登录页面（二）

下面我们再将浏览器的窗口大小向小的方向收缩一下，运行测试这个页面，效果如图 8.11 所示。从图中可以看到，当浏览器窗口宽度小于 500px 数值时，登录界面定位根据【示例 8-8】中第 39～45 行代码定义的媒体（@media）查询技术重新进行了计算，即使因为浏览器窗口尺寸小于登录界面尺寸、导致浏览器出现了滚动条，但用户名与密码输入框、登录控件按钮也均能够满足操作功能，这就是响应式界面的强大之处。

图 8.11　响应式登录页面（三）

8.4 小结

本章主要介绍了媒体（@media）查询的使用方法，包括页面响应式布局、流动布局、媒体查询等方便的相关内容，并具体实现了一个基于 HTML 5 + CSS 的响应式登录页面以帮助读者加深了解。希望这些关于媒体（@media）查询的相关内容能给广大读者带来帮助。

第 9 章

案例：HTML 5+CSS 3之轻量级内容管理系统

本章我们介绍一个基于 HTML 5 + CSS 3 综合技术实现的内容管理系统应用。HTML 5 + CSS 3 技术近些年来发展势头十分迅猛，基于 HTML 5 + CSS 3 综合技术实现的 Web 应用功能越来越强大、性能也越来越高效。直接在 HTML 5 页面中加入音频与视频、图像与动画已经不再是新技术，而诸如离线缓存、Web 存储、Web SQL Database、文件存储 API 等以往不敢想象的功能，在 HTML 5 平台下也已成为标准。可以想象，HTML 5 + CSS 3 技术将会把移动互联网推到一个全新的高度，也势必带给众多的移动互联网用户更多的福祉。

本章将介绍给读者的内容管理系统应用就是基于 HTML 5 + CSS 3 综合技术实现的。该应用综合了离线的 HTML、JS 和 CSS 技术、Web 存储技术和前端交互技术，通过将离线资源缓存、数据本地存储、用户前端操作，在 HTML 5 平台下实现了一个传统意义下的 Web 内容管理系统，相信会在 Web 应用开发方面带给读者一个全新的技术视角与开发体验。

本章主要包括以下内容：

- HTML 5 + CSS 3 综合技术
- 可离线的 HTML、JS 和 CSS 资源缓存
- Web 存储技术
- 前端交互技术

9.1 内容管理系统概述

本章介绍的基于 HTML 5 + CSS 3 技术实现的内容管理系统应用，是一个完全意义上的前端 Web 应用。整个 Web 应用全部采用 HTML、CSS 和 JavaScript 技术实现，也正因为如此我们称其为轻量级内容管理系统。

从传统意义来讲，一个完整的 Web 内容管理系统在架构上一般包括前端界面模块、中间逻辑控制模块和后端数据模块，这也就是著名的 MVC（模型、视图和控制器）三层架构理论。传统基于 MVC 架构的 Web 应用，仅仅依靠客户端 HTML 语言来实现是完全不可能的，其至少需要一种服务器端语言（譬如：PHP、JSP、ASP 等）来完成后台操作。当然，更高级一点 Web 应

用还会用到框架技术（譬如：Spring、Hibernate、Struts 等）来构建，这些都是题外话了。而本章实现的轻量级内容管理系统将摒弃传统的 MVC 架构模式，将逻辑控制功能和后端数据存储模块功能也放在前端来完成，这完全是靠 HTML 5 提供的新特性来实现的，也是所谓“轻量级”真正的含义所在。

一个完整的内容管理系统包含的内容有很多方面，限于篇幅限制本应用就示范性地实现一个用户信息管理模块。见斑窥豹，读者理解了一个模块的实现方法，再引申扩展其他功能模块就容易得多了。如图 9.1 所示为是本内容管理系统应用的功能模块详解。

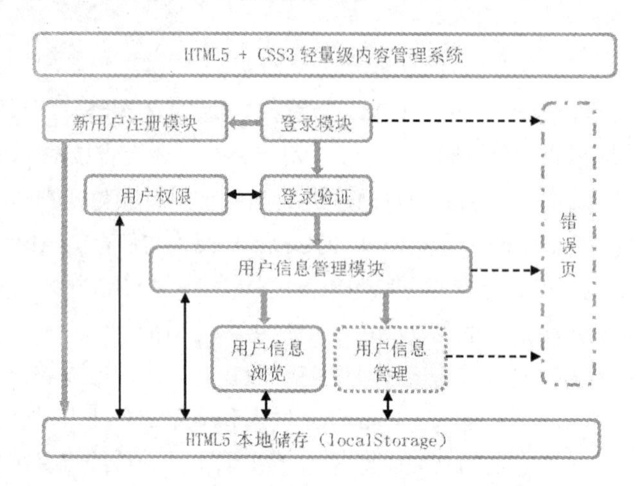

图 9.1　功能模块详解

图 9.1 显示，本应用首先设计了一个登录模块，通过一个登录验证模块与 HTML 5 本地存储中的用户权限进行交互，来完成用户验证操作；如果是新用户，在登录界面可以链接到新用户注册模块来添加新用户，注意在新用户注册模块仅仅可以得到普通管理权限；如果用户身份验证通过，则跳转到用户信息管理模块，也就是本应用的主界面，用户信息管理模块会根据不同的用户权限选择进入不同的子功能模块，分别实现了用户信息浏览和用户信息管理（新增、编辑和删除操作）等功能，注意只有高级别的管理权限才可以进行用户管理操作；整个操作均需与 HTML 5 本地存储进行交互来完成；另外，本应用还设计了一个简单错误页，用于定向非法操作。

本应用全部前端用户界面使用 HTML 5 + CSS 3 语言设计，功能逻辑操作使用 JavaScript 脚本语言设计，数据存储功能使用 HTML 5 本地存储（localStorage）设计。其中，CSS 部分应用到了最流行的 Bootstrap 框架，脚本语言部分也使用到了最流行的 jQuery 框架，另外还增加了 HTML 5 离线缓存功能。可以讲，本应用集成了 HTML 5 绝大部分的新特性。

9.2 HTML、CSS 和 JS 等资源的离线缓存

在第 4 章中，我们向读者介绍了 HTML 离线缓存的内容，也列举了使用离线缓存的一些优

点。为了给读者更直接的体会，在本应用中我们也将 HTML 离线缓存功能应用其中。

所谓离线缓存就是将 HTML、CSS 和 JS 等资源存储在本地，方便用户再次访问时直接在本地读取，提高使用效率。下面我们先了解本应用的文件结构，如图 9.2 所示。

图中显示，整个文件结构比较清晰，应用根目录下包含若干 HTML 文档和一个 manifest 离线缓存文件（名称：ch09.appcache），同时，还包括若干子目录用于分类放置 CSS 样式文件、JS 脚本文件、图片文件和字体文件等。下面我们具体看一下 ch09.appcache 离线缓存文件中的内容，该文件定义了全部需要离线缓存的文件结构，具体如图 9.3 所示。

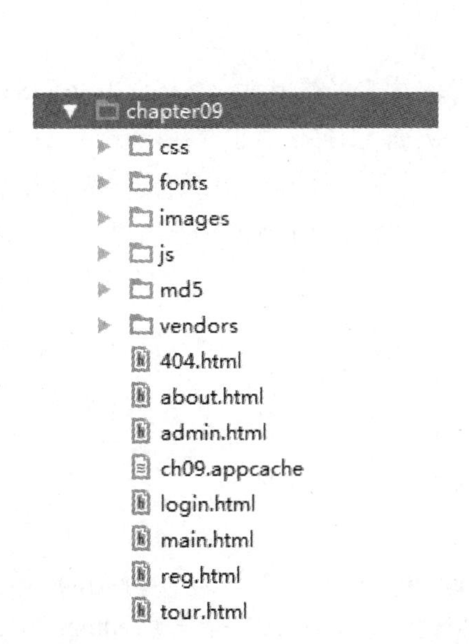

图 9.2　HTML 5 + CSS 3 内容管理系统文件结构

ch09.appcache ×

```
1   CACHE MANIFEST
2   #2016-01-08 v1.0.1
3   js/bootstrap.js
4   js/bootstrap.min.js
5   js/DT_bootstrap.js
6   js/html5shiv.js
7   js/response.min.js
8   js/admin.js
9   js/main.js
10  js/login.js
11  js/reg.js
12  js/tour.js
13  md5/jquery.js
14  md5/jquery.md5.js
15  css/bootstrap.css
16  css/bootstrap.min.css
17  login.html
18  main.html
19  admin.html
20  tour.html
21  reg.html
22  about.html
23  404.html
24  NETWORK:
25  *
26  FALLBACK:
27  / /404.html
```

图 9.3　manifest 离线缓存文件

图中显示，一个 manifest 离线缓存文件所需要的基本元素全部体现在其中了。下面我们详细介绍一下该文件：

第 1 行代码通过“CACHE MANIFEST”关键字来定义全部在首次下载后需要缓存的文件。注意，在 manifest 离线缓存文件中“CACHE MANIFEST”关键字是必需的，其下面所列出的全部文件都会进行缓存。

第 3～23 行代码列举了项目中的缓存文件，包括“js”子目录下的 Bootstrap 框架脚本文件，“md5”子目录下的加密脚本文件，“css”子目录下的 Bootstrap 框架样式文件，还有根目录下的 HTML 页面文件。

第 24 行代码通过“NETWORK”关键字来定义必须要到服务器端访问的文件，这些文件是永远不会被缓存的。如果“NETWORK”关键字下面使用了一个“*”符号（如第 19 行代码），则表示除了“CACHE MANIFEST”关键字下面的文件，其他文件资源全部需要连接服务器进行访问。

第 26 行代码通过“FALLBACK”关键字来定义如果访问文件错误，则使用哪些文件进行代替。

例如，第 27 行代码的含义就是，如果访问项目根目录下的任何文件发生错误，则用 404.html 文件进行替代。

以上就是将 HTML、CSS 和 JS 等资源进行离线缓存的操作方法，下面我们继续介绍本应用的各个功能模块。

9.3 数据储存结构

本系统使用了 HTML 5 的本地储存（localStorage）用来保存用户信息，使用 localStorage 的优势在于可以在本地将用户数据持久化，即使浏览器被关闭数据信息也存在。

我们在设计系统时考虑到主要是突出演示功能，因此用户信息的数据结构与常规内容管理系统相比，结构进行了大大的简化，仅仅保留了实现系统功能必须用到的键值信息。用户信息的详细数据结构如下：

- id（唯一标识）：用于标识唯一键值;
- 用户 id（userid）：用户唯一 id;
- 密码（pwd）：为明码，用于演示作用;
- md5 加密密码（pwdmd5）：将明码经过 md5 加密后的密码;
- 用户名（name）：用户名称;
- 用户角色等级（level）：分为系统管理员 admin、系统用户 user 和游客 guest 三级;
- 用户权限（reserved）：用整数 1、2、3 进行标识，其中系统管理员 admin 为 1、系统用户 user 为 2、游客 guest 为 3。

在使用 HTML 5 的本地存储（localStorage）进行数据操作时，可以参考下面的代码。

【示例 9-1】　本地存储（localStorage）初始化

```
01 var user = {};
02 user.id = '10001';
03 user.userid = 'king';
04 user.pwd = '123456';
05 user.pwdmd5 = $.md5('123456');
06 user.name = 'Martin King';
07 user.level = 'admin';
```

```
08 user.reserved = "1";
09 localStorage.setItem(user.id, JSON.stringify(user));
```

这段代码先定义了一个数据结构，然后依次为每一个数据项进行了初始化赋值，最后使用 localStorage.setItem() 函数方法在本地存储中增加键值对（{key, value}）。其中，localStorage.setItem()函数方法包含两个参数，第一个参数为键 key，第二个参数为数值 value。

本地存储（localStorage）除了 setItem()函数方法，还包括 getItem()函数方法和 removeItem()函数方法，setItem()函数方法用于存储键值对，getItem()函数方法用于获取键值对，removeItem()函数方法用于移除键值对；另外，还有 clear()函数方法用于清除全部存储信息。这些方法我们在本章后面的内容中，会陆续向读者介绍到。

9.4 登录验证模块

正如图 9.1 中描述的，该内容管理系统最先呈现给用户的是一个登录界面。在登录界面中，需要用户在输入用户名、密码后，方可提交进入系统主页，同时登录过程需要登录验证模块的配合才可顺利完成。

我们先看登录界面，该界面完全是通过 HTML 5 和 Bootstrap 框架进行设计的，并可以适应不同的终端平台。登录界面的页面代码（参见源代码 chapter09\login.html 文件）如下所示。

【示例 9-2】　用户管理系统登录界面

```
01 <!DOCTYPE html>
02 <html class="bootstrap-admin-vertical-centered">
03 <head>
04     <title>HTML 5+CSS 3之轻量级内容管理系统</title>
05     <meta http-equiv="Content-Type" content="text/html; charset=UTF-8">
06     <meta name="viewport" content="width=device-width, initial-scale=1.0">
07     <!-- Bootstrap -->
08     <link rel="stylesheet" media="screen" href="css/bootstrap.min.css">
09     <link rel="stylesheet" media="screen" href="css/bootstrap-
theme.min.css">
10     <!-- Bootstrap Admin Theme -->
11     <link rel="stylesheet" media="screen" href="css/bootstrap-admin-
theme.css">
12     <!-- Custom styles -->
13     <style type="text/css">
14         .alert{
15             margin: 0 auto 20px;
16         }
```

```
17      </style>
18  </head>
19  <body class="bootstrap-admin-without-padding">
20  <div class="container">
21      <div class="row">
22          <div class="col-lg-12 col-md-12 col-sm-12 col-xs-12">
23              <div class="page-header bootstrap-admin-content-title">
24                  <h2>HTML 5+CSS 3之轻量级内容管理系统</h2>
25              </div>
26              <div class="alert alert-info">
27                  <a class="close" data-dismiss="alert" href="#">&times;</a>
28                  请输入用户注册信息并单击"登录"按钮
29              </div>
30          <form method="get" action="main.html" class="bootstrap-admin-login-
form">
31                  <h3>登录系统</h3>
32                  <div class="form-group">
33                      <input class="form-control" type="text" id="userid"
34          name="userid" onblur="on_userid_blur();" placeholder="用户 id">
35                      <span id="id-span-userid" class="help-block">
36          Please enter userid
37          </span>
38                  </div>
39                  <div class="form-group">
40                      <input class="form-control" type="password" id="password"
41          name="password" onblur="on_pwd_blur();" placeholder="登录密码">
42                      <span id="id-span-password" class="help-block">
43          Please enter password
44          </span>
45                  </div>
46                  <div class="form-group">
47                      <label>
48                          <input type="checkbox" name="remember_me">
49                          记住我
50                      </label>
51                  </div>
52                  <button class="btn btn-lg btn-primary" type="submit"
53      id="id-submit" disabled>登录</button>
54                  <ul class="nav navbar-nav navbar-right">
55                      <li>
56                          <a href="reg.html">新用户注册 </a>
57                      </li>
```

```
58                  </ul>
59              </form>
60          </div>
61      </div>
62  </div>
63  </body>
64  </html>
```

我们使用目前比较流行的 Bootstrap 框架创建了一个登录界面。下面我们详细介绍：

第 08～09 行代码和第 11 行代码分别引用了几个 Bootstrap 框架的 CSS 样式文件，这些 CSS 样式文件均保存在“css”子目录中；

第 19 行代码定义的 body 标签元素中的 class 属性，引用了第 11 行代码中 bootstrap-admin-theme.css 样式文件中的类"bootstrap-admin-without-padding"，该类作用于整个登录页面；

第 20～62 行代码定义的 div 标签元素中的 class 属性，引用了 Bootstrap 框架中的“container”样式类，其相当于一个容器；

第 21～61 行代码定义的 div 标签元素中的 class 属性，引用了 Bootstrap 框架中的“row”样式类，其相当于一行，且“row”样式类必须放置于第 20 行代码中的“container”样式类之内；

第 22～60 行代码定义的 div 标签元素中的 class 属性，引用了 Bootstrap 框架中的“col-lg-12 col-md-12 col-sm-12 col-xs-12”样式类，其相当于一组列，且“col-”系列样式类必须放置于第 21 行代码中的“row”样式类之内；Bootstrap 框架的“col-”系列样式类可以帮助页面适应不同规格的屏幕分辨率，且末尾的数字“-12”为最大数值，表示该列独占一行；

第 23～25 行代码通过 div 和 h2 标签元素定义了页面标题；

第 26～29 行代码通过 div 和 a 标签元素定义了一个提示信息；

第 30～59 行代码通过 form 标签元素定义了用户登录表单，其 class 属性值为"bootstrap-admin-login-form"，引用自 Bootstrap 框架；

第 32～38 行代码通过 div 标签元素定义了一个用户名输入框，其 class 属性值为"form-group"，引用自 Bootstrap 框架；第 33～34 行代码定义的 input 标签元素中注册了一个 onblur 事件，该事件的 on_userid_blur()函数方法用于验证用户名的合法性，下面我们会介绍到该函数方法；第 35～37 行代码定义的 span 标签元素用于显示提示信息；

第 39～45 行代码同样通过 div 标签元素定义了一个密码输入框，其中第 40～41 行代码定义的 input 标签元素中注册了一个 onblur 事件，其函数方法用于验证密码的合法性；

第 52～53 行代码通过 button 标签元素定义了一个提交按钮，注意到其初始状态为 disabled。

下面我们运行测试这个登录页面，效果如图 9.4 所示。下面我们尝试手动将浏览器窗口缩小，其页面效果如图 9.5 所示。图 9.4 与图 9.5 对比可以看到，应用 Bootstrap 框架使得页面布局随着窗口大小的改变而自动进行了适应调整，保持了页面内容的整齐美观。

图 9.4　内容管理系统登录页面（一）

图 9.5　内容管理系统登录页面（二）

以上是登录模块的页面代码部分，下面我们接着看登录模块的验证代码部分。登录验证功能是通过 JavaScript 脚本语言（参见源代码 chapter09\js\login.js 文件）实现的。

【示例 9-3】　用户管理系统登录验证

```
01 /*
02  * 定义全局变量
03  */
04 var g_userid, g_pwd, g_reserved;
05 var v_validata_userid = false;
06 var v_validata_pwd = false;
07 /*
08  * 遍历 localStorage 键值
09  */
10 function index_item_userid() {
11     var v_userid = document.getElementById('userid').value;
12     for(var i=0; i<localStorage.length; i++) {
13         var data = JSON.parse(localStorage.getItem(localStorage.key(i)));
14         if(v_userid == data.userid) {
15             userid = v_userid;
16             v_validata_userid = true;
17             break;
18         } else {
19             v_validata_userid = false;
20         }
21     }
22     return v_validata_userid;
23 }
```

```
24 /*
25  * 验证用户 id
26  */
27 function on_userid_blur() {
28    var v_userid = document.getElementById('userid').value;
29    if(v_userid == "") {
30        document.getElementById('id-span-userid').innerHTML =
31     "Please enter your userid.";
32    } else {
33        if(index_item_userid()) {
34            document.getElementById('id-span-userid').innerHTML =
35         "It is a right userid.";
36        } else {
37            document.getElementById('userid').value = '';
38            document.getElementById('id-span-userid').innerHTML =
39         "Please check your userid, and retry.";
40        }
41    }
42    validateSubmit();
43 }
44 /*
45  * 遍历 localStorage 键值
46  */
47 function index_item_pwd() {
48    var v_userid = document.getElementById('userid').value;
49    var v_password = document.getElementById('password').value;
50    var md5_password = $.md5(v_password);
51    for(var i=0; i<localStorage.length; i++) {
52        var data = JSON.parse(localStorage.getItem(localStorage.key(i)));
53        if((v_userid == data.userid) && (md5_password == data.pwdmd5)) {
54            g_userid = data.userid;
55            g_pwd = data.pwdmd5;
56            g_reserved = data.reserved;
57            v_validata_pwd = true;
58            break;
59        } else {
60            v_validata_pwd = false;
61        }
62    }
63    return v_validata_pwd;
64 }
65 /*
66  * 验证用户密码
67  */
68 function on_pwd_blur() {
69    var v_password = document.getElementById('password').value;
70    var md5_password = $.md5(v_password);
```

```
71     if(v_password == "") {
72         document.getElementById('id-span-password').innerHTML =
73      "Please enter your password.";
74     } else {
75         if(index_item_pwd()) {
76             document.getElementById('id-span-password').innerHTML =
77          "It is a right password.";
78             document.getElementById('password').value = md5_password;
79         } else {
80             document.getElementById('password').value = '';
81             document.getElementById('id-span-password').innerHTML =
82          "Please check your password, and retry.";
83         }
84     }
85     validateSubmit();
86 }
87 /*
88  * 验证登录
89  */
90 function validateSubmit() {
91     if(v_validata_userid && v_validata_pwd) {
92         $("#id-submit").attr("disabled", false);
93     } else {
94         $("#id-submit").attr("disabled", true);
95     }
96 }
97 /*
98  * 页面跳转
99  */
100 function onLoginSubmit() {
101     if(g_reserved == "1") {
102         document.location.href =
103     "admin.html?userid=" + g_userid + "&password=" + g_pwd;
104     } else if(g_reserved == "2") {
105         document.location.href =
106     "main.html?userid=" + g_userid + "&password=" + g_pwd;
107     } else if(g_reserved == "3") {
108         document.location.href =
109     "tour.html?userid=" + g_userid + "&password=" + g_pwd;
110     } else{
111         document.location.href =
112     "404.html";
113     }
114     return false;
115 }
```

我们使用 JavaScript 脚本语言和 MD5 加密算法实现了登录验证模块。下面我们详细介绍：

第 04 行代码定义了一组全局变量，用于保存用户 id（g_userid）、登录密码（g_pwd）和用户权限（g_reserved）信息；其中用户权限很重要，后面的 js 代码会根据登录用户的权限跳转到不同的功能页面中；

第 05～06 行代码定义了两个全局变量（初始值为 false），用于保存用户 id 和登录密码的验证状态；

第 27～43 行代码定义了一个函数方法（函数名为 on_userid_blur()），其就是【示例 9-2】中第 33～34 行代码中为 input 标签元素注册的 onblur 事件方法，用于验证用户 id 的合法性；第 33 行代码调用了一个函数方法（函数名为 index_item_userid()），其用于遍历本地存储中的用户 id 并返回是否查找到该用户 id；

函数方法（index_item_userid()）的定义在第 10～23 行代码；第 12～21 行代码通过 for 循环语句遍历 localStorage 键值，用于验证用户输入的用户 id 是否在本地存储的数据中，并通过第 05 行代码定义的全局变量（v_validata_userid）保存验证结果并返回；函数方法（on_userid_blur()）通过该全局变量的值来修改【示例 9-2】中第 35～37 代码定义的 span 标签元素的内容，在页面中显示用户输入用户 id 是否合法。

下面我们尝试在登录页面中输入用户 id 值“king”（该用户名已保存在本地存储中）来测试，效果如图 9.6 所示。从图中可以看到提示信息为“It is a right userid.”，表示用户输入的用户 id 存在并验证通过。

图 9.6　HTML 5 + CSS 3 内容管理系统用户 id 验证（一）

下面我们再次尝试在登录页面中输入用户 id 值“test”（该用户名在本地存储中不存在）来测试，效果如图 9.7 所示。

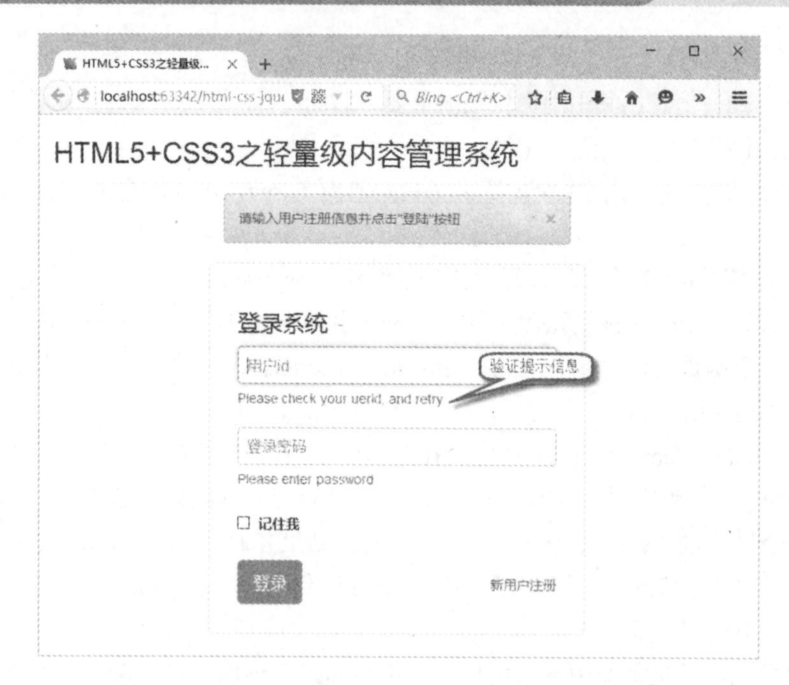

图 9.7　HTML 5 + CSS 3 内容管理系统用户 id 验证（二）

从图 9.7 中可以看到提示信息为“Please check your userid, and retry”，表示用户输入的用户 id 未验证通过；

对比图 9.6 与图 9.7 可以看到，用户 id 验证通过后与未通过后的提示信息是不同的；同时，如果用户 id 验证未通过，【示例 9-3】中的第 36 行代码会将用户输入的用户 id 自动清除，提示用户重新输入；

登录密码的验证过程比用户 id 的验证过程略微复杂一些。第 68～86 行代码定义了一个函数方法（函数名为 on_pwd_blur()），该方法就是【示例 9-2】中第 40～41 行代码中为 input 标签元素注册的 onblur 事件方法，用于验证登录密码的合法性；第 70 行代码通过 MD5 加密算法将用户输入的登录密码进行了加密，并保存在变量“md5_password”中；第 75 行代码调用了一个函数方法（函数名为 index_item_pwd()），其用于遍历用户 id 和登录密码，验证登录信息是否合法；

函数方法（index_item_pwd()）的定义在第 47～64 行代码；第 50 行代码通过 MD5 加密算法将用户输入的登录密码进行了加密，并保存在变量“md5_password”中；第 51～62 行代码通过 for 循环语句遍历 localStorage 键值，用于验证用户输入的用户 id 与加密后的登录密码是否合法，并通过第 06 行代码定义的全局变量（v_validata_pwd）保存验证结果并返回；函数方法（on_userid_pwd()）通过该全局变量的值来修改【示例 9-2】中第 35～37 行代码定义的 span 标签元素的内容，并在页面中显示用户输入的登录信息是否合法有效。

下面我们接着尝试在登录页面中输入登录密码“000000”来测试，其效果如图 9.8 所示。从图中可以看到提示信息为“Please check your password, and retry”，表示用户输入的登录密码未验证通过。

图 9.8　HTML 5 + CSS 3 内容管理系统登录密码验证（一）

下面我们再次尝试在登录页面中输入登录密码“123456”来测试，其效果如图 9.9 所示。从图中可以看到提示信息为“It is a right password.”，表示用户输入的登录密码验证通过；同时，我们注意到密码输入框中的字符已经被替换为 MD5 加密密码，“登录”按钮也处于有效状态。

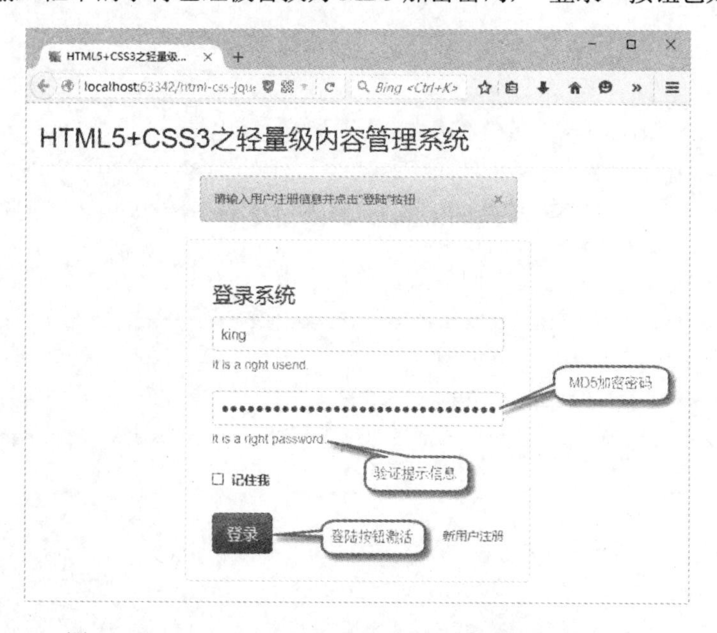

图 9.9　HTML 5 + CSS 3 内容管理系统登录密码验证（二）

将“登录”按钮重新设定为有效的是第 90～96 行代码定义的 validateSubmit()函数方法，该函数方法通过判断第 05～06 行代码定义的两个全局变量（v_validata_userid 和 v_validata_pwd）的布尔值来决定如何设定“登录”按钮的状态；只有当用户输入的登录信息合法有效时，“登录”按钮才会被重新设定为有效，并允许用户进行登录；

用户成功登录后，将通过第 100～115 行代码定义的 onLoginSubmit()函数方法实现重定向跳转；第 101 行、第 104 行和第 107 行代码通过 if 语句判断第 04 行代码定义的全局变量 g_reserved 的值来选择跳转到不同页面中去，其中全局变量 g_reserved 的赋值是在第 56 行代码进行操作实现的，其用来保存用户权限数值；第 102～103 行代码、第 104～105 行代码和第 107～108 行代码通过 location.href 参数进行页面重定向，并传递了第 04 行代码定义的全局变量 g_userid 和 g_pwd 作为 url 参数，其中全局变量 g_userid 和 g_pwd 的赋值是在第 54～55 行代码进行操作实现的，其用来保存用户 id 和加密密码数值。

9.5 新用户注册模块

读者注意到登录界面（见图 9.4 与图 9.5）中有一个“新用户注册”链接，这个是为新用户设计的模块。新用户注册模块允许在系统中加入普通级别的用户，如果需要更改用户权限等级，则需要系统管理员在管理系统的主界面上进行操作。

新用户注册界面的页面代码（参见源代码 chapter09\reg.html 文件）如下所示。

【示例 9-4】 新用户注册界面

```
01 <!DOCTYPE html>
02 <html class="bootstrap-admin-vertical-centered">
03 <head>
04     <title>HTML 5+CSS 3之轻量级内容管理系统</title>
05     <meta http-equiv="Content-Type" content="text/html; charset=UTF-8">
06     <meta name="viewport" content="width=device-width, initial-scale=1.0">
07     <!-- Bootstrap -->
08     <link rel="stylesheet" media="screen" href="css/bootstrap.min.css">
09     <link rel="stylesheet" media="screen" href="css/bootstrap-
theme.min.css">
10     <!-- Bootstrap Admin Theme -->
11     <link rel="stylesheet" media="screen" href="css/bootstrap-admin-
theme.css">
12     <!-- Custom styles -->
13     <style type="text/css">
14         .alert{
15             margin: 0 auto 20px;
16         }
17     </style>
18     <!-- HTML 5 shim and Respond.js IE8 support of HTML 5 elements queries
-->
19     <!--[if lt IE 9]>
```

```
20      <script type="text/javascript" src="js/HTML 5shiv.js"></script>
21      <script type="text/javascript" src="js/respond.min.js"></script>
22      <script type="text/javascript" src="js/bootstrap.min.js"></script>
23      <![endif]-->
24      <script type="text/javascript" src="md5/jquery.js"></script>
25      <script type="text/javascript" src="md5/jquery.md5.js"></script>
26      <script type="text/javascript" src="js/reg.js"></script>
27  </head>
28  <body class="bootstrap-admin-without-padding">
29  <div class="container">
30      <div class="row">
31          <div class="col-lg-12 col-md-12 col-sm-12 col-xs-12">
32              <div class="page-header bootstrap-admin-content-title">
33                  <h2>HTML 5+CSS 3之轻量级内容管理系统</h2>
34              </div>
35              <div class="alert alert-info">
36                  <a class="close" data-dismiss="alert" href="#">&times;</a>
37                  请输入用户注册信息并单击"注册"按钮
38              </div>
39              <form class="bootstrap-admin-login-form" onsubmit="return
reg();">
40                  <h3>新用户注册</h3>
41                  <div class="form-group">
42                      <input class="form-control" type="text"
43                 id="reg-userid" name="reg-userid" placeholder="用户 id">
44                      <span id="id-span-reg-userid" class="help-block">
45                 Please enter userid
46             </span>
47                  </div>
48                  <div class="form-group">
49                      <input class="form-control" type="password"
50                 id="reg-password" name="reg-password"
51             onblur="on_pwd_blur();" placeholder="登录密码">
52                      <span id="id-span-reg-password" class="help-block">
53                 Please enter password
54             </span>
55                  </div>
56                  <div class="form-group">
57                      <input class="form-control" type="password"
58                 id="reg-repassword" name="reg-repassword"
59             onblur="on_repwd_blur();" placeholder="再次输入登录密码">
60                      <span id="id-span-reg-repassword" class="help-block">
```

```
61                Please enter password again
62            </span>
63                </div>
64                <div class="form-group">
65                    <input class="form-control" type="text"
66                id="reg-name" name="reg-name" placeholder="用户名">
67                    <span id="id-span-reg-name" class="help-block">
68                Please enter user name
69            </span>
70                </div>
71                <button class="btn btn-lg btn-primary" type="submit" id="id-
submit">
72                    注册
73                  </button>
74              </form>
75          </div>
76      </div>
77  </div>
78  </body>
79  </html>
```

我们继续使用 Bootstrap 框架创建一个新用户注册界面。下面详细介绍：

第 08～09 行代码和第 11 行代码分别引用了几个 Bootstrap 框架的 CSS 样式文件，这些 CSS 样式文件均保存在“css”子目录中；

第 28 行代码定义的 body 标签元素中的 class 属性，引用了第 11 行代码中 bootstrap-admin-theme.css 样式文件中的类"bootstrap-admin-without-padding"，该类作用于整个新用户注册页面；

第 29～77 行代码定义的 div 标签元素中的 class 属性，引用了 Bootstrap 框架中的“container”样式类，其相当于一个容器；

第 30～76 行代码定义的 div 标签元素中的 class 属性，引用了 Bootstrap 框架中的“row”样式类，其相当于一行，且“row”样式类必须放置于第 29 行代码中的“container”样式类之内；

第 31～60 行代码定义的 div 标签元素中的 class 属性，引用了 Bootstrap 框架中的“col-lg-12 col-md-12 col-sm-12 col-xs-12”样式类，其相当于一组列，且“col-”系列样式类必须放置于第 30 行代码中的“row”样式类之内；此处的使用方法与前面【示例 9-2】代码中的登录界面是一致的；

第 39～74 行代码通过 form 标签元素定义了新用户注册表单，其 class 属性值为"bootstrap-admin-login-form"引用自 Bootstrap 框架；注意，在第 39 行代码中，为 form 表单增加一个 onsubmit 事件的函数方法，具体内容我们在后面会进行详细介绍；

第 41～70 行代码通过一组 div、input 和 span 标签元素定义了一组新用户注册时需要输入的信息框和提示信息，其 class 属性值为"form-group"引用自 Bootstrap 框架；

第 71～73 行代码通过 button 标签元素定义了一个提交按钮，注意提交操作将会被第 39 行代码定义的 onsubmit 事件处理。

运行测试这个新用户注册页面，效果如图 9.10 所示。

图 9.10　新用户注册页面

下面我们可以尝试手动输入一些新用户信息进行注册，注意密码框有两个，也就是说用户需要连续输入两次密码进行验证，避免注册新密码时发生错误。验证过程如下脚本代码（参见源代码 chapter09\js\reg.js 文件）所示。

【示例 9-5】　新用户注册验证

```
01 /*
02  * 验证用户密码
03  */
04 function on_pwd_blur() {
05     var v_password = document.getElementById('reg-password').value;
06     var v_repassword = document.getElementById('reg-repassword').value;
07     if(v_password != v_repassword) {
08         document.getElementById('id-span-reg-password').innerHTML =
09      'Please enter password in next blank again.';
10     } else {
11         document.getElementById('id-span-reg-repassword').innerHTML =
12      'Password is correct.';
13     }
14 }
15 function on_repwd_blur() {
16     var v_password = document.getElementById('reg-password').value;
17     var v_repassword = document.getElementById('reg-repassword').value;
```

```
18      if(v_password == v_repassword) {
19          document.getElementById('id-span-reg-repassword').innerHTML =
20        'Password is correct.';
21      } else {
22          document.getElementById('id-span-reg-repassword').innerHTML =
23        'Password is not correct, please try it again.';
24          document.getElementById('reg-repassword').value = "";
25      }
26  }
27  /*
28   * register new user
29   */
30  function reg() {
31      var user = {};
32      user.id = get_new_user_id();
33      user.userid = $("#reg-userid").val();
34      var v_pwd = $("#reg-password").val();
35      user.pwd = v_pwd;
36      user.pwdmd5 = $.md5(v_pwd);
37      user.name = $("#reg-name").val();
38      user.level = "user";
39      user.reserved = "2";
40      localStorage.setItem(user.id, JSON.stringify(user));
41  }
42  /*
43   * get new user's id
44   */
45  function get_new_user_id() {
46      var v_id, i_id;
47      var data = JSON.parse(localStorage.getItem(localStorage.key(0)));
48      var v_id = data.id;
49      i_id = parseInt(v_id) + 1;
50      return i_id.toString();
51  }
```

我们使用 JavaScript 脚本语言和 MD5 加密算法实现了新用户注册时的验证工作。下面我们详细介绍：

第 04～14 行代码与第 15～26 行代码定义了两个函数方法（函数名分别为 on_pwd_blur()和 on_repwd_blur()），就是【示例 9-4】中第 50～51 行代码和第 58～59 行代码中为 input 标签元素注册的 onblur 事件方法；这两个函数方法会对新用户注册时输入的密码进行验证，如果输入的密码一致，就会提示如图 9.11 所示的页面信息。

如果输入的密码不一致，就会提示如图 9.12 所示的页面信息。

图 9.11　新用户注册密码一致

图 9.12　新用户注册密码不一致

第 30～41 行代码定义的函数方法（函数名分别为 reg()），就是【示例 9-4】中第 39 行代码中为 form 表单注册的 onsubmit 事件方法；在 reg()函数中，创建了一个保存用户信息数组（user{}），对每条用户信息逐一进行了赋值；其中，用户 id、密码和用户名信息通过页面中的输入信息获取，用户角色等级和用户权限默认为“user”级别；

这里比较特殊的是 id 信息，其通过调用第 45～51 行代码定义的 get_new_user_id()函数方法获取；因为本系统使用的是 HTML 5 的本地存储（localStorage），其与传统的关系型数据库区别还是很大的，像自动累计用户信息 id 值这样的功能是不具备的；因此，这里我们通过 get_new_user_id()函数模拟了一个自动累计用户信息 id 值的操作，便于进行数据管理。

新用户信息都输入完成后，就可以单击“注册”按钮提交新用户信息到 HTML 5 本地存储之中。

9.6 游客信息模块

在前文的介绍中，我们提到本系统设计了三种角色权限（系统管理员 admin、系统用户 user 和游客 guest），下面我们就从最简单、最基本的游客信息模块开始详细介绍。

既然是游客权限，那么游客信息模块提供给用户的就是最基本的浏览功能，而且是浏览仅仅具有游客权限的用户信息。在第 9.4 节中介绍的登录验证模块，实现了根据登录用户的权限，跳转到相应用户界面的功能。

我们在图 9.4 所示的登录界面中输入用户名（guest）和密码（123456）后单击“登录”按钮，就会跳转到如图 9.13 所示的游客信息模块界面。

图 9.13　游客信息模块界面

游客信息模块界面的页面代码（参见源代码 chapter09\tour.html 文件）如下所示。

【示例 9-6】　游客信息模块界面

```
01 <!DOCTYPE html>
02 <html manifest="ch09.appcache">
03 <head>
04     <title>HTML 5+CSS 3之轻量级内容管理系统(游客)</title>
05     <meta http-equiv="Content-Type" content="text/html; charset=UTF-8">
06     <meta name="viewport" content="width=device-width, initial-scale=1.0">
07     <!-- Bootstrap -->
08     <link rel="stylesheet" media="screen" href="css/bootstrap.min.css">
09     <link rel="stylesheet" media="screen" href="css/bootstrap-
theme.min.css">
10     <!--[if lt IE 9]>
11     <script type="text/javascript" src="js/HTML 5shiv.js"></script>
12     <script type="text/javascript" src="js/respond.min.js"></script>
13     <![endif]-->
14     <script type="text/javascript" src="js/bootstrap.min.js"></script>
15     <script type="text/javascript" src="md5/jquery.js"></script>
16     <script type="text/javascript" src="md5/jquery.md5.js"></script>
17     <script type="text/javascript" src="js/tour.js"></script>
18     <script type="text/javascript">
19     </script>
20 </head>
```

```
21 <body class="bootstrap-admin-with-small-navbar">
22 <!-- small navbar -->
23 <nav class="bootstrap-admin-navbar-sm" role="navigation">
24   <div class="container">
25     <div class="row">
26       <div class="col-lg-12">
27         <div class="collapse navbar-collapse">
28           <ul class="navbar-left bootstrap-admin-theme-change-size">
29             <li class="text">用户名:</li>
30             <li><a id="id-a-name" class="size-changer large
active"></a></li>
31              <li><a class="text">用户等级:</a></li>
32             <li><a id="id-a-level" class="size-changer large
active"></a></li>
33           </ul>
34         </div>
35       </div>
36     </div>
37   </div>
38 </nav>
39 <div class="container">
40   <!-- left, vertical navbar & content -->
41   <div class="row">
42     <!-- left, vertical navbar -->
43     <div class="col-md-2 col-sm-2 bootstrap-admin-col-left">
44     </div>
45     <!-- content -->
46     <div class="col-md-10 col-sm-10">
47       <div class="row">
48         <div class="col-lg-12" id="userinfo">
49           <div class="page-header">
50             <h2>轻量级内容管理系统</h2>
51           </div>
52         </div>
53       </div>
54       <div class="row">
55         <div class="col-lg-12" id="id-browser-forminfo">
56           <div class="panel panel-default">
57             <div class="panel-heading">
58               <div class="text-muted bootstrap-admin-box-title">
59           用户信息（仅限游客）
60         </div>
```

```
61            </div>
62            <div class="bootstrap-admin-panel-content">
63              <table class="table table-striped">
64                <thead>
65                  <tr>
66                    <th>No.</th>
67                    <th>id</th>
68                    <th>用户 ID</th>
69                    <th>用户名</th>
70                    <th>密码</th>
71                    <th>权限</th>
72                  </tr>
73                </thead>
74                <tbody id="id-userinfo">
75                </tbody>
76  ……//省略部分结束标签
84  <!-- footer -->
85  <div class="navbar navbar-footer">
86    <div class="container">
87      <div class="row">
88        <div class="col-lg-12">
89          <footer role="contentinfo">
90            <p class="left">HTML 5 + CSS 3 之轻量级内容管理系统</p>
91            <p class="right">&copy; 2016
92              <a href="#" target="_blank">kingwjz</a>
93            </p>
94          </footer>
95  ……//省略部分结束标签
```

第 17 行代码调用了该模块的 JavaScript 脚本文件，该文件的脚本代码（参见源代码 chapter09\js\tour.js 文件）如下所示。

【示例 9-7】 游客信息模块脚本

```
01  /*
02   * on document ready
03   */
04  $(document).ready(function() {
05      /*
06       * page load
07       */
08      onPageLoad();
09      /*
```

```
10        * init procedure
11        */
12       init_userinfo();
13   });
14   /*
15    * init userinfo
16    */
17   function init_userinfo() {
18       var i, v_id, i_id;
19       var no = 0;
20       for(i=localStorage.length-1; i>=0; i--) {
21           var data =
22        JSON.parse(localStorage.getItem(localStorage.key(i)));
23           var v_reserved = data.reserved;
24           if(v_reserved == "3") {
25               no += 1;
26               document.getElementById("id-userinfo").innerHTML +=
27                   "<tr>" +
28                   "<td>" + no + "</td>" +
29                   "<td>" + data.id + "</td>" +
30                   "<td>" + data.userid + "</td>" +
31                   "<td>" + data.name + "</td>" +
32                   "<td>" + data.pwd + "</td>" +
33                   "<td>" + data.level + "</td>" +
34                   "</tr>";
35           } else {}
36       }
37   }
38   /*
39    * GetQueryString
40    */
41   function GetQueryString(name) {
42       var reg = new RegExp("(^|&)" + name + "=([^&]*)(&|$)","i");
43       var r = window.location.search.substr(1).match(reg);
44       if (r != null) return (r[2]); return null;
45   }
46   /*
47    * onPageLoad
48    */
49   function onPageLoad() {
50       var v_name = "null";
51       var v_level = "null";
```

```
52      for(var i=0; i<localStorage.length; i++) {
53          var data =
54              JSON.parse(localStorage.getItem(localStorage.key(i)));
55          if(GetQueryString("userid") == data.userid) {
56              v_name = data.name;
57              v_level = data.level;
58              break;
59          } else {
60              v_name = "null";
61              v_level = "null";
62          }
63      }
64      document.getElementById("id-a-name").innerHTML = v_name;
65      document.getElementById("id-a-level").innerHTML = v_level;
66  }
```

这段代码主要实现了页面初始化、登录信息加载和游客用户信息浏览等几个功能，下面我们详细介绍：

在第 04～13 行代码定义的页面文档初始化方法中，第 08 行代码调用了一个函数方法（onPageLoad();）用于实现页面初始化和登录信息初始化；

onPageLoad()函数方法的定义在第 49～66 行代码中，在该函数内通过一个 for 循环语句遍历了本地存储（localStorage）中的用户信息，并通过与 url 传递过来的用户信息参数进行比对，来获取登录用户的信息；

通过 url 获取用户信息参数的函数方法（GetQueryString()）是在第 41～45 行代码中定义的，原理是通过正则表达式来获取 url 参数信息，然后返回具体的参数值；

第 64～65 行代码将获得的用户名和用户角色等级信息显示在【示例 9-6】中第 30 行和第 32 行代码定义的 li 标签元素内，如图 9.13 所示；

第 12 行代码调用了一个函数方法（init_userinfo();）用于实现游客用户信息初始化；init_userinfo()函数方法的定义在第 17～37 行代码中，在该函数内通过一个 for 循环语句遍历了本地存储（localStorage）中的用户信息，并通过第 24 行代码的 if 条件语句挑选出全部游客用户信息；对于满足条件的游客用户信息，通过第 26～34 行代码显示在【示例 9-6】中第 74～75 行代码定义的 id 值为"id-userinfo"的 tbody 标签元素内，如图 9.13 所示。

9.7 用户信息模块

在本系统的权限管理中，用户权限（user）比游客（guest）权限要高一个级别。在用户信息模块中可以浏览到系统的全部用户信息，但相比于管理员信息模块，这里是无法编辑用户信息的。

我们在图 9.4 所示的登录界面中输入用户名（messi）和密码（123456）后单击“登录”按钮，就会跳转到如图 9.14 所示的用户信息模块界面。

图 9.14　用户信息模块界面

用户信息模块界面的页面代码（参见源代码 chapter09\main.html 文件）如下所示。

【示例 9-8】　用户信息模块界面

```
01 <!DOCTYPE html>
02 <html manifest="ch09.appcache">
03 <head>
04     <title>HTML 5+CSS 3之轻量级内容管理系统</title>
05     <meta http-equiv="Content-Type" content="text/html; charset=UTF-8">
06     <meta name="viewport" content="width=device-width, initial-scale=1.0">
07     <!-- Bootstrap -->
08     <link rel="stylesheet" media="screen" href="css/bootstrap.min.css">
09     <link rel="stylesheet" media="screen" href="css/bootstrap-
theme.min.css">
10     <!--[if lt IE 9]>
11     <script type="text/javascript" src="js/HTML 5shiv.js"></script>
12     <script type="text/javascript" src="js/respond.min.js"></script>
13     <![endif]-->
14     <script type="text/javascript" src="js/bootstrap.min.js"></script>
15     <script type="text/javascript" src="md5/jquery.js"></script>
16     <script type="text/javascript" src="md5/jquery.md5.js"></script>
17     <script type="text/javascript" src="js/main.js"></script>
18     <script type="text/javascript">
19     </script>
20 </head>
```

```
21 <body class="bootstrap-admin-with-small-navbar">
22 <!-- small navbar -->
23 <nav class="bootstrap-admin-navbar-sm" role="navigation">
24   <div class="container">
25     <div class="row">
26       <div class="col-lg-12">
27         <div class="collapse navbar-collapse">
28           <ul class="nav navbar-nav navbar-left">
29             <li class="text">用户名:</li>
30             <li><a id="id-a-name" class="size-changer large
active"></a></li>
31             <li><a class="text">用户等级:</a></li>
32             <li><a id="id-a-level" class="size-changer large
active"></a></li>
33           </ul>
34         ……//省略部分结束标签
38 </nav>
39 <!-- main / large navbar -->
40 <nav class="bootstrap-admin-navbar" role="navigation">
41   <div class="container">
42     <div class="row">
43       <div class="col-lg-12">
44         <div class="navbar-header">
45         <a class="navbar-brand" href="about.html">HTML 5轻量级内容管理系统</a>
46         </div>
47         <div class="collapse navbar-collapse main-navbar-collapse">
48           <ul class="nav navbar-nav">
49             <li class="active"><a href="#">首页</a></li>
50             <li><a href="about.html">关于</a></li>
51           </ul>
52         </div><!-- /.navbar-collapse -->
53       </div>
54     </div>
55   </div><!-- /.container -->
56 </nav>
57 <div class="container">
58   <!-- left, vertical navbar & content -->
59   <div class="row">
60     <!-- left, vertical navbar -->
61     <div class="col-md-2 col-sm-2 bootstrap-admin-col-left">
62     </div>
63     <!-- content -->
64     <div class="col-md-10 col-sm-10">
65       <div class="row">
66         <div class="col-lg-12" id="userinfo">
67           <div class="page-header">
68             <h2>轻量级内容管理系统</h2>
```

```
69          </div>
70        </div>
71      </div>
72      <div class="row">
73        <div class="col-lg-12" id="id-browser-forminfo">
74          <div class="panel panel-default">
75            <div class="panel-heading">
76              <div class="text-muted bootstrap-admin-box-title">用户信息</div>
77            </div>
78            <div class="bootstrap-admin-panel-content">
79              <table class="table table-striped">
80                <thead>
81                  <tr>
82                    <th>No.</th>
83                    <th>id</th>
84                    <th>用户 ID</th>
85                    <th>用户名</th>
86                    <th>密码</th>
87                    <th>权限</th>
88                  </tr>
89                </thead>
90                <tbody id="id-userinfo">
91                </tbody>
92              </table>
93  ……//省略部分结束标签
99  </div>
100  <!-- footer -->
101  <div class="navbar navbar-footer">
102    <div class="container">
103      <div class="row">
104        <div class="col-lg-12">
105          <footer role="contentinfo">
106            <p class="left">HTML 5 + CSS 3 之轻量级内容管理系统</p>
107            <p class="right">&copy; 2016
108      <a href="#" target="_blank">kingwjz</a>
109    </p>
110          </footer>
111  ……//省略部分结束标签
116  </html>
```

在这段代码中，第 17 行代码调用了该模块的 JavaScript 脚本文件，该文件的脚本代码（参见源代码 chapter09\js\main.js 文件）如下所示。

【示例 9-9】 用户信息模块脚本

```
01 /*
02  * on document ready
03  */
```

```
04 $(document).ready(function() {
05     /*
06      * page load
07      */
08     onPageLoad();
09     /*
10      * init procedure
11      */
12     init_userinfo();
13 });
14 /*
15  * init userinfo
16  */
17 function init_userinfo() {
18     var i, v_id, i_id;
19     var no = 0;
20     for(i=localStorage.length-1; i>=0; i--) {
21         var data = JSON.parse(localStorage.getItem(localStorage.key(i)));
22         no += 1;
23         document.getElementById("id-userinfo").innerHTML +=
24             "<tr>" +
25             "<td>" + no + "</td>" +
26             "<td>" + data.id + "</td>" +
27             "<td>" + data.userid + "</td>" +
28             "<td>" + data.name + "</td>" +
29             "<td>" + data.pwd + "</td>" +
30             "<td>" + data.level + "</td>" +
31             "</tr>";
32     }
33 }
34 /*
35  * GetQueryString
36  */
37 function GetQueryString(name) {
38     var reg = new RegExp("(^|&)" + name + "=([^&]*)(&|$)","i");
39     var r = window.location.search.substr(1).match(reg);
40     if (r != null) return (r[2]); return null;
41 }
42 /*
43  * onPageLoad
44  */
45 function onPageLoad() {
46     var v_name = "null";
47     var v_level = "null";
48     for(var i=0; i<localStorage.length; i++) {
49         var data = JSON.parse(localStorage.getItem(localStorage.key(i)));
50         if(GetQueryString("userid") == data.userid) {
```

```
51              v_name = data.name;
52              v_level = data.level;
53              break;
54          } else {
55              v_name = "null";
56              v_level = "null";
57          }
58      }
59      document.getElementById("id-a-name").innerHTML = v_name;
60      document.getElementById("id-a-level").innerHTML = v_level;
61  }
```

这段代码主要实现了页面初始化、登录信息加载和用户信息浏览等几个功能，下面我们详细介绍一下：

在第 04～13 行代码定义的页面文档初始化方法中，第 08 行代码调用了一个函数方法（onPageLoad();）用于实现页面初始化和登录信息初始化；

onPageLoad()函数方法的定义在第 45～61 行代码中，在该函数内通过一个 for 循环语句遍历了本地存储（localStorage）中的用户信息，并通过与 url 传递过来的用户信息参数进行比对，来获取登录用户的信息；

通过 url 获取用户信息参数的函数方法（GetQueryString()）是在第 37～41 行代码中定义的，原理是通过正则表达式来获取 url 参数信息，然后返回具体的参数值；

第 59～60 行代码将获得的用户名和用户角色等级信息显示在【示例 9-8】中第 30 行和第 32 行代码定义的 li 标签元素内，如图 9.14 所示；

第 12 行代码调用了一个函数方法（init_userinfo();）用于实现用户信息初始化；init_userinfo()函数方法的定义在第 17～33 行代码中，在该函数内通过一个 for 循环语句遍历了本地存储（localStorage）中的全部用户信息；通过第 23～31 行代码显示在【示例 9-8】中第 90～91 行代码定义的 id 值为"id-userinfo"的 tbody 标签元素内，如图 9.14 所示。

9.8 管理员信息模块

在本系统的权限管理中，管理员权限是最高的一个级别。在管理员信息模块中不但可以浏览到系统的全部用户信息，还可以编辑用户信息（包括新增、修改和删除等操作）。

我们仍旧在图 9.4 所示的登录界面中输入用户名（king）和密码（123456）后单击“登录”按钮，就会跳转到如图 9.15 所示的管理员信息模块界面。

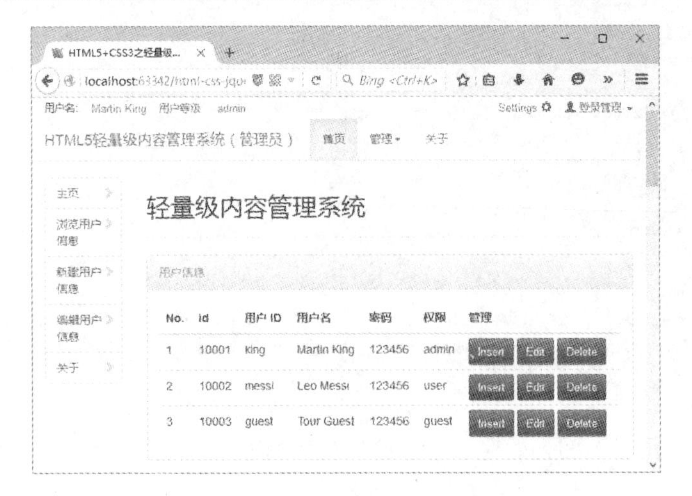

图 9.15　管理员信息模块界面

管理员信息模块界面的页面代码（参见源代码 chapter09\admin.html 文件）如下所示。

【示例 9-10】　管理员信息模块界面

```
01 <!DOCTYPE html>
02 <html manifest="ch09.appcache">
03 <head>
04     <title>HTML 5+CSS 3之轻量级内容管理系统(管理员)</title>
05     <meta http-equiv="Content-Type" content="text/html; charset=UTF-8">
06     <meta name="viewport" content="width=device-width, initial-scale=1.0">
07     <!-- Bootstrap -->
08     <link rel="stylesheet" media="screen" href="css/bootstrap.min.css">
09     <link rel="stylesheet" media="screen" href="css/bootstrap-
theme.min.css">
10     <!--[if lt IE 9]>
11     <script type="text/javascript" src="js/HTML 5shiv.js"></script>
12     <script type="text/javascript" src="js/respond.min.js"></script>
13     <![endif]-->
14     <script type="text/javascript" src="js/bootstrap.min.js"></script>
15     <script type="text/javascript" src="md5/jquery.js"></script>
16     <script type="text/javascript" src="md5/jquery.md5.js"></script>
17     <script type="text/javascript" src="js/admin.js"></script>
18     <script type="text/javascript">
19     </script>
20 </head>
21 <body class="bootstrap-admin-with-small-navbar">
22 <!-- small navbar -->
23 <nav class="navbar bootstrap-admin-navbar-sm" role="navigation">
24   <div class="container">
25     <div class="row">
26       <div class="col-lg-12">
27         <div class="collapse navbar-collapse">
```

```
28            <ul class="nav navbar-nav navbar-left">
29              <li class="text">用户名:</li>
30              <li><a id="id-a-name" class="size-changer large
active"></a></li>
31              <li><a class="text">用户等级:</a></li>
32              <li><a id="id-a-level" class="size-changer large
active"></a></li>
33            </ul>
34 ……//省略部分结束标签
38 </nav>
39 <!-- main / large navbar -->
40 <nav class="navbar" role="navigation">
41   <div class="container">
42     <div class="row">
43       <div class="col-lg-12">
44         <div class="navbar-header">
45           <a class="navbar-brand" href="about.html">
46        HTML 5轻量级内容管理系统（管理员）
47     </a>
48         </div>
49         <div class="collapse navbar-collapse main-navbar-collapse">
50           <ul class="nav navbar-nav">
51             <li class="active"><a href="#">首页</a></li>
52             <li class="dropdown"></li>
53             <li><a href="about.html">关于</a></li>
54           </ul>
55         </div><!-- /.navbar-collapse -->
56       </div>
57     </div>
58   </div><!-- /.container -->
59 </nav>
60 <div class="container">
61   <!-- left, vertical navbar & content -->
62   <div class="row">
63     <!-- left, vertical navbar -->
64     <div class="col-md-2 col-sm-2 bootstrap-admin-col-left">
65     </div>
66     <!-- content -->
67     <div class="col-md-10 col-sm-10">
68       <div class="row">
69         <div class="col-lg-12" id="userinfo">
70           <div class="page-header">
71             <h2>轻量级内容管理系统</h2>
72           </div>
73         </div>
74       </div>
75       <div class="row">
```

```
76         <div class="col-lg-12" id="id-browser-forminfo">
77           <div class="panel panel-default">
78             <div class="panel-heading">
79               <div class="text-muted bootstrap-admin-box-title">
80          用户信息
81         </div>
82             </div>
83             <div class="bootstrap-admin-panel-content">
84               <table class="table table-striped">
85                 <thead>
86                   <tr>
87                     <th>No.</th>
88                     <th>id</th>
89                     <th>用户 ID</th>
90                     <th>用户名</th>
91                     <th>密码</th>
92                     <th>权限</th>
93                     <th>管理</th>
94                   </tr>
95                 </thead>
96                 <tbody id="id-userinfo">
97                 </tbody>
98               </table>
99  ……//省略部分结束标签
102         <div class="col-lg-12" id="id-insert-forminfo">
103           <div class="panel panel-default bootstrap-admin-no-table-panel">
104             <div class="panel-heading">
105               <div class="text-muted bootstrap-admin-box-title">
106          添加用户信息
107         </div>
108             </div>
109             <div class="bootstrap-admin-panel-content collapse in">
110               <form class="form-horizontal"
111          name="form-insert-userinfo"
112        method="post"
113        action="#"
114        onsubmit="return insert_userinfo();">
115                 <fieldset>
116                   <legend>表单</legend>
117                   <div class="form-group">
118                   <label class="col-lg-2 control-label">
119           id(not editable.)
120         </label>
121                   <div class="col-lg-10">
122                     <input class="form-control"
123             id="id-form-insert-id" type="text" value="" disabled />
124                   </div>
```

```
   125                </div>
   126                <div class="form-group">
   127                <label class="col-lg-2 control-label" for="id-form-insert-
userid">
   128         用户 id
   129        </label>
   130                <div class="col-lg-10">
   131                  <input class="form-control"
   132          id="id-form-insert-userid" type="text" value="This is user's
id...">
   133                </div>
   134                </div>
   135                <div class="form-group">
   136                <label class="col-lg-2 control-label" for="id-form-insert-
name">
   137         用户名
   138        </label>
   139                <div class="col-lg-10">
   140                  <input class="form-control"
   141          id="id-form-insert-name" type="text" value="This is user's
name...">
   142                </div>
   143                </div>
   144                <div class="form-group">
   145                <label class="col-lg-2 control-label" for="id-form-insert-
pwd">
   146         密码
   147        </label>
   148                <div class="col-lg-10">
   149                  <input class="form-control"
   150          id="id-form-insert-pwd" type="text" value="This is focused...">
   151                </div>
   152                </div>
   153                <div class="form-group">
   154                <label class="col-lg-2 control-label" for="id-form-insert-
level">
   155         用户角色
   156        </label>
   157                <div class="col-lg-10">
   158                  <input class="form-control"
   159          id="id-form-insert-level" type="text" value="This is
focused...">
   160                </div>
   161                </div>
   162                <div class="form-group">
   163                <label class="col-lg-2 control-label" for="id-form-insert-
reserved">
```

```
   164           用户权限
   165         </label>
   166                <div class="col-lg-10">
   167                  <input class="form-control"
   168           id="id-form-insert-reserved" type="text" value="This is
focused...">
   169                </div>
   170                </div>
   171                <button type="submit" class="btn btn-primary">保存</button>
   172                <button type="reset" class="btn btn-default">取消</button>
   173              </fieldset>
   174            </form>
   175       ……//省略部分结束标签
   178         <div class="col-lg-12" id="id-edit-forminfo">
   179           <div class="panel panel-default bootstrap-admin-no-table-panel">
   180             <div class="panel-heading">
   181               <div class="text-muted bootstrap-admin-box-title">
   182          编辑用户信息
   183        </div>
   184             </div>
   185             <div class="bootstrap-admin-panel-content collapse in">
   186               <form class="form-horizontal"
   187         name="form-edit-info"
   188      method="post"
   189      action="#"
   190      onsubmit="return edit_userinfo();">
   191              <fieldset>
   192                <legend>表单</legend>
   193                <div class="form-group">
   194                <label class="col-lg-2 control-label">
   195          id(not editable.)
   196         </label>
   197                <div class="col-lg-10">
   198                  <input class="form-control"
   199           id="id-form-edit-id" type="text" value="" disabled />
   200                </div>
   201                </div>
   202                <div class="form-group">
   203                <label class="col-lg-2 control-label" for="id-form-edit-
userid">
   204          用户 id
   205         </label>
   206                <div class="col-lg-10">
   207                  <input class="form-control"
   208           id="id-form-edit-userid" type="text" value="This is user's
id...">
   209                </div>
```

```
210                    </div>
211                    <div class="form-group">
212                    <label class="col-lg-2 control-label" for="id-form-edit-
name">
213           用户名
214        </label>
……//省略部分重复代码
247                    <button type="submit" class="btn btn-primary">保存</button>
248                    <button type="reset" class="btn btn-default">取消</button>
249                  </fieldset>
250                </form>
……//省略部分结束标签
257 </div>
258 <!-- footer -->
259 <div class="navbar navbar-footer">
260   <div class="container">
261     <div class="row">
262       <div class="col-lg-12">
263         <footer role="contentinfo">
264           <p class="left">HTML 5 + CSS 3 之轻量级内容管理系统</p>
265           <p class="right">&copy; 2016
266         <a href="#" target="_blank">kingwjz</a>
267       </p>
268         </footer>
269       ……//省略部分结束标签
274 </html>
```

第 76～101 行代码用于显示浏览信息，第 102～177 行代码用于显示新增用户信息，第 178～246 行代码用于显示编辑用户信息；第 17 行代码调用了该模块的 JavaScript 脚本文件，该文件的脚本代码（参见源代码 chapter09\js\admin.js 文件）如下所示。

【示例 9-11】　管理员信息模块脚本

```
01 /*
02  * on document ready
03  */
04 $(document).ready(function() {
05     /*
06      * page load
07      */
08     onPageLoad();
09     /*
10      * init procedure
11      */
12     init_userinfo();
13 });
14 /*
```

```
15   * init userinfo
16   */
17  function init_userinfo() {
18     var i, v_id, i_id;
19     var no = 0;
20     for(i=localStorage.length-1; i>=0; i--) {
21        var data = JSON.parse(localStorage.getItem(localStorage.key(i)));
22        var edit_id = data.id;
23        var delete_id = data.id;
24        no += 1;
25        document.getElementById("id-userinfo").innerHTML +=
26           "<tr>" +
27           "<td>" + no + "</td>" +
28           "<td>" + data.id + "</td>" +
29           "<td>" + data.userid + "</td>" +
30           "<td>" + data.name + "</td>" +
31           "<td>" + data.pwd + "</td>" +
32           "<td>" + data.level + "</td>" +
33           "<td class='actions'>" +
34           "<a href='#id-insert-forminfo'>
35        <button class='btn btn-sm btn-primary'>Insert</button>
36      </a>" + " " +
37           "<a href='#id-edit-forminfo'>
38        <button class='btn btn-sm btn-primary'
39        onclick='load_edit_userinfo(" + edit_id + ");'>Edit</button>
40      </a>" + " " +
41           "<a href='#id-browser-forminfo'>
42        <button class='btn btn-sm btn-primary'
43        onclick='delete_userinfo(" + delete_id + ");'>Delete</button>
44      </a>" + " " +
45           "</td>" +
46           "</tr>";
47        v_id = data.id;
48        i_id = parseInt(v_id) + 1;
49        $("#id-form-insert-id").val(i_id.toString());
50     }
51  }
52  /*
53   * GetQueryString
54   */
55  function GetQueryString(name) {
56     var reg = new RegExp("(^|&)" + name + "=([^&]*)(&|$)","i");
57     var r = window.location.search.substr(1).match(reg);
58     if (r != null) return (r[2]); return null;
59  }
60  /*
61   * onPageLoad
```

```
62   */
63  function onPageLoad() {
64      var v_name = "null";
65      var v_level = "null";
66      for(var i=0; i<localStorage.length; i++) {
67          var data = JSON.parse(localStorage.getItem(localStorage.key(i)));
68          if(GetQueryString("userid") == data.userid) {
69              v_name = data.name;
70              v_level = data.level;
71              break;
72          } else {
73              v_name = "null";
74              v_level = "null";
75          }
76      }
77      document.getElementById("id-a-name").innerHTML = v_name;
78      document.getElementById("id-a-level").innerHTML = v_level;
79  }
80  /*
81   * insert userinfo
82   */
83  function insert_userinfo() {
84      var user = {};
85      user.id = $("#id-form-insert-id").val();
86      user.userid = $("#id-form-insert-userid").val();
87      var v_pwd = $("#id-form-insert-pwd").val();
88      user.pwd = v_pwd;
89      user.pwdmd5 = $.md5(v_pwd);
90      user.name = $("#id-form-insert-name").val();
91      user.level = $("#id-form-insert-level").val();
92      user.reserved = $("#id-form-insert-reserved").val();
93      localStorage.setItem(user.id, JSON.stringify(user));
94  }
95  /*
96   * load edit userinfo
97   */
98  function load_edit_userinfo(editid) {
99      var data = JSON.parse(localStorage.getItem(editid));
100      $("#id-form-edit-id").val(data.id);
101      $("#id-form-edit-userid").val(data.userid);
102      $("#id-form-edit-pwd").val(data.pwd);
103      $("#id-form-edit-name").val(data.name);
104      $("#id-form-edit-level").val(data.level);
105      $("#id-form-edit-reserved").val(data.reserved);
106  }
107  /*
108   * edit userinfo
```

```
109  */
110 function edit_userinfo() {
111     var user = {};
112     user.id = $("#id-form-edit-id").val();
113     user.userid = $("#id-form-edit-userid").val();
114     var v_pwd = $("#id-form-edit-pwd").val();
115     user.pwd = v_pwd;
116     user.pwdmd5 = $.md5(v_pwd);
117     user.name = $("#id-form-edit-name").val();
118     user.level = $("#id-form-edit-level").val();
119     user.reserved = $("#id-form-edit-reserved").val();
120     localStorage.setItem(user.id, JSON.stringify(user));
121 }
122 /*
123  * delete userinfo
124  */
125 function delete_userinfo(deleteid) {
126     var data = JSON.parse(localStorage.getItem(deleteid));
127     var user = {};
128     user.id = data.id;
129     localStorage.removeItem(user.id);
130     window.location.reload();
131 }
```

这段代码主要实现了页面初始化、登录信息加载和用户信息浏览与管理等几个功能，下面我们详细介绍：

在第 04～13 行代码定义的页面文档初始化方法中，第 08 行代码调用了一个函数方法（onPageLoad();）用于实现页面初始化和登录信息初始化；

onPageLoad()函数方法的定义在第 63～79 行代码中，在该函数内通过一个 for 循环语句遍历了本地存储（localStorage）中的用户信息，并通过与 url 传递过来的用户信息参数进行比对，来获取登录用户的信息；

通过 url 获取用户信息参数的函数方法（GetQueryString()）是在第 55～59 行代码中定义的，原理是通过正则表达式来获取 url 参数信息，然后返回具体的参数值；

第 77～78 行代码将获得的用户名和用户角色等级信息显示在【示例 9-10】中第 30 行和第 32 行代码定义的 li 标签元素内，如图 9.15 所示；

第 12 行代码调用了一个函数方法（init_userinfo();）用于实现用户信息初始化；init_userinfo()函数方法的定义在第 17～51 行代码中，在该函数内通过一个 for 循环语句遍历了本地存储（localStorage）中的全部用户信息；通过第 25～46 行代码显示在【示例 9-10】中第 96～97 行代码定义的 id 值为"id-userinfo"的 tbody 标签元素内；另外，第 33～45 行代码动态添加了三个按钮，分别用于实现新增、编辑和删除用户信息的操作，如图 9.15 所示；

新增用户信息界面的代码是在【示例 9-10】中第 102～177 行代码中实现的，其中第 111～114 行代码定义的 form 表单注册了一个 onsubmit 事件方法（名称为 insert_userinfo()），用于实现用户提交表单信息的操作；insert_userinfo()事件方法是在【示例 9-11】中第 83～94 行代码中实现的，在该方法内通过获取用户输入的表单信息来添加新用户；需要注意的是，用户信息的 id 值是根据本地存储数据情况自动计算出来的，因此在表单界面中是不可编辑的。

下面我们尝试在新增用户表单中输入一些用户信息，来尝试添加新用户的操作，界面如图 9.16 所示。

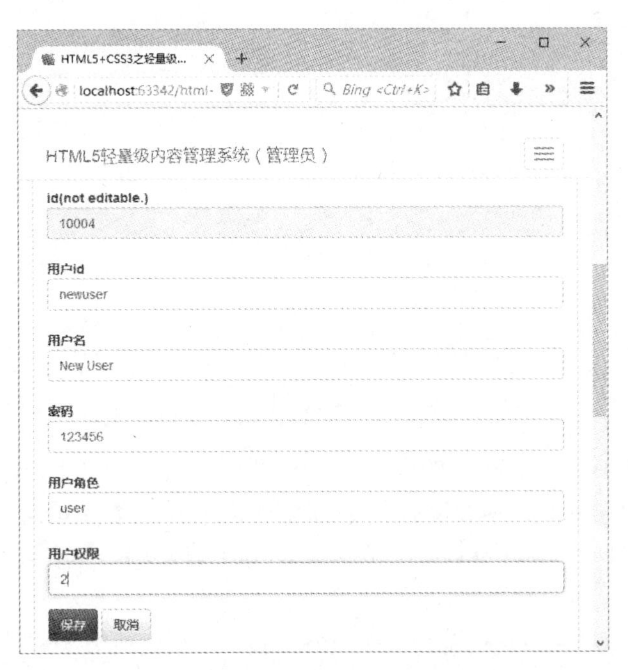

图 9.16　管理员信息模块界面添加用户表单

新添加的用户信息输入完毕后，单击“保存”按钮，页面会自动刷新并显示最新的用户信息状态，具体如图 9.17 所示。

图 9.17　管理员信息模块界面添加新用户效果

在图 9.17 中，我们尝试任选一条用户信息（例如 id 值为“10005”的用户信息）单击

“edit”按钮进行编辑，具体如图 9.18 所示。

图 9.18　管理员信息模块界面编辑用户信息

在图 9.18 中，id 值为“10005”的用户信息被读取到一个表单之中，该表单的代码是在【示例 9-10】中第 178～246 行代码所实现的，而读取用户信息是在【示例 9-11】中第 98～106 行代码定义的名称为“load_edit_userinfo(editid);”的函数方法所实现的；需要注意的是，用户信息的 id 值是固定不可编辑的；

下面，我们尝试将该条用户信息的角色改为“user”、权限改为“2”，然后单击“保存”按钮，操作后的效果如图 9.19 所示。

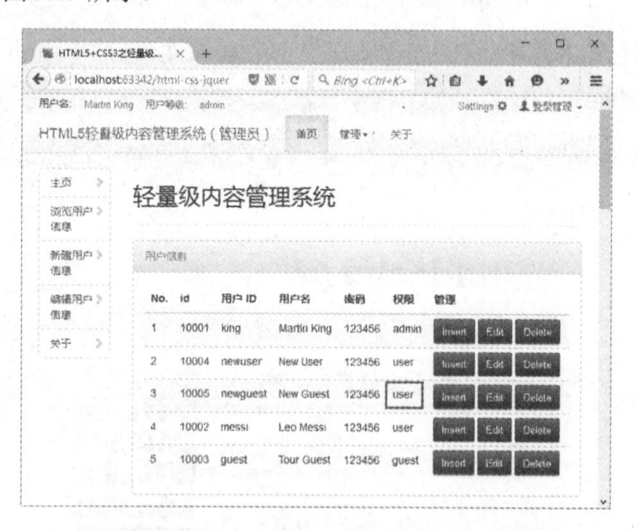

图 9.19　管理员信息模块界面编辑用户信息效果

在图 9.19 中可看到，用户角色已经被成功修改为“user”了；在【示例 9-10】中第 186～190 行代码定义的 form 表单注册了一个 onsubmit 事件方法（名称为 edit_userinfo()），用于实现用户提交表单信息修改后的操作；edit_userinfo()事件方法是在【示例 9-11】中第 110～121 行代码中实现的，在该方法内通过获取用户修改后的表单信息来编辑用户信息；

在图 9.19 中，我们任选一条用户信息（例如还是 id 值为“10005”的用户信息）单击“delete”按钮进行删除，具体如图 9.20 所示。

图 9.20 管理员信息模块界面删除用户信息

在图 9.20 中，id 值为“10005”的用户信息被成功删除了，该操作是在【示例 9-11】中第 41～44 行代码中动态添加的名称为“delete_userinfo(deleteid);”的函数方法所实现的，该函数方法的定义是在【示例 9-11】中第 125～131 行代码所实现的；在该方法内，通过调用 localStorage.removeItem(key)函数删除指定 key 值的用户数据，然后再通过 window.location.reload()方法刷新页面显示更新后的用户数据。

以上就是管理员信息模块所实现的主要功能，包括用户信息浏览、添加、编辑和删除。可见，HTML 5 的本地存储（localStorage）基本上具有了关系数据库的主要功能。虽然这些功能还非常简单，但考虑到全部是在浏览器客户端实现的，还是很令人激动的。

9.9 关于本系统的补充说明

9.9.1 如何初始化用户信息

在前面小节的介绍过程中，我们使用到了一些默认存在的用户进行测试，这些默认用户可以通过下面的简单方法先行存储到本地，具体代码如下所示。

【示例 9-12】 用户信息初始化

```
01 /*
02  * insert admin
03  */
```

```
04 var useradmin = {};
05 useradmin.id = '10001';
06 useradmin.userid = 'king';
07 useradmin.pwd = '123456';
08 useradmin.pwdmd5 = $.md5('123456');
09 useradmin.name = 'Martin King';
10 useradmin.level = 'admin';
11 useradmin.reserved = "1";
12 localStorage.setItem(useradmin.id, JSON.stringify(useradmin));
13 /*
14  * insert user
15  */
16 var useruser = {};
17 useruser.id = '10002';
18 useruser.userid = 'messi';
19 useruser.pwd = '123456';
20 useruser.pwdmd5 = $.md5('123456');
21 useruser.name = 'Leo Messi';
22 useruser.level = 'user';
23 useruser.reserved = "2";
24 localStorage.setItem(useruser.id, JSON.stringify(useruser));
25 /*
26  * insert guest
27  */
28 var userguest = {};
29 userguest.id = '10003';
30 userguest.userid = 'guest';
31 userguest.pwd = '123456';
32 userguest.pwdmd5 = $.md5('123456');
33 userguest.name = 'Tour Guest';
34 userguest.level = 'guest';
35 userguest.reserved = "3";
36 localStorage.setItem(userguest.id, JSON.stringify(userguest));
```

上面的代码初始化了三个用户，分别为一个系统管理员 admin、一个系统用户 user 和一个游客 guest，这样便于进行系统测试。

9.9.2 如何清除全部用户信息

在测试过程中，难免会出现不可预知的系统错误，导致整个用户数据错乱，此时可能需要全部清除用户信息后重新进行初始化，全部清除用户信息可以使用以下的代码。

```
localStorage.clear();
```

全部用户信息清除后，再使用第 9.9.1 小节中介绍的初始化方法恢复用户数据即可。

9.9.3　关于 404 页面

对于一个完整的 Web 系统，错误（404）页面是必不可少的，这样可以大大提高系统纠错功能。本系统内也包含一个简单的 404 页面（参见源代码 chapter09\404.html 文件），这里仅仅作为参考使用。

9.9.4　关于 BootStrap 框架

本系统使用了大量的 BootStrap 框架内容，鉴于篇幅原因且侧重点不同，没有进行更深入的介绍，读者可以参照附件源码进一步学习。这里可以提供一个方向供大家参考，譬如可以将浏览器大小设定为平板尺寸或手机屏幕尺寸来测试本系统，相信能看到 BootStrap 框架为我们都完成了哪些不可思议的工作。

譬如，将前面图 9.20 中的浏览器尽可能缩小到手机屏幕尺寸，页面效果就会发生很大变化，具体如图 9.21 所示。页面中的很多内容自动隐藏了，仅仅保留了关键的用户信息内容。

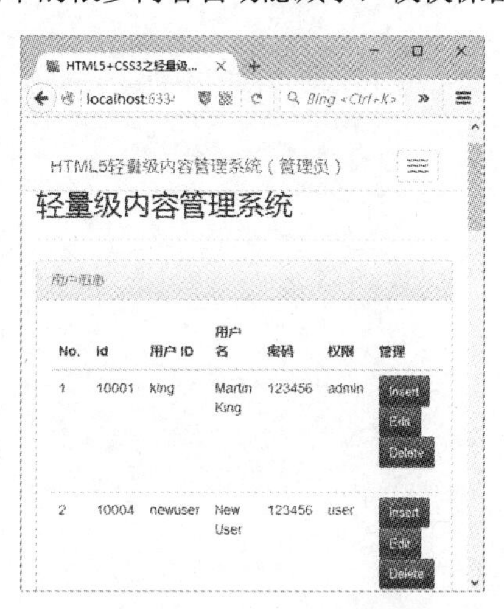

图 9.21　管理员信息模块界面删除用户信息（手机版）

9.9.5　关于 localStorage 与 sessionStorage

本系统仅仅使用到了 HTML 5 本地存储中的 localStorage 的内容，其实会话存储 seesionStorage 的内容也是非常丰富的，将两者结合在一起使用会实现更多更强大的功能。

9.10 小结

本章主要介绍了一个基于 HTML 5 + CSS 3 综合技术实现的轻量级内容管理系统应用。通过模拟基于关系型数据库的 Web 系统应用，本系统也基于 HTML 5 本地存储（localStorage）实现了客户端的数据信息浏览、添加、编辑和删除功能。希望这些 HTML 5、CSS 3 和 localStorage 的相关内容能给广大读者在 Web 系统开发方面带来启迪与帮助。

第三篇

jQuery与 jQuery Mobile

第 10 章
jQuery入门

jQuery 的创始人是美国的 John Resig，他于 2006 年 1 月创建了 jQuery 项目。使用 jQuery 库的目的是让网站开发人员使用较少的代码完成更多的功能（即 Write less，do more）。它具有极其简洁的语法，并且克服了不同浏览器平台之间的兼容性，极大地提高了程序员编写网站代码的效率。随着人们对 jQuery 的了解以及其开源特性，越来越多的人开始用 jQuery 创建项目，并且对 jQuery 进行完善和优化。

本章主要包括以下内容：

- 认识 jQuery 在网页中发挥的作用
- 了解 jQuery 库的核心方法$()
- 掌握使用 jQuery 操作 DOM 的方法
- 认识 jQuery 中的事件

10.1 什么是 jQuery

JavaScript 发展了这么多年，却因为很多浏览器有自己的标准而让人写起来就头疼。技术逐渐进步，jQuery 横空出世了，它到底有什么优势，为什么会这么流行呢？本节来揭开 jQuery 流行的真相。

10.1.1 jQuery 的功能

随着 HTML5 的流行和微信 jssdk 的发布，JavaScript 语言又重新得到了重视，并且其功能被日益强化。在过去，JavaScript 仅仅被网页设计人员用来创建一些小特效，可以看作一门编写动态页面的装饰性的语言。现如今，JavaScript 已经被用于各种场合，比如 Ajax 技术就是使用 JavaScript 让网页具有了无刷新的效果，此外 HTML 5 等技术的出现，让 JavaScript 可以在网页上绘制图形、动态、控制多媒体等，它的重要性已经不言而喻。

JavaScript 虽然有个前缀 Java，与 Java 语言却不相干，它具有自己的一套语法。

由于 JavaScript 属于一门动态编程语言，因此在学习与使用时，极容易出现错误，并且目前也没有特别好的代码检查工具，最重要的是各种不同浏览器之间的代码兼容性，比如同样的代码在 IE 中可以运行，在 Firefox 中却无法显示，这常常令程序员们抱怨不已。jQuery 的出现恰恰解决了这些问题。

为了让读者了解 jQuery 代码的简洁易用性，下面新建一个网页（chapter10\JavaScript_dom.html 文件），演示如何使用 JavaScript 操纵网页上的控件，效果如图 10.1 所示。

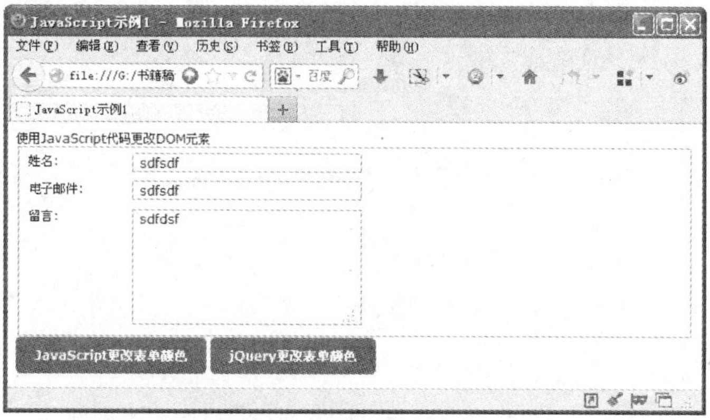

图 10.1　JavaScript 代码和 jQuery 库代码的示例页面

【示例 10-1】　操纵网页上的控件

这个页面包含了一个 HTML 的表单，在表单外面有两个按钮用来更改表单中的 input 元素和 textarea 元素的背景色，HTML 的定义如下。

```
01    <body>
02    使用 JavaScript 代码更改 DOM 元素
03    <!--表单元素-->
04     <form action="" id="contacts-form">
05        <fieldset>
06          <label><span>姓名:</span><input type="text" /></label>
07          <label><span>电子邮件:</span><input type="text" /></label>
08          <div class="wrapper"><span>留言:</span><textarea></textarea></div>
09        </fieldset>
10    </form>
11    <!--操作按钮-->
12    <div class="wrapper">
13    <a href="#" class="button"
onClick="javascript:setColorByJs();">JavaScript 更改表单颜色</a>
14    <a href="#" class="button"
onClick="javascript:setColorByjQuery();">jQuery 更改表单颜色
15      </a>
16    </div>
17    </body>
```

HTML 页面上放置了一个表单标签 form，在 form 内部有两个 input 元素和一个 textarea 元素，在 form 元素的外面放置了两个按钮，分别为这两个按钮定义了 onClick 事件，“JavaScript 更改表单颜色”按钮将调用 setColorByJs 函数，而“jQuery 更改表单颜色”将调用 setColorByjQuery 函数，这两个函数在 HTML 的 head 部分实现，如下所示。

```
01  <head>
02  <meta http-equiv="Content-Type" content="text/html; charset=utf-8">
03  <!--添加对表单样式设置文件-->
04  <link rel="stylesheet" type="text/css" href="style.css">
05  <!--添加对 jQuery 库的引用-->
06  <script type="text/javascript" src="../jquery-1.11.2.js"></script>
07  <title>JavaScript 示例1</title>
08  <script type="text/javascript">
09     //使用 javaScript 更改表单背景色
0      function setColorByJs(){
11         //获取 input 元素集合
12         var inputs=document.getElementsByTagName("input");
13         //循环元素集合，为每一个元素设置背景色
14         for(var i=0;i<inputs.length;i++){
15             inputs[i].style.background="#efefef";
16         }
17         //获取 textarea 元素集合
18         var textareas=document.getElementsByTagName("textarea");
19         //循环元素集合，为每一个元素设置背景色
20         for(var i=0;i<textareas.length;i++){
21             textareas[i].style.background="#efefef";
22         }
23     }
24     //使用 jQuery 更改表单背景色
25     function setColorByjQuery(){
26         $(":input").css("background","#efefef");     //更改 input 元素的背景色
27         $(":textarea").css("background","#efefef"); //更改 textarea 元素的背景色
28     }
29  </script>
30  </head>
```

通过比较 JavaScript 和 jQuery 的代码，会发现使用 jQuery 只需要极其精简的代码（第 26~27 行）便可完成使用 JavaScript 需要数行代码（第 10~23 行）完成的工作，JavaScript 代码使用了 getElementsByTagName 函数，返回了一个数组，然后通过循环这个数组从而得到每个元素，在得到元素之后为其 style 属性指定背景色。而 jQuery 通过其表单选择器，可以用非常简单的语句来实现 getElementsByTagName 实现的类似功能，其 css 方法可以针对一个选中的集合进行操

作，这大大简化了需要循环执行的操作。

jQuery 使用了 CSS 的选择器，并且具有隐式迭代功能，这就简化了原本需要循环处理代码完成的操作。从功能性上来说，jQuery 提供了如下特色来完成对网页的操作：

- 快速获取文档元素：jQuery 的选择机制构建于 CSS 的选择器，它提供了快速查询 DOM 文档中元素的能力，而且大大强化了 JavaScript 中获取页面元素的方式。
- 提供漂亮的页面动态效果：jQuery 中内置了一系列的动画效果，可以开发出非常漂亮的网页，目前许多知名的网站都使用了 jQuery 的内置效果，比如淡入淡出，元素移除等动态特效。
- 创建 AJAX 无刷新网页：AJAX 是异步的 JavaScript 和 XML 的简称，可以开发出非常灵敏无刷新的网页，特别是开发服务器端网页时，比如 PHP 网站，需要往返的与服务器沟通，如果不使用 AJAX，每次数据更新不得不重新刷新网页，而使用了 AJAX 特效后，可以对页面进行局部刷新，提供非常动态的效果。
- 提供对 JavaScript 语言的增强：jQuery 提供了对基本 JavaScript 结构的增强，比如元素迭代和数组处理等操作。
- 增强的事件处理：jQuery 提供了各种页面事件，它可以避免程序员在 HTML 中添加太多事件处理代码，最重要的是，它的事件处理器消除了各种浏览器的兼容性问题。
- 更改网页内容：jQuery 可以修改网页中的内容，比如更改网页的文本、插入或者是翻转网页图像，jQuery 简化了原本使用 JavaScript 代码需要处理的方式。

jQuery 之所以如此优秀，是因为它整合了非常多优秀的特征，其中主要的有如下几个方面：

- 利用 CSS 的选择器提供高速的页面元素查找行为。
- 提供了一个抽象层来标准化各种常见的任务，可以解决各种浏览器的兼容性问题。
- 将复杂的代码精简化，提供连缀编程模式，大大简化了代码的操作。

连缀编程模式（Chaining Pattern），允许我们在相同的元素上运行多条 jQuery 命令，一条接着另一条。这样的话，浏览器就不必多次查找相同的元素了。

以上列出的只是 jQuery 的主要功能，它还为 JavaScript 语言增加了不少完善的特性，通过 jQuery 完善的文档可以获取 jQuery 更多的功能信息。

10.1.2　配置 jQuery 运行环境

为了开始使用 jQuery，首先必须从 jQuery 官网下载最新的 jQuery 库，jQuery 的官方网站网址如下：

```
http://jquery.com
```

进入官网后，位于右上角的位置可以看到“Download jQuery”按钮，如图 10.2 所示。

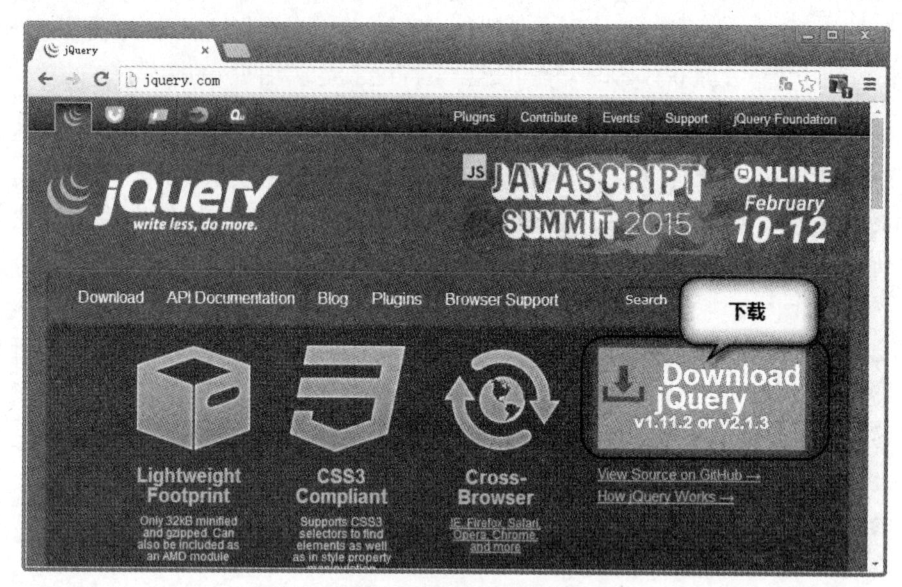

图 10.2　下载 jQuery 库

jQuery 是一个不断开发的 JavaScript 库，因此其版本也在不断地发生变化，可以看到 Download jQuery 下面具有 v1.11.2 或 v2.1.3 这两个版本可供选择下载。其中 jQuery1.x 是 jQuery 的旧版本的升级，jQuery 2.x 具有与 jQuery 1.x 相同的 API，但是不支持 Internet Explorer（IE）6/7/8 版本，因此一般建议下载 jQuery 1.x。

无论是 jQuery1.x 还是 jQuery 2.x，官方网站都提供了 3 个下载文件，如图 10.3 所示。

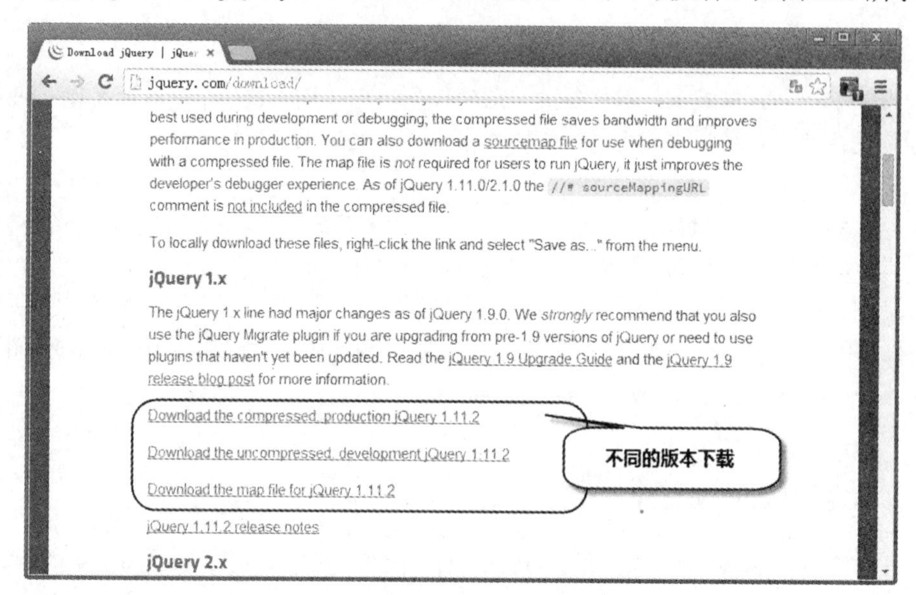

图 10.3　jQuery 不同的版本下载页面

可以看到 jQuery 1.11.2 具有 3 个可供下载的文件，分别是：

- Production jQuery 版：优化压缩后的版本，具有较小的体积，主要用于部署网站时使用。
- Development jQuery 版：未压缩版本，有 278KB 的大小，一般在网站建设时使用这个版本以便调试。
- jQuery map 文件：map 文件能够被用来在源代码感知的浏览器上调试压缩后的 jQuery 文件，比如 Google Chrome，它可以增强调试的体验，对于使用 jQuery 的用户来说，一般不需要下载该文件。

建议同时下载这 3 个文件，并将它们放在一个统一的位置，这样可以在需要时进行切换，将鼠标悬停在要下载的链接上，单击鼠标右键从弹出的菜单中选择“另存为”，即可将选中的 jQuery 文件保存起来。

与自行编写的其他 js 文件一样，jQuery 库实际上就是一个扩展 JavaScript 功能的外部 js 文件，因此引用 jQuery 库的方式与引用其他的外部 js 文件相似，在网页上引用 jQuery 库的代码如下所示：

```
<!--引用 jQuery 脚本库-->
<script src="jQuery/jquery-1.11.2.js" type="text/javascript" ></script>
```

在网站开发阶段，可以直接引用开发版，即 jquery-1.11.2.js 版本，当网站要部署到正式环境时，可以引用压缩后的 jquery-1.11.2.min.js 版本，这个压缩版本只有 94K 大小，可以保持网页尽可能地快速加载。

10.1.3 使用 Dreamweaver 编写第一个包含 jQuery 库的网站

网站开发的工具多种多样，比如可以直接使用记事本或者是 Notepad++等工具来编写网页，但是这些工具没有代码提示功能，比如在编写 jQuery 代码时，如果能有一款具有 jQuery 代码提示功能的工具，会使得网站开发人员的开发效率得到大幅提升，特别是对于网站开发的初学者来说，使用具有代码提示功能的编辑器，可以让初学者快速添加 jQuery API 的使用。Dreamweaver 是 Adobe 公司的一款可视化网页设计工具，它原生就附带了对 jQuery 的代码提示功能，因此笔者将在本书中选用 Dreamweaver 作为代码编写环境。

笔者使用的 Dreamweaver 版本为 CS 6，通过如下网址，可以获取到关于 Dreamweaver 工具的更多详细的信息：

```
http://www.adobe.com/cn/products/dreamweaver.html
```

接下来通过一个使用 jQuery 的网站示例，来演示如何在 Dreamweaver 中创建一个使用 jQuery 库的网页，步骤如下所示。

（1）打开 Dreamweaver，单击主菜单中的“站点 | 新建站点”菜单项，Dreamweaver 将弹出如图 10.4 所示的新建站点对话框。

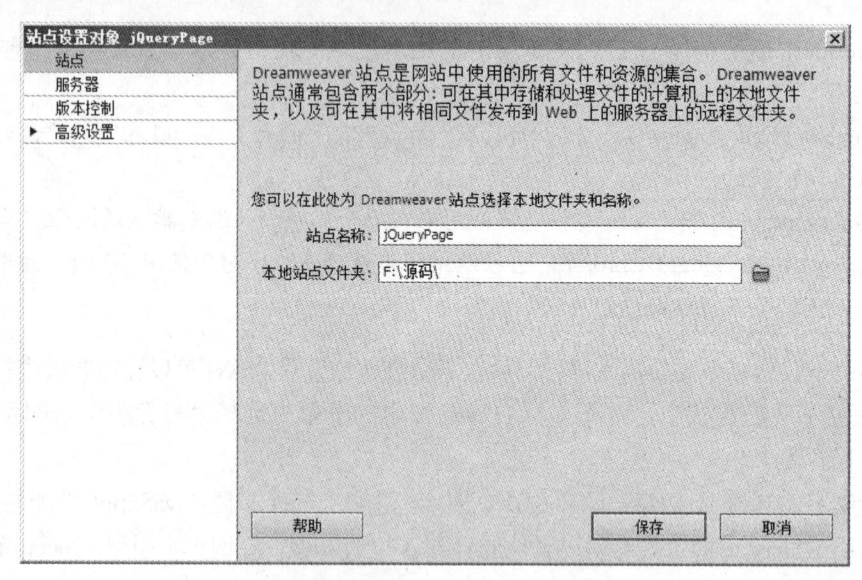

图 10.4　新建 Dreamweaver 网站

在站点名称文本框中，输入 jQueryPage 作为网站的名称，在本地站点文件夹文本框中，使用右侧的按钮选择一个本地文件夹。然后单击“保存”按钮。

（2）将下载下来的 jQuery 复制到本地站点文件夹中，现在的站点管理器树状视图如图 10.5 所示。

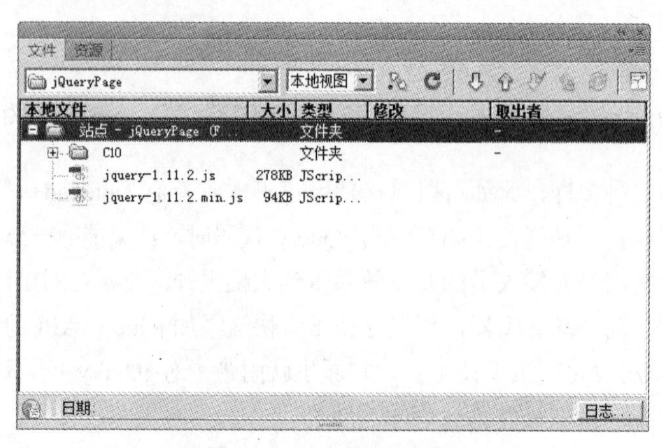

图 10.5　站点管理器视图

鼠标右键单击树状视图的根节点，也即“站点”节点，从弹出的菜单中选择“新建文件”菜单项，在站点管理器中将新添加的文件重命名为“index.html”，双击该文件，在 Dreamweaver 文档视图中将显示该文件的设计视图或源代码视图。

（3）切换到 Dreamweaver 的源代码视图，将光标停在源代码的<head>和</head>之间的位置，从站点管理器中拖动 jquery-1.11.2.js 到源代码视图，Dreamweaver 会自动添加对 jQuery 的引用，如图 10.6 所示。

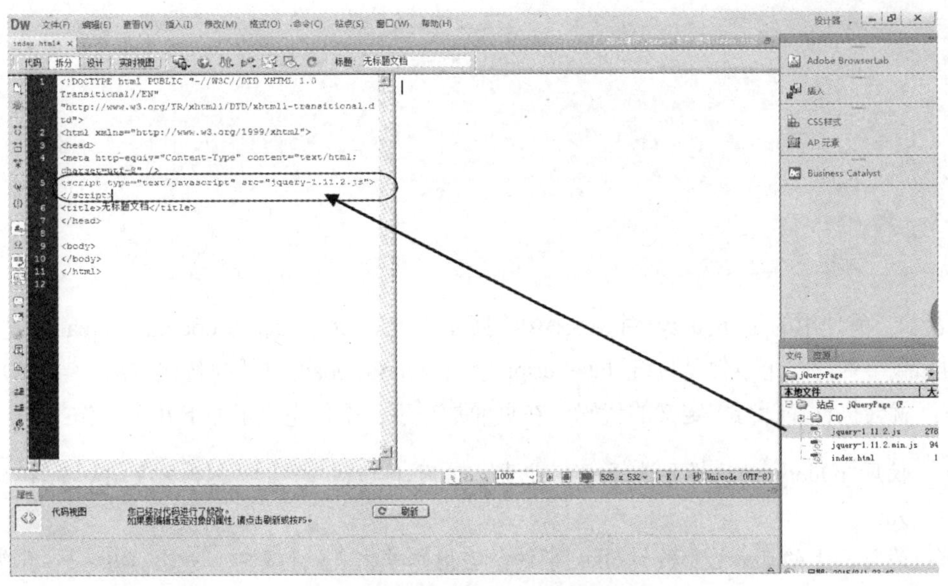

图 10.6 添加对 jQuery 库的引用

（4）接下来通过一段 jQuery 的代码来看一看如何在页面上使用 jQuery 进行网页元素的控制，首先在页面的<body>和</body>之间放一个 div 元素，如下所示：

```
<body>
  <div id="msg">欢迎阅读构建跨平台 APP 系列图书</div>
</body>
```

在<head>和</head>之间，添加如下代码来使用 jQuery 操纵这个 div 元素：

```
01    <head>
02    <meta http-equiv="Content-Type" content="text/html; charset=utf-8">
03    <title>第1个 jQuery 文档</title>
04    <script type="text/javascript" src="jQuery/jquery-1.11.2.js"></script>
05    <script type="text/javascript">
06      //jQuery 的页面加载事件
07      $(document).ready(function(e) {
08         $("#msg").css("font-size","9pt");        //更改 div 元素的字体
09          //向 div 中添加一个单击事件
10          $("#msg").click(function(e) {
11             alert($(this).html());
12        });
13         //向页面上添加一个新的 div 元素
14         $("<div>", {
15           style:"font-size:9pt",             //设置 div 的样式
16           text: "单击这里更改颜色",       //设置 div 的文本内容
17           //为文本添加单击事件
```

```
18          click: function(){
19             $(this).css("background","#9F3");
20          }
21       }).appendTo("body");              //将div添加到body中
22    });
23    </script>
24    </head>
```

$表示当前使用的是 jQuery 对象来操纵网页，在<script>区域，$(document).ready 是 jQuery 的页面加载事件，这个事件是传统 JavaScript 中的 window.load 事件的替代方法，当 DOM 载入就绪时，就会执行在括号中定义的代码，在页面加载事件中，完成了如下几个工作：

- 使用 jQuery 的选择器选择 div 元素，使用 jQuery 的函数 css 更改 div 的字体大小为 9pt。
- 为页面上的 div 元素添加 click 事件，当用户单击 div 元素时，就会弹出一个消息框。
- 向 HTML 页面上添加一个新的 div 元素，并关联了 click 事件。

至此这个示例就编写完了，运行效果如图 10.7 所示。

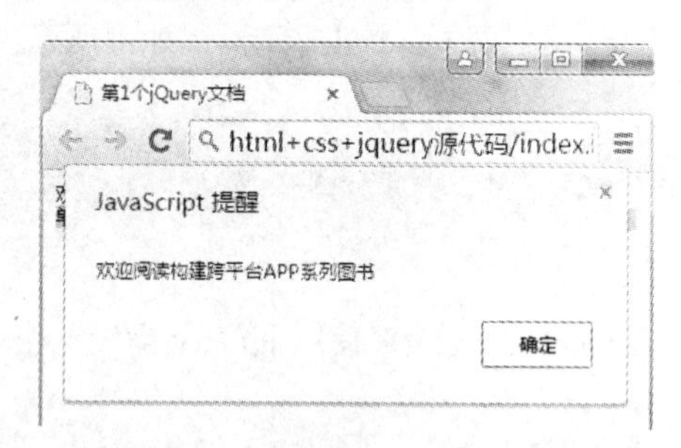

图 10.7　jQuery 网页示例运行效果

在编写 jQuery 代码时，可以发现 Dreamweaver 提供了方便的代码提醒功能，例如在创建了一个选择器之后，Dreamweaver 将自动跳出一系列可供操作的方法，如图 10.8 所示。

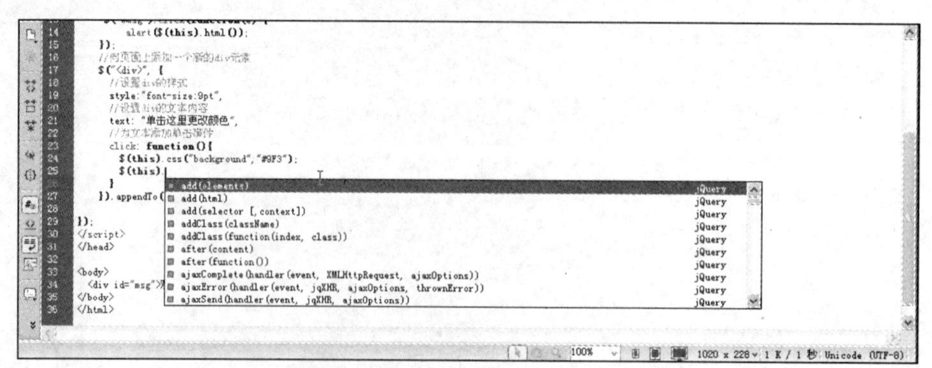

图 10.8　Dreamweaver 的代码提示功能

可以看到，像很多标准的代码编辑器一样，Dreamweaver 提供了 jQuery 的函数列表，这大大方便了对于 jQuery 不是特别熟悉的用户。

10.1.4　认识 jQuery 对象

由于 jQuery 的代码语法非常简洁，而实现的功能极其强大，因此在网页的代码中经常见到对该库的引用。为了便于开发人员能够快速应用 jQuery 库，本节将简要介绍 jQuery 库的基础知识。

1．jQuery 库的核心方法——$()

在 jQuery 程序代码中，不管是页面元素的选择、还是内置的功能方法，都是以一个美元符号“$”和一对圆括号开始。其实“$()”方法是 jQuery 库中最重要、最核心的方法 jQuery()的简写，主要用来选择页面元素或执行功能方法。因此如下代码：

```
$(function() {});                              //执行一个匿名方法
$( '#box' );                             //进行执行的 ID 元素选择
$( '#box' ).css( 'color' , 'red' );            //执行功能方法
```

也可以写成如下形式：

```
jQuery(function () {});
jQuery('#box');
jQuery('#box').css('color','red');
```

查看相关资料，可以发现 jQuery()方法有 7 个重载，分别如下：

（1）jQuery()

上述方法返回一个空的 jQuery 对象。在 jQuery 1.4 版本之前，该方法会返回一个包含 Document 节点的对象；但是在该版本之后，则返回一个空 jQuery 对象。

（2）jQuery(elements)

上述方法实现将一个或多个 DOM 元素转化为 jQuery 对象或者集合。

（3）jQuery(callback)

上述方法等价于 jQuery(document).ready(callback)，主要用来实现绑定在 DOM 文档载入完成后执行的方法。

（4）jQuery(expression,[context])

上述方法接收一个包含 jQuery 选择器的字符串，在具体执行时，会使用传入的字符串去匹配一个或多个元素。

（5）jQuery(html)

上述方法具体执行时，会根据传入的 html 标志代码动态创建由 jQuery 对象封装的 DOM 元素。

（6）jQuery(html,props)

上述方法具体执行时，不仅会根据传入的 html 标志代码动态创建由 jQuery 对象封装的 DOM 元素，而且还会设置该 DOM 元素的属性、事件等。

（7）jQuery(html,[ownerDocument])

上述方法具体执行时，不仅会根据传入的 html 标志代码动态创建由 jQuery 对象封装的 DOM 元素，而且还会指定该 DOM 元素所在的文档。

2．jQuery 库延迟等待加载模式

在 jQuery 程序代码中，为了让方法在浏览器加载完网页后执行，一般会使用“$()”将方法进行首尾包裹，即$(function(){})。为什么必须包裹所要执行的方法呢？

这是因为 jQuery 代码文件是在<body>标签元素之前加载，而 jQuery 代码文件里的方法一般需要操作 DOM 元素。为了让上述方法能够正常执行，则必须等待所有的 DOM 元素加载后才能进行元素操作，于是就需要通过“$()”来包裹方法来实现延迟等待加载功能。

在 JavaScript 原生代码里，原本是通过 load 事件来实现延迟等待加载，具体代码如下：

```
window.onload=function(){};                    //JavaScript 等待加载
```

在 jQuery 代码里，为了实现上述功能，则需要通过如下代码：

```
$(document).ready(function(){});               //jQuery 等待加载
```

上述代码可以简写为：

```
$(function(){})                                //jQuery 等待加载
```

那么上述两种等待加载方式有什么区别呢？具体区别请见表 10-1。

表 10-1　延迟等待加载区别

选项	window.onload	$(document).ready()
执行时机	必须等待网页全部加载完毕，然后再执行包裹代码	加载完毕，就能执行包裹的代码
执行次数	只能执行一次，如果执行第二次，那么第一次的执行会被覆盖	可以执行多次，第 N 次都不会被上一次覆盖
简写方案	无	$(function(){})

在实际应用中，很少直接去使用 window.onload 事件来实现延迟等待加载，这是因为该事件所关联的方法需要等待图片之类的大型元素加载完毕后才能执行。最头疼的就是网速较慢的情况下，页面已经全面展开，而图片还在缓慢加载，这时页面上任何的 JavaScript 交互功能全部处在假死状态。并且 window.onload 只能执行单次，在多次开发和团队开发中会带来困难。

3．jQuery 对象与 DOM 对象间的转换

jQuery 对象在有的书里也被称为“jQuery 包装集”，是 jQuery 库特有的对象。该对象其实

就是一个“类”，不仅封装了许多方法，而且还可以动态地通过加载插件扩展类的功能。那么如何获取 jQuery 对象呢？非常简单，通过下面的代码可以获取：

```
alert($());                                  //返回 jQuery 对象
alert($('# div1'));                          //返回 id 值为 div1的 jQuery 对象
```

可以发现，jQuery 对象就是用 jQuery 类库中选择器返回的对象。

所谓 DOM 对象，就是使用原生 JavaScript 代码获得的对象，下面的代码可获取 DOM 对象：

```
alert(document.getElementById("div1"));     //返回 id 值为 div1的 DOM 对象
```

对于 jQuery 库来说，jQuery 对象非常重要，因为除了 jQuery 工具方法外，jQuery 的操作都从 jQuery 对象开始。即只有获取 jQuery 对象后，才可以使用 jQuery 库所提供的方法。例如 jQuery 对象上有一个获取元素内 HTML 代码的方法 html()，要使用此方法首先要获取 jQuery 对象，例如下面代码：

```
$("#div2").html();            //返回 id 为 div2的元素，然后调用 jQuery 对象的方法 html()
```

通过 DOM 对象也可以实现上述功能，上述代码等价于：

```
document.getElementById("div 2").innerHTML;        //返回 id 为 div 2的元素内的 HTML
代码
```

可以发现在 jQuery 对象中无法调用 DOM 对象的任何方法，同样在 DOM 对象中也无法调用 jQuery 对象，不过 jQuery 库提供的方法包含了所有的 DOM 操作。对于初学者来说，无法一开始就记住 jQuery 库的所有方法，会有很长一段时间使用 jQuery 库方法配合原始的 DOM 方法进行开发。因此掌握两种对象的转换是很有必要的。

4．jQuery 对象转换成 DOM 对象

jQuery 对象是一个特殊的数组对象，即使只有一个元素，jQuery 对象仍然是一个数组。之所以说其特殊，是因为实际上 jQuery 对象是包含一个数组对象和各种方法的类。而 jQuery 对象的数组里保存的是 DOM 对象，因此可以通过索引的方式将 jQuery 对象转换成 DOM 对象，具体语法如下：

```
[index]
```

下面代码通过索引的方式实现 jQuery 对象向 DOM 对象的转换：

```
var $cr=$("#div3");                          //获取 jquery 对象$cr
var cr = $cr[0];                             //将 jquery 对象$cr 转换成 dom 对象
```

除了上述方式可实现转换外，jQuery 对象还专门提供了一个方法可将 jQuery 对象转换成 DOM 对象，具体语法如下：

```
get(index)
```

下面代码通过索引的方式实现 jQuery 对象向 DOM 对象的转换：

```
var $cr=$("#div3");                        //获取 jquery 对象$cr
var cr=$cr.get(0);                         //将 jquery 对象$cr 转换成 dom 对象
```

5．DOM 对象转换成 jQuery 对象

对于 DOM 对象到 jQuery 对象的转换则比较简单。只需要用$()把 DOM 对象包装起来，就可以获得一个 jQuery 对象了，具体语法为：

```
$(dom 对象)
```

下面代码可实现 DOM 对象到 jQuery 对象的转换：

```
var cr=document.getElementById("div3");       //获取 dom 对象
var $cr = $(cr);                            //将 dom 对象 cr 转换成 jQuery 对象
```

查看官方网站，可以发现“$(elements)”中的 elements 参数还可以是 jQuery 对象，虽然将一个 jQuery 对象再次转换成 jQuery 对象没有意义，但是在具体开发项目时，如果确定不了一个对象的类型是 jQuery 对象还是 DOM 对象时，可以调用$()进行转化，这样可以保证此对象一定是 jQuery 对象。

在具体开发项目时，如果获取的对象是 jQuery 对象，那么在变量标识符前面加上$，这样方便识别出哪些是 jQuery 对象。下面代码创建 jQuery 对象：

```
var $variable = jQuery 对象;
```

10.1.5 调试 jQuery 程序

由于 jQuery 库始终是脚本语言，因此没有一个开发工具提供调试功能。不过值得庆幸的是，Firefox 和 Chrome 浏览器都提供了程序调试的功能，本节讲解 Chrome 浏览器下的 jQuery 调试。

找到任意一个引用了 jQuery 的 HTML 文件，或者找到我们上一节使用的 index.html 文件，鼠标右键单击文件，在弹出的快捷菜单中选择“打开方式|Google Chrome”，这个时候在 Chrome 浏览器中显示的是文件效果。单击 Chrome 的自定义菜单中的“工具|开发者工具”命令。默认效果如图 10.9 所示。

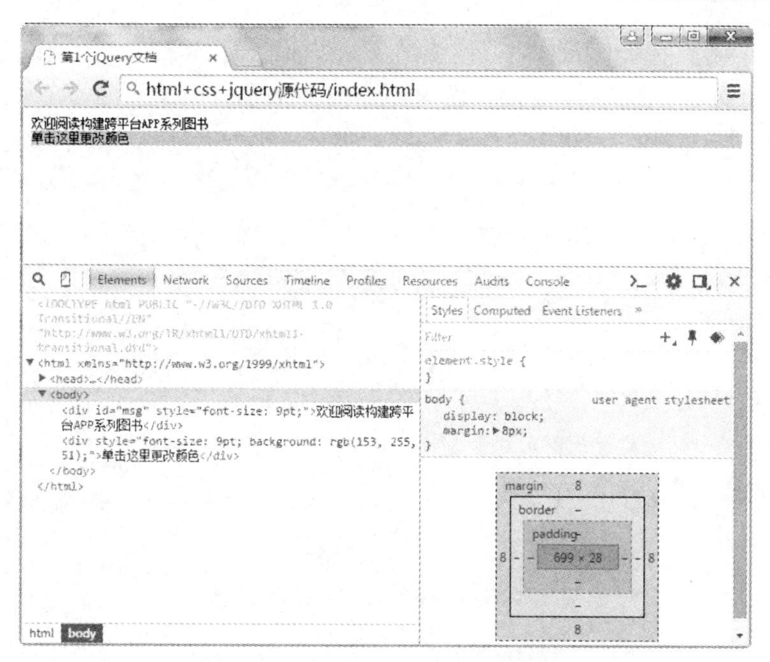

图 10.9　Chrome 中的开发者工具界面

中间一栏是 Chrome 的功能栏，其中 Sources 会显示本页面的源文件，包括所引用的 js 文件，单击 Sources 标签，可以看到左侧列出了本页面的源文件和 jQuery 库文件，如图 10.10 所示。双击 index.html 文件，就能看到该文件的所有代码。我们在第 21 行添加了一个断点。

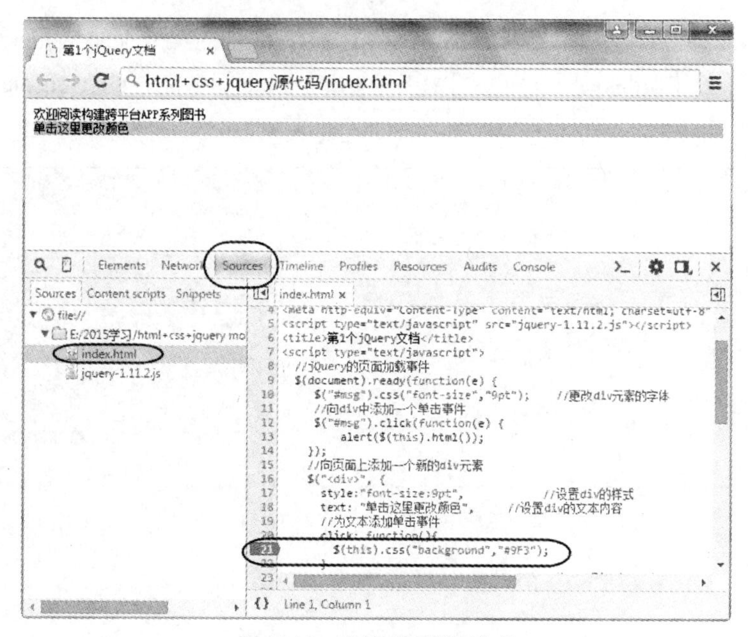

图 10.10　当前页面的源文件

断点，简单来说就是程序运行到这里的时候就会停下来。

单击浏览器的刷新按钮，因为将断点添加在了“文本的单击事件”中，所以当我们单击第 2 行文本时，就会中断程序的执行，出现如图 10.11 所示的效果。

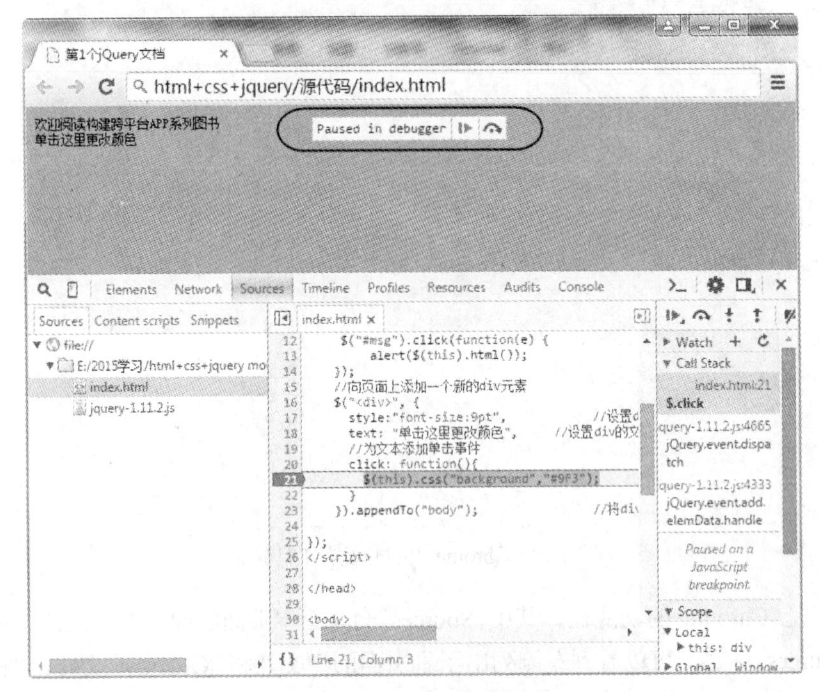

图 10.11　Chrome 中的断点

此时我们可以选中代码中的“$(this)”，鼠标右键单击选中内容来添加 Watch 监视 div 的一些属性，如果你还不知道$(this)是谁，也可以单击 Chrome 中间功能栏的 Console 选项，来输出$(this)的内容，如图 10.12 所示。

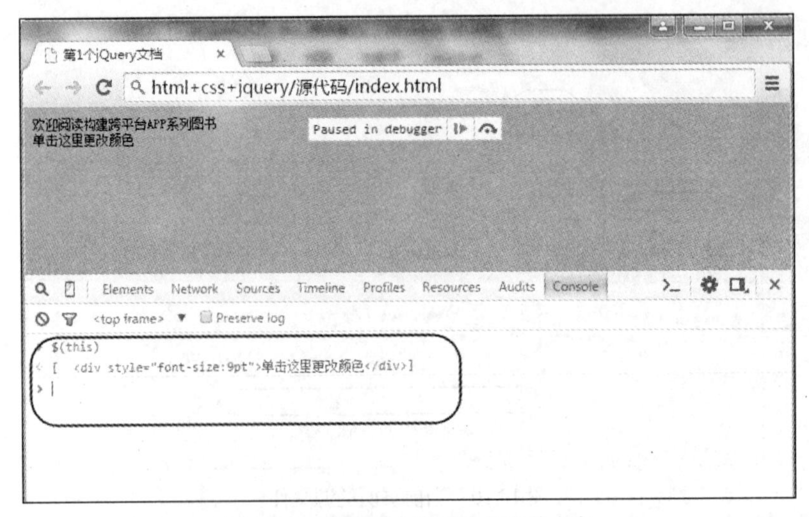

图 10.12　在程序中断时输出当前内容

Chrome 开发者工具非常强大，这里我们只认识了一个简单的设置断点的方法，更多的经验和技巧需要我们在反复的代码调试中持续汲取。

10.2 jQuery 选择器

jQuery 的选择器是其核心功能，可以说是使用 jQuery 的重中之重，只有灵活地掌握了选择器，才能游刃有余地操纵 jQuery。在 jQuery 中，选择器按照选择的元素类别可以分为如下 4 种：

- 基本选择器：基于元素的 id、CSS 样式类、元素名称等使用基于 CSS 的选择器机制查找页面元素。
- 层次选择器：通过 DOM 元素间的层次关系获取页面元素。
- 过滤选择器：根据某类过滤规则进行元素的匹配。它又可以细分为简单过滤选择器、内容过滤选择器、可见性过滤选择器、属性过滤选择器、子元素过滤选择器以及表单对象属性过滤选择器。
- 表单选择器：可以在页面上快速定位某类表单对象。

10.2.1 基本选择器

jQuery 的基本选择器与 CSS 的选择器相似，它可以有如下 3 种类别：

- 标签选择器：按 HTML 元素的标签名称进行选择。
- id 选择器：取得文档中指定 id 的元素。
- 类选择器：根据 CSS 类来进行选择。

jQuery 还包含一个使用*的通配符选择器，用于选择所有的页面元素，几个元素之间还可以进行组合，jQuery 的基本选择器的描述参见表 10-2。

表 10-2　jQuery 基本选择器说明

名称	说明	举例
id 选择器	根据元素 id 选择	$("divId") 选择 id 为 divId 的元素
标签选择器	根据元素的名称选择	$("a") 选择所有<a>元素
CSS 样式类选择器	根据应用到 DOM 元素的 CSS 类进行选择	$(".bgRed") 选择所用 CSS 类为 bgRed 的元素
*通用选择器	选择所有元素，使用通配符*	$("*")选择页面所有元素
selector1, selector2, selectorN	可以将几个选择器用“，”分隔开，然后再拼成一个选择器字符串，会同时选中这几个选择器匹配的内容	$("#divId, a, .bgRed")

现在创建一个新的页面（参见源代码 chapter10\base_selector.html 文件），名为添加对 jQuery 库的引用，接下来通过示例来查看 jQuery 基本选择器的作用，HTML 元素定义如下。

【示例 10-2】　查看 jQuery 基本选择器

```
01  <html>
02  <head>
03  <meta http-equiv="Content-Type" content="text/html; charset=utf-8">
04  <title>基本选择器</title>
05  <script type="text/javascript" src="../jquery-1.11.2.js"></script>
06  <style type="text/css">
07    body{
08         font-size:9pt;
09    }
10    .divclass{
11         font-style:italic;
12    }
13    .spanclass{
14         font-weight:bold;
15    }
16  </style>
17  </head>
18  <body>
19  <div id="div1">我是第1个 div</div>
20  <div id="div2">我是第2个 div</div>
21  <div class="divclass">我是第3个 div</div>
22  <span id="span1">我是第1个 span</span>
23  <span id="span2">我是第2个 span</span>
24  <span class="spanclass">我是第3个 span</span>
25  </body>
26  </html>
```

HTML 代码定义了 3 个 div 和 3 个 span，并且定义了两个 CSS 样式，接下来看一看如何通过 jQuery 基本选择器来实现选择效果。

1．标签选择器

首先必须在页面的 head 区添加对 jQuery 库的引用，也就是上面的代码第 05 行，后面的代码不再单独说明。

接下来使用 jQuery 的标签选择器，选中所有的 div 标签，并将其字体大小更改为 18px。实现这个功能的代码如下：

```
//使用标签选择器更改字体大小
$("div").css("font-size","18px");
```

这里的$("div")就是选择元素名称为 div 的标签选择器，上述代码会同时更改 3 个 div（也就是当前页面中所有的 div）的字体大小，因此运行时可以看到 3 个 div 的字体的大小变成了

18px。

2．id 选择器

id 一般用来表示某个事物的唯一性，这里的 id 选择器也就是只选择某一个具体的元素。使用 id 选择器选择示例中 id 为 div2 的 div，将其背景色更改为红色，代码如下所示：

```
//使用 id 选择器更改背景色
$("#div2").css("background","red");
```

可以看到，运行之后果然第 2 个 div 已经更改了背景色，如图 10.13 所示。

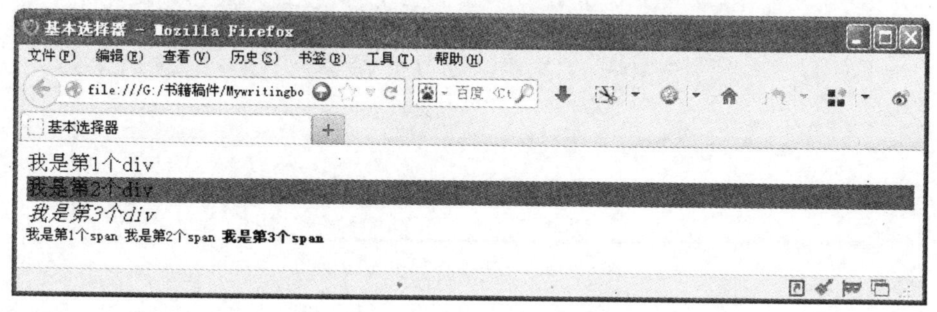

图 10.13　使用 id 选择器更改背景色

id 选择器中，id 前面必须跟一个#号，以表明这是一个 jQuery 的 id 选择器。

3．类选择器

在 CSS 样式中，可以为某一类元素设计统一的样式，设计的代码如下：

```
.center {text-align: center}
```

上面是 CSS 的类选择器的代码。在 HTML 页面中，可以用以下代码应用这个类：

```
<p class="center">
用了这个样式我就居中了。
</p>
```

如果要选中所有应用了 center 样式的元素，在 jQuery 中需要使用$(".center ")形式。

这里还是使用前面的示例代码，选择 CSS 类为 spanclass 的所有元素，将其字体样式更改为斜体，实现如下：

```
//使用类选择器设置字体样式
$(".spanclass").css("font-style","italic");
```

类选择器与 id 选择器之间的不同在于类选择器使用前缀“.”表示这是一个类选择器，无论是类选择器还是 id 选择器，都与 CSS 选择器具有相同的语法。

4．使用选择器组合

通过使用多个选择器的组合，可以同时更改选中标签的样式或内容，比如要更改 id 为 div2 和 span2 的元素，可以使用如下组合选择器：

```
//使用选择器组合
$("#div2,#span2").css("background","#9F0");
```

通过在括号内包含两个不同的选择器，就可以同时选中两个不同的元素进行样式设置，效果如图 10.14 所示。

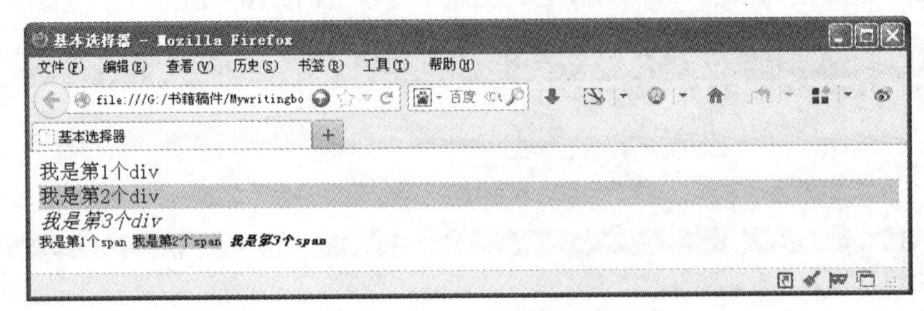

图 10.14　使用选择器组合效果

5．使用*通配符选择器

通配符也就是“*”号选择器，表示一次性选中页面上的所有元素，比如可以通过通配符选择器选中所有的元素，将其字体颜色更改为红色，代码如下：

```
//通配符选择器
$("*").css("color","red");
```

使用了通配符选择器后，果然所有的元素字体都变成了红色，读者可以亲自尝试下。

10.2.2　层次选择器

网页的 DOM 结构表现为树状结构，在选择元素时，通过 DOM 元素之间的层次关系，可以获取到需要的元素，比如当前节点的后代节点、父子关系的节点、兄弟关系的节点等，层次选择器的选择规则如表 10-3 所示。

表 10-3　层次关系的选择规则

名称	说明	举例
ancestor descendant 后代选择器	使用"form input"的形式选中 form 中的所有 input 元素。即 ancestor（祖先）为 from、descendant（子孙）为 input	$(".bgRed div") 选择 CSS 类为 bgRed 的元素中的所有<div>元素
parent > child 父子选择器	选择 parent 的直接子节点 child。child 必须包含在 parent 中，并且父类是 parent 元素	$(".myList>li") 选择 CSS 类为 myList 元素中的直接子节点<li>对象

（续表）

名称	说明	举例
prev + next 相邻选择器	prev 和 next 是两个同级别的元素。选中在 prev 元素后面的 next 元素	$("#hibiscus+img")选在 id 为 hibiscus 元素后面的 img 对象
prev ~ siblings 平级选择器	选择 prev 后面的根据 siblings 过滤的元素 注:siblings 是过滤器	$("#someDiv~[title]") 选择 id 为 someDiv 的对象后面所有带有 title 属性的元素

新建一个网页（参见源代码 chapter10\level_selector.html 文件），在该页面添加几个具有层次关系的 HTML 元素，具体代码如下所示。

【示例 10-3】 层次选择器

```
01  <body>
02  <ul id="nav">
03  <li><a href="#">产品介绍</a>
04      <ul id="product">
05      <li><a href="#">产品一</a></li>
06      <li><a href="#">产品一</a></li>
07      <li><a href="#">产品一</a></li>
08      <li><a href="#">产品一</a></li>
09      <li><a href="#">产品一</a></li>
10      <li><a href="#">产品一</a></li>
11      </ul>
12  </li>
13  <li><a href="#">服务介绍</a>
14      <ul id="services">
15      <li><a href="#">服务二</a></li>
16      <li><a href="#">服务二</a></li>
17      <li><a href="#">服务二</a></li>
18      <li><a href="#">服务二服务二</a></li>
19      <li><a href="#">服务二服务二服务二</a></li>
20      <li><a href="#">服务二</a></li>
21      </ul>
22  </li>
23  </ul>
24  </body>
```

在 HTML 中使用 ul、li 和 CSS 构建了一个下拉菜单，下拉菜单的 CSS 代码可以参考本书配套光盘中的源代码，效果如图 10.15 所示。

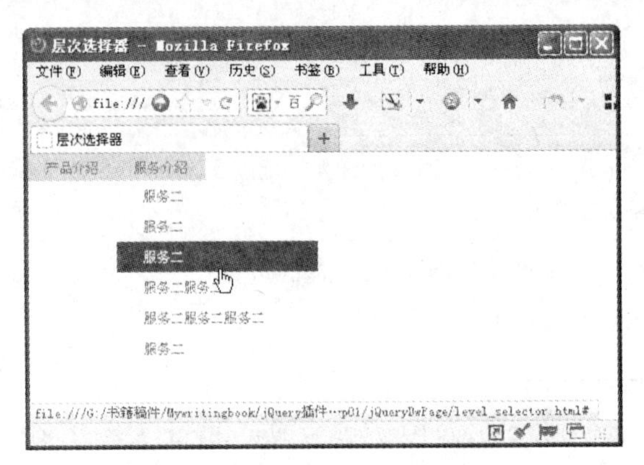

图 10.15　HTML+CSS 菜单效果

在示例 HTML 中，使用 ul 和 li 构建了层次结构的菜单项，接下来演示层次选择器的用法。

1．后代选择器

使用后代选择器，可以选择祖先下面的所有的子元素，比如示例中构建了一个 2 层嵌套的 ul 和 li 菜单结构，如果要使得所有的 li 字体都变为粗体，无论是嵌套在哪一个层次，可以使用后代选择器，如下所示：

```
<script type="text/javascript" src="../jquery-1.11.2.js"></script>
<script type="text/javascript">
   $(document).ready(function(e) {
    //根据 ul 元素匹配所有的 li 元素，设置所有 li 元素的字体为粗体
    $("ul li").css("font-weight","bold");
 $("#services li").css("background","#9F9"); //让服务介绍的背景 li 为绿色
});
</script>
```

示例中使用了后代选择器，第 1 个 jQuery 选择器选中所有的 li 元素，更改 CSS 使字体为粗体，第 2 个后代选择器祖先使用了 id 选择器，后代指定为 li，祖先可以指定不同的选择器选择元素，而后代需要指定要选择的标签。

2．父子选择器

后代选择器会匹配所有的后代元素，而父子选择器只会匹配当前父元素下的所有子元素，比如要使菜单的主菜单项显示 14px 的字体，可以使用如下父子选择器：

```
//为了避免设置父元素的 CSS 继承到子元素，这里先单独设置了子元素的字体
$("#product,#services").css("font-size","9pt");
//根据父子元素规则设置子元素
$("#nav>li").css("font-size","14px");
```

第 1 行是为了避免设置了父类的 li 之后，CSS 会继承到子元素，因此为子元素单独指定了 CSS，这样在设置了 id 为 nav 的子元素 li 之后，就可以看到顶层菜单果然已经变成了 14px 的字

体，如图 10.16 所示。

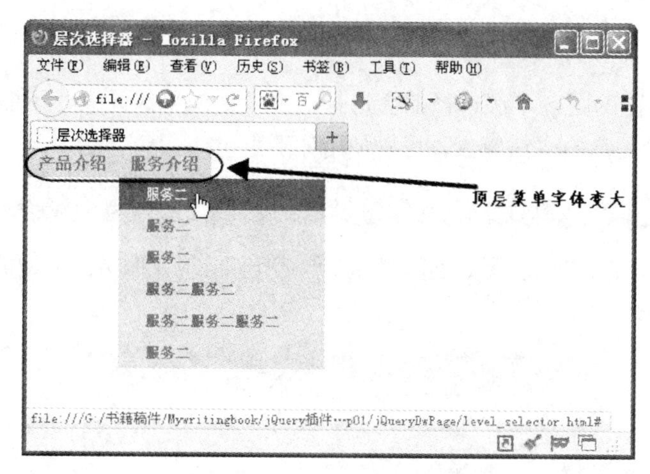

图 10.16　父子选择器的效果

与后代选择器不同的是，父子选择器只会选择其父子关联的元素，而后代选择器会选择所有的子元素。

3．相邻选择器

相邻选择器允许选择相邻的元素，它用来匹配指定元素后面的元素，比如产品三后面紧跟的是产品四，那么要选中产品四，可以用产品三的相邻选择器来进行选择，代码如下：

```
$("#prod1+li").css("font-style","italic");    //使用相邻选择器选择元素
```

示例将相邻元素的字体样式设置为斜体，结果如图 10.17 所示。

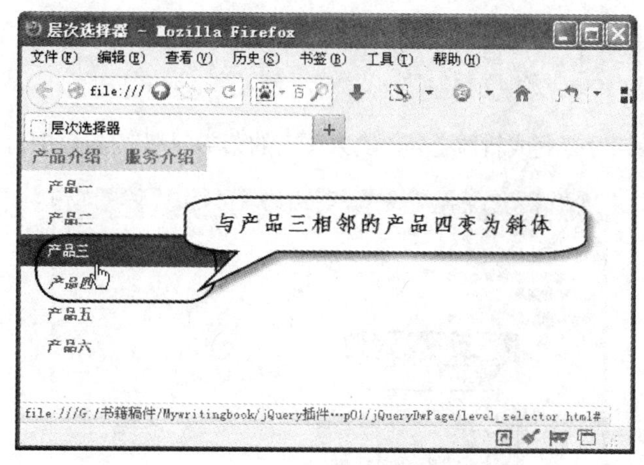

图 10.17　使用相邻选择器

与相邻元素选择器相似的是 next 函数，它用来选中当前元素的下一个元素，因此可以使用 next 函数进行替换，如下所示：

```
$("#prod1").next().css("font-style","italic");
```

4．平级选择器

与相邻选择器不同的是，平级选择器会选择当前元素的平级元素，下面通过一个例子来说明，要选择 id 为 srv2 的所有平级元素，可以使用如下语句：

```
$("#srv2~li").css("font-style","italic");          //使用平级选择器选择元素
```

通过选择 id 为 srv2 的所有平级元素，可以看到所有出现在服务二后面的菜单项都变成了斜体，如图 10.18 所示。

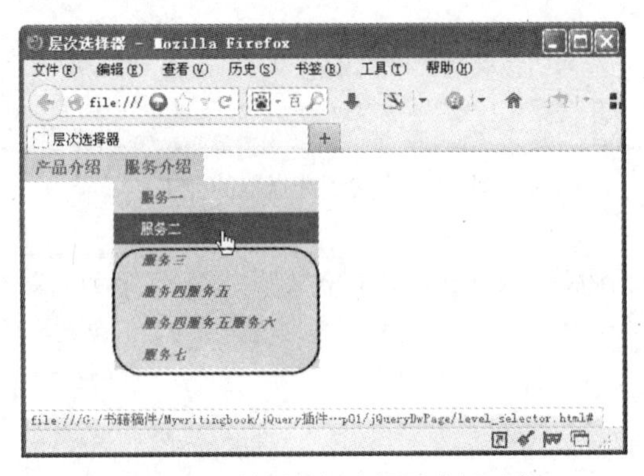

图 10.18　使用平级选择器选择元素

使用平级选择器有类似于 nextAll 函数的效果，因此可以替代上面示例的语法如下：

```
$("#srv2").nextAll().css("font-style","italic");
```

如果要选择所有的相邻元素，包含前面的和后面的，可以使用 siblings 函数，如下所示：

```
//选择所有的相邻元素
$("#srv2").siblings("li").css("font-style","italic");
```

这一次，除了服务二没有变成斜体之外，其余所有的菜单项都变成了斜体，如图 10.19 所示。

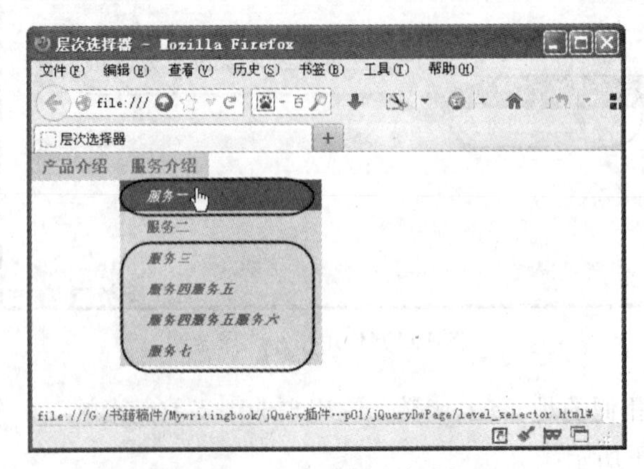

图 10.19　所有相邻元素选择器

10.2.3 过滤选择器

除了基本选择器和层次选择器之外，jQuery 的强大之处是可以通过特定的过滤规则来筛选出所需的 DOM 元素，类似于 CSS 中的伪类选择器的语法。过滤选择器以冒号开头，根据过滤规则的种类，又可以分为基本过滤选择器、内容过滤选择器、可见性过滤选择器、属性过滤选择器、子元素过滤选择器以及表单对象属性过滤器。下面分别对这几种不同的过滤选择器进行介绍。

1．基本过滤选择器

基本过滤选择器也可以称为简单过滤选择器，它是过滤选择器中使用最为广泛的一种，主要用来选择首、尾、指定索引、奇数或偶数位的元素等，其选择规则如表 10-4 所示。

表 10-4 基本过滤选择器规则列表

名称	说明	举例
:first	匹配找到的第一个元素	查找表格的第一行:$("tr:first")
:last	匹配找到的最后一个元素	查找表格的最后一行:$("tr:last")
:not(selector)	去除所有与给定选择器匹配的元素	查找所有未选中的 input 元素：$("input:not(:checked)")
:odd	匹配所有索引值为奇数的元素，从 0 开始计数	查找表格的 1、3、5...行:$("tr:odd ")
:even	匹配所有索引值为偶数的元素，从 0 开始计数	查找表格的 2、4、6 行:$("tr:even ")
:eq(index)	匹配一个给定索引值的元素注:index 从 0 开始计数	查找第二行:$("tr:eq(1)")
:gt(index)	匹配所有大于给定索引值的元素 注：index 从 0 开始计数	查找第二第三行，即索引值是 1 和 2，也就是比 0 大:$("tr:gt(0)")
:lt(index)	选择结果集中索引小于 N 的 elements 注：index 从 0 开始计数	查找第一第二行，即索引值是 0 和 1，也就是比 2 小:$("tr:lt(2)")
:header	选择所有 h1、h2、h3 一类的 header 标签	给页面内所有标题加上背景色：$(":header").css("background", "#EEE");
:animated	匹配所有正在执行动画效果的元素	只对没有执行动画效果的元素执行动画特效： $("#run").click(function(){$("div:not(:animated)").animate({ left: "+=20" }, 1000); });

在日常工作中，基本过滤选择器比较常用在表格类型的选择上，创建一个名为 simple_filter_selector.html 的网页，在网页上添加一个 6 行 2 列的表格，初始效果如图 10.20 所示。

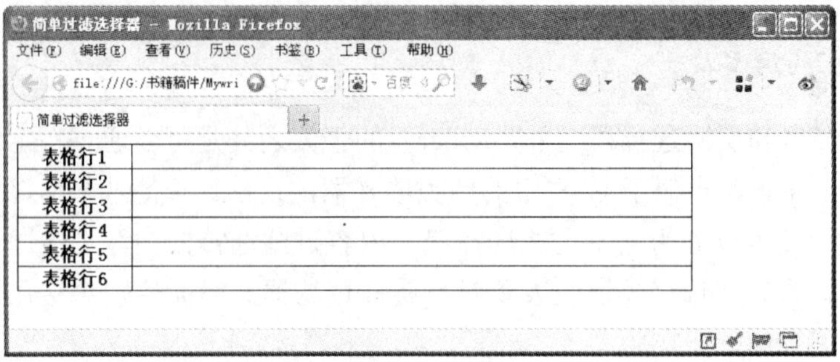

简单过滤选择器 - Mozilla Firefox
文件(F)　编辑(E)　查看(V)　历史(S)　书签(B)　工具(T)　帮助(H)
file:///G:/书籍稿件/Mywri
简单过滤选择器

表格行1	
表格行2	
表格行3	
表格行4	
表格行5	
表格行6	

图 10.20　在应用 jQuery 选择器之前的效果

先使用 first 和 last 选中表格行的首尾，并设置不同的颜色，代码如下：

```
$("tr:first").css("background","#FF0");     //表格第一行显示黄色
$("tr:last").css("background","#FCF");     //表格的最后一行显示暖红
```

设置后的效果如图 10.21 所示。

简单过滤选择器 - Mozilla Firefox
文件(F)　编辑(E)　查看(V)　历史(S)　书签(B)　工具(T)　帮助(H)
file:///G:/书籍稿件/Mywri
简单过滤选择器

表格行1	
表格行2	
表格行3	
表格行4	
表格行5	
表格行6	

图 10.21　设置首尾行的颜色

在设置表格隔行颜色效果时，even 和 odd 是另外两个非常有用的过滤器，可以过滤出偶数行和奇数行的元素，比如要对表格的奇数行和偶数行显示不同的颜色，可以使用如下代码：

```
$("tr:odd ").css("background","#BBBBFF");     //表格的奇数行显示蓝色
    $('tr:even ').css('background', '#DADADA');     //表格的偶数行显示灰色
```

运行效果如图 10.22 所示。

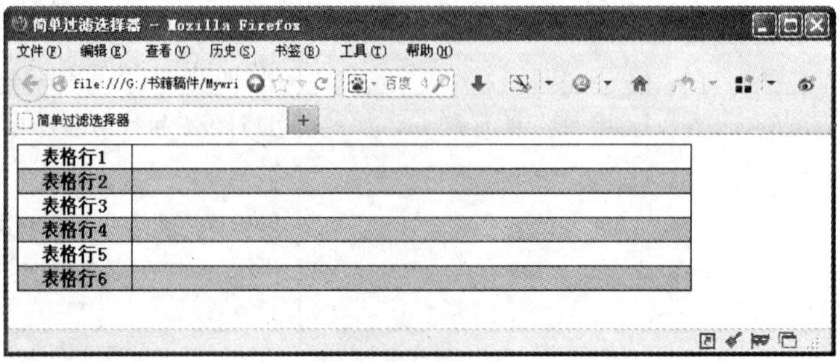

简单过滤选择器 - Mozilla Firefox
文件(F)　编辑(E)　查看(V)　历史(S)　书签(B)　工具(T)　帮助(H)
file:///G:/书籍稿件/Mywri
简单过滤选择器

表格行1	
表格行2	
表格行3	
表格行4	
表格行5	
表格行6	

图 10.22　隔行颜色效果

因为表格的索引 index 是从 0 开始，所以索引中的偶数行实际上在表格中看来是奇数行，也就是索引第 0 行表示表格的第 1 行，索引第 1 行表示了表格的第 2 行，所以表格的显示效果看上去与设计效果相反。如果表格添加一个表头可能看起来会更舒服一些。

在应用了 even 和 odd 选择器之后，发现它们将前面使用 first 和 last 过滤器设置的颜色也覆盖了，为了保留首尾行的颜色，可以使用 not 过滤器，它可以过滤指定的行。过滤首尾行的示例如下：

```
    $("tr:even:not(:first)").css("background","#BBBBFF");        //偶数行，但滤除第一
行
    $("tr:odd:not(:last)").css("background","#DADADA");          //奇数行，但滤除最后
一行
```

使用了 not 过滤器后，可以看到再次运行时首尾行的颜色果然被忽略掉了，如图 10.23 所示。

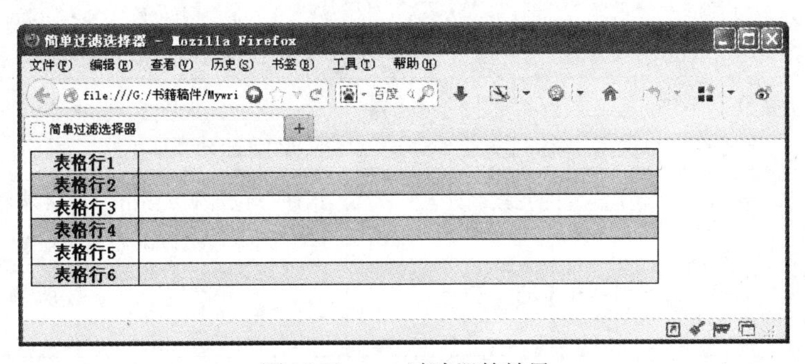

图 10.23 not 过滤器的效果

除了 first、last、even 和 odd 这类相对比较固定的过滤规则之外，还可以使用 eq 等规则，选择特定索引位置的元素，gt 和 lt 分别返回大于或小于指定索引值的元素。

举例来说，想让表格中的第 4 行背景为红色，小于第 4 行的显示蓝色，大于第 4 行的显示黑色，可以使用如下语句：

```
    $("tr:eq(4)").css("background","#F00");     //让第4行的背景为红色
    $("tr:gt(4)").css("background","#000");     //大于第4行的显示黑色
    $("tr:lt(2)").css("background","#FFC");         //小于第2行显示黄色
```

运行效果如图 10.24 所示。

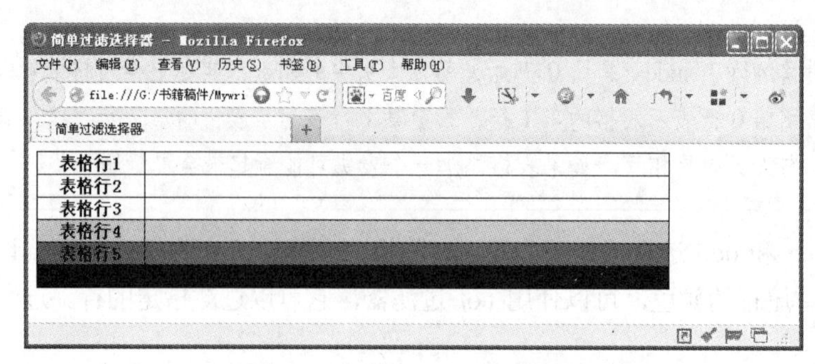

图 10.24　eq、gt 和 lt 运行效果

2．内容过滤选择器

内容过滤选择器可以根据 HTML 文本内容进行过滤选择，包含的过滤规则如表 10-5 所示。

表 10-5　内容过滤器规则列表

名称	说明	举例
:contains(text)	匹配包含给定文本的元素	查找所有包含"John"的 div 元素:$("div:contains('John')")
:empty	匹配所有不包含子元素或者文本的空元素	查找所有不包含子元素或者文本的空元素:$("td:empty")
:has(selector)	匹配含有选择器所匹配的元素的元素	给所有包含 p 元素的 div 元素添加一个 text 类:$("div:has(p)").addClass("test");
:parent	匹配含有子元素或者文本的元素	查找所有含有子元素或者文本的 td 元素:$("td:parent")

为了演示内容过滤选择器，新建一个名为 content_filter_selector.html 的网页，在该 HTML 网页中添加一个 6 行 3 列的表格，并且加入一些内容，初始效果如图 10.25 所示。

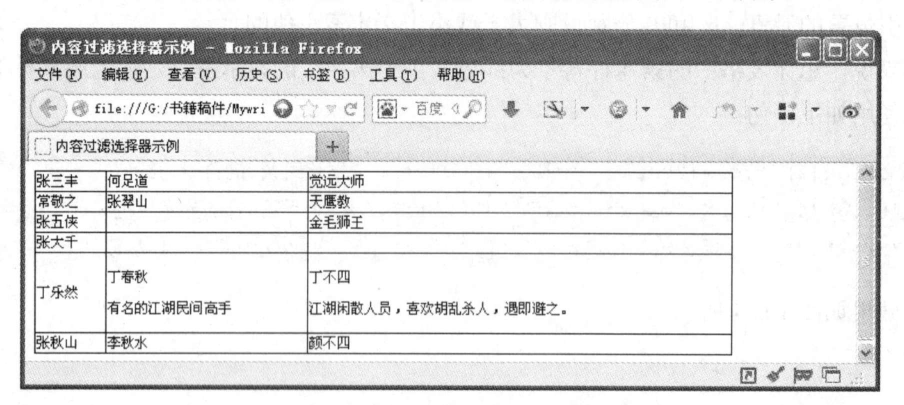

图 10.25　内容过滤选择器的初始网页

接下来添加内容过滤选择器的代码，读者可以打开本书配套的源代码，用注释的方式一次保留一行来查看其效果，限于本章的篇幅，这里列出了示例的主要代码：

```
<script type="text/javascript">
    $(document).ready(function(e) {
    $("td:contains('张')").css("background","#FFC");           //将文字中含张的背景设置
为淡黄
    $("td:empty").css("background","#060");           //单元格中不包含内容的颜色，也不包
含 空格的空单元格
    $("td:has(p)").css("background","#9F0");           //单元格中包含子元素<p>的颜色
    $("td:parent").css("color","#060");           //单元格中包含文本的前景色
    });
</script>
```

第 1 行使用 contains 查找表格中张姓的人，设置背景为淡黄，第 2 行设置单元格中为空的单元格的颜色，第 3 行设置单元格中包含段落标记 p 的颜色，第 4 行设置单元格中包含文本的前景色，运行效果如图 10.26 所示。

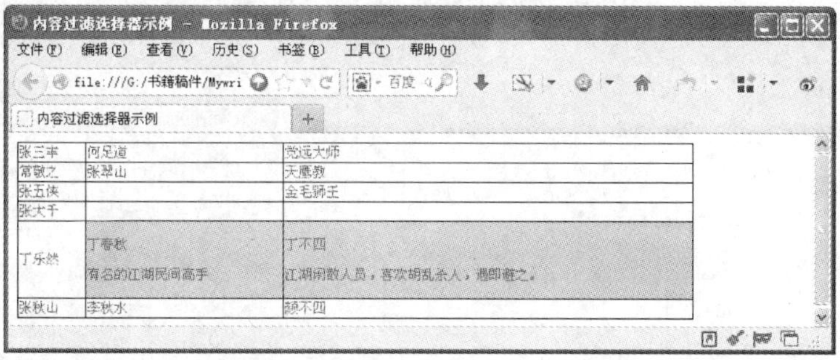

图 10.26　内容过滤选择器运行效果

3．可见性过滤选择器

可见性过滤器根据元素是否可见来查找元素，它主要是 hidden 查找隐藏的元素和 visible 查找可见的元素，其选择规则如表 10-6 所示。

表 10-6　可见性选择器规则列表

名称	说明	举例
:hidden	匹配所有的不可见元素	查找所有不可见的 tr 元素:$("tr:hidden")
:visible	匹配所有的可见元素	查找所有可见的 tr 元素:$("tr:visible")

:hidden 会匹配如下几种格式的元素：

- 具有 CSS 属性 display 属性值为 none 的元素；
- HTML 表单元素中的隐藏域即 type="hidden"的元素；
- 宽度和高度被显示设置为 0 的元素；
- 由于祖先元素被隐藏而导致无法显示在页面上的元素。

:visible 是指在屏幕上占用布局空间的元素，可见性元素的宽度和高度大于 0 时显示。

CSS 属性 visibility:hidden 或者是 opacity:0 被认为可见，这是由于它们仍然会占用布局空间。如果在动画执行期间隐藏一个元素，元素会被认为可见直到动画终止，在动画期间显示一个元素，元素在动画开始时被认为可见。

新建一个网页（参见源代码 chapter10\hidden_filter_selector.html），然后添加几个隐藏和显示的元素，HTML 代码如下。

【示例 10-4】 可见性过滤选择器

```
01  <body>
02  <span></span>
03  <div></div>
04  <div style="display:none;">隐藏的元素</div>
05  <div></div>
06  <div class="starthidden">隐藏的页面元素</div>
07  <div></div>
08  <form>
09      <input type="hidden" />
10      <input type="hidden" />
11      <input type="hidden" />
12  </form>
13  <span>    </span>
14  <button>显示隐藏元素</button>
15  </body>
```

其中 starthidden 类指定了 div 的 display 属性为 none，表示一个隐藏的 div，接下来添加如下所示的可见性过滤选择器代码：

```
01  <script type="text/javascript">
02  $(document).ready(function(e) {
03      //在一些浏览器中，隐藏元素也包含 <head>、<title>、<script>等元素
04      //获取隐藏元素但排除<script>
05      var hiddenEls = $("body").find(":hidden").not("script");
06      $("span:first").text("找到" + hiddenEls.length + "个隐藏元素");
07      //$("div:hidden").show(3000);  //动画的显示隐藏元素
08      $("span:last").text("找到" + $("input:hidden").length + "个隐藏表单");
09      //为可见的按钮元素关联事件处理代码
10      $("div:visible").click(function () {
11          $(this).css("background", "yellow");
12      });
13      //为按钮关联事件处理代码，显示隐藏页面元素
14      $("button").click(function () {
15          $("div:hidden").show("fast");
```

```
16        });
17    });
18    </script>
```

代码中的实现步骤如下：

（1）第 1 行代码选中了页面上所有的隐藏元素，但是不包含 script 元素，这样就可以选取页面上所有非页面元素的隐藏元素，然后在第 1 个 span 中显示找到的隐藏元素，这里使用了:first 基本过滤选择器。

（2）第 3 行代码选取隐藏的 div 元素，调用 jQuery 的 show 方法动态地显示隐藏元素。

（3）第 4 行代码显示隐藏的表单元素个数。

（4）第 6 行代码为当前显示出来的 div 元素关联单击事件，在单击时将背景色设为黄色。

（5）第 10 行代码为按钮关联事件，在事件处理代码中，将隐藏的 div 元素调用 show 函数动画显示出来。

运行效果如图 10.27 所示。

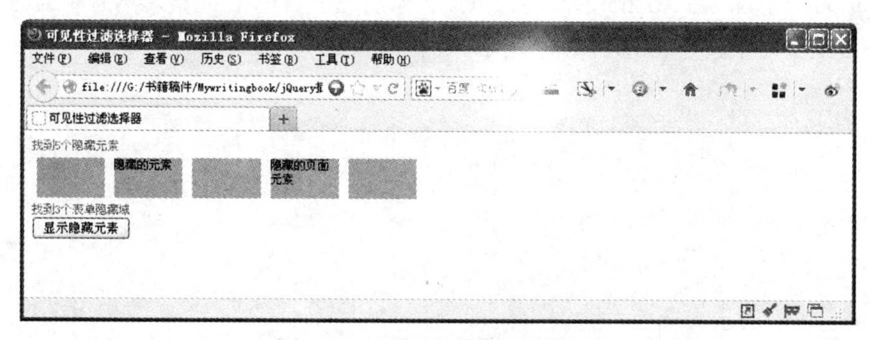

图 10.27　可见性过滤器示例效果

4．属性过滤器

属性过滤器是 jQuery 中非常有用的一种选择器，它可以基于 HTML 元素的属性来选择特定的元素，除了根据不同的属性来选择元素，还可以根据不同的属性值来选择元素，属性选择器的选择规则如表 10-7 所示。

表 10-7　属性过滤器规则列表

名称	说明	举例
[attribute]	匹配包含给定属性的元素	查找所有含有 id 属性的 div 元素: $("div[id]")
[attribute=value]	匹配给定的属性是某个特定值的元素	查找所有 name 属性是 newsletter 的 input 元素: $("input[name='newsletter']").attr("checked", true);
[attribute!=value]	匹配给定的属性是不包含某个特定值的元素	查找所有 name 属性不是 newsletter 的 input 元素: $("input[name!='newsletter']").attr("checked", true);

（续表）

名称	说明	举例
[attribute^=value]	匹配给定的属性是以某些值开始的元素	$("input[name^='news']")
[attribute$=value]	匹配给定的属性是以某些值结尾的元素	查找所有 name 以'letter'结尾的 input 元素: $("input[name$='letter']")
[attribute*=value]	匹配给定的属性是以包含某些值的元素	查找所有 name 包含'man'的 input 元素: $("input[name*='man']")
[attributeFilter1][attributeFilter2][attributeFilterN]	复合属性选择器，需要同时满足多个条件时使用	查找所有含有 id 属性并且 name 属性是以 man 结尾的元素: $("input[id][name$='man']")

由表中可以看到，属性过滤器不仅可以根据属性名称进行选择，还可以根据属性与属性值的匹配规则来选择元素。接下来创建一个页面（参加源代码 chapter10\attribute_filter_selector.html），在该页面上添加几个 HTML 元素，然后在 JavaScript 代码块中使用属性过滤器来选择元素，如下所示。

【示例 10-5】 属性过滤器

```
01  <html>
02  <head>
03  <meta http-equiv="Content-Type" content="text/html; charset=utf-8">
04  <title>属性过滤选择器</title>
05  <script type="text/javascript" src="../jquery-1.11.2.js"></script>
06  <script type="text/javascript">
07    $(document).ready(function(e) {
08       $("div[id]").css("background","#0F0");       //具有 id 属性的元素的背景色
09       $('div[id="hey"]').css("font-size","14px");   //id 属性为 hey 元素的字体
10       $('div[id!="hey"]').css("font-size","16px");  //id 属性不为 hey 元素的字体
11       $('div[id^="the"]').css("color","#090");     //id 属性以 the 开头的前景色
12       $('div[id$="be"]').css("color","#C00");      //id 属性以 be 结束的前景色
13       $('div[id*="er"]').css("color","#360");      //id 属性值中包含 er 的前景色
14  });
15  </script>
16  </head>
17  <body>
18   <div id="hey">具有 id 属性 hey 的元素</div>
19   <div id="there">具有 id 属性 there 的元素</div>
20   <div id="adobe">具有 id 属性 adobe 的元素</div>
21   <div>无 id 属性</div>
22  </body>
23  </html>
```

在 HTML 的 body 区，定义了 4 个 div 元素，分别为前 3 个 div 指定了不同的 id，并且具有

一个无任何属性的 div 元素，在 JavaScript 代码部分，分别使用了属性过滤选择器的不同设置来选择元素并且设置其颜色或者是字体，运行效果如图 10.28 所示。

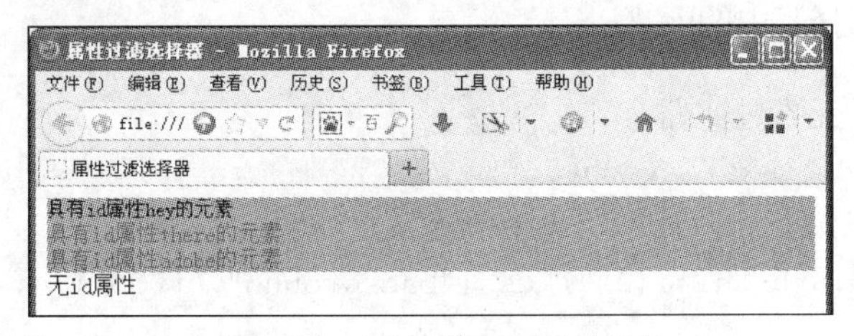

图 10.28 属性选择器运行效果

5．子元素过滤器

这个过滤器是指根据父元素中的某些过滤规则来选择子元素，例如可以选择父元素的第 1 个子元素（:first-child）或者最后 1 个子元素（:last-child）或者父元素中特定位置的子元素，其规则如表 10-8 所示。

表 10-8 子元素过滤器规则列表

名称	说明	举例
:nth-child(index/even/odd/equation)	匹配其父元素下的第 N 个子元素或奇偶元素 ':eq(index)' 只匹配一个元素，而这个元素将为每一个父元素匹配子元素:nth-child 是从 1 开始，而:eq()是从 0 算起的。 可以使用: :nth-child(even) :nth-child(odd) :nth-child(3n) :nth-child(2) :nth-child(3n+1) :nth-child(3n+2)	在每个 ul 查找第 2 个 li: $("ul li:nth-child(2)")
:first-child	匹配第一个子元素; ':first' 只匹配一个元素，而此选择符将为每个父元素匹配一个子元素	在每个 ul 中查找第一个 li: $("ul li:first-child")
:last-child	匹配最后一个子元素; ':last'只匹配一个元素，而此选择符将为每个父元素匹配一个子元素	在每个 ul 中查找最后一个 li: $("ul li:last-child")
:only-child	匹配父元素中唯一的子元素; 如果父元素中含有其他元素，那将不会被匹配	在 ul 中查找是唯一子元素的 li: $("ul li:only-child")

nth_child 可以根据指定的索引位置、奇数位、偶数位等来匹配元素，这个选择规则常用来

选择某些特定集合性质的元素中的子元素，接下来创建一个网页（参见源代码 chapter10\child_filter_selector.html），在其中添加一个 5 行 4 列的 HTML 表格。来看一下 jQuery 的子元素过滤器如何选择其中的元素。

【示例 10-6】 子元素过滤器

```
01    <script type="text/javascript">
02      $(document).ready(function(e) {
03        $("tr td:nth-child(2)").css("background","#090");        //让表格单元格第2列显示绿色背景
04        $("tr td:nth-child(even)").css("background","#CCC");  //偶数单元格显示灰色
05        $("tr td:nth-child(odd)").css("background","#9F0");     //奇数单元格显示淡绿
06         $("table tr:first-child").css("background","#F00");       //让表格第一行显示红色背景
07         $("table tr:last-child").css("background","#99F");       //让表格最后一行显示紫色背景
08         $("td p:only-child").css("background","#0F0");        //单元格中含有唯一元素<p>的背景设置
09    });
10    </script>
```

第 1 个选择器使用的是索引选择器，这将使得它选择表格行的第 2 个单元格，也就是第 2 列显示为绿色；第 2 个和第 3 个使用偶数和奇数选择器选择偶数和奇数单元格设置颜色；第 4 个和第 5 个选择器选择表格的第 1 行和最后一行设置背景色；最后一个选择器选择具有 p 元素的单元格，运行效果如图 10.29 所示。

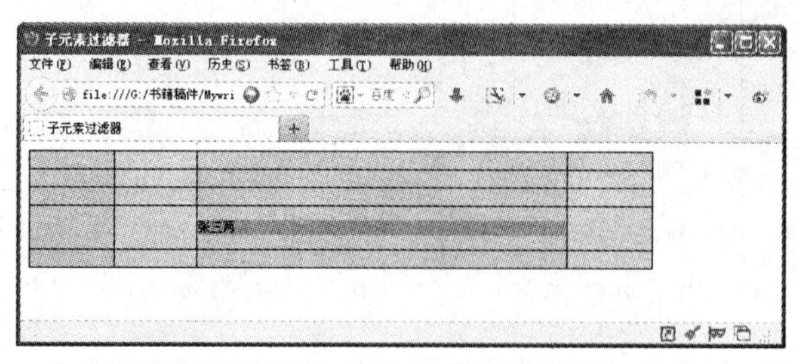

图 10.29 子元素过滤器的示例效果

如果注释奇数和偶数选择器，则可以看到第 4 个和第 5 个选择器的效果，如图 10.30 所示。

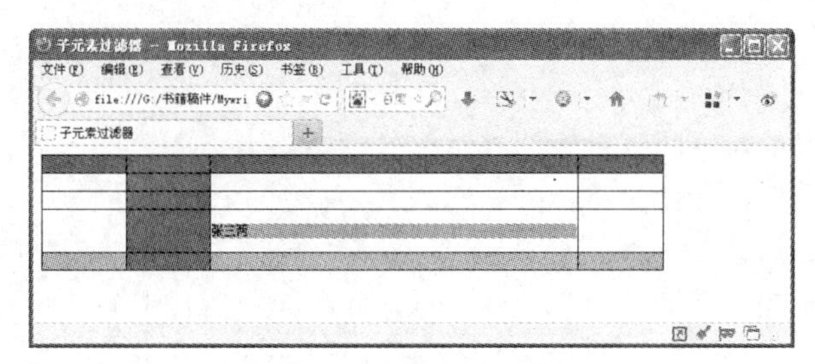

图 10.30　首尾行的选择效果

6．表单对象属性过滤器

这种类型的过滤器可以根据表单中某对象的属性特征来获取表单元素，比如表单元素的 enabled、disabled、selected 以及 checked 属性，其过滤规则如表 10-9 所示。

表 10-9　表单对象属性过滤器规则列表

名称	说明	解释
:enabled	匹配所有可用元素	查找所有可用的 input 元素:$("input:enabled")
:disabled	匹配所有不可用元素	查找所有不可用的 input 元素:$("input:disabled")
:checked	匹配所有被选中元素（复选框、单选框等，不包括 select 中的 option）	查找所有选中的复选框元素:$("input:checked")
:selected	匹配所有选中的 option 元素	查找所有选中的选项元素:$("select option:selected")

可以看到，使用表单对象属性过滤器，可以对表单中控件元素的可用（enabled）、不可用（disabled），Checkbox 控件的选择（checked）与 select 控件的选中（selected）这些属性进行设置，这使得在开发表单时可以快速地选中所需要的控件。

新建一个网页（参见源代码 chapter10\form_filter_selector.html），然后在该网页中构建一个表单，效果如图 10.31 所示。

图 10.31　表单界面

由图中可以看到，这个表单包含了两个单选框，用来供用户选择性别；一个 select 下拉列表框，供用户选择学历；两个禁用掉的 input 控件，接下来看一看如何使用表单属性过滤器来选择元素，如下所示。

【示例 10-7】　表单对象属性过滤器

```
01    <script type="text/javascript">
02      $(document).ready(function(e) {
03            $("input:enabled").css("background","#FFF");  //已启用控件的背景色设置
04            $("input:disabled").css("background","#CFF"); //已禁用控件的背景色设置
05           $("input:disabled").attr("disabled",false);//将禁用的文本框更改为enabled
06            $("input:checked").click(          //选中的单选框的事件关联
07                 function(){
08                      alert("我被选中了");
09                 }
10            );
11            $("select option:selected").css("background","#FF0");//选中的列表框背
景变色
12    });
13    </script>
```

在 ready 事件主体中，代码完成的功能分别如下所示：

（1）第 1 行和第 2 行代码，分别使用 enabled 和 disabled 来选中禁用和启用的 input 控件，然后使用 css 函数来设置其背景色。

（2）第 3 行代码使用 attr 将已经被禁用掉的 input 控件设置为 enabled，即将 disabled 属性设置为 false。

（3）第 4 行代码为具有 checked 属性的控件关联了 click 事件。

（4）最后一行代码将 select 控件中 option 集合具有 selected 属性的元素的背景色更改为黄色。

应用了表单属性过滤选择器的效果如图 10.32 所示。

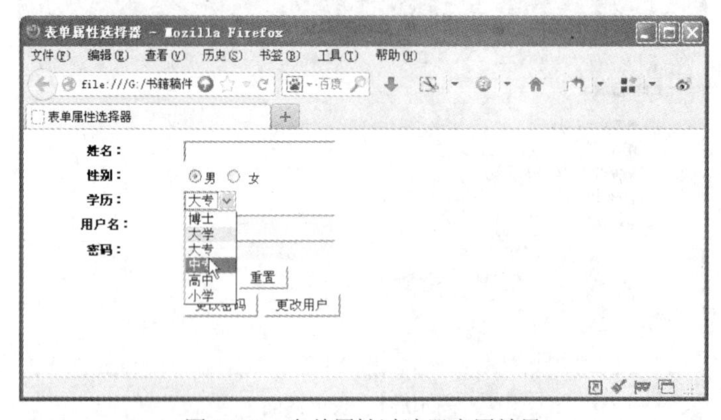

图 10.32　表单属性过滤器应用效果

可以看到根据表单的属性设置来选择表单的功能确实比较强大。

10.2.4 表单选择器

在学过表单属性过滤器之后，来看一看 jQuery 的表单选择器，表单选择器提供了灵活的方法来选择表单中的元素。举例来说，如果要统一为表单中的 input 控件设置样式或者是属性，使用表单选择器可以快速一次到位地进行设置，jQuery 中可供使用的表单选择器如表 10-10 所示。

表 10-10 表单选择器规则列表

名称	说明	解释
:input	匹配所有 input、textarea、select 和 button 元素	查找所有的 input 元素： $(":input")
:text	匹配所有的文本框	查找所有文本框： $(":text")
:password	匹配所有密码框	查找所有密码框： $(":password")
:radio	匹配所有单选按钮	查找所有单选按钮
:checkbox	匹配所有复选框	查找所有复选框： $(":checkbox")
:submit	匹配所有提交按钮	查找所有提交按钮： $(":submit")
:image	匹配所有图像域	匹配所有图像域： $(":image")
:reset	匹配所有重置按钮	查找所有重置按钮： $(":reset")
:button	匹配所有按钮	查找所有按钮： $(":button")
:file	匹配所有文件域	查找所有文件域： $(":file")

可以看到，表单选择器可以匹配当前文档或者是某一个表单内部的所有表单元素，比如可以同时选中所有的按钮或者是输入框。下面以上一小节中创建的表单为例，演示一下表单选择器的使用效果，新建一个名为 form_selector.html 的网页，然后复制上一小节中创建的表单 HTML 代码，接下来添加如下代码使用表单选择器来选择表单中的元素。

```
01  <script type="text/javascript" src="../jquery-1.11.2.js"></script>
02  <script type="text/javascript">
03    $(document).ready(function(e) {
04      $(":input").css("background","#FFC");      //设置所有 input 元素的背景色
05       $(":text").hide(3000);                   //隐藏所有文本框对象
```

```
06        $(":text").show(3000);                    //显示所有文本框对象
07        $(":password").hide(3000);                //隐藏所有文本框对象
08        $(":password").show(3000);                //显示所有密码框对象
09        $(":button").css("font-weight","bold");   //显示按钮对象的字体
10        $(":radio").css("background","#0F0");     //设置单选框按钮的背景色
11   });
12   </script>
```

整个代码由如下几个选择器组成：

（1）选中文档界面中的所有的 input 元素，设置其背景色为黄色。

（2）用了两个 text 选择器，选中所有的文本框对象，先使用 hide 函数让其动态隐藏，然后使用 show 函数让其慢慢显示。

（3）使用两个 password 选择器，先隐藏所有的密码文本框元素，然后显示所有的密码框元素。

（4）为网页上所有的按钮指定字体为加粗显示。

（5）为网页上所有的单选按钮设置背景色。

使用了表单选择器的页面效果如图 10.33 所示。

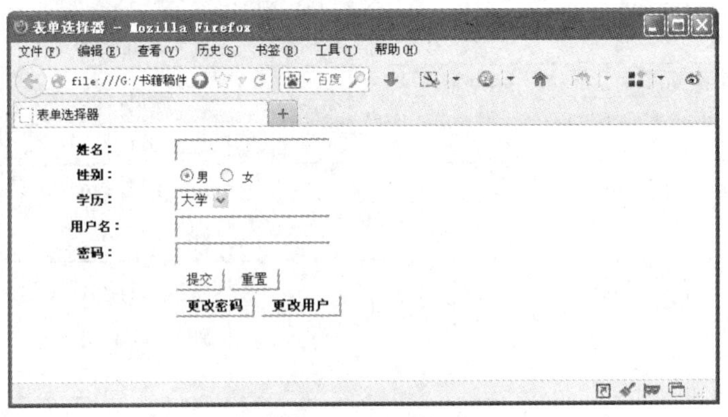

图 10.33　表单选择器效果

在运行时可以看到，文本框会慢慢地隐藏和显示，这是 jQuery 的 hide 和 show 这两个函数的效果，这两个函数可以动态显示和隐藏页面上的元素，在实际的工作中非常有用。

10.3 用 jQuery 来操作 DOM

在使用 JavaScript 编写网页代码的过程中，多数时间都在操纵 DOM，比如 Ajax 返回的 json 数据、动态向 DOM 添加显示节点，或者是动态更改页面上元素的 CSS、属性等。DOM 的全称是“Document Object Model”，即文档对象模型，它是一种与浏览器、平台和语言无关的接口，它可以让用户代码访问任何浏览器中呈现的元素，可以将 DOM 看作是网页呈现的一种标准。

10.3.1　修改元素属性

要使用 jQuery 操纵 DOM，必须先使用选择器选中一个或多个元素，由于 jQuery 是对结果集进行隐式迭代的操作，因此一个 jQuery 对象可以同时对多个元素进行属性更改。

获取和设置属性应使用 jQuery 的 attr 方法，而移除属性应使用 removeAttr 方法，其中获取元素属性的 attr 语法如下所示：

```
$(selector).attr(attribute)
```

其中 selector 是 jQuery 的选择器，attr 中的参数 attribute 是指定要获取的元素的属性名称，举个简单的例子，要想获取图像的地址，可以使用如下语句。

```
$("img").attr("src");
```

新建一个网页（参见源代码 chapter10\get_set_attributes.html），在这个网页中来演示如何获取 DOM 元素的属性值，HTML 元素如下所示。

【示例 10-8】　获取 DOM 元素的属性值

```
01  <body>
02  <ul id="nav">
03  <li><a href="http://www.xxx.com/companyinfo" id="company_info" title="介绍
公司的相关资讯04   ">
05  公司信息</a></li>
06  <li><a href="http://www.xxx.com/productinfo" id="product_info" title="公司
的产品信息">
07  产品简介</a></li>
08  <li><a href="http://www.xxx.com/companyculture" id="culture_info" title="
公语的文化信息">
09  公司文化</a></li>
10  <li><a href="http://www.xxx.com/contactus" id="contactus" title="联系方式
">联系我们</a>
11  </li></ul>
12  <div id="content"></div>
13  <!--属性的信息显示如下-->
14  <div id="attr_info">
15  <input id="btn_getAttr" type="button" value="显示属性信息">
16  </div>
17  </body>
```

在这里构建了一个菜单，用作网站的导航栏，id 为 btn_getattr 的按钮将获取页面上的 DOM 的不同的属性值，代码如下所示。

```
<script type="text/javascript">
```

```
    $(document).ready(function(e) {
        $("#btn_getAttr").click(function(e) {
        var str="<br\>"+$("#company_info").attr("title");    //显示id为
company_info的title属性值
        str+="<br\>"+$("#product_info").attr("href");    //显示id为product_info的
href属性值
        str+="<br\>"+$("#culture_info").attr("id");      //显示id为culture_info的
id属性值
        str+="<br\>"+$("#btn_getAttr").attr("value");    //显示id为btn_getAttr的
value属性值
         $("#attr_info").append(str);                  //在div中显示属性的值
      });
    });
  </script>
```

在示例代码中，使用 attr 分别获取了 4 个 HTML 元素的属性值，保存到 str 字符串中，通过运行可以看到不同的属性的值已经成功地显示在页面上，如图 10.34 所示。

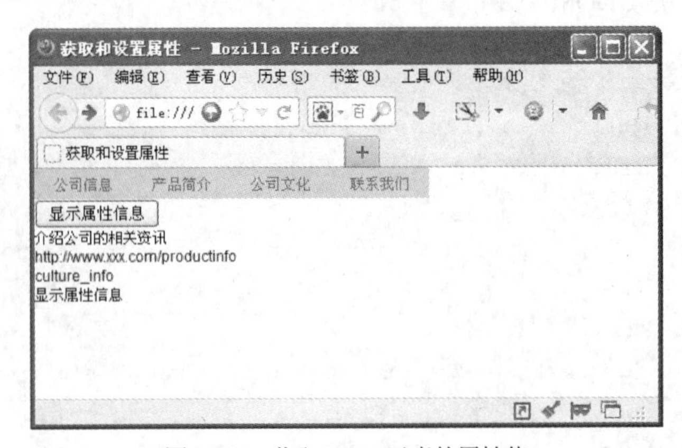

图 10.34　获取 DOM 元素的属性值

10.3.2　修改元素内容

有 3 个方法可以用于获取 HTML 元素的内容，分别是：

- text()：设置或返回所选元素的文本内容；
- html()：设置或返回所选元素的内容（包括 HTML 标记）；
- val()：设置或返回表单字段的值。

text 和 html 的明显区别是 text 只返回元素的文本内容，而 html 返回的是将 HTML 解析后的内容，val 返回的是表单的内容。新建一个网页（参见源代码 chapter10\get_set_content.html），在该网页中添加如下 HTML 代码。

【示例 10-9】 修改元素内容

```
01    <body>
02    <p id="test">
03        有3个方法可以用于获取<strong>HTML 元素</strong>的内容，分别是：<br/>
04        <strong>text()：设置或返回所选元素的文本内容</strong><br/>
05        <strong>html()：设置或返回所选元素的内容（包括 HTML 标记）</strong><br/>
06        <strong>val()：设置或返回表单字段的值</strong><br/>
07    </p>
08    <textarea name="textvalue" cols="80" rows="5"></textarea>
09    <div>
10    <button id="btn1">显示文本</button>
11    <button id="btn2">显示 HTML</button>
12    </div>
13    </body>
```

在 HTML 中放置了一个 id 为 test 的 p 元素，在段落内部设置了一些 HTML 代码，在段落下面添加一个 textarea 元素，用于显示文本的 btn1 和显示 HTML 的 btn2。接下来对 btn1 编写代码，使其获取 p 元素内部的文本内容，并显示到 textarea 中。btn2 将显示 HTML 内容到 textarea 元素，这两个按钮的事件处理实现如下。

```
01    <script type="text/javascript">
02      $(document).ready(function(e) {
03        $("#btn1").click(function(e) {
04            var textStr=$("p").text();      //获取段落的文本内容
05            $("#textvalue").text(textStr);      //在 textarea 中显示文本内容
06        });
07        $("#btn2").click(function(e) {
08            var htmlStr=$("#test").html();      //获取段落的 HTM 内容
09            $("#textvalue").text(htmlStr);      //在 textarea 中显示 HTML 内容
10        });
11    });
```

按钮 btn1 用于使用 text 获取了段落的文本内容，并显示到 textarea 中，显示效果如图 10.35 所示。

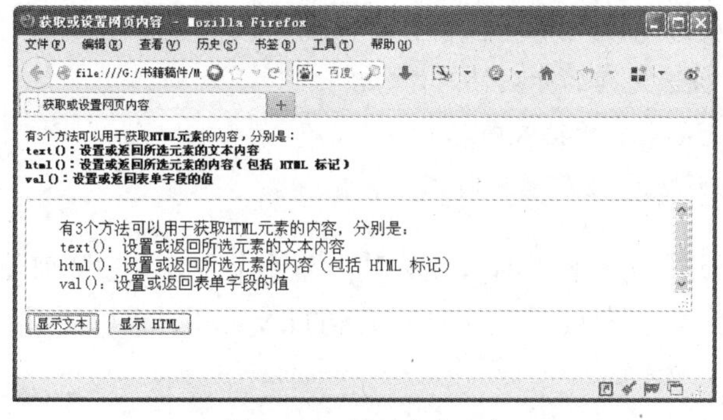

图 10.35 显示文本内容

可以见到即便段落标记内部包含了 HTML 字符串，text()仅仅只是取出其中的文本内容，在为 textarea 赋值时，也使用了带参数的 text 函数，这个参数将作为文本内容设置给 textarea，因此在 textarea 中显示了 HTML 文本内容。

btn2 按钮使用了 html()方法，用来获取 HTML 格式的内容，其输出结果如图 10.36 所示。

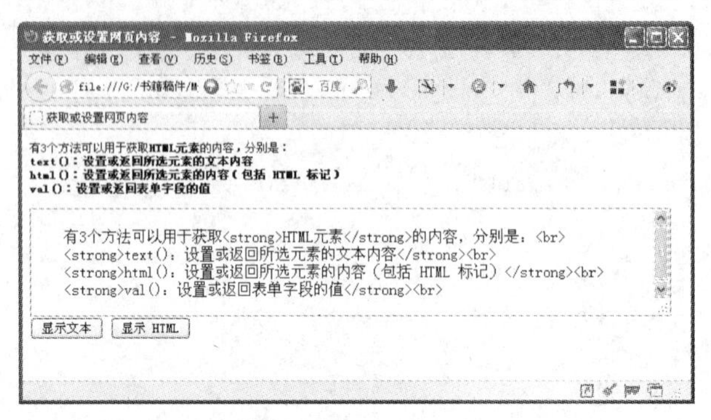

图 10.36　显示 HTML 内容

html()方法显示了段落标签中的 HTML 元素，可以看到它包含了 HTML 标记，同样如果为 html()方法带了一个参数，表示将为指定的目标元素设置 HTML 内容，比如可以编写如下代码。

```
$("#test2").html(htmlStr);     //将 HTML 内容设置到 id 为 test2的 div 中
```

为 id 为 test2 的 div 设置 HTML 内容，这样就可以动态为 div 添加新的 HTML 内容。

10.3.3　动态创建内容

jQuery 还允许开发人员动态为页面添加内容，类似于 JavaScript 语言中的 CreateElement，jQuery 动态创建 HTML 元素使用工厂函数$()实现，语法如下。

```
$(html)
```

其中参数 html 是要动态创建的 HTML 标记，它会动态创建一个 DOM 对象，但是这个 DOM 对象并没有添加到 DOM 对象树中，可以使用如下几个 jQuery 函数来将其添加到 DOM 对象树。

- append(): 在被选元素的结尾插入内容;
- prepend(): 在被选元素的开头插入内容;
- after(): 在被选元素之后插入内容;
- before(): 在被选元素之前插入内容。

在下一小节会介绍这些方法的具体使用方式，本小节主要关注如何使用工厂方法$()来动态创建页面元素，举个例子，要向页面上插入一个新的 div 元素，可以使用如下语句。

```
$("<div>", {
```

```
    text: "这是动态创建的页面元素",
    click: function(){
      $(this).toggleClass("test");          //设置其 toggleClass 为 test
    }
  }).appendTo("body");                    //将其添加到 body 元素中其他元素的后面
```

可以看到，在工厂函数$()中不仅可以指定要创建的标签，还可以为其设置各种不同的属性，最后的 appendTo 将这个新创建的 div 元素添加到页面中。

10.3.4　动态插入节点

动态创建的节点如果不插入到 DOM 对象树中，那么是不会在页面中呈现的，要动态插入节点，可以使用如表 10-11 所示的几种方法。

表 10-11　动态插入方法列表

方法名称	方法描述
append()	方法在被选元素的结尾（仍然在内部）插入指定内容
appendTo()	方法在被选元素的结尾（仍然在内部）插入指定内容
prepend()	方法在被选元素的开头（仍位于内部）插入指定内容
prependTo()	方法在被选元素的开头（仍位于内部）插入指定内容
after()	在被选元素后插入指定的内容
before()	在被选元素前插入指定的内容
insertAfter()	把匹配的元素插入到另一个指定的元素集合的后面
insertBefore()	把匹配的元素插入到另一个指定的元素集合的前面

append 和 appendTo 以及 prepend 和 prependTo 具有相同的描述，它们的不同之处在于内容和选择器的位置。

接下来新建一个页面（参见源代码 chapter10\insert_elements.html），在其中添加如下 HTML 代码。

【示例 10-10】　动态插入节点

```
01  <style type="text/css">
02  body,td,th,input {
03      font-size: 9pt;
04  }
05  </style>
06  </head>
07  <body>
```

```
08   <div id="idbtn">
09   <input type="button" name="idAppend" id="idAppend" value="append 方法" />
10    
11   <input type="button" name="idappendTo" id="idappendTo" value="appendTo 方
法" />
12    
13   <input type="button" name="idpredend" id="idpredend" value="predend 方法"
/>
14    
15   <input type="button" name="idpredendTo" id="idpredendTo" value="predendTo
方法" />
16    
17   <input type="button" name="idbefore" id="idbefore" value="before 方法" />
18    
19   <input type="button" name="idafter" id="idafter" value="after 方法" />
20    
21   <input type="button" name="idinsbefore" id="idinsbefore"
value="insertBefore 方法" />
22    
23   <input type="button" name="idinsafter" id="idinsafter" value="insertAfter
方法" />
24   </div>
25   <div id="idcontent">使用不同的按钮，用不同的方法插入页面<br/></div>
26   </body>
```

代码中构建了多个不同的按钮，其中每个按钮将对应一种不同的插入方法，为每个按钮关联的事件处理语句如下所示。

```
01   <script type="text/javascript">
02      $(document).ready(function(e) {
03        $("#idAppend").click(
04          function(){
05               //追加内容
06               $("#idcontent").append("<b>使用 append 添加元素</b><br/>");
07          }
08        );
09        $("#idappendTo").click(
10          function(){
11               //追加内容，语法与 append 颠倒
12              $("<b>使用 appendto 添加元素</b><br/>").appendTo("#idcontent");

13          }
```

```
14          );
15        $("#idpredend").click(
16          function(){
17               //插入前置内容
18               $("#idcontent").prepend("<b>使用 prepend 插入前置内容</b><br/>");

19          }
20        );
21        $("#idpredendTo").click(
22          function(){
23               //在元素中插入前缀元素，与 prepend 的操作语法颠倒
24               $("<b>使用 prependTo 添加元素</b><br/>").prependTo("#idcontent");
25          }
26        );
27        $("#idbefore").click(
28          function(){
29               //在指定元素的前面插入内容
30               $("#idcontent").before("<b>使用 before 添加元素</b><br/>");
31          }
32        );
33        $("#idafter").click(
34          function(){
35               //在指定元素的后面插入内容
36               $("#idcontent").after("<b>使用 after 添加元素</b><br/>");
37          }
38        );
39        $("#idinsbefore").click(
40          function(){
41               //在指定元素前面插入内容，与 before 语法颠倒
42               $("<b>使用 insertBefore 添加元素
</b><br/>").insertBefore("#idcontent");
43          }
44        );
45        $("#idinsafter").click(
46          function(){
47               //在指定元素的后面插入内容，与 after 的语法颠倒
48               $("<b>使用 insertAfter 添加元素
</b><br/>").insertAfter("#idcontent");
49          }
50        );
51    });
52    </script>
```

可以看到，每个按钮的事件处理代码中分别调用了不同的插入方法，通过这个示例可以看到各种不同的插入语句的使用方式和语法结构，比如 append 和 appendTo 以及 prepend 和 prependTo 就只是选择器的不同，示例的运行效果如图 10.37 所示。

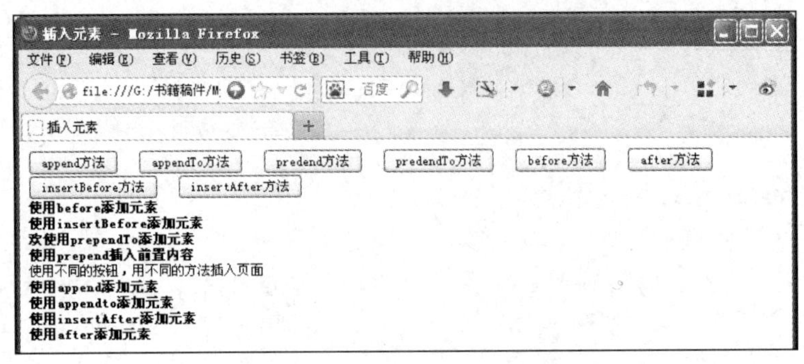

图 10.37　不同的插入语句的示例效果

10.3.5　动态删除节点

从网页上删除节点也是日常工作中经常遇到的一种操作，jQuery 提供了两个可以用来从 DOM 元素树中移除节点的方法，分别是：

- remove()方法：用来删除指定的 DOM 元素，它会将节点从 DOM 元素树中移除，但是会返回一个指向 DOM 元素的引用，因此它并不是将 jQuery 引用到的元素对象删除，可以通过这个引用来继续操作元素。
- empty()方法：该方法也不会删除节点，只是清空节点中的内容，DOM 元素依然保持在 DOM 元素树中。

remove()方法会将元素从 DOM 对象树中移除，但是不会把引用了这些对象的 jQuery 对象删除，因此还是可以使用 jQuery 对象来进行一些操作，而 empty 只是将元素中的内容进行清空。接下来创建一个网页（参见源代码 chapter10\dynamic_remove.html），向其中插入一些 HTML 元素，然后分别演示使用 remove 和 empty 的效果，HTML 定义如下所示。

【示例 10-11】　使用 remove 和 empty 的效果

```
01    <body>
02    <div id="idwelcome">演示使用 remove 和 empty 方法<br/></div>
03    <div id="idtip"><b>remove 方法会从 DOM 树中移除节点</b><br/></div>
04    <div id="idsenc"><b>empty 方法只是清除元素的内容</b><br/></div>
05    <div><input name="btnremove" type="button" id="btnremove" value="remove 方
法" />
06     
07    <input name="btnempty" type="button" id="btnempty" value="empty 方法" />
08    </div>
09    </body>
```

在 body 区，可以看到放了 3 个 div 用来显示消息，另外两个 div 中放置了两个按钮，分别用来调用 remove 方法和 empty 方法，这两个按钮的事件处理代码如下所示。

```
01  <script type="text/javascript" src="../jquery-1.11.2.js"></script>
02  <script type="text/javascript">
03     $(document).ready(function(e) {
04      $("#btnremove").click(
05          function(){
06           var id1=$("#idtip").remove();    //移除 DOM 对象
07           $("body").append(id1);        //重新添加已被移除的 DOM 对象
08       });
09      $("#btnempty").click(
10          function(){
11           var id1=$("#idsenc").empty();    //清除 DOM 对象
12           //重新添加 DOM 对象的内容
13           id1.append("这是重新添加的内容哦，原来的内容已被清除了！");
14       });
15  });
16  </script>
```

remove 按钮内部，调用了 remove 方法，尽管这个元素已经从 DOM 中移除了，但是 jQuery 仍然引用着这个对象，因此又可以将其添加到 body 中，使之经历了删除又添加的过程。empty 只是清除了 DOM 中的内容，又重新向 div 中添加了元素，单击两个按钮后的效果如图 10.38 所示。

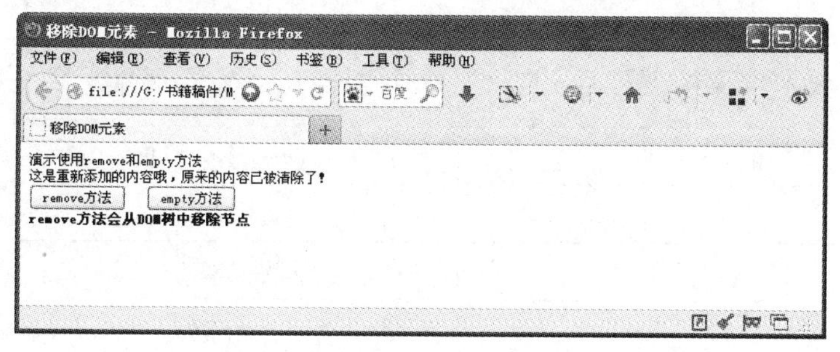

图 10.38　移除元素后的效果

10.4 jQuery 的事件

jQuery 也扩展了 JavaScript 的事件处理机制，不仅提供了更加简洁的处理语法，同时也具有更好的兼容性，这使得开发人员使用 jQuery 的事件处理后，就不用再担心各种不同的浏览器之间的兼容性了。

10.4.1 什么是事件

所谓事件，就是被对象识别的操作，即操作对象对环境变化的感知和反应，例如单击按钮或者敲击键盘上的按键。所谓事件流，是指由于 HTML 文档使用的是 DOM 模型，而该模型是从上到下一级一级的结构，因此就会触发一连串的对象。例如单击 HTML 页面上的某个按钮时，不仅会触发该按钮的单击事件，还将触发安装所属容器（div）的单击事件，同时还将触发父级别容器的单击事件，直到 body、html 和 document。

这种一个操作就会造成一连串的事件触发，就会形成一个事件流。所谓冒泡型事件流，就是事件激活顺序是从出发点元素开始向上层逐级冒泡直到 document 为止。在上面单击按钮的例子中，首先会触发按钮的单击事件，接着再触发容器 div 的单击事件，再触发 body 的单击事件，再触发 html 的单击事件，最后触发 document 的单击事件。jQuery 库对事件的支持，也采用冒泡型事件流。

10.4.2 jQuery 所支持的事件和事件类型

JavaScript 虽然提供了非常强大的事件机制，但是由于浏览器处理事件机制的差异，在编写 JavaScript 程序时不得不编写很多代码以满足各种浏览器之间的兼容性需求。万幸的是，jQuery 库对 JavaScript 中的事件进行封装，不必再考虑各种浏览器的差异。

为了使开发者更加方便地绑定事件，jQuery 库封装了 JavaScrpit 常用的事件以便省略更多的代码，这些事件被称为简单事件，关于简单事件的绑定方法请见表 10-12。

表 10-12 简单事件绑定方法

方法名	触发条件	描述
click(fn)	鼠标	触发每一个匹配元素的 click（单击）事件
dblclick(fn)	鼠标	触发每一个匹配元素的 dblclick（双击）事件
mousedown(fn)	鼠标	触发每一个匹配元素的 mousedown（单击后）事件
mouseup(fn)	鼠标	触发每一个匹配元素的 mouseup（单击弹起）事件
mouseover(fn)	鼠标	触发每一个匹配元素的 mouseover（鼠标移入）事件
mouseout(fn)	鼠标	触发每一个匹配元素的 mouseout（鼠标移出）事件
mousemove(fn)	鼠标	触发每一个匹配元素的 mousemove（鼠标移动）事件
mouseenter(fn)	鼠标	触发每一个匹配元素的 mouseenter（鼠标穿过）事件
mouseleave(fn)	鼠标	触发每一个匹配元素的 mouseleave（鼠标穿出）事件
keydown(fn)	键盘	触发每一个匹配元素的 keydown（键盘按下）事件
keyup(fn)	键盘	触发每一个匹配元素的 keyup（键盘按下弹起）事件
keypress(fn)	键盘	触发每一个匹配元素的 keypress（键盘按下）事件

（续表）

方法名	触发条件	描述
unload(fn)	文档	当卸载本页面时绑定一个要执行的方法
resize(fn)	文档	触发每一个匹配元素的 resize（文档改变大小）事件
scroll(fn)	文档	触发每一个匹配元素的 scroll（滚动条拖动）事件
focus(fn)	表单	触发每一个匹配元素的 focus（焦点激活）事件
blur(fn)	表单	触发每一个匹配元素的 blur（焦点丢失）事件
focusin(fn)	表单	触发每一个匹配元素的 focusin（焦点激活）事件
focusout(fn)	表单	触发每一个匹配元素的 focusout（焦点丢失）事件
select(fn)	表单	触发每一个匹配元素的 select（文本选定）事件
change(fn)	表单	触发每一个匹配元素的 change（值改变）事件
submit(fn)	表单	触发每一个匹配元素的 submit（表单提交）事件

除了上述简单事件外，jQuery 库还组合一些简单事件合成复合事件，比如切换功能、智能加载等。jQuery 库所支持的复合事件请见表 10-13。

表 10-13 复合事件

方法名	描述
ready(fn)	当 DOM 加载完毕触发事件
hover([fn1,]fn2)	当鼠标移入触发第一个 fn1，移出触发 fn2
toggle(fn1,fn2[,fn3..])	当鼠标单击触发 fn1,再单击触发 fn2

在具体使用事件时，如果想要在事件处理程序里获取关于事件的信息，就需要使用事件对象。在 JavaScript 里，因为不同浏览器对事件对象的获取以及事件对象的属性有差异，所以开发人员很难使用事件对象实现跨浏览器的操作。不过 jQuery 库在遵循 W3C 标准的同时，对事件对象又进行了一次封装，使得事件对象的使用具有更好的兼容性。

关于事件对象的属性请见表 10-14。

表 10-14 事件对象的属性

属性名称	描述
type	事件类型，如果使用一个事件处理方法来处理多个事件，可以使用此属性获得事件类型
target	获取事件触发者 DOM 对象
data	事件调用时传入额外参数
relatedTarget	对于鼠标事件，标示触发事件时离开或者进入的 DOM 元素
currentTarget	冒泡前的当前触发事件的 DOM 对象，等同于 this
pageX/Y	鼠标事件中，事件相对于页面原点的水平/垂直坐标

（续表）

属性名称	描述
result	上一个事件处理方法返回的值
timeStamp	事件发生时的时间戳
altKey	Alt 键是否被按下，如果按下则返回 true
ctrlKey	Ctrl 键是否被按下，如果按下则返回 true
metaKey	Meta 键是否被按下，如果按下则返回 true。Meta 键就是 PC 机器的 Ctrl 键，或者 Mac 机器的 Command 键
shiftKey	Shift 键是否被按下，如果按下则返回 true
keyCode	对于 keyup 和 keydown 事件返回被按下的键，不区分大小写，例如 a 和 A 都返回 65。对于 keypress 事件请使用 which 属性，因为 which 属性跨浏览时依然可靠
which	对于键盘事件，返回触发事件的键的数字编码。对于鼠标事件，返回鼠标按键号（1 左键，2 中键，3 右键）
screenX/Y	对于鼠标事件，获取事件相对于屏幕原点的水平/垂直坐标

关于事件对象的方法如表 10-15 所示。

表 10-15 事件对象所拥有的方法

方法名称	说明
preventDefault()	取消可能引起任何语意操作的事件，比如<a>标签元素的 href 链接加载，表单提交以及 click 引起复选框的状态切换
isDefaultPrevented()	是否调用过 preventDefault()方法
stopPropagation()	取消事件冒泡
isPropagationStopped()	是否调用过 stopPropagation()方法
stopImmediatePropagation()	取消执行其他的事件处理方法并取消事件冒泡。如果同一个事件绑定了多个事件处理方法，在其中一个事件处理方法中调用此方法后将不会继续调用其他的事件处理方法
isImmediatePropagationStopped()	是否调用过 stopImmediatePropagation()方法

10.4.3 页面初始化事件

基本上本章的大多数示例都使用了页面加载事件来演示 jQuery 的功能，也就是 $(document).ready 这个事件。页面加载事件是 jQuery 提供的事件处理模块中最重要的一个函数，可以极大地提高 Web 应用程序的响应速度。简而言之，该方法就是对 window.load 事件的替代，通过使用该方法，可以在 DOM 载入就绪且能够读取并操纵时，就可以调用在 ready 事件中定义的函数代码，页加载事件的语法如下所示：

```
$(document).ready(function(){
  // 在这里写页面加载事件的代码
});
```

为了能正确使用 ready 事件，必须确保<body>标签中没有定义 onload 事件，否则不会触发 ready 事件，而且 onload 事件必须要等到所有元素下载完成后才会执行，这会影响到执行的效率。

还可以使用比较简洁的语法：

```
$().ready(function)
```

还可以直接书写为：

```
$(function)
```

其中 function 表示在页面加载时要执行的函数，在一个页面内可以同时定义多个 read()事件处理代码，它们会在页面加载时依照定义的先后次序统一得到执行，就好像是在一个函数体内执行了多段代码一样。

为了理解页面初始化事件的编写方式和执行方式，下面新建一个页面（参见源代码 chapter10\document_ready.html），在页面上编写如下页面加载事件语句。

【示例 10-12】　加载事件

```
01  <script type="text/javascript" src="../jquery-1.11.2.js"></script>
02  <script type="text/javascript">
03     //使用最简单的加载事件语法
04     $(function(){
05           alert("你好，这个提示框最先弹出！");
06     });
07     //完整的页面加载事件语法
08     $(document).ready(function(e) {
09         alert("这个对话框会按定义的次序在前一个对话框之后弹出！");
10     });
11     //第3种页面加载事件语法
12     $().ready(function(e) {
13         alert("简单的页面加载事件的写法");
14      });
15     //第4种页面加载事件语法
16     jQuery().ready(function(e) {
17         alert("这个对话框会在最后被弹出！");
18     });
19  </script>
```

这个代码示例分别演示了 4 种不同的页面加载事件的写法，用于弹出对话框，运行时会看到，所有的页面加载事件都得到了执行，而如果是多次关联 window.load 事件，则只有最后一个会被执行。

10.4.4 绑定事件

一般会在页面加载事件中为 DOM 中的元素关联事件，jQuery 封装了 DOM 元素的事件处理方法，提供了一些绑定标准事件的简单方式，比如本章多次使用的$("#button1").click()这样的绑定方式，jQuery 还提供了一个名为 bind 的方法，专门用于事件的绑定，其语法如下所示：

```
$(selector).bind(event,data,function)
```

参数的作用如下所示：

- event 参数可以是所有的 javaScript 事件对象，有如下事件处理类型：blur, focus, focusin, focusout, load, resize, scroll, unload, click, dblclick, mousedown, mouseup, mousemove, mouseover, mouseout, mouseenter, mouseleave, change, select, submit, keydown, keypress, keyup, error 可以作为 event 参数传入。
- 可选的 data 参数作为 event.data 属性值传递给事件对象的额外数据对象。
- function 则是用来绑定的处理函数，一般事件处理代码就写在这个函数的函数体内。

与 JavaScript 的事件处理类型相比，jQuery 的事件处理类型少了 on 前缀，比如在 JavaScript 中的 onclick，在 jQuery 中为 click。

举个例子，为按钮关联 click 事件处理代码，可以使用简单的事件关联语句：

```
$("#button").click(function(){
    //在这里编写代码
});
```

也可以使用 bind 函数来编写事件处理代码，接下来新建一个网页（参见源代码 chapter10\bind_event.html），在该网页内部添加两个按钮，并且使用 bind 方法绑定事件，绑定事件的 HTML 页面如下所示。

【示例 10-13】 bind 方法绑定事件

```
01  <style type="text/css">
02  body,td,th,input {
03      font-size: 9pt;
04  }
05  #content {
06      /*jQuery 的 show 方法仅对 display:none 有效果*/
07      display: none;
```

```
08        /*设置 DIV 边框*/
09        border: 1px solid #060;
10    }
11    </style>
12    <body>
13    <input type="button" name="btn1" id="btn1" value="显示消息" /><br />
14    <input name="btn2" type="button" id="btn2" value="特效动画" />
15    <div id="content">
16    <pre>
17    $(selector).bind(event,data,function)
18    </pre>
19    </div>
20    </body>
```

在示例的 HTML 代码中，放置了两个按钮，分别是 btn1 和 btn2，将用来显示消息以及动画显示或隐藏消息。而消息是定义在 div 中的一段用 pre 元素包裹的描述文本，接下来使用 bind 方法来为这两个按钮添加事件处理代码，实现代码如下所示。

```
01    <script type="text/javascript" src="../jquery-1.11.2.js"></script>
02    <script type="text/javascript">
03      $(document).ready(function(e) {
04          //绑定到按钮的 click 事件，动态显示 DIV 内容
05        $("#btn1").bind("click",function(){
06             $("#content").show(3000);
07         });
08        //绑定到按钮的 click 事件，动画显示或隐藏 DIV 内容
09        $("#btn2").bind("click",function(){
10             //如果 DIV 当前已经显示
11            if ($("#content").is(":visible")){
12               $("#content").hide(1000,showColor);        //则隐藏 DIV 的显示
13            }
14            else
15            {
16                //否则动画显示 DIV 元素
17              $("#content").show(3000,showColor);
18               //设置显示时的颜色为黄色，动画显示完成使用回调函数设置为绿色
19               $("#content").css("background-color","yellow");
20            }
21         });
22        });
23        //动画显示时的回调函数
24       function showColor()
```

```
25        {
26          $("#content").css("background-color","green");
27        }
28    </script>
```

示例中使用 bind 语句分别为 btn1 和 btn2 关联了事件处理代码，在第 1 个 bind 事件中调用 div 元素 content 的 show 方法，让其渐渐显示，第 2 个按钮 btn2 将判断 content 是否显示，如果显示则让其隐藏，否则让其慢慢显示，运行效果如图 10.39 所示。

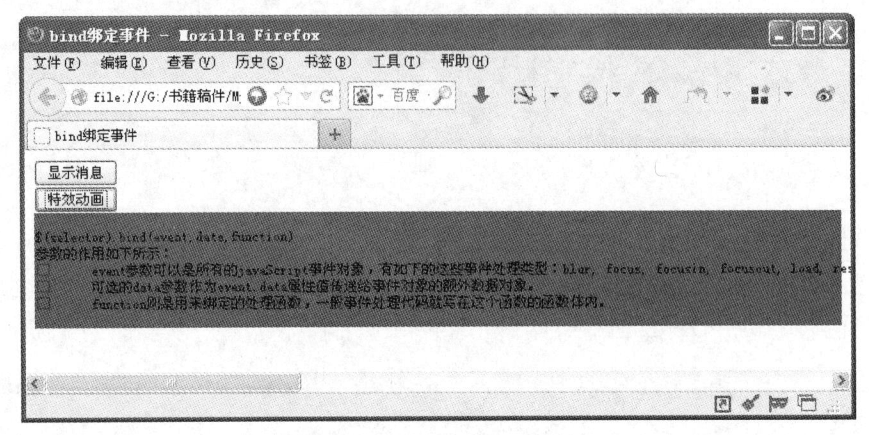

图 10.39 bind 事件处理效果

bind 方法还可以同时关联多个事件处理代码，这样可以一次性地为同一个元素关联多种不同的事件处理程序。例如可以对 btn1 按钮既绑定 click 事件，又绑定 mouseover 和 mouseout 事件，代码如下所示：

```
$("#btn1").bind({
  click:function(){$("#content").show(3000);},                    //绑定按钮单击事件
  mouseover:function(){$("#content").css("background-color","red");},
//绑定鼠标移入事件
  mouseout:function(){$("#content").css("background-color","#FFFFFF");}
//绑定鼠标移出事件
});
```

可见 bind 的功能相较之简单的直接关联，还是非常方便的。

10.4.5 移除事件绑定

移除事件关联使用与 bind 方法对应的 unbind 方法，该方法会从指定的元素上删除一个或多个事件和处理程序。其语法如下所示：

```
$(selector).unbind(event,function)
```

如果不指定 unbind 的任何参数，将移除选定元素上的所有的事件处理程序，参数 event 指定要删除的事件，多个事件之间用空格分隔，function 用来指定取消绑定的函数名。

下面新建一个名为 unbind_event.html 的网页，将上一小节的示例 bind_event.html 的内容拷贝到该网页上，然后添加两个新的按钮，用来移除事件的绑定，新添加的按钮 HTML 代码如下：

```
<input type="button" name="btn3" id="btn3" value="移除按钮1的事件" /><br />
<input name="btn4" type="button" id="btn4" value="移除按钮2的事件" />
```

接下来在页面加载事件中添加如下代码来移除按钮 1 和按钮 2 的事件绑定，代码如下所示：

```
01      $("#btn3").click(
02          function(){
03          $("#btn1").unbind("click");             //移除btn1的click事件处理
04          });
05        $("#btn4").click(
06          function(){
07          $("#btn2").unbind();                //移除btn2的所有的事件处理
08
09         });
```

btn3 的单击事件处理代码中，unbind 指定了 click 参数，表示仅移除 click 事件处理器，而 btn4 的 unbind 没有指定任何参数，则表示移除 btn2 的所有事件处理代码。

10.4.6 切换事件

当两个以上的事件绑定到一个元素上时，可以定义根据元素的不同的动作行为在不同的动作间进行切换。比如超级链接<a>标签，当鼠标悬停时可以触发一个事件，鼠标移出时可以触发另一个事件。jQuery 中有两个方法用来定义事件的切换，分别是：

- hover 方法：元素在鼠标悬停与鼠标移出的事件中进行切换，这个方法实际上是对 mouseenter 和 mouseleave 事件的合并，用来模仿一种鼠标悬停的效果。
- toggle 方法：可以依次调用多个指定的函数，直到最后一个函数，接下来又重复对这些函数进行轮流调用。目前在新版本中已经废弃，这里不再详细讲述。

hover 方法模拟鼠标悬停效果，其声明语法如下所示：

```
hover([over,]out)
```

可选的 over 表示鼠标经过时要执行的事件处理代码，out 表示鼠标移出时要执行的事件处理代码。为了演示 hover 方法的效果，新建一个网页（参见源代码 chapter10\hover_event.html）。

【示例 10-14】 hover 方法的效果

```
<body>
<div id="container">
<h2 style="margin:0px">关于 hover 方法的作用</h2>
<div id="content">
</div>
</div>
</body>
```

接下来使用 hover 来定义事件切换效果，hover 方法的使用方法如下所示。

```
01   <script type="text/javascript" src="../jquery-1.11.2.js"></script>
02   <script type="text/javascript">
03     $(document).ready(function(e) {
04        //为 h2元素定义切换事件
05       $("h2").hover(
06         //当鼠标移动到 h2里面时，调用 show 方法
07         function(){
08             $("#content").show("fast");
09         },
10         //当鼠标移出 h2元素时，调用 hide 方法
11         function(){
12             $("#content").hide("fast");
13         }
14       );
15   });
16   </script>
```

可以看到 hover 方法内部定义了两个函数代码，分别表示悬停和移出的事件处理代码，悬停时会快速显示 id 为 content 的 div 内容，移出时会隐藏 div 中的内容，因此运行时可以发现，hover 实际上就是 mouseenter 和 mouseleave 事件的合并。

10.5 小结

本章是对 jQuery 框架的技术概览，围绕 jQuery 框架的对象、选择器、DOM 操作和事件进行讲解，每个技术点都辅助以很小的网页案例，相信通过这样的讲解方式，读者能一遍学会 jQuery 的操作方法。jQuery 的目的就是简化操作，读者也会发现本章很多案例都只用几行代码就可以搞定。

第 11 章
◂ jQuery Mobile移动开发入门 ▸

jQuery Mobile 是一个用来构建跨平台移动 Web 应用的轻量级开源 UI 框架，具有简单、高效的特点，能够让没有美工基础的开发者在极短的时间内做出非常完美的界面设计，并且它几乎支持市面上所有的常见移动平台。可以说，jQuery Mobile 是移动开发者梦寐以求的神器。本章将介绍在使用 jQuery Mobile 进行开发时所必须掌握的一些名词，如 HTML 5。

本章主要包括以下内容：

- 什么是跨平台移动开发框架
- 常见的跨平台移动开发框架有哪些
- 什么是 jQuery Mobile
- 为什么要选择 jQuery Mobile

11.1 跨平台移动开发框架

马克思在资本论中曾经提到过，一切社会形态都取决于生产力。而对一名开发者来说，生活水平（主要指收入）也主要由生产力来决定。为了提高生产力主要有两条路可以选择：

（1）努力学习，积累经验使自己具有更高的技术。

（2）选择更高效的开发工具。

本书主要介绍的是如何利用更高效的工具来提高开发效率，作为跨平台开发者，你将在本书中得到你需要的技术。

如何使用工具来提高开发效率呢？曾经有人设想有这样一款 IDE（集成开发环境），开发者可以将自己的需求通过键盘输入 IDE 中，IDE 就会自动生成开发者所需要的软件了。这确实是软件工程学科近些年比较热门的一项课题，可惜的是还远远不能实现需求。

因此就只能退而求其次，于是跨平台移动开发框架就应运而生了。

11.1.1 什么是跨平台移动开发框架

近年来随着硬件设备和平台的不断发展，手持移动设备的计算能力得到了显著的提高，智能手机和平板电脑已经越来越多地出现在人们的日常生活中。无论是多么强大的硬件还是多么优秀的平台，都要有软件来支撑。但是厂商之间的竞争导致软件在不同平台中不兼容的现象。比如安卓上的 apk 文件就无法在 iOS 中运行，甚至是早期一些安卓上运行的 APP 在当前的大屏手机上也无法正常显示。

作为一名开发者，这时就不得不做出取舍，是选择自己精通的一个平台做好呢？还是花费大量的时间和精力同时进行多个平台的开发，甚至是花钱雇人来开发其他的平台？这看似一个难以抉择但是又没有完美答案的选择题。

能不能选择一种完美的方案呢？当然可以，因为有跨平台移动开发框架。

所谓跨平台移动开发框架，可以简单地分解成几个词语：“跨平台”、“移动”、“开发框架”。跨平台指的是只需要经过一次开发，得到的应用就可以在多个平台上流畅运行。目前比较主流的移动操作系统包括 Android、iOS、Windows Phone（简称 WP）、BlackBerry、MeeGo 等，为了实现在这么多系统之间兼容，跨平台开发框架往往采用 HTML 5 为开发语言，然后利用 Web 执行，或者有专门的开发环境能够生成全部平台适用的安装文件。

就拿本书介绍的 jQuery Mobile 为例，它是一款基于 HTML 5 的跨平台开发框架，可以利用它来生成非常华丽的网页文件，同时也可以借助另一款框架 PhoneGap 的帮助来分别生成 apk（安卓中的安装文件）、ipa（iOS 中的安装文件）或 xap（WP 中的安装文件）等格式的文件。如图 11.1 所示为一款跨平台开发框架主页上为了说明它的跨平台特性而设计的图片。

图 11.1　跨平台移动开发框架的特性

所谓移动自然指的是主要支持移动设备，也就是说这些框架是专为移动设备（如手机或平板）而定制的。这也说明该框架不会考虑一些比较老的 PC 浏览器（如 IE 6）的兼容性，但是大多数情况下在 PC 上仍然是可以正常使用的。

最后还剩下“开发框架”4 个字。跨平台开发框架令开发者感到欣慰的地方，在于它“开发框架”的特性，该特性使得它能够大大提高开发人员的效率。所谓开发框架，指的就是一组已经被定义好的设计构件。如在 HTML 5 中定义一个按钮非常容易，但是要为它加入一些好看的样式可能光 CSS 就要写几十行，但是有了 jQuery Mobile 后，只需要一行就可以了。

11.1.2　为什么选择跨平台移动开发框架

这个问题实在是没有必要再重申了，因为之前的所有内容都是在不断地铺垫，以使读者能够自己幡然醒悟：“哇！原来跨平台移动开发框架这么好啊！”

跨平台移动开发框架的优点如下：

（1）一次编写，多平台运行，自动适配各种屏幕尺寸。

（2）上手迅速，开发效率高。

（3）避过麻烦的重重审批，直接面向用户。

（4）没有美工基础的开发人员也可以设计出优秀的界面。

下面将分别就这 4 点来举例描述。

一次编写多平台运行。目前绝大多数智能手机都支持 HTML 5，况且还可以将内容打包成相应平台的应用，这更保证了应用的可运行性。

上手迅速，开发效率高。笔者身边许多同事是没有 HTML、JavaScript 开发经验的，甚至许多干脆就是销售人员，但是经过一两天的学习后，也能够做出一些非常不错的应用界面。

避过重重审批，直接面向用户。上传到应用市场能不能通过审批都是未知数（比如说 App Store 中的快播），为了能够面向用户（最根本的还是获得广告收入），最好的办法就是直接生成网页，只要有一台服务器就够了，甚至连域名也不需要。

其实这样也有一个缺点，就是没有了相应平台的推广。也就是说，需要开发者自己去推广自己的应用。然而反过来想，什么时候听说过“某某 OD”因为推广而发愁过。需要绕过审核的应用本身就对用户有着莫大的吸引力，让用户能够有兴趣主动去寻找它们。

即使是没有美工基础的开发人员也可以设计出优秀的界面，因为在这些开发框架中大多已经定义好了要使用的样式，开发者只要根据自己的需要对各种样式进行选择就可以了。其实不光是这些“高级”的集成开发环境，就算是原生的 SDK 中也集成了一些基础样式，只不过它们大多比较丑，需要开发者去进一步美化罢了。

11.1.3　常见的跨平台移动开发框架有哪些

常见的跨平台移动开发框架有：jQuery Mobile、Sencha Touch、Doju Mobile、AppCan、PhoneGap、Cocos2d-X 等。当然类似的框架还有很多，这里只列出这些比较有代表性的。下面将对它们进行一一介绍。

1．jQuery Mobile

jQuery Mobile 是 jQuery 在手机和平板上的版本，它不仅带来能够让主流移动平台支持的 jQuery 核心库，还包括了一整套完整和统一的移动 UI 框架。jQuery Mobile 不仅支持全球各个主流移动平台，PC 平台的 Web 应用中也常常看到它的身影。jQuery Mobile 的开发团队认为，jQuery Mobile 在向各种主流浏览器提供一种统一的用户体验（如图 11.2 所示为 jQuery Mobile）。

图 11.2　jQuery Mobile

2．Sencha Touch

Sencha Touch 是一款将现有的 ExtJS 框架整合 JQTouch、Rapha 库而推出的，适用于最前沿 Touch Web 的移动开发框架。Sencha Touch 可以让 Web App 看起来更像 Native App，其美丽的用户界面组件和丰富的数据管理，全部基于最新的 HTML 5 和 CSS3 的 Web 标准，且全面兼容 Android 和 iOS 设备。

Sencha Touch 所自带的主题样式可以说是所有开发框架中最接近 iOS 原生样式的，甚至能以假乱真。另外，它还给 Android 开发人员准备了若干套适用于 Android 的主题。

Sencha Touch 与其他移动开发框架相比，最大的优点还在于其提供了增强的触摸事件处理机制，在 touchstart、touchend 等标准事件的基础上，增加了一组自定义事件数据集成，如 tap、swipe、pinch、rotate 等。这些事件使得 Sencha Touch 能够更好地处理页面中的手势判断等操作，为用户带来更强大的交互式体验（如图 11.3 所示为 Sencha Touch）。

图 11.3　Sencha Touch

3．jQ Touch

看到这个名称，可能很多读者会以为这是一款与 Sencha Touch 一样，通过增加对手势的处理来增强交互性的框架。它名字中虽然带有一个“Touch”，但是 jQ Touch 的特色在于通过增强浏览器中的动画、渐变以及导航列表等效果来达到目的。随着 iPhone、iPod Touch 等设备的使用日益增多，jQ Touch 无疑为手机网站的开发减少了工作量，而且在样式和兼容性方面也得到了很大的提高。

准确地说，jQ Touch 并不能完全算作一款移动开发框架，因为它原本只是来自于 Sencha Libs 的一款 jQuery 插件，用于在 iPhone 等触屏设备上实现一些简单的动画效果。笔者认为将它作为一个包含了比较全面的 UI 效果的 JavaScript 库来使用会更合适一些（如图 11.4 所示为 jQ Touch）。

图 11.4　jQ Touch

随着触屏移动设备的增多，jQ Touch 团队在这上面确实下了不少苦功，以至于它现在越来越“像”一款开发框架了。目前 jQ Touch 已经能够提供很好的文档管理，并且容易使用。但是仍然存在为数不少的 bug，包括官方提供的一些小 demo 也存在一些问题。

另外，这款框架是基于 WebKit 内核的，也就是说它并不是一款完全的跨平台开发框架，至少它不能支持 Gecko（FireFox 和 Opera 浏览器的内核）。

4．Doju Mobile

Doju Mobile 是 Dojo 工具包的一个扩展，提供了一系列小部件或组件，来帮助开发者快速生成希望获得的界面效果。与 Sencha Touch 类似的是，Doju Mobile 也致力于通过 HTML 5 来模拟出原生应用的界面效果，对于一些不熟悉开发的用户来说，根本看不出这类应用与原生应用的差别。

另外，Doju Mobile 还拥有可定制的主题，如同样的页面在 iOS 用户和 Android 用户访问时，看到的界面也许会完全不同（如图 11.5 所示为 Doju Mobile）。

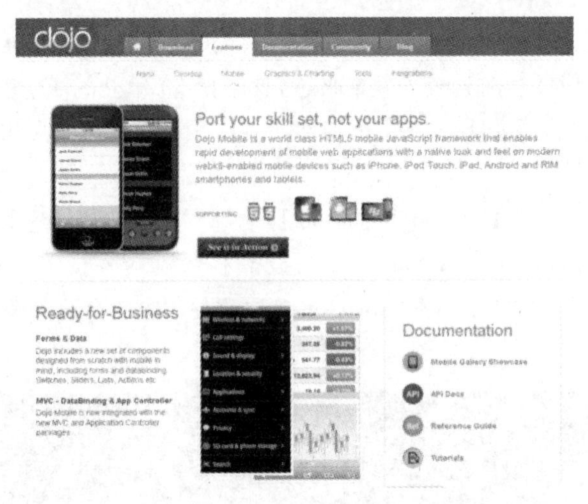

图 11.5　Doju Mobile

Doju Mobile 与 jQ Touch 都是基于 WebKit 内核的开发框架，但这却并不代表它不能支持其他内核的浏览器。经过笔者的测试，它在 Firefox 和 Chrome 中都有着不俗的表现。

除了这些之外，Doju Mobile 有一个独有的特点是非常值得其他几款框架的开发者学习的，那就是 Doju Mobile 本身在 UI 样式中不使用图片来加快浏览的速度，但是当应用中不可避免地需要图片资源时，Doju Mobile 提供了一些有用的机制（如 DOM button 和 CSS sprite）来降低图像需求，并减少服务器的 HTTP 请求数量。

5．AppCan

AppCan 是国内开发的移动开发框架，同时也是国内 Hybrid App 混合模式开发的倡导者。AppCan 应用引擎支持 Hybrid App 的开发和运行，并且着重解决了基于 HTML 5 的移动应用“不流畅”和“体验差”的问题。使用 AppCan 应用引擎提供的 Native 交互能力，可以让 HTML 5 开发的移动应用基本接近 Native App 的体验（如图 11.6 所示为 AppCan）。

图 11.6　AppCan

与 Phonegap 支持单一 WebView 且使用 div 为单位开发移动应用不同，AppCan 支持多窗口机制，让开发者可以像开发最传统的网页一样，通过页面链接的方式灵活地开发移动应用。基于这种机制，开发者可以开发出大型的移动应用，而不是只开发简易类型的移动应用。

与其他开发框架不同的是，AppCan 提供了专门的 IDE 集成环境，并能够调用移动设备的各个组件（如摄像头、话筒等），开发者可以通过 JS 接口调用，轻松构建移动应用。

它的优点除了能够生成安装文件和调用系统功能之外，更多的还是集中在一个“快”字上。确实，AppCan 生成的应用运行起来确实要流畅得多，但是由于开发门槛较低再加上是国内研发的原因，使用 AppCan 的开发者总会受到或多或少的歧视，但是最近这一现象已经大有改观。

6．PhoneGap

PhoneGap 是一款基于 HTML、CSS 和 JavaScript 的创建移动跨平台移动应用程序的快速开发平台，它使开发者能够利用 iPhone、Android、Palm、Symbian、WP、Bada 和 Blackberry 等智能手机的核心功能——包括地理定位、加速器、联系人、声音和振动等。此外 PhoneGap 还拥有丰富的插件，可以以此扩展无限的功能（如图 11.7 所示为 PhoneGap 架构图）。

与前面介绍的几款框架不同，PhoneGap 并不带有任何 UI 样式，并且也无法独立使用，但是它可以依靠各个平台的 IDE（如 Android 的 Eclipse）将 HTML 文件生成相应的安装文件，同时可以使 HTML 能够调用系统功能，如发短信、GPS、手电筒等。整个流程的效果如图 11.8 所示。

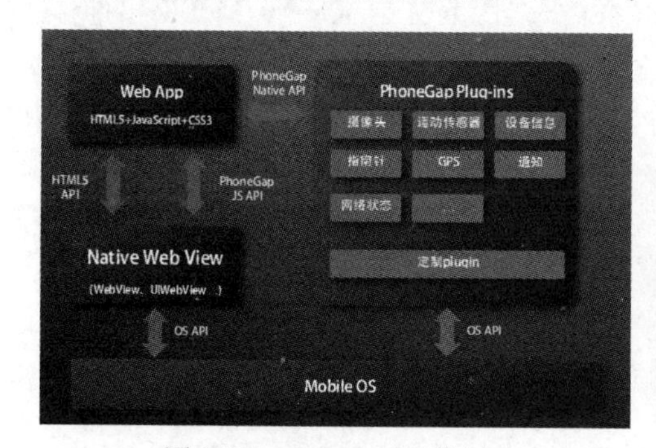

图 11.7　PhoneGap 架构图

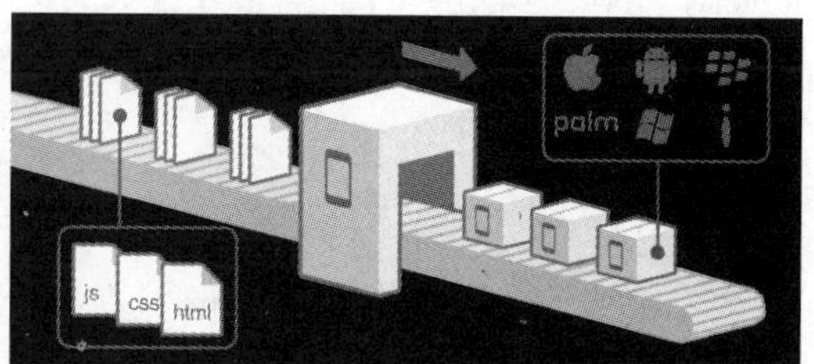

图 11.8　PhoneGap 将 HTML 文件生成应用

7．Cocos2d-X

Cocos2d-X 是一款比较独特的开发框架，笔者截取了 Cocos2d-X 官网上的一些案例截图，如图 11.9 所示。

图 11.9　使用 Cocos2d-X 开发的应用

读者是否有发现这些图标非常熟悉，全部是游戏？Cocos2d-X 其实是一款强大的跨平台移动游戏开发框架，而这么多的“Top10 Gams”竟然都出自于同一款开发框架，所以它的强大自然是毋庸置疑的。

11.2 认识 jQuery Mobile

经过之前的学习，相信读者已经了解到什么是跨平台移动开发框架，以及为什么要使用跨平台移动开发框架，接下来就应该选择一款框架来进行学习了。

目前市面上有大量的移动开发框架，最重要的是它们还都是免费且开源的，而且这些框架都是各具特色，很难说出哪一款会比较好一些。因此，想要选择一款适合自己的开发框架是有一定难度的。最终笔者选择使用 jQuery Mobile。

11.2.1 为什么选择 jQuery Mobile

笔者刚开始了解到的是 jQuery Mobile、Sencha Touch 和 PhoneGap 这 3 个框架。PhoneGap 不必多说，不管是 jQuery Mobile 还是 Sencha Touch，最终都要靠它来打包成 apk 文件。但是当初之所以选择 jQuery Mobile 而不是 Sencha Touch，主要是因为关于 jQuery Mobile 的资料要比 Sencha Touch 多一些，也因为 jQuery Mobile 确实比 Sencha Touch 更容易上手。

jQuery Moble 华丽的 UI 控件以及强大的跨平台能力让人一直对它非常放心，如图 11.10 所示为是它目前所能支持的平台。

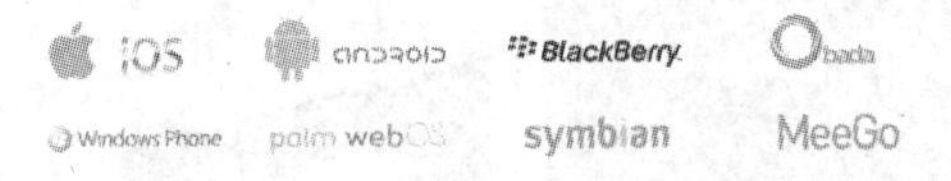

图 11.10　jQuery Mobile 所支持的平台

除了跨平台的特性之外，jQuery Mobile 还有严谨的开发过程。在 jQuery Mobile 官网上有着 jQuery Mobile 每一个控件每一项属性的使用方法，可以毫不夸张地说，它是当前所有跨平台开发框架中文档最详细的一个，如图 11.11 所示。

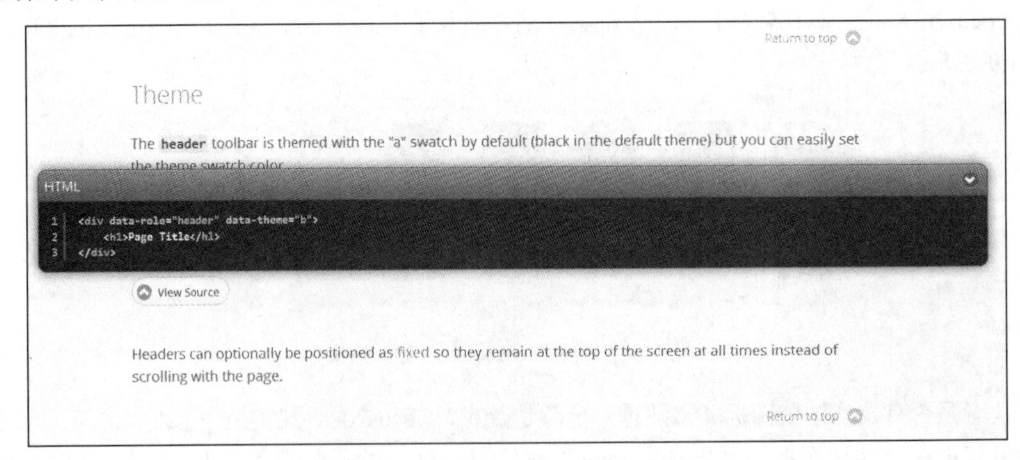

图 11.11　jQuery Mobile 的文档示例

每一个属性的用法都给出了简单但是非常详细的 demo，还可以直接查看运行后的效果，这就为开发者的学习铺平了道路。

随着后来对 jQuery Mobile 理解的逐渐深入，笔者又发现了它更多的优点。jQuery Mobile 的优点主要包括：渐进式增强的主题界面、简单但是有条理的标记化语言规范、自适应布局三点，下面会分别介绍。

11.2.2　渐进式增强的主题界面

前面提到过，跨平台框架其实并不能支持全部的平台，比如说 IE 6。笔者在阅读 jQuery Mobile 的支持手册时发现了一个有意思的问题，jQuery Mobile 对浏览器的支持竟然分为不同的级别，如图 11.12 所示。它使用了 A、B、C 3 种不同的标记来定义这 3 种不同的级别，用以区分浏览器对于 jQuery Mobile 的支持程度。其中“A”级别的浏览器对 jQuery Mobile 的支持度最低，而 C 级别的浏览器中 jQuery Mobile 所显示的样式与 WAP 页面没有什么不同。

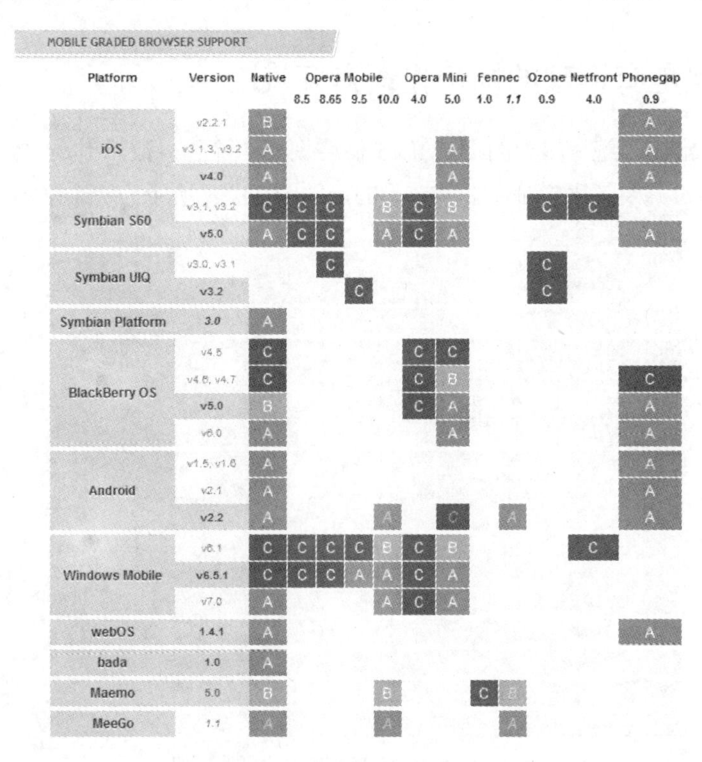

MOBILE GRADED BROWSER SUPPORT

Platform	Version	Native	Opera Mobile				Opera Mini		Fennec		Ozone	Netfront	Phonegap
			8.5	8.65	9.5	10.0	4.0	5.0	1.0	1.1	0.9	4.0	0.9
iOS	v2.2.1	B											A
	v3.1.3, v3.2	A						A					A
	v4.0	A						A					A
Symbian S60	v3.1, v3.2	C	C	C		B	C	B			C	C	
	v5.0	A	C	C		A	C	A					A
Symbian UIQ	v3.0, v3.1			C							C		
	v3.2				C						C		
Symbian Platform	3.0	A											
BlackBerry OS	v4.5	C					C	C					
	v4.6, v4.7	C					C	B					C
	v5.0	B					C	A					A
	v6.0	A						A					A
Android	v1.5, v1.6	A											A
	v2.1	A											A
	v2.2	A				A		C		A			A
Windows Mobile	v6.1	C	C	C	C	B	C	B				C	
	v6.5.1	C	C	C	A	A	C	A					
	v7.0	A				A	C	A					
webOS	1.4.1	A											A
bada	1.0	A											
Maemo	5.0	B				B			C	B			
MeeGo	1.1	A				A				A			

图 11.12　主流手机浏览器对 jQuery Mobile 的支持情况

jQuery Mobile 官方给出了对这 3 种级别的定义：

```
  A: a browser that's capable of, at minimum, utilizing media queries (a
requirement for jQuery Mobile). These browsers will be actively tested against
but may not receive the full capabilities of jQuery Mobile.
```

这类浏览器比较强大，大多数具备对视频/音频的支持，因此 jQuery Mobile 的开发团队也会主要针对这类浏览器进行测试，因此 jQuery Mobile 在这类浏览器中的运行效果是非常好的。

```
B: a capable browser that doesn't have enough market share to warrant day-to-day testing. Bug fixes will still be applied to help these browsers.
```

这类浏览器也非常不错，但是由于没有很大的用户群体，因此 jQuery Mobile 的开发团队也不会过多地测试这类浏览器上的使用效果，因此仍然会有 bug 出现。

```
C: a browser that is not capable of utilizing media queries. They won't be provided any jQuery Mobile scripting or CSS (falling back to plain HTML and simple CSS).
```

这类浏览器连许多基本的 CSS 样式都无法支持，因此 jQuery Mobile 也无法保证 jQuery Mobile 在这类浏览器上的运行效果。

有一点是肯定的，即使是 C 级的浏览器，当它运行 jQuery Mobile 时依然能够保证使用大多数的功能，如本该是文本框的地方仍然是文本框，只是少了一些样式而已。

11.2.3　简单但是有调理的标记化语言开发

jQuery Mobile 沿用了绝大多数的 HTML 5 命名规范，除了少数新引入的数据类型外，其他的内容对于 HTML 5 开发者来说都是非常熟悉的，如图 11.13 所示为一个基本的 jQuery Mobile 框架代码。

```
1  <!DOCTYPE html>
2  <html>
3  <head>
4  <meta http-equiv="Content-Type" content="text/html; charset=utf-8" />
5  <meta name="viewport" content="width=device-width, initial-scale=1">
6  <link rel="stylesheet" href="jquery.mobile.min.css" />
7  <script src="jquery-1.7.1.min.js"></script>
8  <script src="jquery.mobile.min.js"></script>
9  </head>
10 <body>
11     <div data-role="page">
12         <div data-role="footer">
13             <!--头部栏的内容-->
14         </div>
15         <div data-role="content">
16             <!--页面的正文-->
17         </div>
18         <div data-role="header">
19             <!--尾部栏的内容-->
20         </div>
21     </div>
22 </body>
23 </html>
24
```

图 11.13　jQuery Mobile 基本的页面框架

现在可以暂时先不去管它们的具体意思，从图中可以得到至少两点信息：

（1）它真的非常像普通的 HTML 页面。

（2）代码的缩进非常舒服。

首先第一条是毋庸置疑的，毕竟它就是基于 HTML 5 的开发框架，不过可以看到在代码中仅使用了 div 标签而没有引入新的标签，仅仅是通过 data-role 属性来区分各个部分，并且 data-role 的命名方式也是完全符合 HTML 5 的命名规范的。

其次是代码的缩进，可以看到页面被分成 3 个部分，各个部分之间的层次感非常强。相信开发过 HTML 页面的读者们都有被 div 的层次搞得晕头转向的经历，但是在 jQuery Mobile 中，只要把握好页面的结构，这样的事情就绝对不会发生。

11.2.4　自适应布局

在 HTML 中，对于不同尺寸分辨率屏幕的匹配一直是开发人员非常头疼的一个问题，不过在 jQuery Mobile 中却不需要再为这样的事情发愁。因为 jQuery Mobile 能够根据屏幕的尺寸自动匹配最合适的样式。如图 11.14 和图 11.15 所示为本书后面会介绍的一个例子，笔者分别在较小的窗口和全屏的浏览器中运行它，对比同一个页面在不同屏幕中的效果。

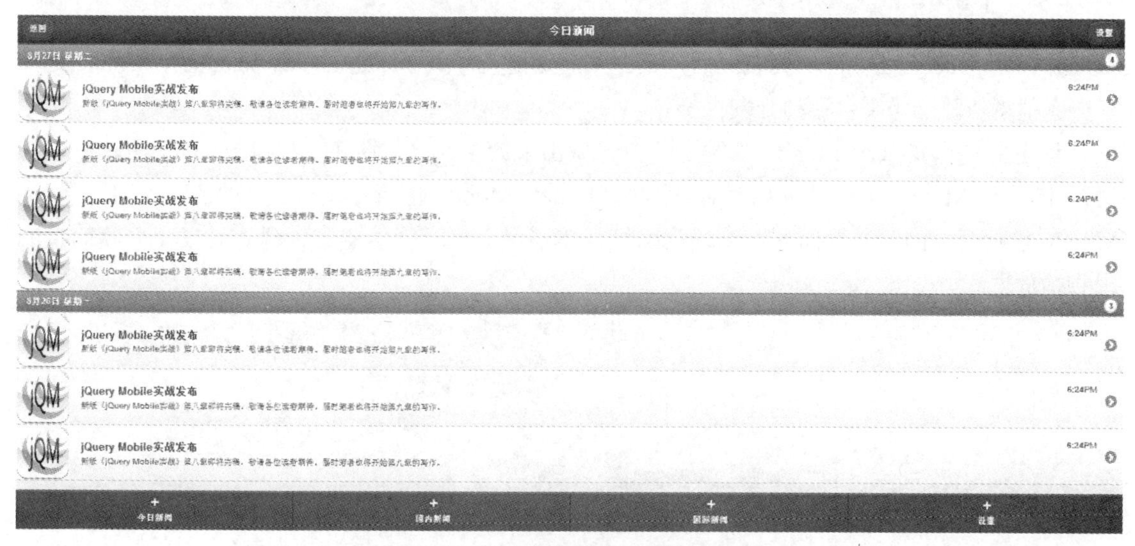

图 11.14　jQuery Mobile 运行在全屏的浏览器中（1366*768 像素）

图 11.15　jQuery Mobile 运行在手机屏幕上

通过对比可以发现，虽然屏幕的长宽比例发生了变化，但是却并没有影响整个界面的协调性。jQuery Mobile 通过将页面中的全部元素拉伸到占据页面宽度的全部，使得每一行中仅有一个元素来保证不会发生位置上的变形。同时也固定某些控件的相对位置，比如列表每一项右侧的箭头永远在列表项的最右侧。另外在图 11.15 中，列表项中实际上有一部分内容是超出了屏幕范围的，jQuery Mobile 会自动将这部分文字隐藏起来，来保证页面整体的美观和协调。

也正因为如此，jQuery Mobile 的应用也并不局限于手机应用，许多 PC 端的 Web 页面也是通过 jQuery Mobile 来实现的。

11.2.5 jQueryMobile 案例

介绍完 jQuery Mobile 的优点之后，接下来就通过几个例子来进一步证明 jQuery Mobile 确实是一套值得依赖的跨平台移动开发框架。

首先来看看 jQuery Mobile 开发团队自己做出来的东西，如图 11.16 和图 11.17 所示。该应用是 jQuery Mobile 开发团队所设计的一款 jQuery Mobile 的说明文档，很明显是使用 jQuery Mobile 进行开发的，其界面非常简洁和漂亮，本书最后一章就仿照这种样式开发了一款简单的视频播放器。

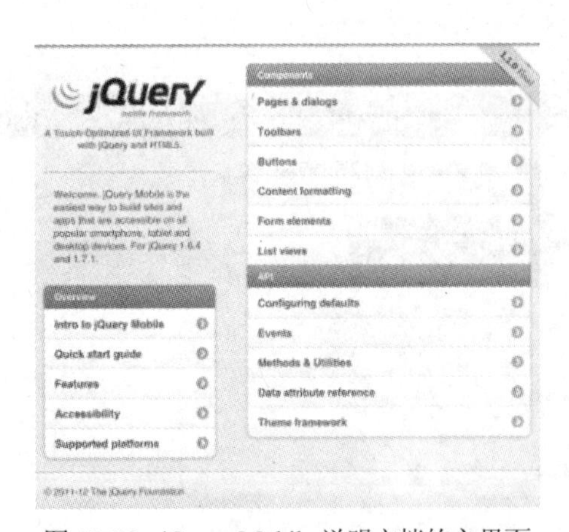

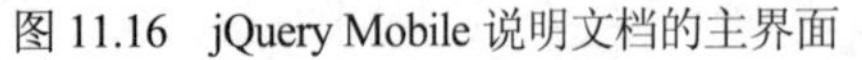

图 11.16 jQuery Mobile 说明文档的主界面

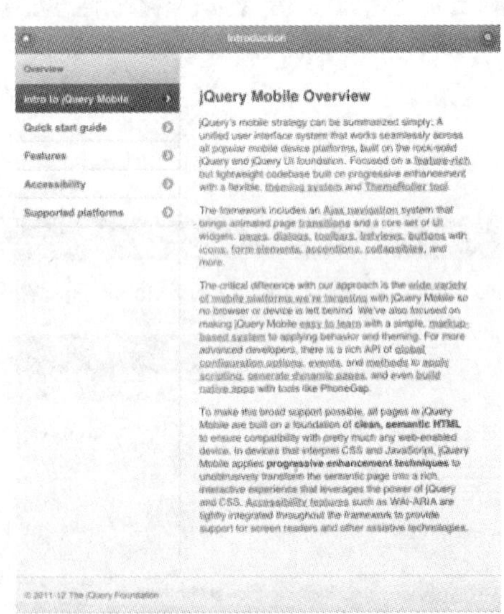

图 11.17 jQuery Mobile 说明文档界面

除此之外，斯坦福大学也用 jQuery Mobile 开发了适合手机访问的校园新闻网站，网址如下：

```
http://m.stanford.edu
```

整体界面非常简洁大气，如图 11.18 所示。

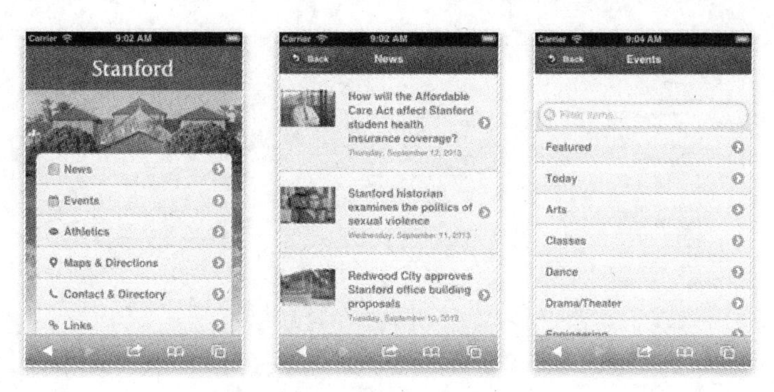

图 11.18 斯坦福大学的手机网站

WordPress 是 Web 开发者都非常熟悉的一款开源个人博客，已经有开发者为 WordPress 开发了基于 jQuery Mobile 的手机版主题，如图 11.19、图 11.20 和图 11.21 所示。

图 11.19 基于 jQuery Mobile 的 WordPress 主题 1

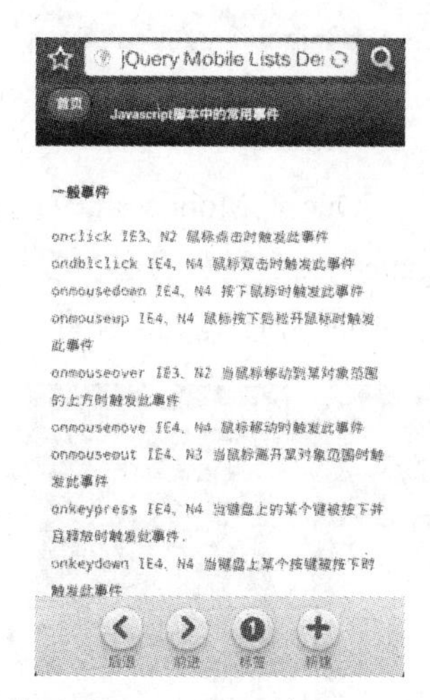

图 11.20 基于 jQuery Mobile 的 WordPress 主题 2

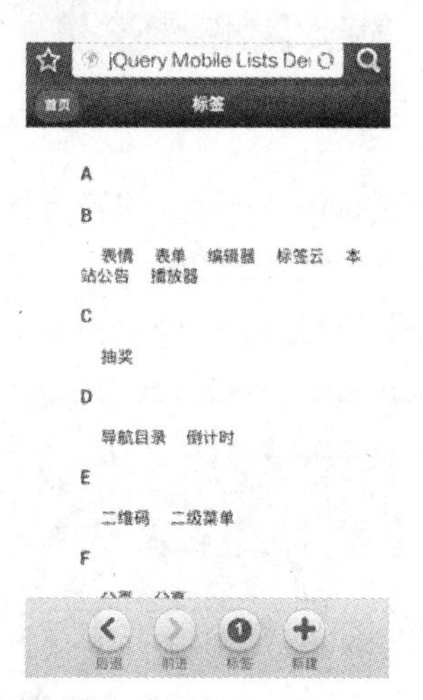

图 11.21 基于 jQuery Mobile 的 WordPress 主题 3

如图 11.22 所示为另一个基于 jQuery Mobile 的 WordPress 主题版本，只不过它应该是为平板电脑而设计的。

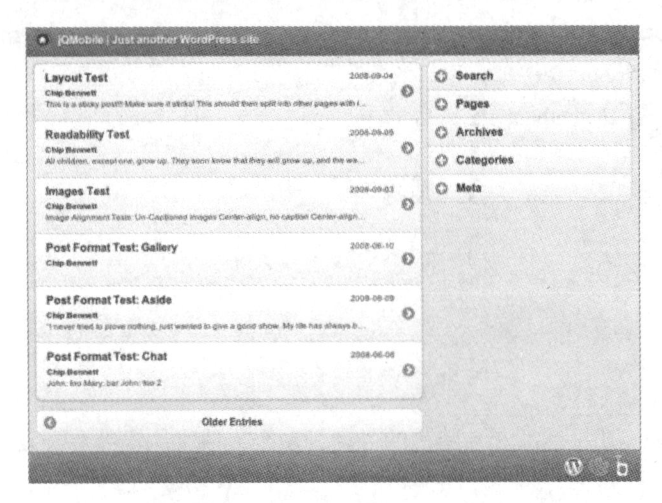

图 11.22　基于 jQuery Mobile 的 WordPress 主题

当然，它也有针对手机设计的版本，如图 11.23 所示。

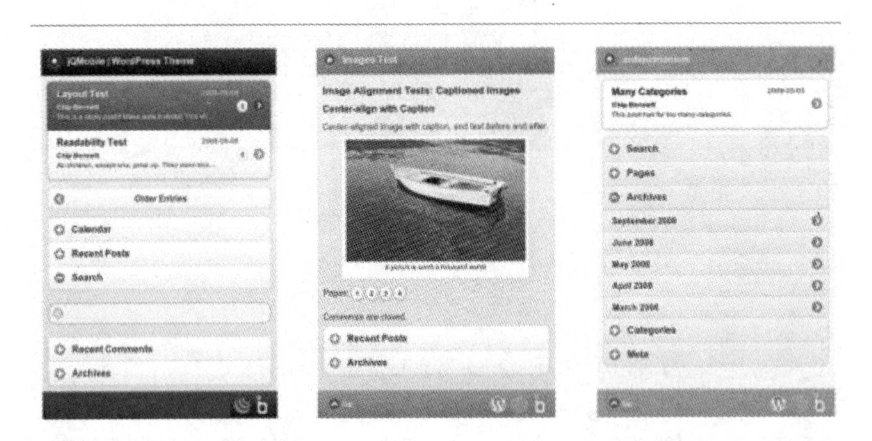

图 11.23　又一组基于 jQuery Mobile 的 WordPress 主题

另外在 jQuery Mobile 的官方网站还提供了许多利用 jQuery Mobile 开发的应用，如图 11.24、图 11.25 和图 11.26 所示。在网址 http://www.jqmgallery.com/可以查看更多这样的例子，事实上这个网站也是基于 jQuery Mobile 的，不得不说这是一件非常有意思的事情。

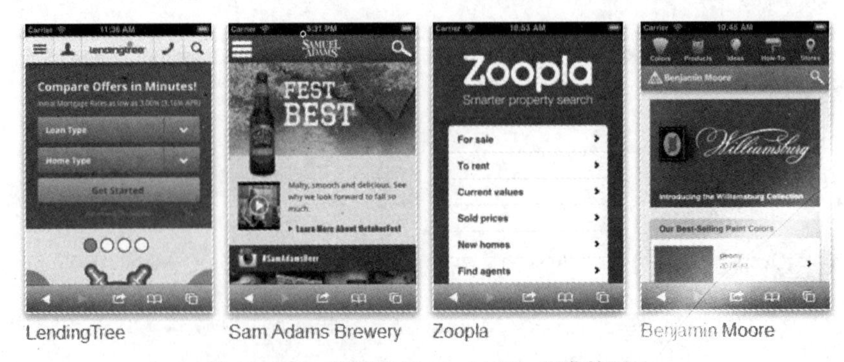

图 11.24　一些基于 jQuery Mobile 开发的网站

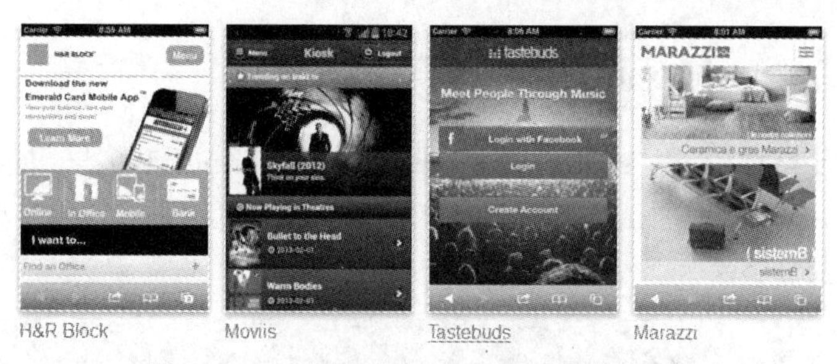

图 11.25　一些基于 jQuery Mobile 开发的网站

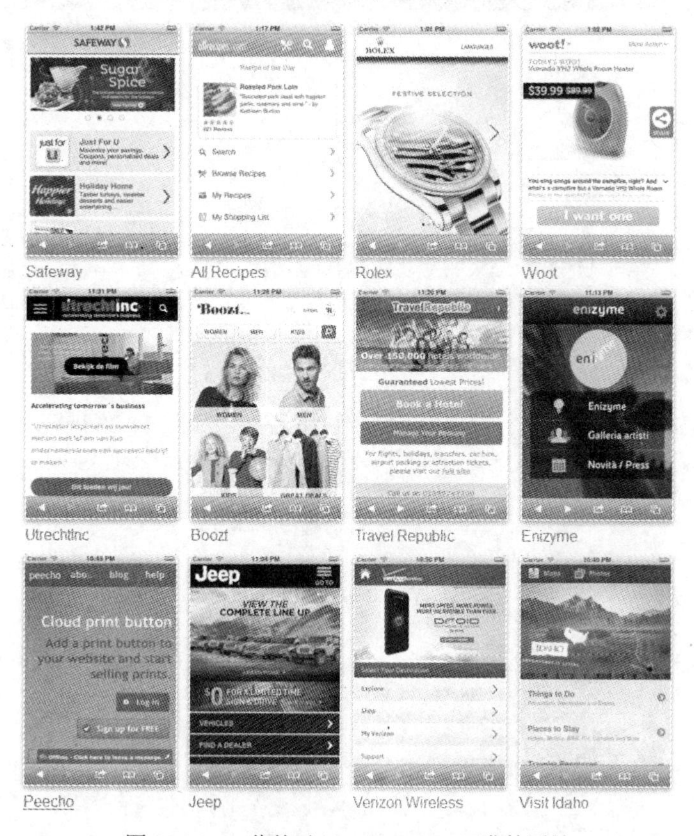

图 11.26　一些基于 jQuery Mobile 开发的网站

从这些例子中可以看出，国外利用 jQuery Mobile 的技术已经非常成熟了，而比较遗憾的是，目前还没有找到国内有使用 jQuery Mobile 比较成功的例子。这说明国内的开发者在消化新技术方面还是比较迟钝的，这也与交流氛围有很大的关系。

11.3 下载并应用 jQuery Mobile

前面把 jQuery Mobile 说得这么好，国外又把它应用得这么好，本节我们就来亲自动手，做一个自己的 jQuery Mobile 应用。

11.3.1 下载 jQuery Mobile

jQuery Mobile 下载的网址是：http://jquerymobile.com/download/单击页面中的最新版本，开始下载 jQuery Mobile，如图 11.27 所示。如果需要定制其中的控件，也可以单击“Download Builder”按钮进行定制。

图 11.27 下载 jQuery Mobile

下载下来的 jQuery Mobile 是个 zip 压缩包，解压后文件如图 11.28 所示。这里包含了 jQuery Mobile 的所有 js 文件、css 文件。

名称	类型	大小
demos	文件夹	
images	文件夹	
jquery.mobile.external-png-1.4.5.css	层叠样式表文档	120 KB
jquery.mobile.external-png-1.4.5.m...	层叠样式表文档	89 KB
jquery.mobile.icons-1.4.5.css	层叠样式表文档	127 KB
jquery.mobile.icons-1.4.5.min.css	层叠样式表文档	125 KB
jquery.mobile.inline-png-1.4.5.css	层叠样式表文档	146 KB
jquery.mobile.inline-png-1.4.5.min...	层叠样式表文档	116 KB
jquery.mobile.inline-svg-1.4.5.css	层叠样式表文档	222 KB
jquery.mobile.inline-svg-1.4.5.min...	层叠样式表文档	192 KB
jquery.mobile.structure-1.4.5.css	层叠样式表文档	90 KB
jquery.mobile.structure-1.4.5.min.css	层叠样式表文档	68 KB
jquery.mobile.theme-1.4.5.css	层叠样式表文档	20 KB
jquery.mobile.theme-1.4.5.min.css	层叠样式表文档	12 KB
jquery.mobile-1.4.5.css	层叠样式表文档	234 KB
jquery.mobile-1.4.5.js	JScript Script...	455 KB
jquery.mobile-1.4.5.min.css	层叠样式表文档	203 KB
jquery.mobile-1.4.5.min.js	JScript Script...	196 KB
jquery.mobile-1.4.5.min.map	MAP 文件	231 KB

图 11.28 下载 jQuery Mobile

如果要使用 jQuery Mobile，则必须在 HTML 页面的<head>中添加如下引用：

```
<head>
<link rel=stylesheet href=jquery.mobile-1.4.5.css>
<script src=jquery.js></script><!—这里是指你所使用的 jQuery 版本库文件 -->
<script src=jquery.mobile-1.4.5.js></script>
</head>
```

这里要注意，在<script>标签中没有指定属性 type="text/javascript"，是因为在 HTML5 已经不需要这个属性。JavaScrip 在所有现代浏览器中是 HTML5 的默认脚本语言。

11.3.2　使用 Dreamweaver 编辑 jQuery Mobile

jQuery Mobile 能够成功的一个原因，是它能够最大程度简化开发者所遇到的困难，因此自然不能为它配上太复杂的开发环境。对于新手来说，还是使用一些比较简单的网页开发工具会比较轻松一些。

本文推荐使用 Dreamweaver 的理由是：

（1）Dreamweaver 拥有目前所有前端编辑器中最流畅和最全面的代码提示功能，因此 Dreamweaver 能够提供最大程度的帮助。

（2）在 Dreamweaver CS 6 中提供了对 jQuery Mobile 以及 PhoneGap 的支持。

（3）利用 Adobe TV 功能可以实现对 jQuery Mobile 应用的实时预览，由于 jQuery Mobile 中的样式是在 jQuery 执行后加载到页面中的，因此要实时预览这样的页面非常困难，也只有 Dreamweaver 能够实现这一目标，当然另找一台 PC 不断刷新浏览器也是可以实现的。

因此建议读者一定要熟练掌握这个工具，前面章节已经介绍过 Dreamweaver，所以这里只是简单介绍下推荐的原因，不再详细说明如何使用。

11.3.3　创建第一个 jQuery Mobile 文件

首先打开 Dreamweaver，新建一个页面（参见源代码 chapter11\jqm_first.html），添加如下代码。

【示例 11-1】　创建 jQuery Mobile 文件

```
01  <!DOCTYPE>
02  <html xmlns="http://www.w3.org/1999/xhtml">
03  <head>
04  <meta http-equiv="Content-Type" content="text/html; charset=utf-8" />
05  <title>无标题文档</title>
06  <!-jQuery Mobile 需要的 CSS 样式-->
07  <link rel="stylesheet" src=" jquery.mobile-1.4.5. css" />
08  <!-jQuery 支持库-->
09  <script src=" jquery-1.11.2.js"></script>
10  <!-jQuery Mobile 需要的 JS 文件-->
11  <script src=" jquery.mobile-1.4.5.js"></script>
12  </head>
13      <body>
14          <!-这里面加入内容-->
```

```
15        </body>
16    </html>
```

因为没有在页面中加入任何内容，所以页面打开后将是一片空白。第 7 行引入的 css 是将来使用 JQuery Mobile 进行设计时所使用的样式文件，第 11 行引入的 js 文件是使用脚本选择页面中的元素，然后将对应的样式加载到相应的元素上去。

11.3.4 在 PC 上测试 jQuery Mobile

jQuery Mobile 流行的原因，其中最简单的一条就是能够像写网页一样开发应用，前面已经开发了一个简单的 jQuery Mobile 应用。这里提供几种在 PC 上测试应用的方法。

1．利用 Dreamweaver 的多屏预览测试

在 Dreamweaver 的工具栏中可以看到如图 11.29 所示圈注的按钮，通过它可以开启多屏预览功能。

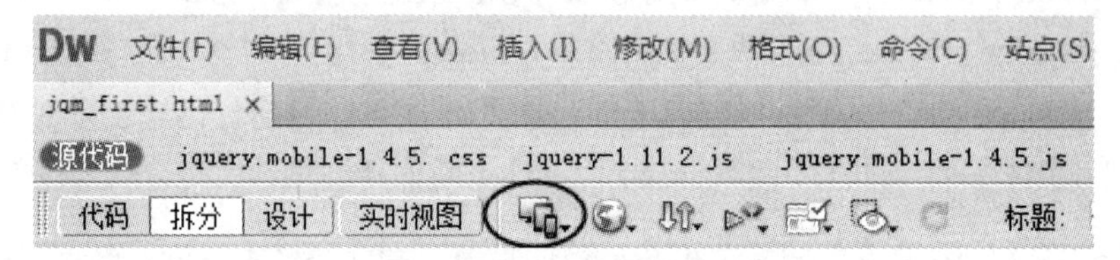

图 11.29　Dreamweaver 的多屏预览功能

这里使用前面创建的第一个页面 jqm_first.html 来进行测试，因为前面的内容为空，这里需要在<body>中添加任意一句话，打开多屏预览功能，效果如图 11.30 所示。

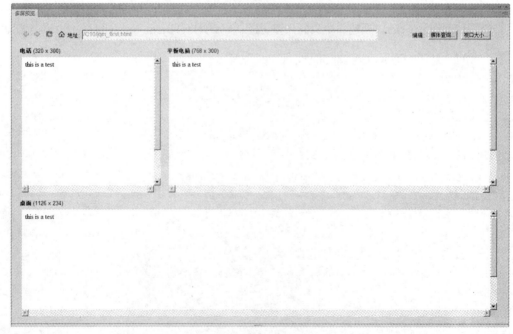

图 11.30　多屏预览的效果

实际上就是 Dreamweaver 自动生成了 3 个不同宽高比的屏幕，让它们同时在桌面上显示出来，但是它们的尺寸还是有点怪！

图 11.30 右侧有一个按钮“视口大小”（不同版本翻译可能有所不同），单击该按钮将弹出如图 11.31 所示的界面。Dreamweaver 为了保证三屏在界面上排列的好看，才做出了图 11.31 这样的设计，是因为这些宽高数据都是不合理的，需要读者根据实际设备尺寸进行修改。而按照用户使用手机的习惯，高度应该是大于宽度的。

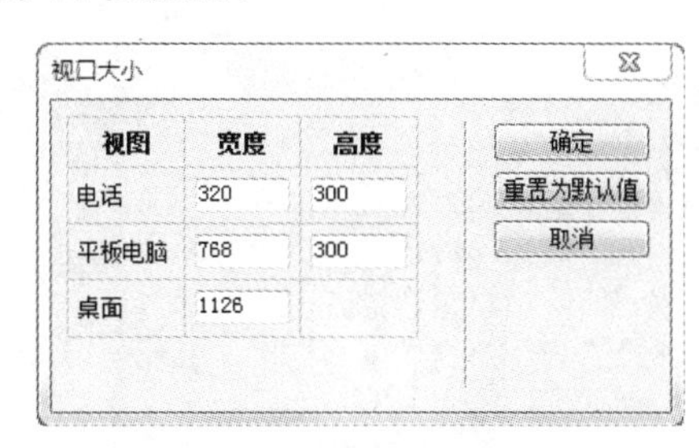

图 11.31 设置各屏幕的尺寸

2．利用 jQuery 测试

由于 Dreamweaver 的内核不是非常完美，而且开发移动应用自然要专注于测试在 Opera、Safari 等浏览器下的效果，像 IE 8 和 IE 6 这样的浏览器就可以不去考虑了。因此，为了有针对性地测试应用的显示效果，现在来介绍第二种方法。

创建一个页面（参见源代码 chapter11\jqm_test1.html），代码如下。

【示例 11-2】 利用 jQuery 测试

```
01  <!DOCTYPE>            <!—声明 HTML 5-->
02  <html xmlns="http://www.w3.org/1999/xhtml">
03  <head>
04  <meta http-equiv="Content-Type" content="text/html; charset=utf-8" />
05  <title>测试设备的分辨率</title>
06  <link rel="stylesheet"src="../jqm/jquery.mobile-1.4.5. css" />
07  <script src="../jquery-1.11.2.js"></script>
08  <script src="../jqm/jquery.mobile-1.4.5.js"></script>
09  <script type="text/javascript">
10  function show()
11  {
12      $width=$(window).width();                    //获取屏幕宽度
13      $height=$(window).height();                //获取屏幕高度
14      $out="页面的宽度是: "+$width+"页面的高度是: "+$height;
15      alert($out);                          //使用对话框输出屏幕的高度和宽度
16  }
17  </script>
18  </head>
19  <body>
20      <!—调用方法 show()显示页面尺寸-->
21      <div style="width:100%; height:100%; margin:0px;" onclick="show();">
22          <h1>单击屏幕即可显示设备的分辨率！</h1>
23      </div>
24  </body>
25  </html>
```

保存后，可以将浏览器拖成一个手机屏幕的形状，单击屏幕的空白区域将会弹出对话框告诉开发者屏幕的分辨率。如图 11.32 所示为用 Firefox 查看浏览器窗口的分辨率。

然后可以按 Ctrl+“加号键”或“减号键”配合鼠标拖动窗口形状的方式，使浏览器的显示区域恰好为所要适配的机型的分辨率，如图 11.33 所示为将屏幕分辨率调成 800*400 的效果。

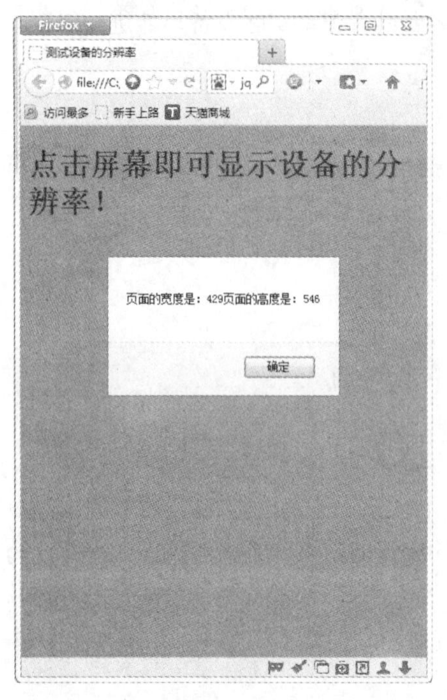

图 11.32　查看浏览器中的分辨率

图 11.33　调整后的分辨率

要调整得与期望的完全一样是一件极其需要耐心的工作，如笔者就曾为了把宽度调成 400 而不是 399 而花费了十几分钟，其实完全没有必要太在意这样小小的误差。几个像素的差距刚好可以用来保证更好的屏幕适应效果。

3．利用 Opera Mobile Emulator 来测试

当然，利用上面的 jQuery 来测试应用还是有一定缺陷的，那么再来介绍一种更好的方法，就是利用 Opera Mobile Emulator（Opera 手机模拟器）来测试应用。它可以让用户在 PC 桌面以手机的方式浏览网页，重现手机浏览器的绝大多数细节。由于大多数移动设备均采用了 Opera 的内核，因此几乎与真机没有任何差别。

下面给出一个下载链接，读者可以百度搜索这款软件的名称，也可以根据链接下载：

```
http://www.cngr.cn/dir/207/218/2011052672877.html
```

下载完之后经过简单的几步就可以运行了，不过运行之前还需要在本机架设一台服务器，方便对 Web 页面进行浏览，这里推荐一款软件叫作 XAMPP，它可以方便地在 Windows 中架设 WAMP（Windows、Apache、MySQL、PHP）环境。

安装完 Opera Mobile Emulator 后，可以双击它的图标开始运行，运行后效果如图 11.34 所示。

可以直接在对话框的左侧选择以什么型号的手机显示，目前数据还不是非常完整，但是也足够使用了。单击 Launch 按钮就可以打开浏览器了，这里选用了 HTC Hero，如图 11.35 所示。

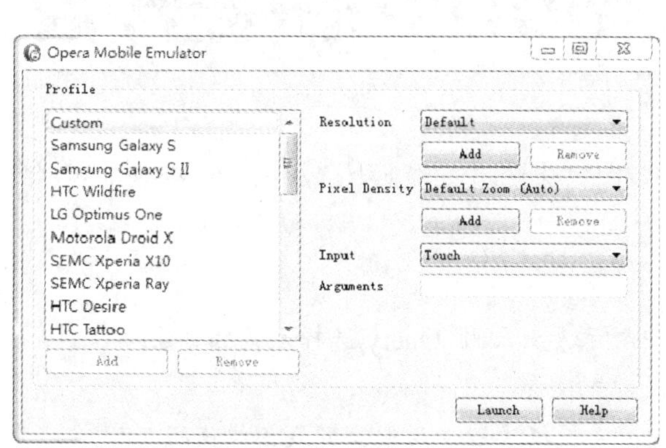

图 11.34　Opera Mobile Emulator 的开始界面

图 11.35　在模拟器中打开百度主页

这里建议要使用分辨率高一些的屏幕（指的是电脑屏幕）。如 1366*768 的分辨率，在模拟 Samsung Galaxy S 时面积就会不大够用。

11.3.5　应用 jQuery Mobile 开发的页面

利用 jQuery Mobile 开发的应用主要有两种形式。

（1）最常用的一种是与传统 Web 一样以网页的形式展示出来。尤其是自微信开放 jssdk 以来，一部分 PC 端的网页也开始使用这种方式开发，都收到了不错的效果。

（2）第二种形式是利用工具把程序打包成 APP。因为 jQuery Mobile 仅仅是一套轻量级的开源框架，要将它打包成 apk 文件，还必须依赖其他工具的帮助，如 PhoneGap。

11.4　小结

本章的目的是证明使用跨平台移动开发框架是一个非常重要的选择，而 jQuery Mobile 作为其中的翘楚自然是一个非常好的工具。本章最后通过一些实例展示了 jQuery Mobile 所能完成的工作，证明了 jQuery Mobile 确实是一款非常不错的开发框架，让读者更有信心去学好它。

第 12 章

◂ jQuery Mobile快速开发 ▸

上一章我们介绍了jQuery Mobile的开发入门，本章我们从jQuery Mobile提供的各种控件入手，开发属于自己的移动网页或APP。

本章主要包括以下内容：

- 如何选择jQuery Mobile页面中的元素，回顾jQuery选择元素的方法
- 如何在APP中固定工具栏，底部或顶部
- jQuery Mobile中各种控件的使用，包括按钮、表单、列表、对话框

12.1 从选择元素入手

本节开始利用jQuery Mobile控制页面中的一些元素，jQuery Mobile的操作形式和jQuery一样，所以本节只是简单回顾一些jQuery的基础。

12.1.1 选择页面中的元素

jQuery Mobile选择元素的方法很多，这里整理出以下几种：

（1）可以利用CSS选择器对元素进行直接选取。

```
$(document)                            //选择整个文档对象
$('#myId')                             //选择ID为myId的网页元素
$('divmyClass')                        //选择class为myClass的div元素
$('input[name=first]')                 //选择name属性等于first的input元素
```

（2）可以利用jQuery Mobile的特有表达式对元素进行过滤。

```
$('a:first')                           //选择网页中第一个a元素
$('tr:odd')                            //选择表格的奇数行
$('#myForm:input')                     //选择表单中的input元素
$('div:visible')                       //选择可见的div元素
$('div:gt(2)')                         //选择所有的div元素，除了前3个
$('div:animated')                      //选择当前处于动画状态的div元素
```

jQuery Mobile 多是使用对元素的 data-role 属性进行设置的方式，来确认使用了哪种控件，若是在页面中有如下内容：

```
<div data-role="page"></div>
```

那么，要获取这个元素需使用如下语句：

```
$("div[data-role=page]");
```

在 HTML 5 中单引号和双引号是通用的，甚至在表明一些属性的值时可以不用引号，但是一旦使用必须成对，不可以出现一个左单引号配一个右双引号的现象。

12.1.2　设置页面中元素的属性

刚刚获取了页面中元素的属性，那么现在就应该来为元素设置样式了，jQuery 中为元素设置样式有以下几种方法。

（1）可以为元素设置宽度和高度，可使用的方法有 width(width_x)与 height(height_x)，其中的参数即是要为元素设置的尺寸。

（2）可以直接为元素加入 CSS 样式，如 addClass("page_cat")，即将名为 page_cat 的样式设置在元素上。jQuery Mobile 中大多使用了这种方法。

（3）还有 jQuery 自带的 CSS 类可以单独改变元素的某样式，但是由于使用过于烦琐，并且在大型程序中不是很好维护，因此用得较少。

12.2　应用 jQuery Mobile 中的控件

jQuery Mobile 提供了丰富的控件，如对话框、列表、工具栏、表单控件等，这些控件的使用都非常简单，这里通过一些例子来演示如何使用这些控件。

12.2.1　在界面中固定一个工具栏

工具栏主要包括头部栏和底部栏，它们常常被固定在屏幕的上下两侧，用来实现返回功能和各功能模块间的切换，对于界面的美化也有重要的作用。工具栏可以作为页面上下两侧的容器，无论是在传统的手机 APP 还是在网页端，工具栏都起到了导航栏的作用。开发者可以利用工具栏来展示软件所具有的功能，也可以在工具栏中加入广告来为自己增加收入。如图 12.1 所示是一组工具栏的样式。

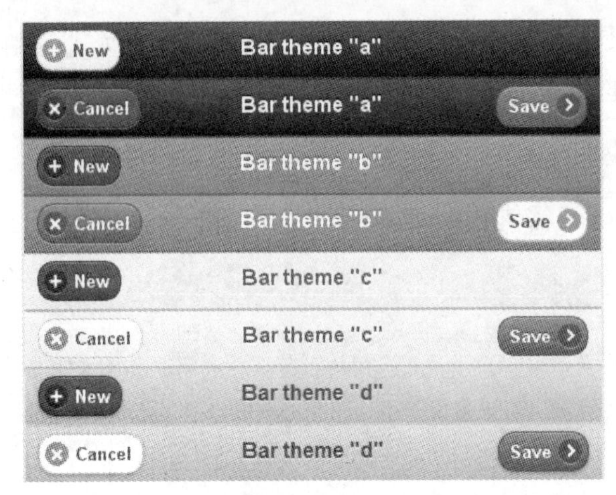

图 12.1　工具栏

在实际使用时可以根据需要，让它们固定在页面的某个位置。

下面创建一个具备固定工具栏的界面（参见源代码 chapter12\jqm_tool.html），代码如下。

【示例 12-1】　具备固定工具栏的界面

```
01  <!DOCTYPE html>                                             <!--声明 HTML 5
02  <html>
03  <head>
04  <meta http-equiv="Content-Type" content="text/html; charset=utf-8" />
05  <meta name="viewport" content="width=device-width, initial-scale=1">
06  <!--<script src="cordova.js"></script>-->    <!--使用 PhoneGap 生成 APP 使用--
>
07  <link rel="stylesheet" src="../jqm/jquery.mobile-1.4.5.css" />
08  <script src="../jquery-1.11.2.js"></script>        <!--引入 jQuery 脚本-->
09  <script src="../jqm/jquery.mobile-1.4.5.js"></script>  <!--引入 jQuery
Mobile 脚本-->
10  </head>
11  <body>
12      <div data-role="page">
13          <div data-role="header" data-position="fixed">  <!--设置头部栏为“固
定”-->
14              <h1>头部栏</h1>
15          </div>
16          <h1>在页面中加入工具栏</h1>
17          <h1>在页面中加入工具栏</h1>
18          <h1>在页面中加入工具栏</h1>
19          <h1>在页面中加入工具栏</h1>
20          <h1>在页面中加入工具栏</h1>
```

```
21          <h1>在页面中加入工具栏</h1>
22          <h1>在页面中加入工具栏</h1>
23          <h1>在页面中加入工具栏</h1>
24          <h1>在页面中加入工具栏</h1>
25          <h1>在页面中加入工具栏</h1>
26          <h1>在页面中加入工具栏</h1>
27          <h1>在页面中加入工具栏</h1>
28          <div data-role="footer"  data-position="fixed">      <!--设置底部栏
为“固定”-->
29              <h1>尾部栏</h1>
30          </div>
31      </div>
32  </body>
33  </html>
```

保存后，运行效果如图 12.2 所示。第 13 行我们指定了 data-role="header"，表示这是一个头部栏，第 28 属性值是 footer，表示底部栏。为了让两个工具栏可以固定，我们指定了 data-position 为 fixed，这样可以防止内容很少时底部栏会显示在界面的中央。

图 12.2 的右侧可以看到一个滚动条，这对页面整体的美观造成了一定的影响，实际上页面侧面的滚动条只是在 PC 端浏览器上会很明显，在手机浏览器上对视觉的影响几乎可以忽略。读者可以在自己的手机上打开一个网页来进行验证。

读者可以再尝试将代码第 16~27 行重复的部分去掉，只留下一行文字，使页面留下大量的空白，运行结果如图 12.3 所示。

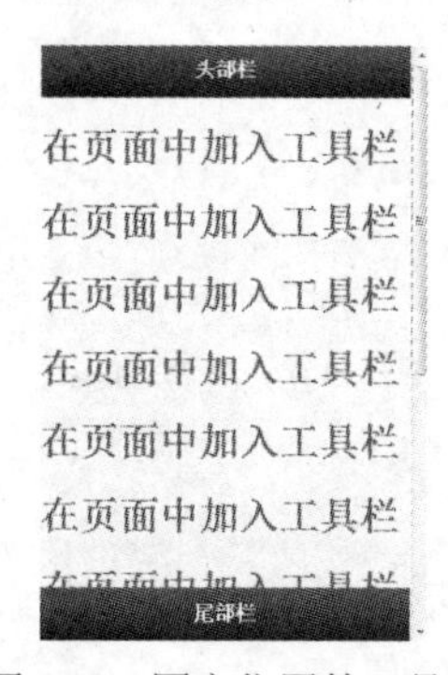

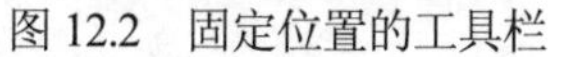

图 12.2 固定位置的工具栏

图 12.3 页面大量留空后工具栏依然固定

观察图 12.3 不难看出，在页面缺少内容存在大量空白的情况下，尾部栏顶端与页面内容底部的空白被自动填充了相应主题的背景色。这下可以确认工具栏确实是被固定在屏幕中了。

12.2.2 按钮形式的菜单

提到图形界面，恐怕用户最熟悉的就是按钮了，链接和按钮都能实现类似的按钮功能，jQuery Mobile 中按钮使用 HTML 中链接的标签“<a>”，也正是说明了这一点。

要创建一组按钮，需在页面中插入如下代码：

```
<a href="i#" data-role="button" data-theme="a">Theme a</a>
```

下面来预览一下 jQuery Mobile 中的按钮样式，如图 12.4 所示。

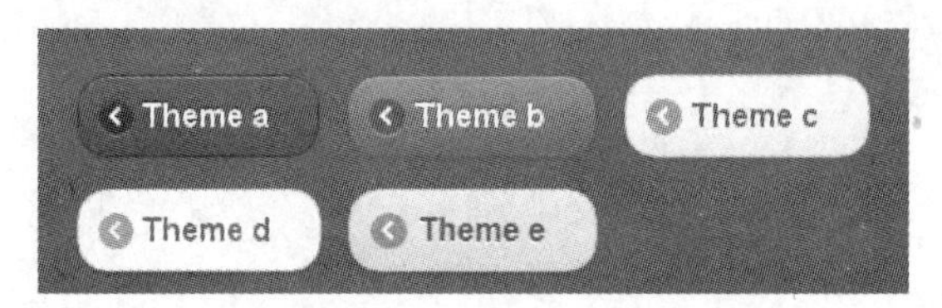

图 12.4　按钮样式

下面创建一个简单的菜单应用（参见源代码 chapter12\jqm_button.html），内容如下。

【示例 12-2】　菜单应用

```
01   <!DOCTYPE html>
02   <html>
03   <head>
04   <meta http-equiv="Content-Type" content="text/html; charset=utf-8" />
05   <title>使用按钮</title>
06   <meta name="viewport" content="width=device-width, initial-scale=1">
07   <link rel="stylesheet" src="../jqm/jquery.mobile-1.4.5.css" />
08   <script src="../jquery-1.11.2.js"></script>
09   <script src="../jqm/jquery.mobile-1.4.5.js"></script>
10   </head>
11   <body>
12       <div data-role="page">
13           <div data-role="header" data-position="fixed" data-
fullscreen="true">
14               <a href="#">返回</a>
15               <h1>头部栏</h1>
16               <a href="#">设置</a>
17           </div>
18           <div data-role="content">
19               <a href="#" data-role="button">这是一个按钮</a>
20               <!--可以加入图标，但是在此处先不对它们做任何修改-->
21               <a href="#" data-role="button">这是一个按钮</a>
22               <a href="#" data-role="button">这是一个按钮</a>
23               <a href="#" data-role="button">这是一个按钮</a>
```

```
24                <a href="#" data-role="button">这是一个按钮</a>
25                <a href="#" data-role="button">这是一个按钮</a>
26                <a href="#" data-role="button">这是一个按钮</a>
27                <a href="#" data-role="button">这是一个按钮</a>
28                <a href="#" data-role="button">这是一个按钮</a>
29                <a href="#" data-role="button">这是一个按钮</a>
30                <a href="#" data-role="button">这是一个按钮</a>
31                <a href="#" data-role="button">这是一个按钮</a>
32                <a href="#" data-role="button">这是一个按钮</a>
33            </div>
34          <div data-role="footer" data-position="fixed" data-
fullscreen="true">
35                <div data-role="navbar">
36                    <ul>
37                        <li><a id="chat" href="#" data-icon="info">微信
</a></li>
38    <!--在此处加入图标 data-icon=" info" -->
39                        <li><a id="email" href="#" data-icon="home">通讯录
</a></li>
40                       <!--data-icon=" home" 图标样式为"主页" -->
41                        <li><a id="skull" href="#" data-icon="star">找朋友
</a></li>
42                       <!--data-icon=" star" 图标样式为"星星" -->
43                        <li><a id="beer" href="#" data-icon="gear">设置
</a></li>
44                       <!--data-icon=" gear" 图标样式为"齿轮" -->
45                    </ul>
46                </div><!-- /navbar -->
47            </div><!-- /footer -->
48        </div>
49    </body>
50    </html>
```

本例将界面分为三部分：头部栏、主体和底部栏。其中代码第 19 行是使用按钮的一种最基本的方法，除了要使用标签<a>之外，还要为按钮加入属性 data-role=button，只有这样才能将元素渲染为按钮的样式。在标签之间的内容（如“这是一个按钮”）会显示为按钮的标题。另外在默认的情况下，一个按钮会单独占用一行，因此按钮看上去会比较长。第 37~44 行的代码中使用了 data-icon 属性，这里用来指定按钮的图表，如果使用默认图表，则使用 data-icon="custom"。

jQuery Mobile 默认会为按钮加入被按下时的阴影效果。

本例效果如图 12.5 所示。

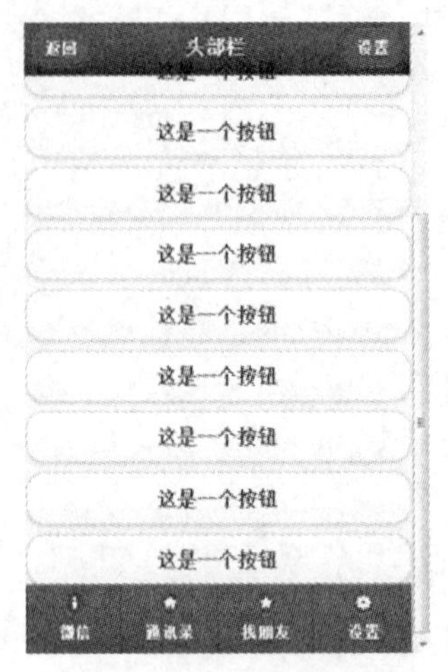

图 12.5 菜单界面

除了这些图标之外，jQuery Mobile 还为开发者准备了其他的图标样式，笔者将它们整理在表 12-1 中。

表 12-1 jQuery Mobile自带的图标

编号	名称	描述	图标示例
1	左箭头	arrow-l	
2	右箭头	arrow-r	
3	上箭头	arrow-u	
4	下箭头	arrow-d	
5	删除	delete	
6	添加	plus	
7	减少	minus	
8	检查	check	

（续表）

编号	名称	描述	图标示例
9	齿轮	gear	
10	前进	forward	
11	后退	back	
12	网格	grid	
13	五角星	star	
14	警告	alert	
15	信息	info	
16	首页	home	
17	搜索	search	

12.2.3 表单做成的手版 QQ

表单控件源自于 HTML 中的<form>标签，并且起到相同的作用，用以提交文本、数据等无法仅仅靠按钮来完成的内容，包括文本框、滑竿、文本域、开关、下拉列表等。表单控件如图 12.6~图 12.11 所示，这里列出了表单控件中的大部分元素。

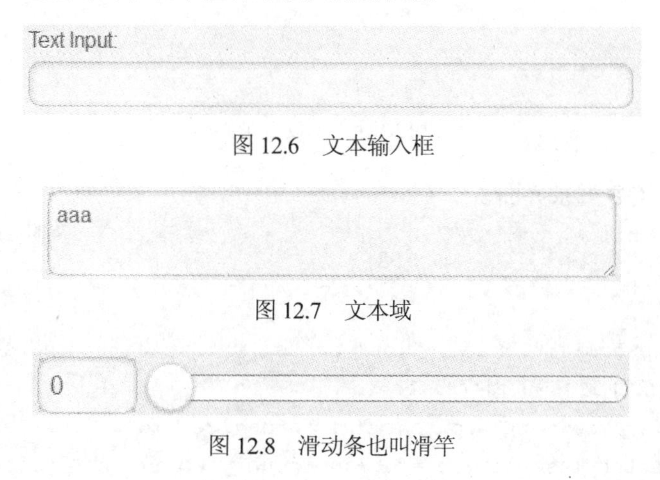

图 12.6 文本输入框

图 12.7 文本域

图 12.8 滑动条也叫滑竿

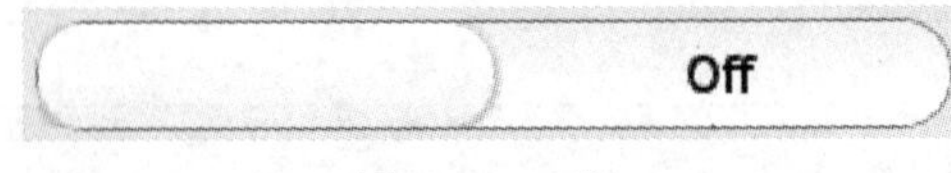

图 12.9 开关

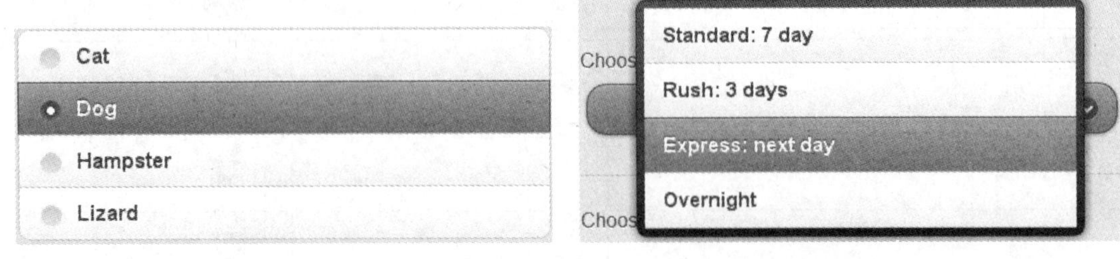

图 12.10 单选按钮　　　　图 12.11 下拉列表

安卓版 QQ 的登录界面一直是 UI 设计者必学的一个例子，因为它结构简单且美观大气，如图 12.12 所示。首先可以对该界面做一个简单的分析，其页面由一个图片、两个文本编辑框、一个按钮以及若干个复选框组成。本节对这个界面做了进一步简化，简化掉页面中的复选框，具体实现如下（参见源代码 chapter12\jqm_login.html）。

图 12.12 手机 QQ 登录界面

【示例 12-3】 QQ 登录界面

```
01  <!DOCTYPE html>                                    <!—声明 HTML 5-->
02  <html>
03  <head>
04  <meta http-equiv="Content-Type" content="text/html; charset=utf-8" />
05  <title>简单的 QQ 登录页面</title>
06  <meta name="viewport" content="width=device-width, initial-scale=1">
07  <link rel="stylesheet" src="../jqm/jquery.mobile-1.4.5.css" />
```

```
08  <script src="../jquery-1.11.2.js"></script>
09  <script src="../jqm/jquery.mobile-1.4.5.js"></script>
10  </head>
11  <body>
12      <div data-role="page">
13          <div data-role="content">
14              <!—此处图片用来引入企鹅 LOGO 并设置其大小-->
15              <img src="images/qq.jpg" style="width:50%; margin-
left:25%;"/>
16              <!—表单元素均要被放置在 form 标签中-->
17              <form action="#" method="post">
18                  <!—这是一个文本编辑框，使用 type="text"来进行标识-->
19                  <input type="text" name="zhanghao" id="zhanghao" value="
账号："/>
20                  <input type="text" name="mima" id="mima" value="密码："
/>
21                  <!—这是一个按钮-->
22                  <a href="#" data-role="button" data-theme="b">登录</a>
23              </form>
24          </div>
25      </div>
26  </body>
27  </html>
```

运行结果如图 12.13 所示。本例使用了表单控件中的文本编辑框，文本编辑框是表单元素中最简单的一种，笔者将以它为例来介绍表单元素的使用方法。

图 12.13　QQ 登录界面

在使用表单元素前，首先需要在页面中加入一个表单标签：

```
<form action="#" method="post"><!—中间插入数据--></form>
```

只有这样，标签内的控件才会被 jQuery Mobile 默认读取为表单元素，action 属性指向的是接受提交数据的地址，当数据被提交时，就会发送到这里。method 属性标注了数据提交的方法，有 post 和 get 两种方法可供选用。

在 form 中的所有表单元素都是使用 input 标签来表示的，利用 type 属性来对它们加以区分，如本例中的文本编辑框的 type 属性是 text。另外还要给每个控件加入相应的 name 和 id，用于对提交的数据进行处理。

为了便于维护，最好将 name 和 id 设为相同的值。

由于篇幅的限制，笔者将提交数据的后台代码省略了（可以用 PHP 或 ASP.NET 等后台语言实现），现在给出一段利用 jQuery 获取表单内容的脚本。加入脚本后的代码为：

```
01  <!DOCTYPE html>                              <!—声明 HTML 5—>
02  <html>
03  <head>
04  <meta http-equiv="Content-Type" content="text/html; charset=utf-8" />
05  <meta name="viewport" content="width=device-width, initial-scale=1">
06  <link rel="stylesheet" src="../jqm/jquery.mobile-1.4.5.css" />
07  <script src="../jquery-1.11.2.js"></script>
08  <script src="../jqm/jquery.mobile-1.4.5.js"></script>
10  <script>
11  function but_click()
12  {
13      var temp1=$("#zhanghao").val();                    //获取输入的账号内容
14      if(temp1=="账号：")                                  //判断输入账号是否为空
15      {
16          alert("请输入 QQ 号码！")
17      }
18      else
19      {
20          var zhanghao=temp1.substring(3,temp1.length);         //去掉文本框中的
"账号"二字及冒号
21          var temp2=$("#mima").val();                      //判断密码输入是否为空
22          if(temp2=="密码：")
23          {
24              alert("请输入密码！");
25          }
26          else
27          {
28              var mima=temp2.substring(3,temp2.length);
```

```
29              alert("提交成功"+"你的 QQ 号码为"+zhanghao+"你的 QQ 密码为"+mima);
30          }
31      }
32  }
33  </script>
34  </head>
35  <body>
36      <div data-role="page">
37          <div data-role="content">
38              <img src="images/qq.jpg" style="width:50%; margin-
left:25%;"/>
39              <form action="#" method="post">
40                  <input type="number " name="zhanghao" id="zhanghao"
value="账号: "  />
41                  <input type="text" name="mima" id="mima" value="密码: "
/>
42                  <!-当按钮被单击时，触发 onclick()事件，调用 but_click()方法-->
43                  <a href="#" data-role="button" data-theme="b" id="login"
onclick="but_click();">登录</a>
44              </form>
45          </div>
46      </div>
47  </body>
48  </html>
```

单击“登录”按钮，将会弹出一个对话框，其中显示了编辑框中的账号密码信息，如图 12.14 所示。

图 12.14　利用脚本获取编辑框中的内容

可以利用编辑框的 id 来获取控件，然后再利用 val()方法获取编辑框中的内容，在这里限制了编辑框中的值不能为空，实际上还应该利用正则表达式来限制账号只能为数字，并且使密码内容隐藏，但是由于这些内容与本节内容关系不大，在此不做过多讲解。

但是有一个知识点是不得不提的，那就是 jQuery Mobile 实际上已经为开发者封装了一些用来限制编辑框中内容的控件，如本例中的账号编辑框的 type 修改成 number，虽然外表看不出有什么区别，但当在手机中运行该页面，对该编辑框进行输入时，将会自动切换到数字键盘，而将 type 属性修改为 password 时，会自动将编辑框中的内容转化为圆点，防止密码被旁边的人看到。

另外还可以将 type 的属性设置为 tel 或 email，查看一下会产生什么样的效果，这里就不一一赘述了。

虽然 jQuery Mobile 已经为开发者封装了可以控制内容的编辑框，但是为了保证应用的安全性，防止部分别有用心的用户绕过过滤而造成破坏，必须保证在后台对提交的数据进行二次过滤，确保没有恶意数据被提交。

12.2.4　列表形式的贴吧

页面上的内容并不全都是零星排布的，很多时候需要一个列表来包含大量的信息，比如说音乐的播放列表、新闻列表、文章列表等。如图 12.15~图 12.17 是一些在 jQuery Mobile 中使用列表的例子。

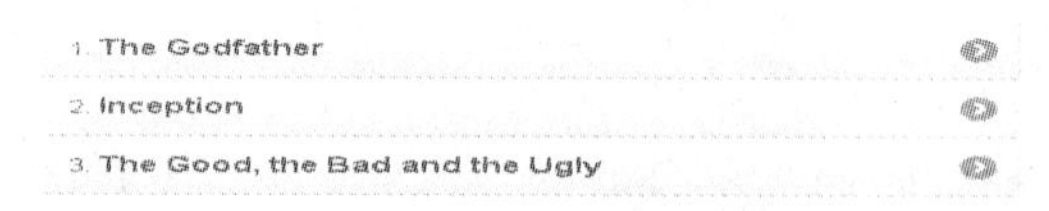

图 12.15　列表 1

图 12.16　列表 2

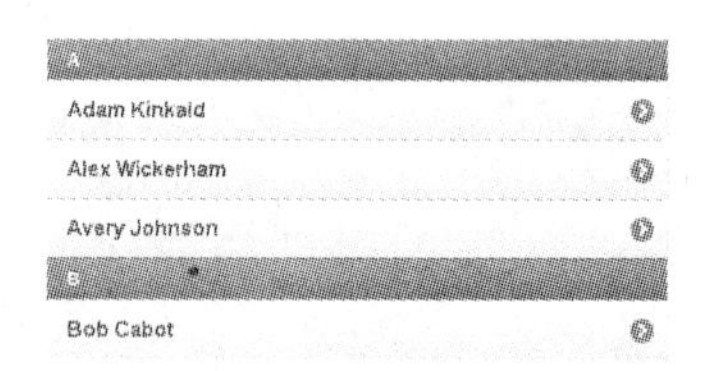

图 12.17 列表 3

列表具有比较多的样式，在某种意义上它可以作为一种容器，在里面盛放各种布局，因此比较灵活，但是也比较复杂。

百度贴吧的标题实际上就是一组列表，如图 12.18 所示为 jQuery Mobile 贴吧的一张截图。

图 12.18　百度 jQuery Mobile 吧的帖子列表

除了这些之外，一些新闻网站也会将重要的新闻在主页上展示出来，如图 12.19 所示。

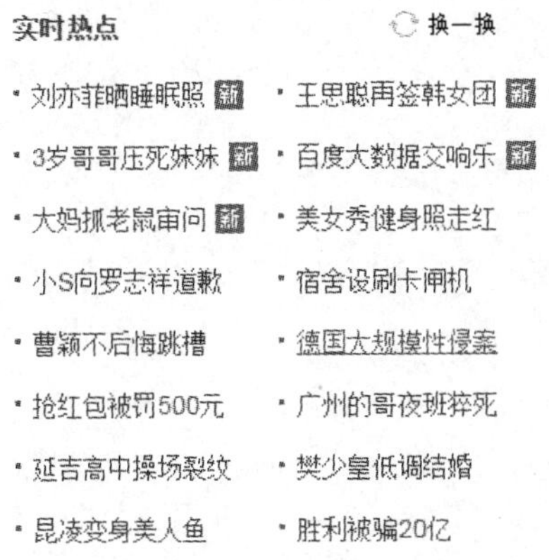

图 12.19　资讯站上的一组新闻列表

相比之下，图 12.19 所示的列表非常简单，只有一个标题，而图 12.18 所示的帖子列表就比较复杂了。本节介绍列表控件最简单的用法，即用列表控件来实现一个最简单的新闻列表（参见源代码 chapter12\jqm_list.html）。

【示例 12-4】　新闻列表

```
01	<!DOCTYPE html>
02	<html>
03	<head>
04	<meta http-equiv="Content-Type" content="text/html; charset=utf-8" />
05	<title>简单的新闻列表</title>
```

```
   06   <meta name="viewport" content="width=device-width, initial-scale=0.5">
   07   <link rel="stylesheet" src="../jqm/jquery.mobile-1.4.5.css" />
   08   <script src="../jquery-1.11.2.js"></script>
   09   <script src="../jqm/jquery.mobile-1.4.5.js"></script>
   10   </head>
   11   <body>
   12       <div data-role="page">
   13       <div data-role="header" data-position="fixed" data-fullscreen="true">
   14           <a href="#">返回</a>
   15             <h1>今日新闻</h1>
   16             <a href="#">设置</a>
   17         </div>
   18           <!—注意，在本例中仅用了头部栏和尾部栏而没有内容栏-->
   19               <!—使用 ul 标签声明列表控件-->
   20               <ul data-role="listview">
   21                   <!—列表中的每一项用 li 来声明，其中加入 a 标签可使列表可单击-->
   22                   <li><a href="#">中美海军举行联合反海盗演习 首次演练实弹射击
</a></li>
   23                   <li><a href="#">安徽回应警察目睹少女被杀:不护短已提请检方介入
</a></li>
   24                   <!---以下代码雷动，读者可自行复制粘贴-->
   25                   <li><a href="#">美“51区”雇员称内有9架飞碟 曾见灰色外星人
</a></li>
   26                   <li><a href="#">巴基斯坦释放337名印度在押人员</a></li>
   27               </ul>
   28           <div data-role="footer" data-position="fixed" data-
fullscreen="true">
   29               <div data-role="navbar">
   30                   <ul>
   31                       <li><a id="chat" href="#" data-icon="custom">今日新闻
</a></li>
   32                       <li><a id="email" href="#" data-icon="custom">国内新闻
</a></li>
   33                       <li><a id="skull" href="#" data-icon="custom">国际新闻
</a></li>
   34                       <li><a id="beer" href="#" data-icon="custom">设置
</a></li>
   35                   </ul>
   36               </div>
   37           </div>
   38       </div>
   39   </body>
   40   </html>
```

运行结果如图 12.20 所示。在使用标签时，首先要在页面中加入一个标签<ul data-role="listview"></ul>，之后就可以在其中加入任意数量的<li>标签，其中的内容会以一种类似按钮的形式显示出来。

图 12.20　简单的新闻列表

细心的读者会发现在<ul>标签处的缩进有点不正常，这是由于列表控件在内容栏中显示会不正常，笔者特意在此处留出一段空白来提醒读者一定要注意。如图 12.21 所示为将列表放在内容栏中的效果。

图 12.21　将列表放在内容栏中显示效果不佳

12.2.5　使用对话框实现一个相册

通过前面的例子，我们可以熟悉 jQuery Mobile 的基本用法，这里创建一个基于 jQuery Mobile 对话框实现的相册，让读者也了解下对话框的使用。

创建一个页面（参见源代码 chapter12 \jqm_dialogPhoto.html），内容如下。

【示例 12-5】　相册

```
01    <!DOCTYPE html>
```

```
02  <html>
03  <head>
04  <meta http-equiv="Content-Type" content="text/html; charset=utf-8" />
05  <meta name="viewport" content="width=device-width, initial-scale=1">
06  <link rel="stylesheet" src="../jqm/jquery.mobile-1.4.5.css" />
07  <script src="../jquery-1.11.2.js"></script>
08  <script src="../jqm/jquery.mobile-1.4.5.js"></script>
09  </head>
10  <body>
11      <div data-role="page">
12          <a href="#popup_1" data-rel="popup" data-position-to="window">
13              <img src="images/p1.jpg" style="width:49%"> <!—在标签 a 中加入
img 标签-->
14          </a>
15          <a href="#popup_2" data-rel="popup" data-position-to="window">
16              <img src="images/p2.jpg" style="width:49%">
17          </a>
18          <a href="#popup_3" data-rel="popup" data-position-to="window">
19              <img src="images/p3.jpg" style="width:49%">
20          </a>
21          <a href="#popup_4" data-rel="popup" data-position-to="window">
22              <img src="images/p4.jpg" style="width:49%">
23          </a>
24          <a href="#popup_5" data-rel="popup" data-position-to="window">
25              <img src="images/p5.jpg" style="width:49%">
26          </a>
27          <a href="#popup_6" data-rel="popup" data-position-to="window">
28              <img src="images/p6.jpg" style="width:49%">
29          </a>
30          <div data-role="popup" id="popup_1">
31                  <a href="#" data-rel="back" data-role="button" data-
icon="delete" data-iconpos="notext" class="ui-btn-right">Close</a>
32              <img src="images/p1.jpg" style="max-height:512px;">
33          </div>
34          <div data-role="popup" id="popup_2">
35                  <a href="#" data-rel="back" data-role="button" data-
icon="delete" data-iconpos="notext" class="ui-btn-right">Close</a>
36              <img src="images/p2.jpg" style="max-height:512px;"
alt="Sydney, Australia">
37          </div>
38          <div data-role="popup" id="popup_3">
39                  <a href="#" data-rel="back" data-role="button" data-
```

```
icon="delete" data-iconpos="notext" class="ui-btn-right">Close</a>
  40              <img src="images/p3.jpg" style="max-height:512px;" alt="New
York, USA">
  41          </div>
  42          <div data-role="popup" id="popup_4">
  43                  <a href="#" data-rel="back" data-role="button" data-
icon="delete" data-iconpos="notext" class="ui-btn-right">Close</a>
  44              <img src="images/p4.jpg" style="max-height:512px;">
  45          </div>
  46          <div data-role="popup" id="popup_5">
  47                  <a href="#" data-rel="back" data-role="button" data-
icon="delete" data-iconpos="notext" class="ui-btn-right">Close</a>
  48              <img src="images/p5.jpg" style="max-height:512px;"
alt="Sydney, Australia">
  49          </div>
  50          <div data-role="popup" id="popup_6">
  51                  <a href="#" data-rel="back" data-role="button" data-
icon="delete" data-iconpos="notext" class="ui-btn-right">Close</a>
  52              <img src="images/p6.jpg" style="max-height:512px;" alt="New
York, USA">
  53          </div>
  54      </div>
  55  </body>
  56  </html>
```

其中 p1.jpg~p6.jpg 均是笔者在百度图片中找到的图片，将它们下载到源代码下的 images 文件夹中，运行后的效果如图 12.22 所示。

图 12.22　相册界面

要注意图片名称一定得是 p(n).jpg，其中（n）表示的是 1~6 中的某个数字。

单击页面中的某张图片，该图片将会以对话框的形式被放大显示，如图 12.23 所示。代码第 12~14 行展示了页面中一个图片的显示，它利用一对 a 标签将一个图片包裹在其中，这就使得其中的图片具有了按钮的某些功能，如在本例中就是靠单击图片来呼出对话框。

另外有心的读者也许已经注意到，在代码第 12 行出现了一个新的属性 data-position-to="window"，它的作用是使弹出的对话框位于屏幕正中，而不再是位于呼出这个对话框的按钮附近。如图 12.24 所示为取消该属性后的效果。

图 12.23　对话框中的图片

图 12.24　对话框不再位于页面的中央

12.3 小结

本章终于真正开始开发应用了，虽然只是一小步，但是已经为各位开发应用打下了坚实的基础。只要迈出这一小步，剩下的自然是康庄大道。另外，本章对于各种控件的介绍确实有点笼统，但每一个控件基本上都通过一个实际的例子来演示，相信读者有了 jQuery 基础后便能对 jQuery Mobile 很快地上手了。

第 13 章 APP的布局

本章将介绍 jQuery Mobile 除了控件之外的另一个重要部分——布局。经过前面的学习，读者应该已经发现了一个事实，那就是 jQuery Mobile 中的大多数控件都要占掉整整一行的位置，在大多数情况下，这样非常美观，但是也有一些情况会影响用户的操作体验。针对此问题，jQuery Mobile 定义了专门的方法，将控件分栏或者折叠，以求在最小的空间内达到最佳的用户体验。

本章还将介绍利用 jQuery Mobile 的布局提高交互性的技巧，并利用这些技巧来完成一些实际案例。本章主要包括以下内容：

- 将页面元素并排放置的布局方法
- 利用折叠的方式对页面元素进行隐藏或展示的方法
- 利用元素折叠的方式实现手风琴效果的方法

13.1 QQ 登录界面

第 12.2.3 节曾给出一个简单的 QQ 登录界面，如图 13.1 所示。

图 13.1　简单的 QQ 登录界面

熟悉手机 QQ 的读者一定知道，手机 QQ 的登录界面除了登录按钮以外，还会附带一个内容为“忘记密码”的按钮，与“登录”按钮并列一排。根据之前所学的 jQuery Mobile 知识来看，这种设计是无法实现的。但是接下来的例子（参见源代码 chapter13\qqtest.html）将完全利用

jQuery Mobile 所提供的功能实现这样的设计。

【示例 13-1】 QQ 登录

```
01  <!DOCTYPE html>
02  <html>
03  <head>
04  <meta http-equiv="Content-Type" content="text/html; charset=utf-8" />
05  <title>QQ 登录界面</title>
06  <meta name="viewport" content="width=device-width, initial-scale=1">
07 <link rel="stylesheet" src="../jqm/jquery.mobile-1.4.5.css" />
08  <script src="../jquery-1.11.2.js"></script>
09  <script src="../jqm/jquery.mobile-1.4.5.js"></script>
10  </head>
11  <body>
12      <div data-role="page">
13          <div data-role="content">
14          <!—设置企鹅图片显示的样式-->
15          <img src="QQ.png" style="width:50%; margin-left:25%;"/>
16          <form action="#" method="post"> <!—使用表单时先要加入 form 标签-->
17          <!—使用文本框来输入账号和密码-->
18          <input type="number" name="zhanghao" id="zhanghao" value="账号: "
/>
19                  <input type="text" name="mima" id="mima" value="密码: "
/>
20                  <!—使用 fieldset 标签进行分栏-->
21                  <fieldset class="ui-grid-a">
22                  <!—相对左侧的一栏-->
23                  <div class="ui-block-a">
24                  <a href="#" data-role="button" data-theme="b" id="login">
登录</a>
25                  </div>
26                  <!—相对右侧的一栏-->
27                  <div class="ui-block-b">
28              <a href="#" data-role="button" data-theme="e" id="forget">忘记
密码</a>
29                      </div>
30                  </fieldset>
31              </form>
32          </div>
33      </div>
34  </body>
35  </html>
```

运行结果如图 13.2 所示。

图 13.2　两个按钮并排排列的 QQ 登录界面

因为这是在之前介绍的例子上所做的修改，因此对于代码部分就不做过多讲解了，唯一需要注意的是代码第 21~30 行。

fieldset 标签是 jQuery Mobile 专门用来为控件分栏的标签，因为移动设备的屏幕通常比较窄，所以这种多栏布局不被 jQuery Mobile 设计者所推荐，但许多时候又不得不这样做。读者可以尝试对本节范例中的代码做一些修改，将分栏排列的两个按钮改成两个按钮上下排列，运行后会发现这种设计简直难看得有些恐怖。另外由于屏幕空间的限制，很多时候也不可能让一个无关紧要的按钮占用太大的空间，这时就是分栏布局发挥作用的时刻了。

在代码第 21 行，fieldset 标签有一个属性 class="ui-grid-a"，该属性规定了一栏中所包含控件的数量，由于每栏中控件的数量最少是两个（因为如果是一个就没必要分栏了），因此就用 a 来代表 2 个，那么 class="ui-grid-b"就代表了一行中包括 3 个控件。

在第 23 行和第 27 行的 div 标签中，分别有属性 class="ui-block-a"和 class="ui-block-a"，它们标识了该标签占据了所在行中的第 1 个位置和第 2 个位置，假如分成了 3 栏甚至是 4 栏，那么就会有相应的 class="ui-block-c"和 class="ui-block-d"了。

有时候也许会需要如图 13.3 所示的布局，此时代码如下：

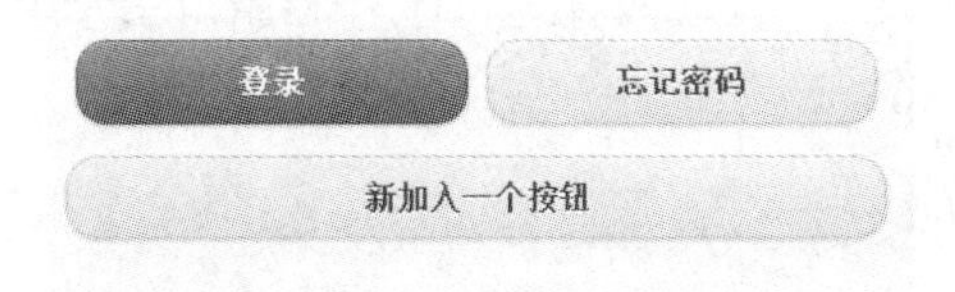

图 13.3　3 个按钮排列的一种布局

```
<fieldset class="ui-grid-a">
 <div class="ui-block-a">
     <a href="#" data-role="button" data-theme="b" id="login">登录</a>
 </div>
 <div class="ui-block-b">
     <a href="#" data-role="button" data-theme="e" id="forget">忘记密码</a>
```

```
    </div>
  </fieldset>
  <a href="#" data-role="button" data-theme="e" id="forget">新加入一个按钮</a>
```

仔细观察会发现按钮的两侧并不是对齐的，这会让用户觉得不是非常完美，因此 jQuery Mobile 也定义了相应的方法来解决这一问题。

阅读以下代码：

```
<fieldset class="ui-grid-a">
 <div class="ui-block-a">
     <a href="#" data-role="button" data-theme="b" id="login">登录</a>
 </div>
 <div class="ui-block-b">
     <a href="#" data-role="button" data-theme="e" id="forget">忘记密码</a>
 </div>
</fieldset>
<div class="ui-grid-solo">
 <div class="ui-block-a">
     <button type="button" data-theme="e">新加入一个按钮</button>
 </div>
</div>
```

效果如图 13.4 所示。

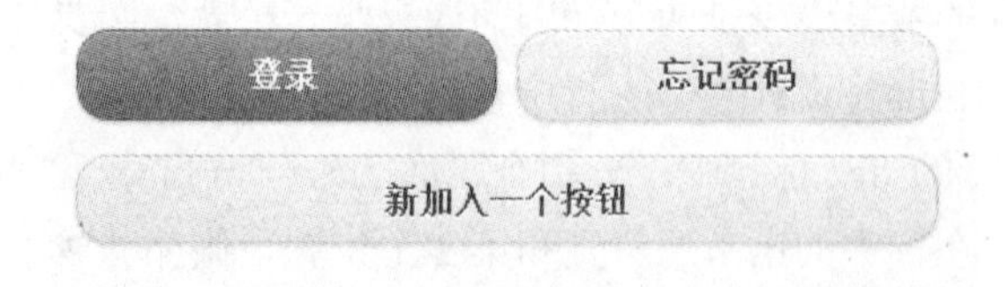

图 13.4　上下按钮是对齐的

仔细观察图 13.3 和图 13.4，会发现两者之间有一点细微的差别，在图 13.4 中上下按钮是整齐排列的。在新的代码段中加入一行：

```
<div class="ui-grid-solo">
```

它的作用就是声明一个空白的分栏，来使独立的按钮两侧增加一段较小的缩进，使其与分栏的按钮对齐，能够起到很好的美观效果。

这其实可以理解成是一种分栏数为 1 的情况，jQuery Mobile 的开发者有点画蛇添足了。

13.2 简洁通讯录

上一节和大家一起学习了使用 fieldset 标签分栏显示内容的方法，可是上一节每一行中的各个栏目的宽度都是平均分配的，这一点仍然限制了一些开发者的自由。如果想在一行中插入不同宽度的内容，就会让开发者有些束手无策了。

难道真的没有办法了吗？当然不是。jQuery Mobile 毕竟是一个基于 jQuery 的开源框架，它所做的只是让开发者省去了设计控件的苦恼，但是它对每一个控件的操作都是透明的，完全可以通过对 CSS 的修改来改变 jQuery Mobile 对原有控件的定义，以改变它们的外观。

下面就以一款简单的手机通讯录为例（参见源代码 chapter13\phone.html），来介绍利用 CSS 改变分栏布局的方法。

【示例 13-2】　手机通讯录

```
01　<!DOCTYPE html>
02　<html>
03　<head>
04　<meta http-equiv="Content-Type" content="text/html; charset=utf-8" />
05　<title>利用 CSS 修改分栏布局 </title>
06　<meta name="viewport" content="width=device-width, initial-scale=1">
07　<link rel="stylesheet" src="../jqm/jquery.mobile-1.4.5.css" />
08　<script src="../jquery-1.11.2.js"></script>
09　<script src="../jqm/jquery.mobile-1.4.5.js"></script>
10　<style>
11　.ui-grid-b .ui-block-a
12　{
13　    width:20%;
14　}
15　.ui-grid-b .ui-block-b
16　{
17　    width:60%;
18　}
19　.ui-grid-b .ui-block-c
20　{
21　    width:20%;
22　}
23　.ui-bar-c
24　{
25　    height:60px;
26　}
27　.ui-bar-c  h1
```

```
28  {
29      font-size:20px;
30      line-height:26px;
31  }
32  </style>
33  </head>
34  <body>
35      <div data-role="page">
36          <div data-role="content">
37              <fieldset class="ui-grid-b">
38                  <div class="ui-block-a">
39                      <div class="ui-bar ui-bar-c">
40                          <img src="images/head1.jpg" width="100%"
height="100%"></img>
41                      </div>
42                  </div>
43                  <div class="ui-block-b">
44                      <div class="ui-bar ui-bar-c">
45                          <h1>擎天柱</h1>
46                          <p>18842681111</p>
47                      </div>
48                  </div>
49                  <div class="ui-block-c">
50                      <div class="ui-bar ui-bar-c">
51                          <img src="images/phone.jpg" width="100%"
height="100%"></img>
52                      </div>
53                  </div>
54                  <!—重复性内容，请自行添加补全-->
55                      <div class="ui-block-c">
56                      <div class="ui-bar ui-bar-c">
57                          <img src="images/phone.jpg" width="100%"
height="100%"></img>
58                      </div>
59                  </div>
60                  <div class="ui-block-a">
61                      <div class="ui-bar ui-bar-c">
62                          <img src="images/head4.jpg" width="100%"
height="100%"></img>
63                      </div>
64                  </div>
65                  <div class="ui-block-b">
```

```
66                          <div class="ui-bar ui-bar-c">
67                              <h1>令狐冲</h1>
68                              <p>18842681111</p>
69                          </div>
70                      </div>
71                      <div class="ui-block-c">
72                          <div class="ui-bar ui-bar-c">
73                              <img src="images/phone.jpg" width="100%"
height="100%"></img>
74                          </div>
75                      </div>
76                  </fieldset>
77              </div>
78      </div>
79  </body>
80  </html>
```

运行结果如图 13.5 所示。

上述代码将每一行分成了 3 栏，这 3 栏所占的比例分别为 20%、60%和 20%，如代码第 11~22 行所示。通过阅读 HTML 部分代码（第 38、43 和 49 行）可知，jQuery Mobile 通过读取 CSS 中 ui-block-a、ui-block-b 和 ui-block-c 3 处样式对 div 的样式进行渲染，因此可以重写这 3 处样式，由于目前对于样式没有太多的要求，因此仅仅重写了宽度。

jQuery Mobile 的分栏有一个不是非常完善的地方，读者可以试着去掉范例中的第 23~26 行，运行后的效果如图 13.6 所示。从图中可以清楚地看出，在没有设置高度的情况下，各栏目仅仅使自己的高度适应其中的内容而不考虑与相邻的元素高度匹配。因此在使用分栏布局时，如果不是在各栏目中使用相同的元素（如各栏目均用来放置按钮），那么一定要设置栏目的高度。

图 13.5　利用 CSS 改变分栏布局

图 13.6 jQuery Mobile 分栏布局的一处缺陷

提示　第 23 行所重写的 ui-bar-c，是 c 主题下栏目的背景颜色以及边框等样式，jQuery Mobile 给该样式所设计的效果不如其他控件那么华丽。因此笔者建议在正式项目中尽量不用该样式，或将该样式完全重写后再使用。

为了更好地呼应本节的主题，本例放弃了直接通过修改标签的 style 来设计样式，而是依旧采用了修改 CSS 的方式来修改字体的样式，希望读者能仔细体会。

13.3 完美九宫格

不知道为什么，一向严谨的 jQuery Mobile 在分栏这一部分总是让笔者觉得有一点不够用心。比如在上一节就展示了一个 jQuery Mobile 分栏功能非常值得吐槽的一处缺陷。为了改变这一状态，本节决定介绍一个能够完美应用 jQuery Mobile 分栏效果的例子——九宫格。如图 13.7 所示为手机人人网客户端的一处九宫格界面。

图 13.7　手机人人网的九宫格界面

相信对学习过分栏布局的各位来说，利用 jQuery Mobile 打造一款具有九宫格布局的界面不会很难，那么就动手尝试一下吧。如果现在还没有掌握分栏布局的知识点也不要紧，可以翻一翻前面的内容或直接通过下面的例子来重新学习分栏布局的知识（参见源代码 chapter13\九宫格.html）。

【示例 13-3】　九宫格

```
01  <!DOCTYPE html>
02  <html>
03  <head>
04  <meta http-equiv="Content-Type" content="text/html; charset=utf-8" />
05  <title>九宫格</title>
06  <meta name="viewport" content="width=device-width, initial-scale=1">
07  <link rel="stylesheet” src="../jqm/jquery.mobile-1.4.5.css" />
08  <script src="../jquery-1.11.2.js"></script>
09  <script src="../jqm/jquery.mobile-1.4.5.js"></script>
```

```
10  </head>
11  <body>
12      <div data-role="page">
13          <div data-role="header" data-position="fixed">
14              <a href="#">返回</a>
15              <h1>九宫格界面</h1>
16              <a href="#">设置</a>
17          </div>
18          <div data-role="content">              <!—使用内容栏保证两边不会太窄-->
19              <fieldset class="ui-grid-b">       <!—将每一行分成3栏-->
20                  <div class="ui-block-a">       <!—第1栏-->
21                      <img src="images/11.png" width="100%" height="100%"/>
22                  </div>
23                  <div class="ui-block-b">       <!—第2栏-->
24                      <img src="images/12.png" width="100%" height="100%"/>
25                  </div>
26                  <div class="ui-block-c">       <!—第3栏-->
27                      <img src="images/13.png" width="100%" height="100%"/>
28                  </div>
29                  <div class="ui-block-a">       <!—接下来只需要重复，jQuery
Mobile会自动换行-->
30                      <img src="images/14.png" width="100%" height="100%"/>
31                  </div>
32                  <div class="ui-block-b">
33                      <img src="images/15.png" width="100%" height="100%"/>
34                  </div>
35                  <div class="ui-block-c">
36                      <img src="images/16.png" width="100%" height="100%"/>
37                  </div>
38                  <div class="ui-block-a">
39                      <img src="images/17.png" width="100%" height="100%"/>
40                  </div>
41                  <div class="ui-block-b">
42                      <img src="images/18.png" width="100%" height="100%"/>
43                  </div>
44                  <div class="ui-block-c">
45                      <img src="images/113.png" width="100%"
height="100%"/>
46                  </div>
47              </fieldset>                        <!—分栏结束-->
48          </div>
49      </div>
```

```
50   </body>
51   </html>
```

运行效果如图 13.8 所示。

图 13.8　利用 jQuery Mobile 实现的九宫格

代码部分非常简单，也没有什么复杂的内容，可以当作对分栏布局的一次复习。本例中由于每一个栏目仅仅包含一张图片，而每张图片的尺寸又都是一样的，因此就没有必要通过设置栏目的高度来保证布局的完整了。当然也许会有读者认为各个栏目之间间距太小，可以通过在页面中重写 ui-block-a、ui-block-b 和 ui-block-c 3 处样式的方法来改变它们之间的间距，也可以通过修改图片的空白区域来使图标变小。

本例实现的界面效果非常完美，除了 jQuery Mobile 确实适合开发这类界面外，与本例所选用的图标也有莫大的关系。因此在开发时多借鉴网上的优秀素材也是一种聪明的做法。

13.4 可以折叠的 QQ 好友列表

除了分栏之外还有一种更强大的方式，可以让开发者在尽量小的空间内装下更多的内容，那就是折叠。说到折叠，一个经典的例子就是 QQ 上的好友列表，可以通过分组将好友分成不同的组，然后将所有的好友列表隐藏起来，需要查找该组中的好友时再将它展开。如图 13.9 所示为 QQ 的好友列表。

在几年前用 JavaScript 来实现类似的效果，还是有一定难度的，但是用 jQuery Mobile 可以轻易地实现这样的效果。究其原因，自然还是 jQuery Mobile 为了方便开发者而提前为开发者定义好了相应的标签，这就是折叠组标记。

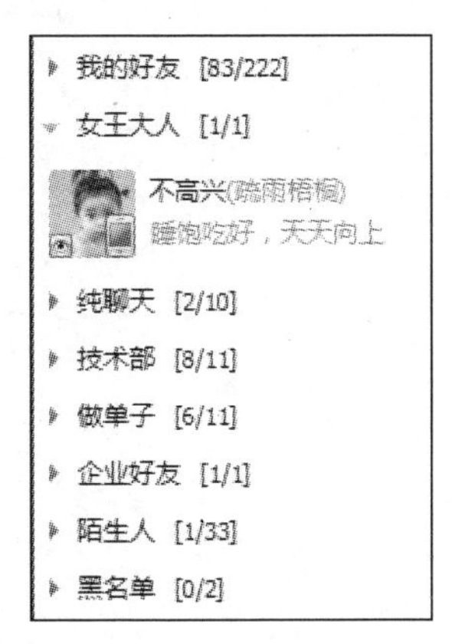

图 13.9　QQ 好友列表

本节将利用 jQuery Mobile 的折叠组标记来实现一个类似 QQ 的可折叠好友列表（参见源代码 chapter13\ QQ 好友列表.html），代码如下所示。

【示例 13-4】　可折叠的 QQ 好友列表

```
01  <!DOCTYPE html>
02  <html>
03  <head>
04  <meta http-equiv="Content-Type" content="text/html; charset=utf-8" />
05  <title>可以折叠的好友列表</title>
06  <meta name="viewport" content="width=device-width, initial-scale=1">
07  <link rel="stylesheet" src="../jqm/jquery.mobile-1.4.5.css" />
08  <script src="../jquery-1.11.2.js"></script>
09  <script src="../jqm/jquery.mobile-1.4.5.js"></script>
10  </head>
11  <style>
12  .ui-grid-a .ui-block-a
13  {
14      width:20%;                /*第1栏的宽度为20%*/
15  }
16  .ui-grid-a .ui-block-b
17  {
18      width:80%;                /*第2栏的宽度为80%*/
19  }
20  .ui-bar
21  {
22      height:60px;              /*每一栏的高度均为60px*/
23  }
24  .ui-block-b .ui-bar-c h1
```

```
25    {
26        font-size:20px;                /*设置每一栏中的字体样式*/
27        line-height:26px;
28    }
29    .ui-block-b .ui-bar-c p
30    {
31        line-height:20px;              /*设置字体行高*/
32    }
33    </style>
34    <body>
35        <div data-role="page">
36            <div data-role="content">
37                <div data-role="collapsible-set">           <!—此标签中的内容可
以折叠-->
38                    <div data-role="collapsible" data-collapsed="false">
39                        <h3>变形金刚</h3>
40                        <p>
41                            <fieldset class="ui-grid-a"><!—每1行分为两栏-->
42                                <div class="ui-block-a"><!—第1栏-->
43                                    <div class="ui-bar ui-bar-c">
44                                        <img src="images/head1.jpg"
width="100%" height="100%" />
45                                    </div>
46                                </div>
47                                <div class="ui-block-b"><!--第2栏-->
48                                    <div class="ui-bar ui-bar-c">
49                                        <h1>擎天柱</h1>
50                                        <p>楼下的被我干掉了</p>
51                                    </div>
52                                </div>
53                                <div class="ui-block-a"><!—接下来重复即可-->
54                                    <div class="ui-bar ui-bar-c">
55                                        <img src="images/head2.jpg"
width="100%" height="100%" />
56                                    </div>
57                                </div>
58                                <div class="ui-block-b">
59                                    <div class="ui-bar ui-bar-c">
60                                        <h1>霸天虎</h1>
61                                        <p>其实擎天柱根本打不过我</p>
62                                    </div>
63                                </div>
```

```
 64                          </fieldset>
 65                      </p>
 66                  </div>
 67                  <div data-role="collapsible" data-collapsed="true"> <!—又
是一个折叠区块-->
 68                      <h3>黑名单</h3>
 69                      <p>
 70                          <fieldset class="ui-grid-a">
 71                              <div class="ui-block-a">
 72                                  <div class="ui-bar ui-bar-c">
 73                                      <img src="images/head3.jpg"
width="100%" height="100%" />
 74                                  </div>
 75                              </div>
 76                              <div class="ui-block-b">
 77                                  <div class="ui-bar ui-bar-c">
 78                                      <h1>大黄蜂</h1>
 79                                      <p>你们慢慢打 我躲起来</p>
 80                                  </div>
 81                              </div>
 82                              <div class="ui-block-a">
 83                                  <div class="ui-bar ui-bar-c">
 84                                      <img src="images/head4.jpg"
width="100%" height="100%" />
 85                                  </div>
 86                              </div>
 87                              <div class="ui-block-b">
 88                                  <div class="ui-bar ui-bar-c">
 89                                      <h1>令狐冲</h1>
 90                                      <p>我的乔恩妹子在哪里</p>
 91                                  </div>
 92                              </div>
 93                          </fieldset>
 94                      </p>
 95                  </div>
 96              </div>
 97          </div>
 98      </div>
 99  </body>
100  </html>
```

运行结果如图 13.10 所示。

图 13.10　可以折叠的好友列表

单击屏幕上的“变形金刚”或者“黑名单”，其中的内容就会展开，而另一栏中的内容则会自动折叠。虽然样子上还是有一定的区别，但在功能上已经实现了类似 QQ 的好友列表。

第 11~33 行是本范例会用到的一些样式，主要是分栏布局的设置，以使好友列表保持为左侧头像、右侧好友名和个性签名的两栏式布局。

第 37~93 行是本节的核心内容，其中第 37 行的<div data-role="collapsible-set">定义了该部分是可以折叠的，但并不是指此标签作为一个整体来被折叠，而是将它作为一个容器。举例来说，范例中的“变形金刚”和“黑名单”两个列表都是可以折叠的，而它们都是被包裹在<div data-role="collapsible-set"></div>中的。注意看第 38 和 67 行<div data-role="collapsible" data-collapsed="true">，这两个标签内的内容才是作为最小单位被折叠的。

仅仅是能够折叠那也是不够的，因为当所有的内容都被折叠隐藏了，还需要一个标识来告诉用户被隐藏的是什么内容。这就需要为每一处折叠的内容做一个“标题”，这就是第 39 行和第 68 行<h3>标签的作用所在，当然如果设计成使用<h1>~<h4>都是可以的。

另外，再观察范例中第 38 行和 67 行的代码，看能不能发现它们的不同。

```
38              <div data-role="collapsible" data-collapsed="false">
67              <div data-role="collapsible" data-collapsed="true">
```

为了便于观察，笔者干脆将这两句代码列在了上面，这样就可以轻易地发现原来它们的 data-collapsed 属性的值是不同的。将 data-collapsed 翻译成汉语大概就是“内容是否折叠”的意思，这样就非常好理解了。那么，现在就把两个标签中的内容全部展示出来，将两组标签中的 data-collapsed 全部设置为 false 是否可行呢？

实践之后发现这样是行不通的，尽管已经做出了修改，但仍然只有一组栏目是展开的，结合笔者之前所提到的当单击另一组标题时，之前打开的内容会被隐藏，相信读者已经有了结论，即同一时刻只有一组内容可以被展开。

是不是就没有办法将这些折叠项全部展开了呢，其实是可以的。尝试将范例中第 37 行的<div data-role="collapsible-set">和第 96 行与之对应的</div>去掉，就会发现两个折叠项可以同时展开了。这个道理很简单，因为 collapsible-set 并没有折叠内容的作用，它只是容器，其具备两个作用：

（1）将折叠的栏目按组容纳在其中。

（2）保证其中的内容同时仅有一项是被展开的。

因此，只要将这部分内容删去，就可以让列表中多个项同时展开了。

13.5 展开图标

现在回过头来看图 13.8 中的好友列表标题，会发现在标题的左侧还有一个“+”或“-”样式的图标，该图标用来标识当前列表展开或折叠的状态（如图 13.11 所示）。

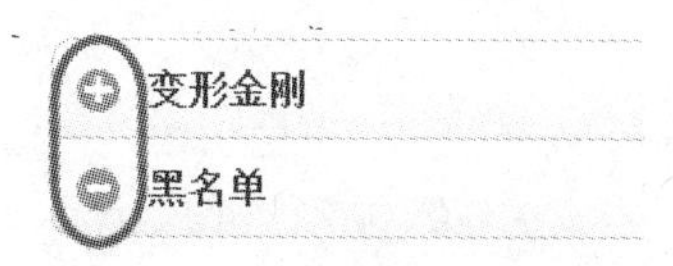

图 13.11　栏目标题的图标

然而很多时候，开发者需要使用其他样式的图标，或者希望将图标转移到其他位置。本节就将给出一个这样的例子（参见源代码 chapter13\展开图标.html）。

【示例 13-5】　展开图标

```
01  <!DOCTYPE html>
02  <html>
03  <head>
04  <meta http-equiv="Content-Type" content="text/html; charset=utf-8" />
05  <title>折叠列表的图标</title>
06  <meta name="viewport" content="width=device-width, initial-scale=1">
07  <link rel="stylesheet" src="../jqm/jquery.mobile-1.4.5.css" />
08  <script src="../jquery-1.11.2.js"></script>
09  <script src="../jqm/jquery.mobile-1.4.5.js"></script>
10  </head>
11  <body>
12      <div data-role="page">
13          <div data-role="content">
14              <div data-role="collapsible" data-mini="true">  <!-声明可折叠区
块-->
15                  <h4>这是一个小号的折叠标题</h4>      <!-区块的标题-->
16                  <ul data-role="listview">             <!-折叠区块中的内容-->
17                      <li>List item 1</li>
18                      <li>List item 2</li>
19                      <li>List item 3</li>
20                  </ul>
```

```
21                </div>
22                <!--可以通过属性 data-collapsed-icon 和 data-expanded-icon 修改区块
折叠和展开时的图标-->
23                <div data-role="collapsible" data-collapsed-icon="arrow-d"
data-expanded-icon="arrow-u">
24                    <h4>图标改变了</h4>
25                    <ul data-role="listview" data-inset="false">
26                        <li>list item 1</li>
27                        <li>list item 2</li>
28                        <li>list item 3</li>
29                    </ul>
30                </div>
31                <!--通过属性 data-iconpos 修改图标的位置-->
32                <div data-role="collapsible" data-iconpos="right">
33                    <h4>仔细看图标的位置</h4>
34                    <ul data-role="listview">
35                        <li>List item 1</li>
36                        <li>List item 2</li>
37                        <li>List item 3</li>
38                    </ul>
39                </div>
40            </div>
41        </div>
42    </body>
43    </html>
```

运行结果如图 13.12 所示。

图 13.12　折叠图标的高级设置

本范例没有引用实际的例子，仅仅是利用折叠的知识将 3 组列表进行了折叠，但是可以看出它们有很大的不同。

每一组折叠内容的标题都被默认地定义成了按钮的样式，但是通过比较第 1 组折叠内容的标题可以看出，它明显比其他两组在高度上要小许多。再回过头来看范例代码的第 14 行中 data-mini 属性被设置为 true，这个属性已经不是第一次遇到了，当页面元素被加入这一属性，大多会在尺寸上有所减小。

data-mini 属性是 jQuery Mobile 许多控件所通用的属性。

第 2 组元素的标题虽然在大小上没有什么变化，但是它的图标却变了一个样子。按照以往的经验，要修改按钮上的图标会用到 button-icon 属性。注意范例的第 23 行有属性 data-collapsed-icon="arrow-d" data-expanded-icon="arrow-u"，看上去是为折叠内容准备了两组不同的图标分别表示内容折叠和展开时的状态，经过笔者的验证也的确是这样的。

实际上不使用 button-icon 而继续沿用已经很熟悉的 data-icon 属性来定义图标也是可以的，只不过这样一来图标就无法标识内容折叠或展开的状态了，因此笔者不建议这样使用。

再来看最后一组折叠内容的标题“仔细看图标的位置”，可以发现在该标题中虽然样式没有改变但是图标的位置却被移到了右侧，这是因为代码第 32 行的 data-iconpos 被设置为 right，即图标方向为右侧。这一点与按钮图标方位的设置仍然是一致的，甚至可以将图标位置设置为上方或者是下方。

当然，这 3 种效果不仅仅能单独使用，还可以将它们混合使用，再配上主题颜色等属性就能打造出华丽多变的界面效果了。

13.6 Metro 效果

在第 13.3 节，笔者介绍了一种利用 jQuery Mobile 实现的九宫格效果，还有一种非常类似九宫格而且更加流行的手机界面 Metro，如图 13.13 所示为一个手机使用 Metro 界面的例子。

Metro 是微软由纽约交通站牌获得灵感所创造的一种简洁的界面，它的本意是以文字的形式承载更多的信息，这一点在 Windows XP 和 Windows 7 的设计上均有所体现。然而真正让 Metro 界面被国内设计所关注的，还是 Windows 8 中那种以色块为主的排布方式，以及 WP（Windows Phone）系列手机的主界面。最近一段时间，Metro 界面也确实在移动开发领域比较流行，但是在利用 HTML 5 制作 Metro 界面时还是会遇到一点麻烦，本节将以两个例子来说明。

图 13.13　一个使用 Metro 界面的例子

13.6.1　利用分栏布局

首先给出一种利用分栏布局的方式完成 Metro 界面效果的例子（参见源代码 chapter13\分栏布局.html），请读者仔细思考。

【示例 13-6】　展开图标

```
01    <!DOCTYPE html>
02    <html>
03    <head>
04    <meta http-equiv="Content-Type" content="text/html; charset=utf-8" />
05    <title>九宫格</title>
06    <meta name="viewport" content="width=device-width, initial-scale=1">
07    <link rel="stylesheet" src="../jqm/jquery.mobile-1.4.5.css" />
08    <script src="../jquery-1.11.2.js"></script>
09    <script src="../jqm/jquery.mobile-1.4.5.js"></script>
10    </head>
11    <style>
12    .ui-grid-a .ui-block-a
13    {
14        margin:1%;              /*利用分栏设置每个色块的宽度并用 margin 来设置间距*/
15        width:48%;
16    }
17    .ui-grid-a .ui-block-b
18    {
19        margin:1%;              /*第2栏的设置与第1栏相同*/
20        width:48%;
21    }
```

```
22  </style>
23  <body>
24      <div data-role="page">
25          <fieldset class="ui-grid-a">
26              <div class="ui-block-a">
27          <!-- metro.png 是一个标准的正方形，这样就保证了每个色块都是正方形-->
28                  <img src="images/metro.png" width="100%" height="100%"/>
29              </div>
30              <div class="ui-block-b">
31                  <img src="images/metro.png" width="100%" height="100%"/>
32              </div>
33              <div class="ui-block-a">
34                  <img src="images/metro.png" width="100%" height="100%"/>
35              </div>
36              <div class="ui-block-b">
37                  <img src="images/metro.png" width="100%" height="100%"/>
38              </div>
39              <div class="ui-block-a">
40                  <img src="images/metro.png" width="100%" height="100%"/>
41              </div>
42              <div class="ui-block-b">
43                  <img src="images/metro.png" width="100%" height="100%"/>
44              </div>
45          </fieldset>
46      </div>
47  </body>
48  </html>
```

运行结果如图 13.14 所示。

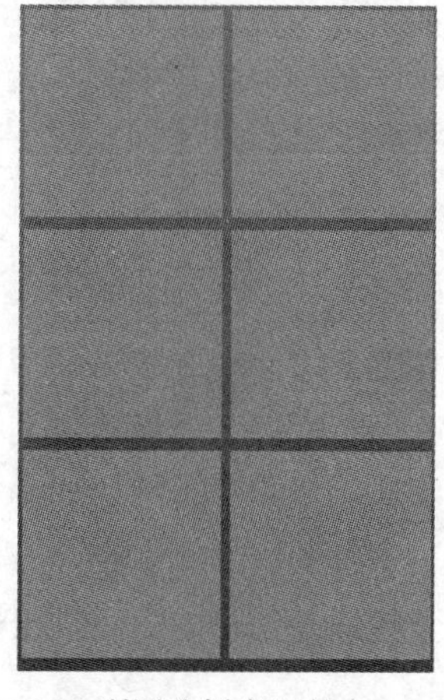

图 13.14　利用分栏实现的 Metro 布局

思路非常简单，就是利用 jQuery Mobile 的分栏功能将每一行分为两部分，然后利用分栏时每一栏的高度恰好满足其中所填充内容高度这一特点，在其中放入一张正方形的图片，这就形成 Metro 的布局。在实际使用时还可以通过修改每一栏所占的比例来调整色块所排列的位置。

看上去非常简单，但这样其实有一个非常严重的问题，就是色块的高度是不可调的，也就是说一旦固定了色块的数量，便无法保证色块在高度上不会超出屏幕的范围。假如说色块数量非常多，这也许不是什么问题，比如说 WP 手机的主界面上往往有几十个甚至上百个色块，内容超出并没有什么不妥，可是在开发手机应用时，往往只需要 6 个或 8 个色块，这样一来，如果有一点点超出屏幕范围的内容就会让用户觉得不适应。因此本例所用的方法虽然简单，却并不是一个非常好的方法。

当然，如果不打算将应用封装成 apk 文件使用，而仅仅是作为 Web 应用的话，内容是否超出屏幕范围倒也不至于有太大的影响。

13.6.2 利用纯 CSS 调整色块尺寸

上一小节中介绍了一种利用 jQuery Mobile 分栏实现 Metro 界面的效果，但是这种方法有着极大的缺陷，不能根据需要调整色块的高度。本小节将展示一种利用 CSS 实现 Metro 界面的方法（参见源代码 chapter13\利用 CSS 实现 Metro.html）。

【示例 13-7】 利用 CSS 实现 Metro

```
01  <!DOCTYPE html>
02  <html>
03  <head>
04  <meta http-equiv="Content-Type" content="text/html; charset=utf-8" />
05  <meta name="viewport" content="width=device-width, initial-scale=1">
06  <!--<script src="cordova.js"></script>-->
07  <link rel="stylesheet" src="../jqm/jquery.mobile-1.4.5.css " />
08  <script src="../jquery-1.11.2.js "></script>
09  <script src="../jqm/jquery.mobile-1.4.5.js "></script>
10  <script type="text/javascript">
11  $(document).ready(function()
12  {
13      $top_height=$("div[data-role=header]").height();     //获取头部栏的高度
14      $bottom_height=$("div[data-role=footer]").height();  //获取底部栏的高度
15      $body_height=$(window).height()-$top_height-$bottom_height;  //获取屏幕
减去头部栏和底部栏的高度
16      //将获取的高度设置到页面中
17      $body_height=$body_height-10;
18      $body_height=$body_height+"px";
19      $("div[data-role=metro_body]").width("100%").height($body_height);
20  });
21  </script>
```

```
22    <style type="text/css">
23    *{ margin:0px; padding:0px;}                    /*消除页面默认的间隔效果*/
24    .metro_color1{ background-color:#ef9c00;}     /*设置第1个色块的颜色*/
25    .metro_color2{ background-color:#2ebf1b;}     /*设置第2个色块的颜色*/
26    .metro_color3{ background-color:#00aeef;}     /*设置第3个色块的颜色*/
27    .metro_color4{ background-color:#ed2b84;}     /*设置第4个色块的颜色*/
28    .metro_rec{ width:48%; height:30%; float:left; margin:1%;}  /*设置色块的宽
度和高度*/
29    </style>
30    </head>
31    <body>
32        <div data-role="page" data-theme="a">
33           <div data-role="metro_body">
34                <div class="metro_color1 metro_rec">     <!-第1个色块-->
35              </div>
36                <div class="metro_color2 metro_rec">     <!-第2个色块-->
37              </div>
38                <div class="metro_color3 metro_rec">     <!-第3个色块-->
39              </div>
40                <div class="metro_color4 metro_rec">     <!-第4个色块-->
41              </div>
42                <div class="metro_color1 metro_rec">     <!-第5个色块-->
43              </div>
44                <div class="metro_color2 metro_rec">     <!-第6个色块-->
45              </div>
46           </div>
47        </div>
48    </body>
49    </html>
```

运行结果如图 13.15 所示。

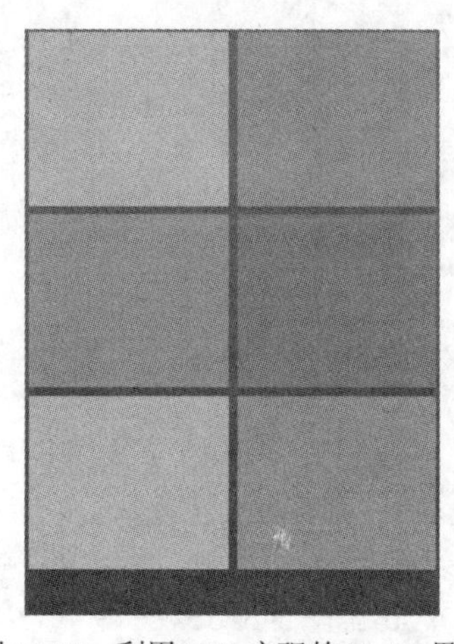

图 13.15　利用 CSS 实现的 Metro 界面

在代码的第 25~29 行，为界面中的色块设计了 4 种颜色对它们加以区分。在第 29 行规定了每个色块的宽度为整个屏幕宽度的 48%，高度为外侧容器的 30%。第 35~46 行在页面中加入 6 个色块，接下来要做的就是根据需要设置色块的高度，这部分通过 JavaScript 来实现（代码第 11~21 行）。

在第 13~15 行的代码中获得了页面可用部分的高度（屏幕高度减去头部栏和尾部栏所占的部分），就可以直接将这个高度设置为 6 个色块外部容器的高度了，如范例第 20 行所示。根据 CSS 的设置，每个色块再自动占据其中的 30%，这就保证了屏幕中的色块始终不会超出屏幕的范围，并且在底部留有一定的空隙。

也可以混合使用分栏布局和 JavaScript 来达到这样的效果。

13.7 课程表

上一节通过两种方法实现了 Metro 效果的界面，相信读者们一定有偷偷地比较它们的不同，不知道有没有得出什么惊天动地的结论。这里笔者有一个简单的结论，就是分栏布局在仅需要限定宽度而对高度没有特殊要求的情况下是很有优势的。本节将发挥这一优势实现一款简单的课程表（参见源代码 chapter13\课程表.html）。

【示例 13-8】 课程表

```
01  <!DOCTYPE html>
02  <html>
03  <head>
04  <meta http-equiv="Content-Type" content="text/html; charset=utf-8" />
05  <meta name="viewport" content="width=device-width, initial-scale=1">
06  <!--<script src="cordova.js"></script>-->
07  <link rel="stylesheet" src="../jqm/jquery.mobile-1.4.5.css" />
08  <script src=" ../jquery-1.11.2.js "></script>
09  <script src=" ../jqm/jquery.mobile-1.4.5.js "></script>
10  </head>
11  <body>
12      <div data-role="page">
13          <div data-role="header">
14                  <h1>课程表</h1>
15              </div>
16              <div data-role="content">
17                  <div class="ui-grid-d"> <!—因为一周有5天上课，因此分为5栏-->
18                      <div class="ui-block-a">
19                          <!—使用属性 ui-bar-a 为区块加入颜色，并设置高度-->
20                          <div class="ui-bar ui-bar-a" style="height:30px">
```

```
21                  <h1>周一</h1>
22              </div>
23          </div>
24          <div class="ui-block-b">
25              <div class="ui-bar ui-bar-a" style="height:30px">
26                  <h1>周二</h1>
27              </div>
28          </div>
29          <div class="ui-block-c">
30              <div class="ui-bar ui-bar-a" style="height:30px">
31                  <h1>周三</h1>
32              </div>
33          </div>
34          <div class="ui-block-d">
35              <div class="ui-bar ui-bar-a" style="height:30px">
36                  <h1>周四</h1>
37              </div>
38          </div>
39          <div class="ui-block-e">
40              <div class="ui-bar ui-bar-a" style="height:30px">
41                  <h1>周五</h1>
42              </div>
43          </div>
44          <!-课程部分不加入颜色，与日期区分开-->
45          <div class="ui-block-a"><div class="ui-bar ui-bar-c">
46              <h1>数学</h1>
47          </div></div>
48          <div class="ui-block-b"><div class="ui-bar ui-bar-c">
49              <h1>语文</h1>
50          </div></div>
51          <div class="ui-block-c"><div class="ui-bar ui-bar-c">
52              <h1>英语</h1>
53          </div></div>
54          <div class="ui-block-d"><div class="ui-bar ui-bar-c">
55              <h1>数学</h1>
56          </div></div>
57          <div class="ui-block-e"><div class="ui-bar ui-bar-c">
58              <h1>英语</h1>
59          </div></div>
60          <!-下面重复一些课程内容，读者可习性发挥想象-->
61      </div>
62  </div>
```

```
63        </div>
64    </body>
65    </html>
```

运行结果如图 13.16 所示。

课程表

周一	周二	周三	周四	周五
数学	语文	英语	数学	英语
数学	化学	语文	英语	英语
物理	体育	生物	政治	数学
化学	语文	语文	数学	英语

图 13.16　简洁的课程表

本例为第一行显示星期的栏目和显示课程的栏目设置了不同颜色的主题以做区分，其他地方基本上就按照默认的样式进行。通过图 13.16 可以看出，生成的课程表非常工整并且非常接近原生界面。

本节的范例没有加入对于第几节课进行描述的栏目，因为一周正常情况有 5 天是要上课的，但是在 jQuery Mobile 中默认最多只能分成 5 栏，笔者只好做出一点舍弃。这也是 jQuery Mobile 分栏的一个缺陷所在。

13.8 小结

本章重点介绍了 jQuery Mobile 进行布局的方法，其中包括分栏和折叠这两大内容。在学习的过程中，读者应该已经发现合理的布局可以让原本就设计精美的 jQuery Mobile 控件再度增色不少，这也很好地证明了 jQuery Mobile 中布局的重要性。如果说在 jQuery Mobile 中控件是兵，那么布局就是指挥这些士兵的将军，通过合理的规划才能将一盘散沙的士兵集合起来打仗。同样，也只有合理的布局才能让每一个控件在各自的位置上各司其职，组合成让人爱不释手的应用。

第 14 章 应用的发布和推广

之前已经介绍了许多利用 jQuery Mobile 进行应用开发的方法和例子，相信读者也都掌握了。但是仅仅将应用开发出来还是不行的，还要将它们推向市场。jQuery Mobile 开发的应用面向用户的方式主要有两种，一种是利用 PhoneGap 进行打包，然后发布到相应的应用商店；另一种是直接以 Web 的形式进行发布。两种方法各有利弊，需要慎重选择。

除了将应用进行打包的方法外，本章还将介绍对应用进行宣传以及推广的方法。本章主要包括以下内容：

- 将 HTML 页面打包成多平台应用的方法
- 通过应用商店发布应用的好处与坏处
- 怎样推广自己的应用

14.1 生成 Android 应用

安卓（Android）的开发环境主要包括以下几个部分：

（1）JDK 的配置；
（2）ADT 的安装；
（3）SDK 的更新；
（4）测试安装程序。

下面将分别对它们进行详细介绍。

14.1.1 JDK 的配置

安卓的开发是基于 Java 语言的，因此，在对安卓开发环境进行配置之前，要先安装好 Java 所需要的运行环境。

首先需要下载 Java 7。打开 Java 的中文主页 http://www.Java.com/zh_CN/，可以看到一个非常醒目的红色按钮，上面有“免费 Java 下载”几个字，如图 14.1 所示。单击该按钮进入下载页面，如图 14.2 所示。

图 14.1　Java 中文主页

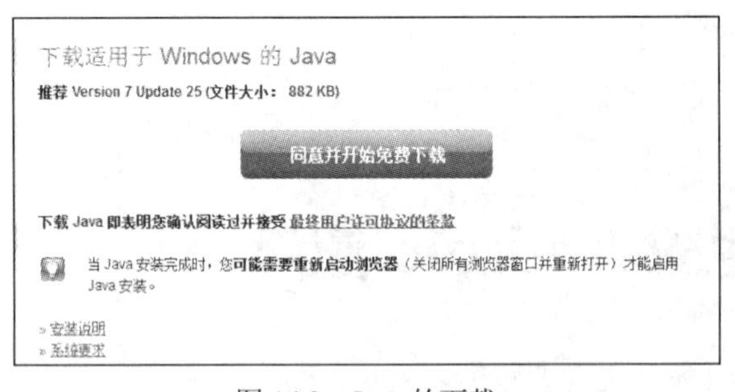

图 14.2　Java 的下载

单击屏幕中央的“同意并开始免费下载”按钮，即可下载 Java 的在线安装包。相对于这种在线安装的方式，很多人更习惯于下载离线安装包。单击左侧的“脱机安装程序”链接，可以看到一个类似于如图 14.2 所示的页面，单击“同意并开始免费下载”按钮直接下载。下载完成后双击即可安装，运行后出现如图 14.3 所示的画面，稍微等待一下，进入如图 14.4 所示的界面。一直单击“下一步”按钮就会完成安装，完成效果如图 14.5 所示。

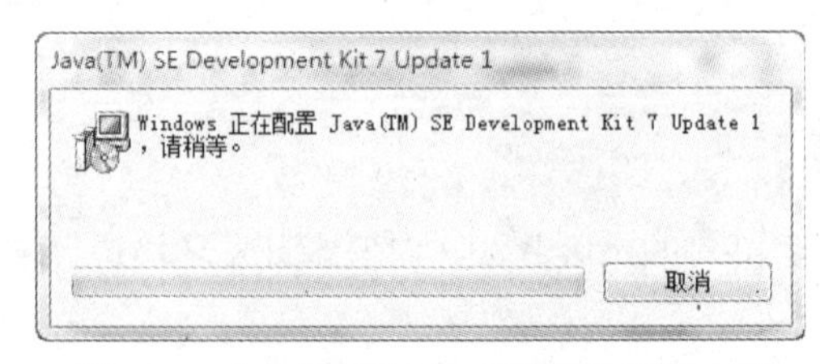

图 14.3　安装程序运行之后要稍微等待一下

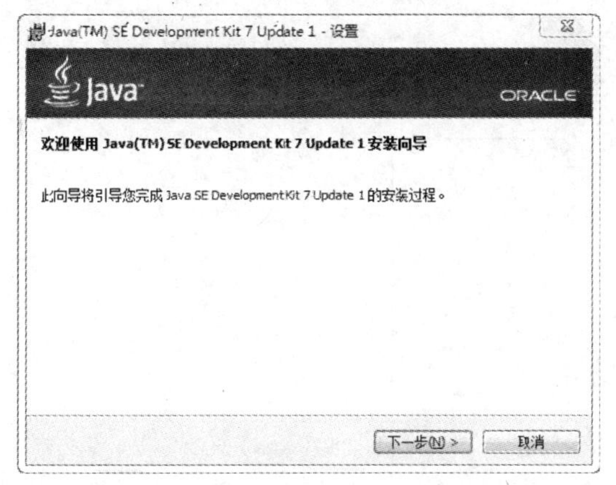

图 14.4　短暂的等待之后进入安装界面

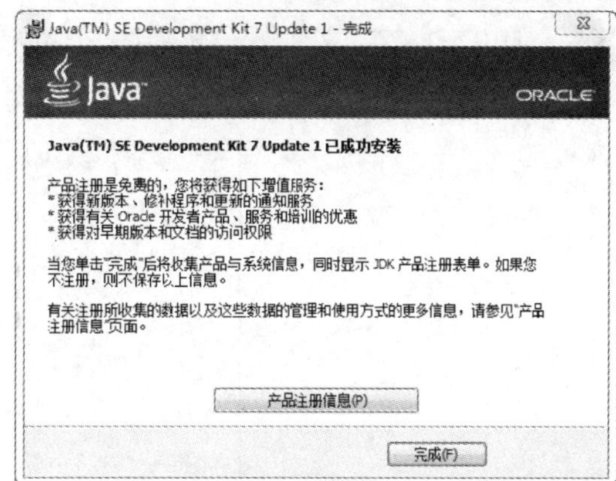

图 14.5　安装完成

在 JDK 安装完成之后暂时还无法使用，因为还需要配置环境变量，以下是在 Windows 中配置 JDK 环境变量的方法。

（1）鼠标右键单击“我的电脑”（如果是 Windows 7 系统，鼠标右键单击“计算机”），在快捷菜单中选择“属性”命令。在“属性”对话框中选中“高级”选项卡，如图 14.6 所示。单击“环境变量”按钮，在新打开的“环境变量”对话框中对系统变量进行编辑。

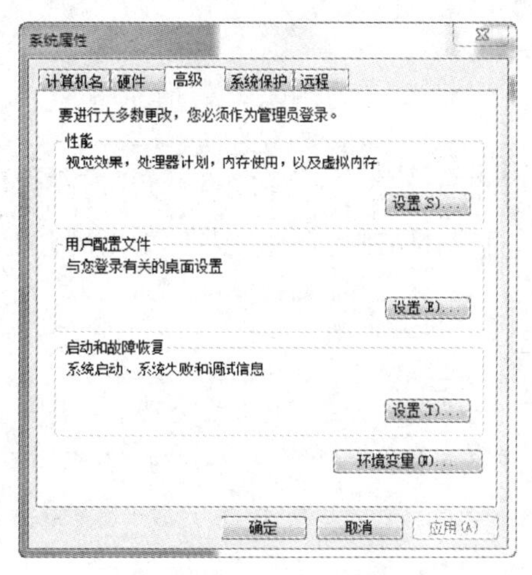

图 14.6　“高级”选项卡

（2）新建一个变量 JAVA_HOME，将它的内容设置为 JDK 的安装目录，如笔者将 Java 安装在路径 C:\Program Files\Java\jdk1.7.0_01 下，则将该变量设为 C:\Program Files\Java\jdk1.7.0_01。

许多人会在这一步配置 JDK 出错，可以用以下方法避免。

安装时选择默认配置，然后在 C 盘 Program Files 文件夹下找一个名为 Java 的文件夹，打开后可以看到 jre7 和 jdkXXX 两个文件夹，其中 XXX 处的内容会根据安装 JDK 版本的不同而有所区别，打开 jdkXXX 文件夹，随便找一个文件并单击鼠标右键，选择“属性”菜单，打开“属性”对话框，其中的“位置”后面的值便是该处所要填的值，如图 14.7 中所标示的位置。

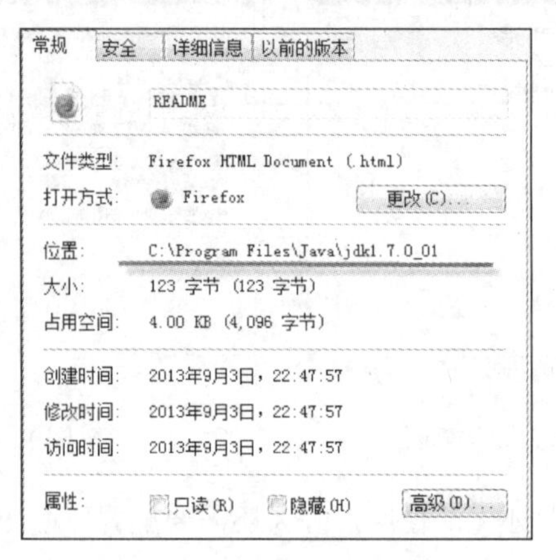

图 14.7　环境变量路径的选取

（3）继续设置第 2 个环境变量 CLASSPATH，其中内容设置为：

```
.;%JAVA_HOME%\lib\tools.jar;%JAVA_HOME%\lib\dt.jar;%JAVA_HOME%\bin;
```

开头的“.;”与结尾的“;”一定不要省略。

（4）在环境变量中找到名为“path”的变量，在它后面加入一句：

```
%JAVA_HOME%\bin;
```

注意，这里要先看 path 原有内容结尾是否有“;”，如果没有则需要将加入的内容改为：

```
;%JAVA_HOME%\bin;
```

在 path 中原本就有一些内容，新手第一次配置的时候特别容易由于疏忽将这部分内容误删，因此笔者特别提醒，要将上面的内容加在原内容后面而不是“替换”。另外对于已经误删了这部分内容的读者，可以自行百度 path 变量中的默认变量，再添加回去，也算是一种补救措施。

（5）单击“确定”按钮保存修改。

（6）单击“开始”|“运行”菜单，在打开的对话框内输入 CMD，打开 DOS 窗口来测试 JDK 配置是否完成。

在 DOS 窗口中输入 java -version，结果如图 14.8 所示。再输入 javac，运行结果如图 14.9 所示。

```
C:\Users\Administrator.SDWM-20130816QP>java -version
java version "1.7.0_01"
Java(TM) SE Runtime Environment (build 1.7.0_01-b08)
Java HotSpot(TM) Client VM (build 21.1-b02, mixed mode, sharing)
```

图 14.8　测试 Java 版本号

```
C:\Users\Administrator.SDWM-20130816QP>javac
用法: javac <options> <source files>
其中, 可能的选项包括:
  -g                         生成所有调试信息
  -g:none                    不生成任何调试信息
  -g:{lines,vars,source}     只生成某些调试信息
  -nowarn                    不生成任何警告
  -verbose                   输出有关编译器正在执行的操作的消息
  -deprecation               输出使用已过时的 API 的源位置
  -classpath <路径>            指定查找用户类文件和注释处理程序的位置
  -cp <路径>                   指定查找用户类文件和注释处理程序的位置
  -sourcepath <路径>           指定查找输入源文件的位置
  -bootclasspath <路径>        覆盖引导类文件的位置
  -extdirs <目录>              覆盖所安装扩展的位置
  -endorseddirs <目录>         覆盖签名的标准路径的位置
  -proc:{none,only}          控制是否执行注释处理和/或编译。
  -processor <class1>[,<class2>,<class3>...] 要运行的注释处理程序的名称; 绕过默
认的搜索进程
  -processorpath <路径>        指定查找注释处理程序的位置
  -d <目录>                    指定放置生成的类文件的位置
```

图 14.9　javac 效果

至此，就可以判断 JDK 已经配置成功了。

虽然有人说如果只进行安卓开发可以不对 JDK 进行配置，笔者试验了一下在某些集成开发环境下确实是可行的，但还是希望读者不要偷懒，支持一下原生的开发环境，而且笔者觉得原生开发环境要比集成开发环境快一些。

14.1.2　Eclipse 与 ADT 的配置

早些时候，需要先安装 ADT 再将它们加载到 Eclipse 中，现在 Google 已经将它们集成在一起了，可以让开发者方便地使用。

打开网址 http://developer.android.com/index.html（如图 14.10 所示），此页面非常简洁，其中包含了大量开发者需要的信息。

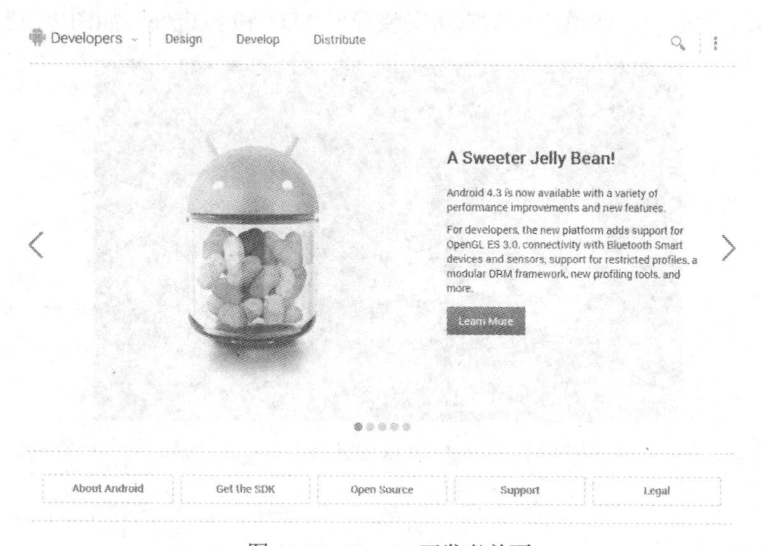

图 14.10　Google 开发者首页

可以清楚地看到页面下方有 5 个果冻豆风格的按钮，单击第 2 个按钮（名字是“Get the

SDK”）就可以下载 Google 为开发者准备的集成开发环境。

之后会进入 Google 为开发者准备的服务条款，勾选“I have read and agree with the above terms and conditions”复选框，然后根据自己的需要选择使用 64 位还是 32 位的开发包，然后点击“Download the SDK ADT Bundle for windows”链接就可以进行下载了，如图 14.11 所示。

图 14.11　SDK 下载页面

这个文件有 442M，确实是大了点，不过在下载完成之后笔者认为这绝对是值得的。因为这里面不仅打包了最新的 ADT，而且还将它集成在 Google 为安卓开发者定制的 Eclipse 中，实际上大大节省了开发者的时间，在此感谢伟大的 Google。

下载完成后将文件解压，其中有一个文件夹名为 eclipse，打开该文件夹，运行其中的 eclipse.exe。如果运行成功，就说明已经成功安装好了 ADT 和 Eclipse，如图 14.12 所示。

图 14.12　Google 为 Eclipse 修改的启动界面

14.1.3　SDK 的更新

完成 ADT 的更新就可以开始对 SDK 进行更新了，单击 Eclipse 工具栏中的 Window|Android

SDK Manger 菜单，如图 14.13 所示。打开如图 14.14 所示的界面，耐心稍等一会，等待它自动获取能够更新的资源。

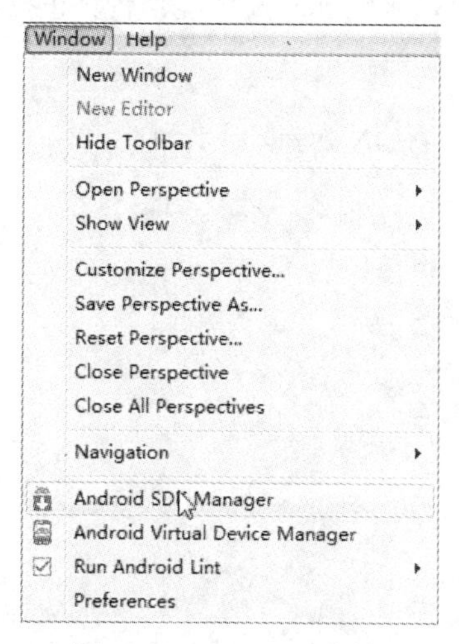

图 14.13 Windows 菜单

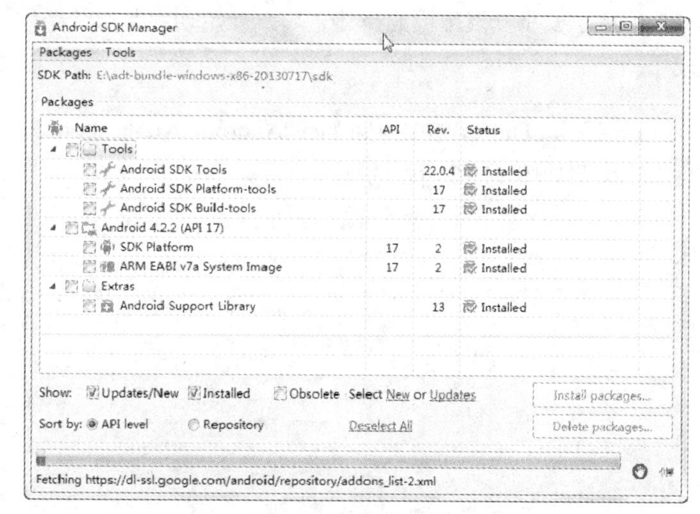

图 14.14 正在更新所需要的数据

读者也许会遇到更新了很久也无法更新的现象，这是由于 Google 的一部分服务器在我国无法进行访问，对于这种情况的解决方法，笔者将在后面给出方案。

下面通过截图来向读者演示正常的更新方法。

（1）在对话框中选中要更新的内容，如图 14.15 所示。

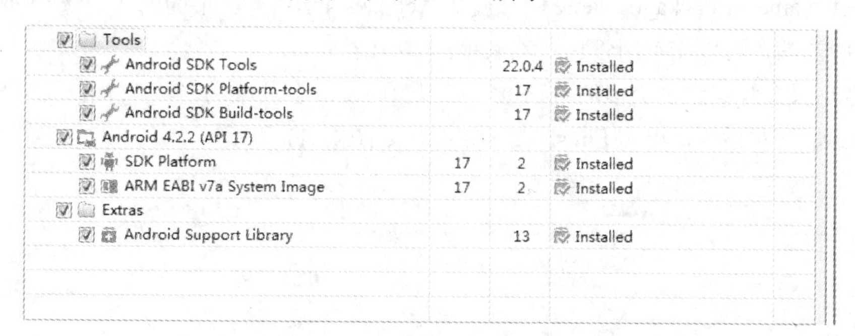

图 14.15 选择需要更新的内容

如果时间足够的话，还是尽可能将所有版本都更新了吧。

（2）笔者建议 Tools 和 Exteras 必须全部安装，至于版本，建议只安装一个 4.2.2 和一个 2.2 就可以了，4.2.2 是目前的稳定版本，而 2.2 则是目前公认的使用 AVD（安卓模拟器）最流畅的版本。

14.1.4　第一个程序

在完成了安卓开发环境的搭建之后，开始动手制作一个程序，来验证开发环境是否真正搭建完成了。

（1）打开 Eclipse，单击 File|New|Android Application Project 菜单新建一个工程，在弹出的对话框中按照如图 14.16 所示的样式填写。

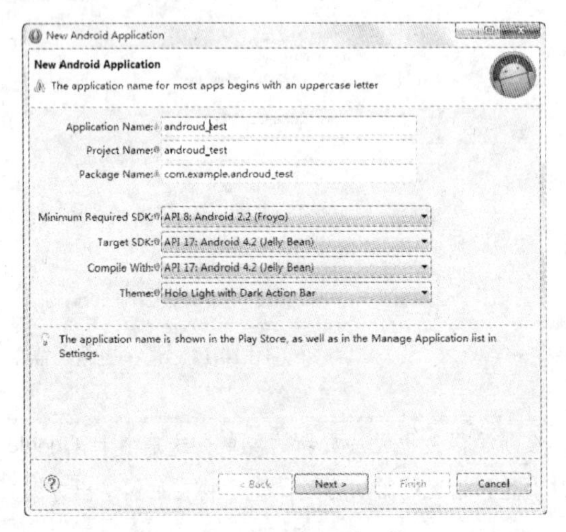

图 14.16　新建一项工程

（2）这里新建了一项名为“android_test”的工程，当在 Application Name 一栏中填入工程名后，Project Name 与 Package Name 两栏会由 Eclipse 自动填充。下面的几个选择列表是用来选择生成工程版本的，可以先不用管它，然后单击 Next 按钮。

（3）之后又会弹出几个类似的对话框，可以暂时不理会其中的内容，全部单击 Next 按钮跳过，直到来到最终对话框，单击 Finish 按钮完成，如图 14.17 所示。

图 14.17　项目创建完成

（4）此时就可以看到 Eclipse 左侧出现了刚刚创建的项目，如图 14.18 所示。

（5）Eclipse 已经默认为开发者完成了一个简单的“hello world”程序，可以直接编译运行，但是在运行之前，还需要在本机创建一个安卓虚拟机。

（6）执行 Window|Android Virtual Devices Manager 菜单打开安卓虚拟机控制对话框，单击 New 按钮新建一个虚拟机，各项参数可按照如图 14.19 所示填写。完成后单击 OK 按钮即可完成创建。

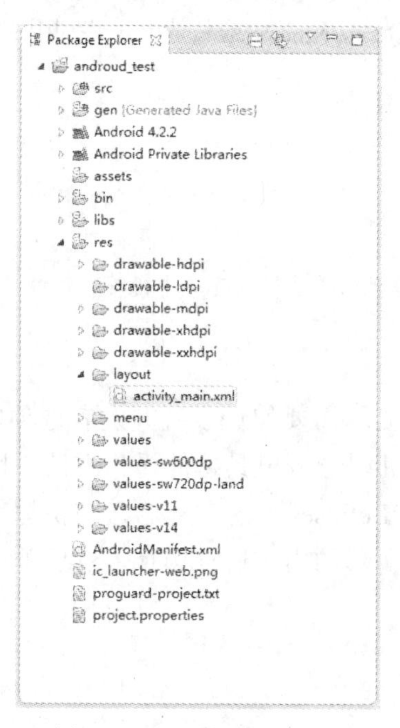

图 14.18　刚刚新建的工程

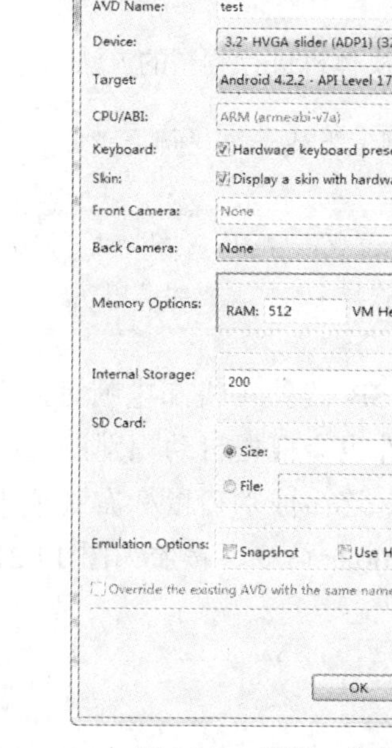

图 14.19　新建一个虚拟机

（7）现在鼠标右键单击创建好的工程，在快捷菜单选择 Run AS|Android Application 命令即可运行工程，结果如图 14.20 所示。

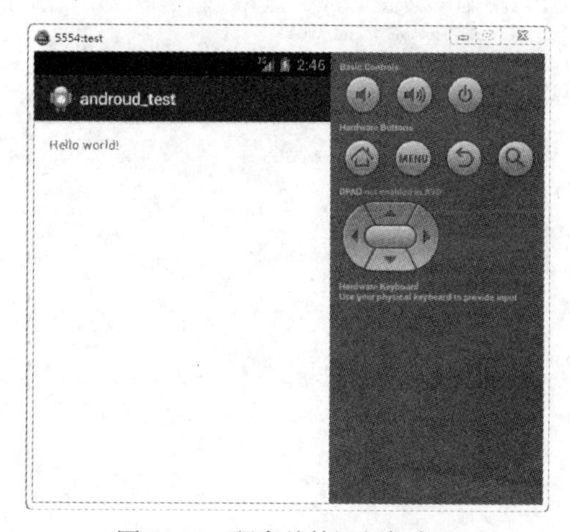

图 14.20　程序总算运行起来了

第一次运行虚拟机时需要加载一段比较长的时间，一定要耐心等待。

14.1.5 使用实体机测试第一个程序

虽然在创建虚拟机的时候可以设置不同的参数模拟出不同型号的设备，但是笔者建议各位无论是学习还是实际开发，尽量在真机上进行测试。这样做主要有两个优点：

第一是真机要比虚拟机运行流畅得多，而且使用感受也更真实；第二是虚拟机的加载速度实在是太慢了。当然还有更快捷的手段，就是本书介绍的 jQuery Mobile 或其他的一些利用 HTML 5 进行开发的开源框架。

下面就来介绍使用实体机进行测试的方法。

（1）读者可以去网上下载一个“豌豆荚”。

其实不只是豌豆荚，像 91 手机助手、360 手机助手这样的安卓手机管理软件都是可以的，然后用 USB 连接手机，自动安装驱动。

（2）第一次用 USB 连接手机和电脑时，会提示需要勾选设置开发者选项的 USB 调试。那些手机管理软件也会根据自动识别出的手机型号给出具体的操作方法，因此这里仅是提醒读者不要忘记。连接成功后鼠标右键单击 Eclipse 中的工程名，在快捷菜单中选择 Run AS|Run Configurations 命令，按照如图 14.21 所示的内容进行选择，然后单击 Run 按钮即可运行。

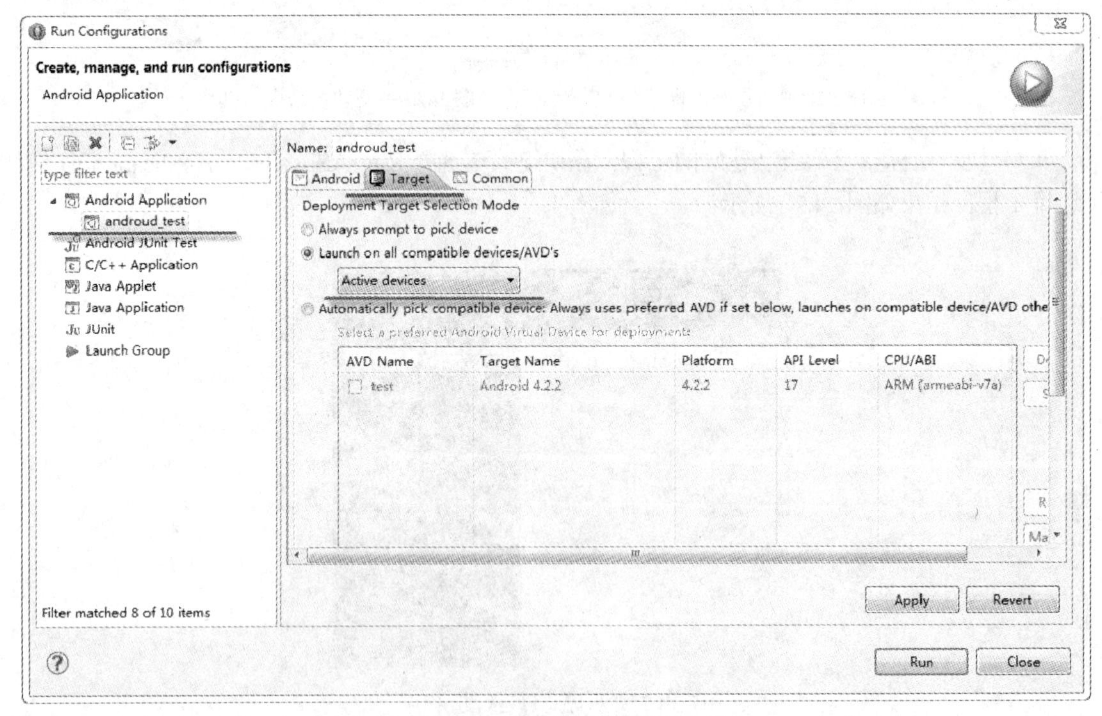

图 14.21　设置编译完成后在设备上运行

（3）继续鼠标右键单击工程名，在快捷菜单中选择 Run AS|Android Application 命令会发现几乎不用怎么等待，编译好的 apk 就被安装到设备中了，这时就可以利用豌豆荚进行截图。

通过观察图 14.22 读者可以发现笔者用来测试的设备是老掉牙的 defy，显得一点也不专业。

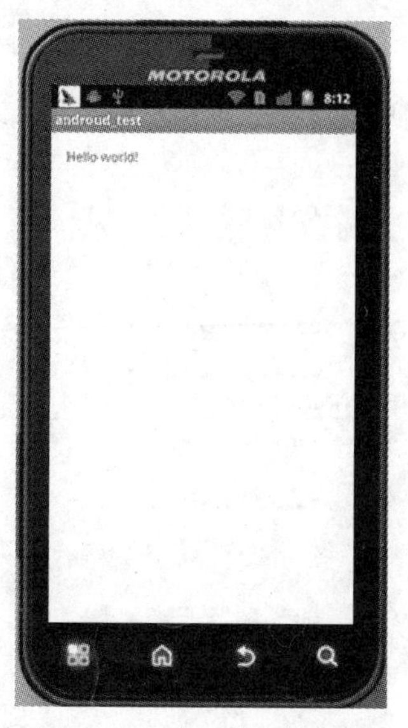

图 14.22　豌豆荚上的截图

由于长期将设备连接在电脑上，会对电池造成比较大的耗损，因此笔者认为在对程序进行测试和调试的时候，还是尽量用一些旧手机（尽量是那些碰都不想碰的），仅在需要测试兼容性以及某设备特性时，再去使用那些比较昂贵的旗舰机，这也是节约成本的一种方法。

使用豌豆荚这类软件的好处是：

- 开发者在开发时需要将进度用文档记录下来，而已完成部分的截图是其中一个重要的组成部分。
- 在开发中常常需要将一些内容加入 SD 卡中，使用这些管理工具非常方便。

14.2 如何生成跨平台的应用

jQuery Mobile 一个非常重要的特点就是它的跨平台特性，虽然笔者是以安卓来举例，但这并不代表不需要管其他平台，在安卓平台上测试成功之后对其他平台的移植也是非常重要的。

14.2.1 生成 iOS 应用

想要生成 iOS 应用，首先要配备一部能够搭载 iOS 系统的设备，如 iPhone、iPad，这样才能测试生成的应用。

如果是个人开发者，没有它们影响也不是很大，毕竟不管是 PhoneGap 还是 jQuery Mobile，最看重的还是 iOS，在这方面做的测试和优化也最完备，只要在安卓设备上成功了，可以省略对 iOS 的测试。

（1）首先要在苹果的开发者门户下载 Xcode 并安装，这里以 5.0 版本为例，如图 14.23 所示。

图 14.23　Xcode 下载

在下载 Xcode 时要注册苹果的开发者账号。

（2）打开之前下载的 PhoneGap 包，找到其中适用于 iOS 的文件（lib 目录下的 ios 目录，如图 14.24 所示）。将该文件夹复制到一个比较容易找到的地方，并且保证路径名中不包含中文。

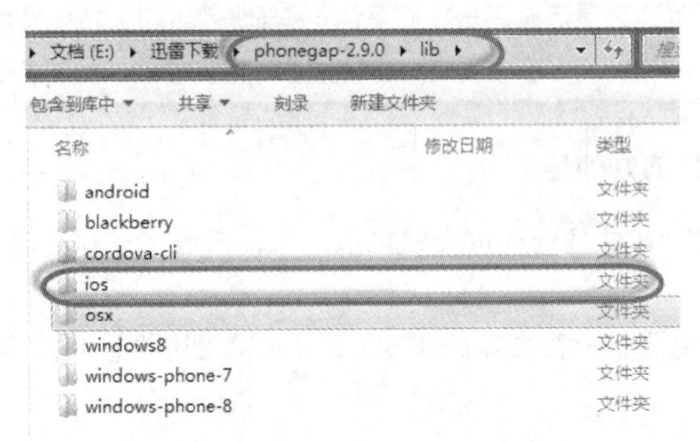

图 14.24　PhoneGap 适用于 iOS 的文件目录

（3）启动 Xcode，单击“文件”|“新建项目”菜单，在新建项目的导航中找到项目“User Templates”，选择“PhoneGap-based Application”选项。然后继续选择刚刚找到的那个目录，并为项目命名，如图 14.25 所示。

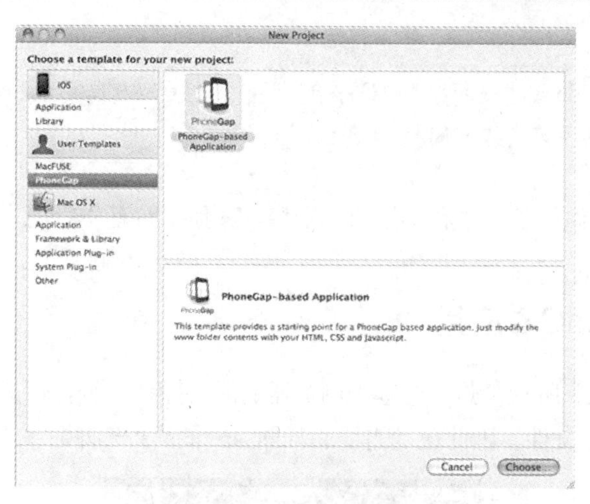

图 14.25　生成新项目

（4）接下来可以找到项目中的 www 目录，并随意找到一个之前写好的页面放到其中。

一定不要忘记将文件名改为 index.html。

（5）打开项目中的文件 test-info.plist（这里的 test 是笔者的项目名称，读者可以根据自己的习惯随意命名），将 BundleIdentifier 改为苹果公司提供的标识，也可以在线注册苹果的许可，获取许可的网址如下：

```
https://daw.apple.com/cgi-
bin/WebObjects/DSAuthWeb.woa/wa/login?&appIdKey=891bd3417a7776362562d2197f89480a8
547b108fd934911bcbea0110d07f757&path=%2F%2Faccount%2Findex.action
```

获取许可的前提是要有苹果的开发许可，如果只是学习可以跳过这一步骤，但如果是为了盈利还是花点时间注册一下吧。如图 14.26 所示为注册界面。

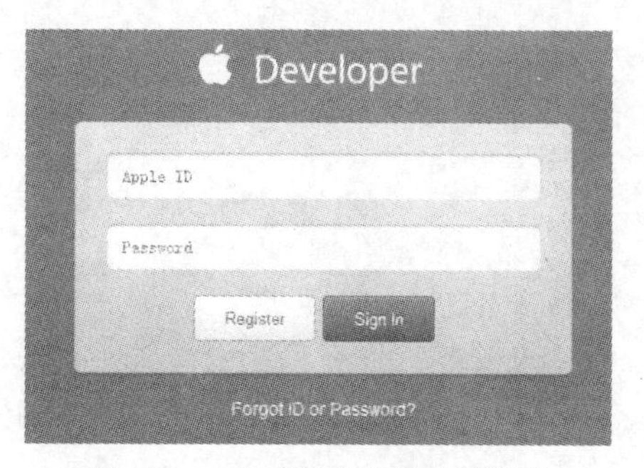

图 14.26　在苹果官方为应用注册

（6）确认将左上角的 Active SDK 选项从 Use Base SDK 改为 Device+version#，然后就可以运行程序了。当然没有设备的读者也可以使用模拟器来测试应用。

虽然安装 Xcode 要求必须在 MAC 平台下运行，但是只要有一台 Intel 平台的 PC，只要配置不是太差，还是可以装上 MAC 系统的。

其实在国内，只要做好了安卓和苹果两个平台，其他平台基本都能用了。

14.2.2 生成 WebOS 应用

WebOS（如图 14.27 所示）是一个基于浏览器的网络操作系统，但是这并不意味着可以不经过封装直接使用 HTML 文件，因此还是需要 PhoneGap 来插上一脚。

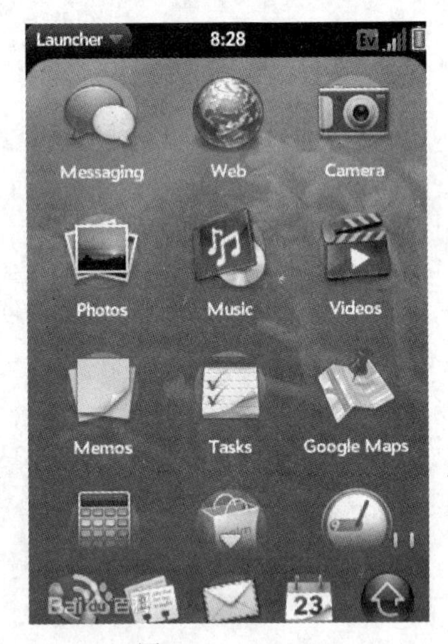

图 14.27 WebOS

在封装之前依然是要准备好 WebOS 的开发环境，如图 14.28 所示，依然很麻烦，不过好在不再需要配置环境变量。

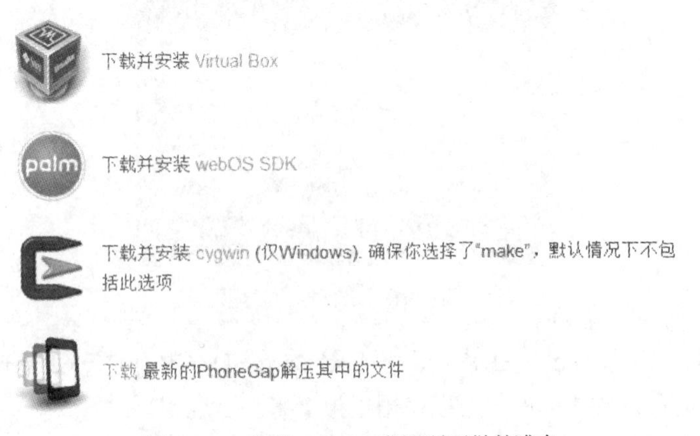

图 14.28 生成 WebOS 应用所要做的准备

在 Windows 8 下安装 VisualBox 可能会由于权限问题导致安装失败，因此一定要记得选择“以最高权限运行”。

完成这些之后就可以到 PhoneGap 中找到用来生成 WebOS 应用的目录了，如图 14.29 所示。打开 terminal/cygwin 进入 WebOS 目录，对 index.html 进行修改。

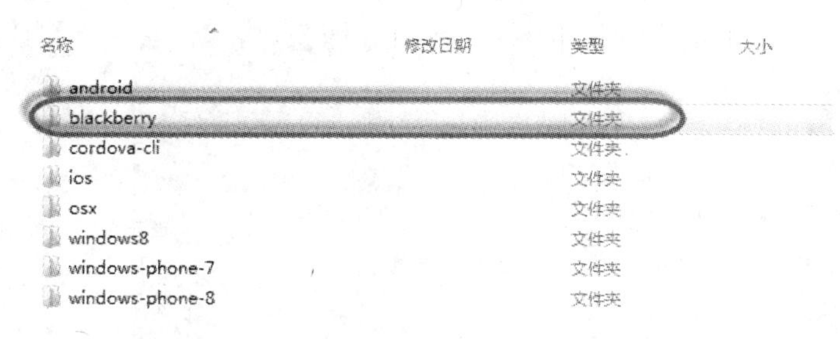

图 14.29　生成 WebOS 应用所需的文件

之后，通过 folder/start 菜单启动 Palm 模拟器，然后输入 make 命令将应用打包到模拟器中，就可以开始对应用的测试了。

在实体机中测试的方法就是用 USB 连接到设备，然后输入 make 命令就可以了。

14.3 怎样发布应用

在开发一款应用的时候，首先要明确这款应用的需求对象是哪些人群，然后根据这些人群来明确发布应用的方式。而在跨平台开发时代，要明确的一点是这款应用是打包成安装程序的本地应用，还是直接在 Web 上运行的网页，甚至是两者兼备的应用。

举一个例子，背单词这样的应用就可以打包成 APP，而商场导购软件就只能做成 Web 的形式，因为作为该项目的买主，商场希望能够以二维码的形式将它放在商场的展板上让每一个用户都去使用。这时如果强求每个用户都去下载它是非常不现实的，而以 Web 的形式就会吸引更多的顾客。

如果确认了应用以 APP 的形式进行发布，那么就可以选择一个应用商店进行上传了，当然也可以同时上传多个应用商店。现在的应用商店有很多，如中国移动 MM 商城（图 14.30）、联想“乐”商店（图 14.31）、华为应用市场（图 14.32）等。一般来说，将应用上传到这些大型的应用商店本身就能够受到免费的推广，对于个人开发者或者小团队来说会比较方便。但是要注意上传到这些商店的应用是要进行审核的。

图 14.30　中国移动 MM 商城

图 14.31　联想“乐”商店

图 14.32　华为应用市场

还有一类应用，如大名鼎鼎的 QVOD，它在苹果应用商店上架 6 天就被查封，但是却仍然在各大论坛被私下疯传。这就说明了一部分有特殊功能的应用是不适合通过应用商店进行推广的，这类应用有一个特点，就是能够满足一部分用户的迫切需求。

比如读者设计了一个 XX 考试题库之类的应用，这个审核能够通过，那么就暂时假设是 XX 大学 XX 课期末考试答案大全。如果上传到应用商店一定会被查封或遭到所涉及学校的强烈谴责，那么它就不适合在应用商店进行推广，而应该以 Web 的形式利用论坛进行推广。

14.4 怎样推广应用

一般来说，上传到应用商店的 APP 不需要费力做太多的推广，因为应用商店会对一些优秀的应用进行免费的推广和宣传。因此笔者就针对那些 Web 应用的推广做一个总结。

首先是一定要明确针对的用户属于哪些人群有哪些需求，而不要到处发广告。可以适当地做出一些噱头但不要太过分。如视频播放器 APP，完全可以加入某部当前新上映的电影，然后宣传使用该应用即可免费观看该电影。

但是一定不要骗人，如《寻龙诀》这部电影刚上映的时候，许多网站就用“枪版”的片源来欺骗用户说是高清版本，给人留下了非常不好的印象。

另外在推广时要充分利用好百度知道这一平台，如背单词应用，可以在有人通过百度知道求 6 级单词词库的时候趁机打出广告，就能起到不错的效果。

Web 类应用如果想要做大就一定要与 PC 端的 Web 相结合，再配上合理的 SEO 和充实的内容。也许投机取巧能够一时获得不错的收益，但想真正做大做强还需要用汗水来说话。

14.5 小结

本章的核心是发布应用和推广应用，这两大知识点实际上可能几十本书也说不完，因此笔者仅能分享一点自己的心得体会。最后，笔者祝愿每一位读者都能从本书中学到一些东西，并能靠这些知识来提高自己的生活水平，达到技术为我所用的目的。

第四篇

移动网页与APP实战

第 15 章

案例：实现一个实时股票APP

在一些相对专业性很强的互联网技术开发中，Web 图形和图表是一种很好的数据展现形式。根据经验，在有大量统计数据的情况下，传统表格数据的表现形式往往会让用户处于没有头绪无法获取所需信息的困难之中。而以图表方式提供的数据表现形式，就可以达到简单易懂、一目了然的良好效果。因此，利用好 Web 图形和图表，是开发高性能 Web 应用的必备手段之一。

实际上，借助图形和图表来统计数据是一项具有悠久历史的统计技术。在早期桌面应用程序的开发中，如为广大用户所熟知的微软公司 Office 系列办公套件，就对图形和图表统计技术提供了完美的产品实现。但随着互联网技术的大行其道，传统桌面应用早已经无法满足用户的需要，因此许多互联网研发公司陆续推出了基于 Web 的图形和图表产品，这些产品均提供了良好的性能与用户体检，并在不断进化完善中。例如，著名的 Alexa.com 网站就应用了大量的图形与图表来统计互联网各类海量数据，如图 15.1 所示。

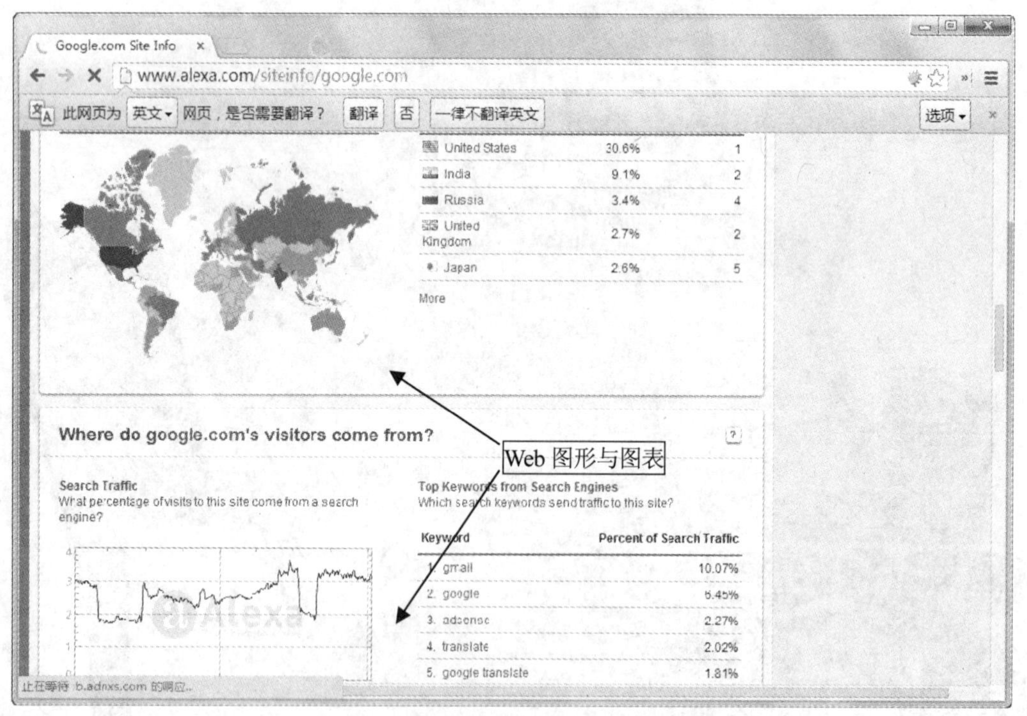

图 15.1　Alexa.com 图形与图表效果图

15.1 项目需求

如果你是一个股民，那么你就会知道一个实时股票 APP 最主要的功能包括：

- 查看股票实时股价；
- 可以具体到查询股票某日或某个时间段的股价；
- 一个时间段的股价一般以 K 线图的形式直观展现。

虽然股票还涉及交易，但本例只是简单地用图形的方式展示股票的走势，所以不涉及数据库的操作，也不涉及银行数据或股票买卖操作。

15.2 技术分析

从项目需求中我们可以知道，要查看股票，不只是显示几个数字这么简单，还必须让股价以图形的方式展现出来。这是第一个技术点：图形展示。

股票的价格有时间间隔，我们可以查看某个时间点，也可以查看某个时间段，这个时候当用户将鼠标放在某个时间段时，需要给出一条提示信息，提示的内容有两点：当前时间、当前股价。这是第二个技术点：实时提示。

如果我们来制作实时提示功能或直接画图，都是比较复杂的，jQuery 提供了很多插件库，来自全球各地。为了方便开发，这里我们选择一个图表库：jqChart。

15.3 准备 jqChart 图表

jqChart 图表插件采用纯 HTML 5 标准与 jQuery 框架设计开发，支持跨浏览器兼容性、支持移动设备终端、支持视网膜准备等功能，其图表可以导出图像或 PDF 格式便于本地存储。可以讲，jqChart 图表插件具有绝佳的效能与先进的图表展示功能。

总结一下，jqChart 图表插件具有如下主要特性：

- 只依赖 jQuery 框架开发；
- 采用纯 HTML5 的画布渲染，高性能典范；
- 最大的支持图表快速反应和修复功能；
- 拥有先进的数据可视化控件：图表，仪表，地理地图等；
- 跨浏览器支持：使用 IE6+、火狐、Chrome、Opera、Safari 等浏览器测试；

- 支持苹果 iOS 系统和 Android 移动设备；
- 针对移动设备支持全触控操作；
- 提供丰富的文档帮助。

15.3.1 下载 jqChart

jqChart 图表插件的官方网址如下：

```
http://www.jqchart.com/
```

在 jqChart 图表插件的官网中，用户可以浏览到 jqChart 插件的产品介绍、Sample 演示案例、文档使用说明、源代码下载链接、使用版权与产品注册信息（jqChart 图表插件非完全免费使用）、设计人员反馈和支持等信息，如图 15.2 所示。

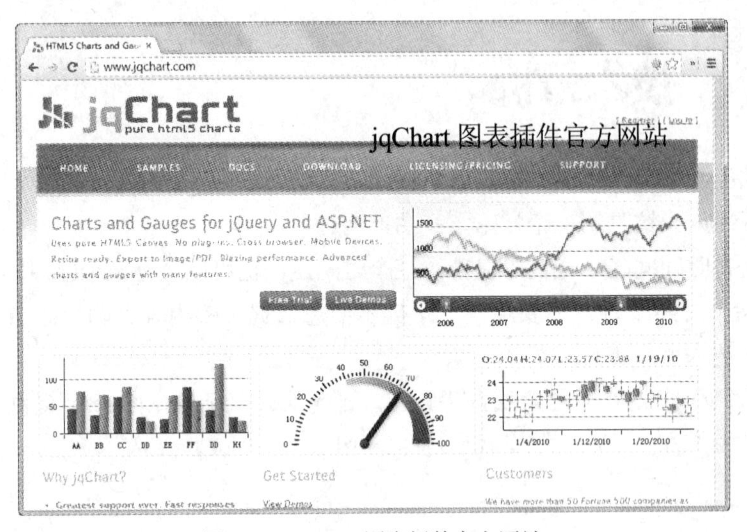

图 15.2 jqChart 图表插件官方网站

在上图所示的页面中，读者还可以看到 jqChart 图表插件的多款演示样例，如曲线图、柱状图、分时图、仪表盘等，均是非常实用的图形图表插件。下面单击“DOWNLOAD”下载链接，进入 jqChart 图表插件下载页面，如图 15.3 所示。

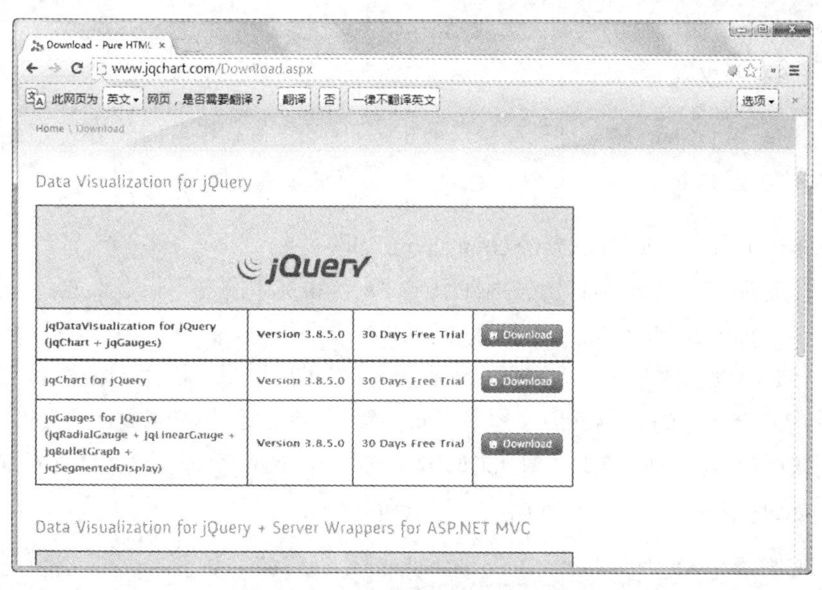

图 15.3　jqChart 图表插件下载页面

在 jqChart 图表插件下载页面，读者可以浏览到多个不同功能版本的下载链接，可以选择所需的版本进行下载。一般进行 Web 开发的话，可以选择 jqChart for jQuery 版本进行下载，该版本是支持 jQuery 框架的开发包，最新版本号是 Version 3.8.5.0，有 30 天有效试用期。

在 jqChart 图表插件官方网站首页的右上方，为用户演示了一个模拟股指 K 线图的 Demo 样例。从示例演示图中，可以看到图中包含坐标系、双曲线、数据点参数信息、图像曲线缩放及局部放大等元素，基本上股指 K 线图应该包含的功能元素都涵盖其中了，如图 15.4 所示。

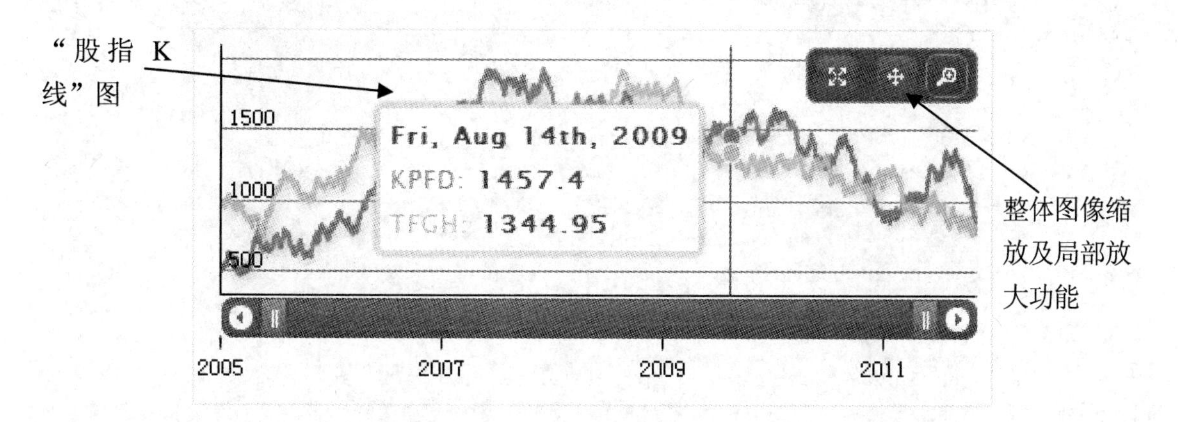

图 15.4　jqChart 图表插件官网首页“股指 K 线”样例

jqChart 图表插件当前的版本为 v3.8.5.0，从官方网站选择 jqChart for jQuery 版本下载的是一个 169kB 的压缩包，解压缩后就可以引用其中包含的 jqChart 插件类库文件来实现自己的图表插件网页功能了。

15.3.2 参数说明

现在，通过应用 jqChart 图表插件开发一个简单的柱状图应用，演示一下使用 jqChart 图表插件的方法，具体步骤如下：

（1）新建一个名称为 jqChartAxisSettings.html 的网页。

（2）打开最新版本的 jqChart 图表插件源文件夹，将其中的 js、css、theme 三个文件夹复制到刚刚创建的 jqChartAxisSettings.html 页面文件目录下。其中，js 文件夹包含有 jQuery 框架类库文件和 jqChart 图表插件类库文件，css 文件夹包含有 jqChart 图表插件样式文件，theme 文件夹包含有 jQuery-UI 框架库的 smoothness 样式资源文件。将库文件与样式文件分开管理，便于后期项目文件增多时能够有效进行管理。在 jqChartAxisSettings.html 页面文件中添加对 jQuery 框架类库文件、jqChart 图表插件类库文件的引用，如下所示。

```
   01   <html xmlns="http://www.w3.org/1999/xhtml">
   02   <head>
   03   <meta http-equiv="Content-Type" content="text/html; charset=utf-8">
   04   <title>基本柱状图应用 - 基于 HTML5 jqChart 图表插件</title>
   05   <!-- 引用 jqChart 图表插件 CSS 样式文件 -->
   06   <link rel="stylesheet" type="text/css" href="css/jquery.jqChart.css" />
   07   <!-- 引用 jqRangeSlider 插件 CSS 样式文件 -->
   08   <link rel="stylesheet" type="text/css"
href="css/jquery.jqRangeSlider.css" />
   09   <!-- 引用 jQuery-UI 框架 smoothness 风格 CSS 样式文件 -->
   10   <link rel="stylesheet" type="text/css" href="themes/smoothness/jquery-ui-
1.8.21.css" />
   11   <!-- 引用 jQuery 框架类库文件 -->
   12   <script src="js/jquery-1.11.2.js" type="text/javascript"></script>
   13   <!-- 引用 jqChart 图表插件类库文件 -->
   14   <script src="js/jquery.jqChart.min.js" type="text/javascript"></script>
   15   <!-- 引用 jqRangeSlider 插件类库文件 -->
   16   <script src="js/jquery.jqRangeSlider.min.js"
type="text/javascript"></script>
   17   <!-- IE 浏览器类型判断-->
   18   <!--[if IE]>
   19   <script lang="javascript" type="text/javascript"
src="js/excanvas.js"></script>
   20   <![endif]-->
   21   </head>
```

由于 jqChart 图表插件完全支持 HTML5 标准，所以针对 HTML5 中新加入的<canvas>绘图元素，IE9 以前的浏览器版本可能会无法很好地支持，所以这里引入了 excanvas.js 文件来提供<canvas>元素的支持，并加入 if 条件语句进行判断。

（3）为了应用 jqChart 图表插件在页面中绘制出柱状图，需要在 jqChartAxisSettings.html 页面中构建一个<div>元素作为柱状图的容器，如下所示。

```
<body>
<div>
<h3>基于jqChart 图表插件的基本柱状图应用</h3>
<div id="jqChart" style="width: 500px; height: 300px;">
</div>
// 省略部分代码
</div>
</body>
```

（4）在页面静态元素构建好后，需添加以下 js 代码对 jqChart 图表插件进行初始化操作，具体如下所示。

```
01  <script lang="javascript" type="text/javascript">
02  $(document).ready(function(){
03  $('#jqChart').jqChart({                    // jqChart 图表插件命名空间构造函数
04  title: {text: '柱状图应用 - 坐标轴设定'},                    // jqChart 图表标题
05  axes: [                                              // 坐标轴参数设定
06  {
07  location: 'left',                                         // 坐标轴位置，设定在左
08  minimum: 10,                                         // 坐标轴坐标最小值，值为10
09  maximum: 100,                                      // 坐标轴坐标最大值，值为100
10  interval: 10                                        // 坐标轴坐标间距
11  }
12  ],
13  series: [                                                  // jqChart 图表类型设定
14  {
15  type: 'column',                                      // 图表类型参数，'column'表
示柱状图
16  data: [['a', 70], ['b', 40], ['c', 85], ['d', 50], ['e', 25], ['f', 40]]
 // 柱状图参数，数组类型
17  }
18  ]
19  });
20  });
21  </script>
```

以上 js 代码执行了以下操作：

- 在页面文档开始加载时，通过 jQuery 框架选择器$('#jqChart')方法获取 id 值等于“jqChart”的<div>元素，并通过 jqChart 图表插件定义的.jqChart()构造方法进行初始化。
- 在初始化函数内部，定义柱状图的 title 参数，title 可以理解为柱状图的标题。
- 在初始化函数内部，设定 axes 坐标轴参数：location:'left'，表示坐标轴位置在“左”；minimum:10，表示坐标轴坐标最小值为 10；maximum:100，表示坐标轴坐标最大值为 10；interval:10，表示坐标轴坐标间隔为 10。
- 在初始化函数内部，设定 series 图表类型参数：type:'column'，表示图表类型为柱状图；data 参数用于设定柱状图数据，数据采用二维数组形式['a',70]，第一个参数表示该

柱状图名称，第二个参数表示具体数值。

经过以上步骤，基于 jqChart 图表插件的基本柱状图应用的代码就编写完成了。默认状态下，jqChart 图表插件提供了激活与关闭图表数据、跟踪鼠标位置显示数据点信息等公共功能，设计人员无须在编写用户代码过程中进行设定。基本柱状图应用运行效果如图 15.5、图 15.6 和图 15.7 所示。

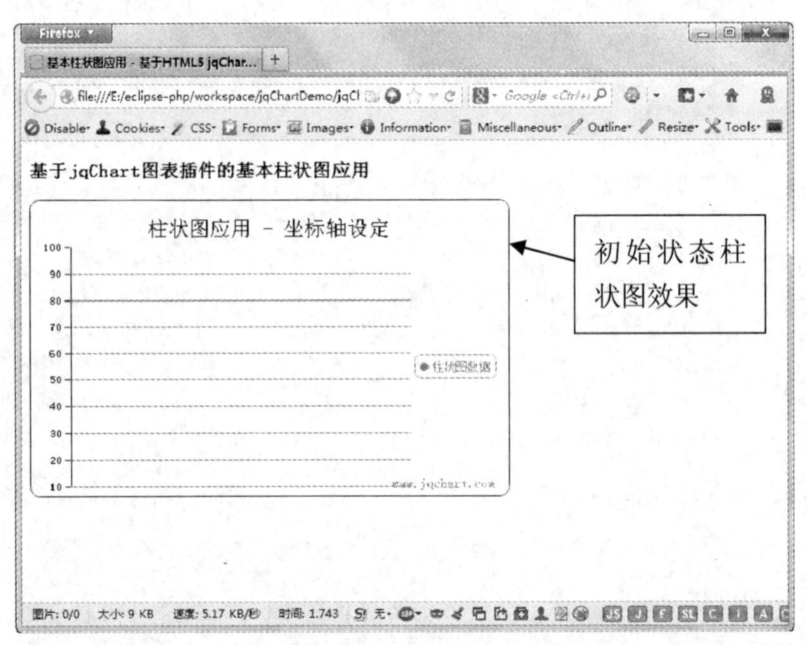

图 15.5　jqChart 图表插件基本柱状图应用效果图（一）

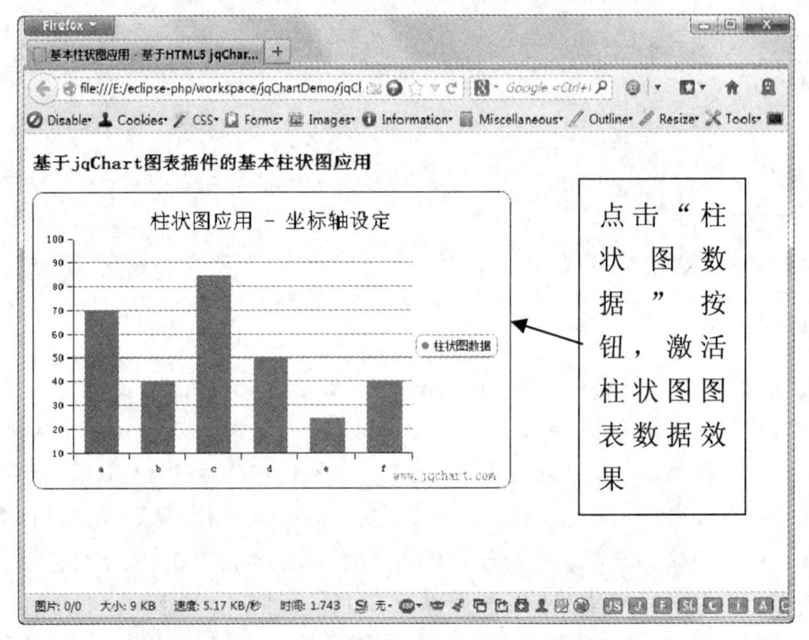

图 15.6　jqChart 图表插件基本柱状图应用效果图（二）

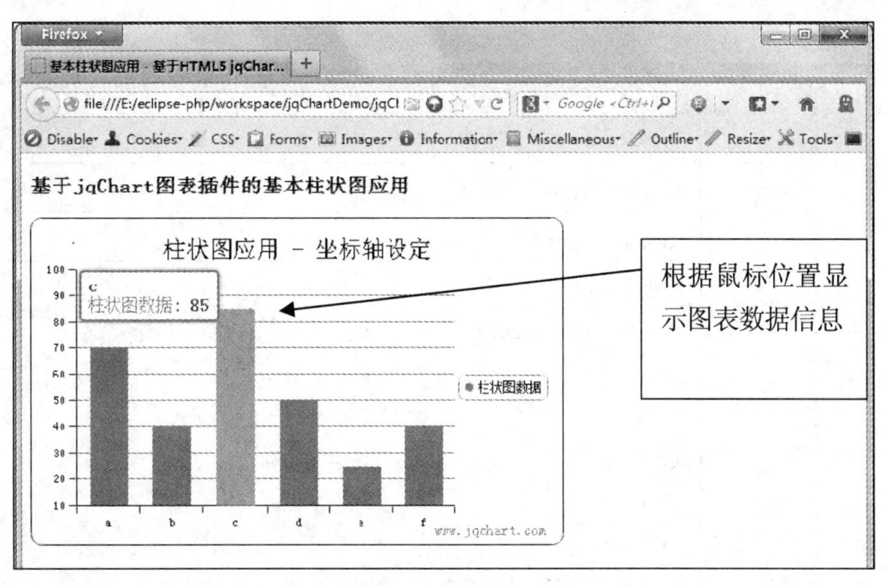

图 15.7　jqChart 图表插件基本柱状图应用效果图（三）

由例子可以看到，通过调用 jqChart 图表插件方法设定其属性参数，可以开发页面图表应用。下面向读者详细讲述 jqChart 图表插件的方法与属性参数。

jqChart 图表插件的属性参数如表 15-1 所示。

表 15-1　jqChart图表插件属性参数列表

<table>
<tr><th>属性参数名称</th><th colspan="2">属性参数描述</th></tr>
<tr><td rowspan="4">title</td><td>描述</td><td>该参数属性表示图表顶部的标题</td></tr>
<tr><td>类型</td><td>字符串或者组合结构体</td></tr>
<tr><td rowspan="2">用例</td><td>title: 'Chart Title'</td></tr>
<tr><td>var title : {
text: 'Chart Title',
font: '40px sans-serif'　　　// 字体设置
}</td></tr>
<tr><td rowspan="3">border</td><td>描述</td><td>该参数属性描述图表边框</td></tr>
<tr><td>类型</td><td>组合结构体</td></tr>
<tr><td>用例</td><td>border : {
visilbe: true,　　　//Boolean 类型，表示图表边框是否可见
strokeStyle: 'red',　　// 表示图表边框颜色
lineWidth: 4,　　　// 表示图表边框厚度
cornerRadius: 12,　　// 表示图表边框 4 个顶角的圆弧曲率
padding: 6　　　// 表示图表边框内边距数值
}</td></tr>
</table>

（续表）

属性参数名称	属性参数描述	
background	描述	该参数属性描述图表背景颜色
	类型	字符串或者组合结构体
	用例	background: 'red'

		background : {
		type: 'linearGradient',　　　// 表示图表背景颜色线性渐变
		x0: 0,　　　// 起点 x 坐标
		y0: 0,　　　// 起点 y 坐标
		x1: 0,　　　// 终点 x 坐标
		y1: 1,　　　// 终点 y 坐标
		colorStops: [　　　// 颜色设定值
		{ offset: 0, color: '#d2e6c9' },　　　// 起点颜色
		{ offset: 1, color: 'white' }　　　// 终点颜色
		]
		}

tooltips	描述	该参数属性用于显示图表数据点信息的消息提示框
	类型	组合结构体

	用例	tooltips : {
		disabled : false,　　　// 表示是否禁用消息框
		type: 'normal',　　　// 消息提示框类型
		borderColor: 'auto',　　　// 边框颜色
		snapArea: 25,　　　// 表示显示消息提示框快照的区域
		highlighting: true,　　　// 表示该数据点是否需要被高亮显示
		highlightingFillStyle: 'rgba(204, 204, 204, 0.5)',　　　// 高亮显示填充颜色风格
		highlightingStrokeStyle: 'rgba(204, 204, 204, 0.5)'　　　// 高亮显示笔触颜色风格
		}

crosshairs	描述	该参数属性定义十字线连接数据点对应的轴值。默认情况下，十字线被禁用
	类型	组合结构体

	用例	crosshairs : {
		enabled: true,　　　// 表示是否禁用十字线
		hLine: { strokeStyle: '#cc0a0c' },　　　// 表示水平十字线笔触颜色
		vLine: { strokeStyle: '#cc0a0c' }　　　// 表示垂直十字线笔触颜色
		}

（续表）

属性参数名称	属性参数描述	
shadows	描述	该参数属性用于显示图表阴影效果
	类型	组合结构体

	用例	shadows : {
		enabled: true,　　// 表示是否允许阴影效果
		shadowColor: 'gray',　　// 表示阴影颜色
		shadowBlur: 10,　　// 表示阴影效果
		shadowOffsetX: 3,　　// 表示阴影 X 轴方向偏移值
		shadowOffsetY: 3　　// 表示阴影 Y 轴方向偏移值
		}

animation	描述	该参数属性用于显示图表动画效果
	类型	组合结构体

	用例	animation : {
		enabled : true,　　// 表示是否允许动画效果
		delayTime : 1,　　// 表示动画效果延迟时间
		duration : 2　　// 表示动画效果持续时间
		}

watermark	描述	该参数属性用于显示图表水印效果
	类型	组合结构体
	用例	watermar : { text: 'Copyright Information',　　// 表示水印文本 fillStyle: 'red',　　// 表示水印文本颜色 font: '16px sans-serif',　　// 表示水印文本字体 hAlign: 'right',　　// 表示水印文本水平位置 vAlign: 'bottom'　　// 表示水印文本垂直位置 },

jqChart 图表插件有一些非常重要的属性参数，譬如 Axes 坐标轴属性、series:type 图表类型属性和 data 数据点属性等，都是设计图表必须要使用的。下面分别对这些属性参数进行讲解说明。

jqChart 图表插件的 Axes 属性是用来描述图表坐标轴的参数，图表插件根据它来绘制图表内的数据点曲线图形，每个图表（除了饼图）都包含了绘图区域的轴，大部分的图表使用 X 轴和 Y 轴作图。jqChart 图表插件的 Axes 属性参数如表 15-2 所示。

表 15-2 jqChart 图表插件 —— Axes 属性参数列表

类型名称	类型描述	
Category Axis	描述	该类型坐标轴用于表示由一组沿轴离散值的分组数据，它定义了一组沿图表轴出现的标签

	用例	axes:[
		{
		type: 'category', // 坐标轴类型
		location: 'bottom', // 坐标轴位置
		categories: ['Cat 1', 'Cat 2', 'Cat 3', 'Cat 4', 'Cat 5', 'Cat 6']//坐标轴标签
		}
		]

Linear Axis	描述	该类型称为直线坐标轴，映射数值的最小值和最大值沿图表轴之间均匀。默认情况下，它决定了图表数据的最小值、最大值和间隔值，以适应所有屏幕上的图表元素。用户也可以显式地设置这些属性的特定值

	用例	axes:[
		{
		type: 'linear', // 坐标轴类型
		location: 'left', // 坐标轴位置
		minimum: 10, // 坐标轴最小值
		maximum: 100, // 坐标轴最大值
		interval: 10 // 坐标轴间隔
		}
		]

DateTime Axis	描述	该类型称为时间坐标轴，映射时间值的最小值和最大值沿图表轴之间均匀。默认情况下，它决定了图表数据的最小值、最大值和间隔值，以适应屏幕上所有的图表数据元素。用户也可以显式地设置这些属性的特定值

	用例	axes:[
		{
		type: 'dateTime', // 坐标轴类型
		location: 'bottom',
		minimum: new Date(2013, 1, 4),
		maximum: new Date(2013, 1, 18),
		interval: 1,
		intervalType: 'days' // 'years' | 'months' | 'weeks' | 'days' | 'minutes' | 'seconds' | 'millisecond'
		}
		]

jqChart 图表插件的 series:type 属性是用来描述图表类型的参数，图表插件根据它来绘制不同风格类型的图表。jqChart 图表插件的 series:type 属性参数如表 15-3 所示。

表 15-3　jqChart 图表插件 —— series:type 属性参数列表

类型名称	类型描述	
Area Chart	描述	该类型基于折线图，面积图之轴和线之间的区域，重点使用不同的颜色和纹理来表现。其通常强调随时间变化的程度，并显示部分与整体的关系

	用例	series: [
		{
		type: 'area',　　　　　　　　　　　　　　// 图表类型
		title: 'Area 1',
		fillStyle: '#418CF0',
		data: [
		['A', 56], ['B', 30], ['C', 62],['D', 65], ['E', 40], ['F', 36], ['G', 70]　// 数据点数组
		]
		}
		]

Bar Chart	描述	该类型称为条形图，说明了各个项目之间的比较。其图表矩形条为了更加注重比较值（而不太注重时间）而呈水平显示，并与长度成正比

	用例	series: [
		{
		type: 'bar',　　　　　　　　　　　　　　// 图表类型
		title: 'Bar 1',
		fillStyle: '#418CF0',
		data: [
		['A', 56], ['B', 30], ['C', 62], ['D', 65], ['E', 40], ['F', 36], ['G', 70]　// 数据点数组
		]
		}
		]

Column Chart	描述	该类型称为柱状图，使用列（垂直矩形）的顺序来显示。与其他类别相比，其具有单独的参考值

	用例	series: [
		{
		type: 'column',　　　　　　　　　　　　　// 图表类型
		title: 'Column 1',
		fillStyle: '#418CF0',
		data: [
		['A', 56], ['B', 30], ['C', 62], ['D', 65], ['E', 40], ['F', 36], ['G', 70]]　// 数据点数组
		}
		]

（续表）

类型名称	类型描述	
Line Chart	描述	该类型称为折线图（或线图），是所有图类型中最普通的一个成员，其原理是通过由数据点连接线来显示定量信息，折线图往往说明随着时间推移的趋势

	用例	series: [
		{
		type: 'line', // 图表类型
		title: 'Line 1',
		fillStyle: '#418CF0',
		data: [
		['A', 56], ['B', 30], ['C', 62], ['D', 65], ['E', 40], ['F', 36], ['G', 70]] // 数据点数组
		}
		]

Pie Chart	描述	该类型称为饼图、圆图、扇形图、分段图等，并且是最广泛使用的图表类型之一。饼图是将圆分成扇区，显示百分比或相对值来进行相互比较，有助于分析统计数据类型的整体趋势

	用例	series: [
		{
		type: 'pie', // 图表类型
		labels: { // 图表字体风格
		stringFormat: '%.1f%%',
		valueType: 'percentage',
		font: '15px sans-serif',
		fillStyle: 'white'
		},
		explodedRadius: 10, // 图饼半径
		explodedSlices: [5], // 图饼分割区域数量
		data: [// 数据点数组
		['United States', 65], ['United Kingdom', 58], ['Germany', 30],
		['India', 60], ['Russia', 65], ['China', 75]
		]
		}
		]

Range Chart	描述	该类型称为范围图表，其通过绘制每个数据点两个 Y 值，每个 Y 值都会被绘制成折线图的数据范围，Y 值之间的范围内可以被填充颜色或图像

	用例	series: [
		{
		type: 'range', // 图表类型
		title: 'Series 1',
		data: [// 数据点数组
		['A', 33, 43], ['B', 57, 62], ['C', 13, 30],
		['D', 12, 40], ['E', 35, 70], ['F', 7, 30], ['G', 24, 30]
		]
		}
		]

（续表）

类型名称	类型描述	
Scatter Chart	描述	该类型称为散点图，是用来显示两组值之间的相关性，散点图经常被用于定性实验数据和科学数据建模。一般散点图通常不与时间相关的数据组合使用（因为线路图会更适合此种情况）

	用例	series: [
		{
		type: 'scatter',　　　　　　　　// 图表类型
		title: 'Scatter',
		data: [
		[1, 62], [2, 60], [3, 68], [4, 58], [5, 52], [6, 60], [7, 48]// 数据点数组
		]
		}
		]

Spline Chart	描述	该类型称为样条曲线图表，其通过一系列数据点的相对位置来绘制并拟合成曲线折线图表

	用例	series: [
		{
		type: 'spline',　　　　　　　　// 图表类型
		title: 'Spline 1',
		fillStyle: '#418CF0',
		data: [
		['A', 56], ['B', 30], ['C', 62], ['D', 65], ['E', 40], ['F', 36], ['G', 70]　// 数据点数组
		]
		}
		]

Stock Chart	描述	该类型称为股票图，其通常是用来说明股票价格，包括股票的打开，关闭，高、低价格点等。同时，这种类型的图表也可用于分析科学数据，因为每个系列的数据均可以显示高值，低值，开盘值和收盘值。股票图的开盘值显示在左侧，并且在右侧显示收盘值

	用例	series: [
		{
		type: 'stock',　　　　// 图表类型
		data: data　　　　// 数据点数组，一般通过编程获取
		}
		]

（续表）

<table>
<tr><th>类型名称</th><th colspan="2">类型描述</th></tr>
<tr><td rowspan="2">Trendline Chart</td><td>描述</td><td>该类型称为趋势线图表，是用来描述数据趋势的图表系列。例如：向上倾斜的线可以表示在数月内销售数值增加的趋势。趋势线一般用于预测问题的研究，因此又称为回归分析</td></tr>
<tr><td>用例</td><td>series: [
{
type: 'trendline', // 图表类型
title: 'Trendline',
data: data, // 数据点数组，一般通过编程获取
trendlineType: 'linear', // 趋势线类型，值为'linear' 或者 'exponential'
}
]</td></tr>
</table>

以上就是 jqChart 图表插件属性参数的说明，其中还有一些不常使用的属性参数没有在此列举，感兴趣的读者可以阅读 jqChart 图表插件官网上的产品文档进行了解。

15.4 开发一个模拟股票指数实时图应用

本节将基于 jqChart 图表插件开发一个模拟股票实时图应用，其中模拟了美国主要的两大股指："道琼斯"与"纳斯达克"的组合曲线图。该例演示了如何组合多个实时股票指数曲线图的方法，及使用动画操作和曲线图的平移、缩放功能。通过这个样例的开发过程，向设计人员较为全面的演示了应用 jqChart 图表插件的开发方法。

15.4.1 添加 jqChart 图表插件插件库文件

使用文本编辑器新建一个名为 jqChartStock.html 的网页，将网页的标题指定为"基于 jqChart 图表插件模拟股票实时图应用"。本应用基于 jQuery 框架和 jqChart 图表插件进行开发，需要添加一些必要的类库文件与 CSS 样式文件，具体代码如下所示。

```
01    <!DOCTYPE html PUBLIC "-//W3C//DTD XHTML 1.0 Transitional//EN"
02    "http://www.w3.org/TR/xhtml1/DTD/xhtml1-transitional.dtd">
03    <html xmlns="http://www.w3.org/1999/xhtml">
04    <head>
05    <meta http-equiv="Content-Type" content="text/html; charset=utf-8">
06    <title>基于 jqChart 图表插件模拟股票实时图应用 -基于 HTML5 jqChart 图表插件</title>
07    <!-- 引用 jqChart 图表插件 CSS 样式文件 -->
```

```
   08   <link rel="stylesheet" type="text/css" href="css/jquery.jqChart.css" />
   09   <!-- 引用 jqRangeSlider 插件 CSS 样式文件 -->
   10   <link rel="stylesheet" type="text/css"
href="css/jquery.jqRangeSlider.css" />
   11   <!-- 引用 jQuery-UI 框架 smoothness 风格 CSS 样式文件 -->
   12   <link rel="stylesheet" type="text/css" href="themes/smoothness/jquery-ui-
1.8.21.css" />
   13   <link rel="stylesheet" type="text/css" href="css/prettify.css" />
   14   <!-- 引用 jQuery 框架类库文件 -->
   15   <script src="js/jquery-1.11.2.js" type="text/javascript"></script>
   16   <!-- 引用 jQuery MouseWheel 类库文件 -->
   17   <script src="js/jquery.mousewheel.js" type="text/javascript"></script>
   18   <!-- 引用 jqChart 图表插件类库文件 -->
   19   <script src="js/jquery.jqChart.min.js" type="text/javascript"></script>
   20   <!-- 引用 jqRangeSlider 插件类库文件 -->
   21   <script src="js/jquery.jqRangeSlider.min.js"
type="text/javascript"></script>
   22   <script src="js/jquery.cycle.all.min.js" type="text/javascript"></script>
   23       <script src="js/prettify.js" type="text/javascript"></script>
   24   <!-- IE 浏览器类型判断-->
   25   <!--[if IE]>
   26   <script lang="javascript" type="text/javascript"
src="js/excanvas.js"></script>
   27   <![endif]-->
   28   </head>
```

15.4.2　构建实时图页面的布局

使用 jqChart 图表插件在页面中绘制股票实时图，需要在 jqChartStock.html 页面中构建一个<div>元素用来作股票实时图的容器，具体代码如下所示。

```
<body>
<div>
<h3>基于 jqChart 图表插件模拟股票实时图应用</h3>
<div id="jqChart" style="width: 500px; height: 300px;">
</div>
// 省略部分代码
</div>
</body>
```

15.4.3 模拟股票实时图的初始化操作

在页面元素股票实时图容器构建好后，需添加以下 js 脚本代码对 jqChart 图表插件进行初始化操作，具体代码如下所示。

```
01   <script lang="javascript" type="text/javascript">
02   // 添加日期函数
03   function addDays(date, value) {
04   var newDate = new Date(date.getTime());
05   newDate.setDate(date.getDate() + value);
06   return newDate;
07   }
08   // 产生随机数函数
09   function round(d) {
10   return Math.round(100 * d) / 100;
11   }
12   // 定义全局变量
13   var data1 = [];                // 日期数组变量
14   var data2 = [];                // 日期数组变量
15   var yValue1 = 50;              // Y 坐标变量
16   var yValue2 = 200;             // Y 坐标变量
17   // 定义全局起点日期
18   var date = new Date(2013, 0, 1);
19   // 通过随机数函数生成随机股票指数数据
20   for (var i = 0; i < 200; i++) {
21   yValue1 += Math.random() * 10 - 5;
22   data1.push([date, round(yValue1)]);
23   yValue2 += Math.random() * 10 - 5;
24   data2.push([date, round(yValue2)]);
25   date = addDays(date, 1);
26   }
27   // HTML 文档初始化过程
28   $(document).ready(function() {
29   // 定义背景参数，linearGradient 渐变风格
30   var background = {
31   type: 'linearGradient',
32   x0: 0,
33   y0: 0,
34   x1: 0,
35   y1: 1,
36   colorStops: [
37   { offset: 0, color: '#d2e6c9' },
38   { offset: 1, color: 'white' }
```

```
39  ]
40  };
41  // jqChart 图表插件命名空间构造函数
42  $('#jqChart').jqChart({
43  title: '模拟股票实时图应用',                  // jqChart 图表标题
44  legend: {                                     // jqChart 图表 legend 属性参数
45  title: '激活/关闭'
46  },
47  border: {
48  strokeStyle: '#6ba851'                        // jqChart 图表边框颜色
49  },
50  background: background,                       // jqChart 图表背景
51  animation: {                                  // jqChart 图表动画参数
52  duration: 2                                   // jqChart 图表动画持续时间
53  },
54  tooltips
55  : {                                           // jqChart 图表消息提示框
56  type: 'shared'
57  },
58  shadows: {                                    // jqChart 图表阴影效果
59  enabled: true
60  },
61  crosshairs: {                                 // jqChart 图表十字线
62  enabled: true,
63  hLine: false,
64  vLine: {
65  strokeStyle: '#cc0a0c'
66  }
67  },
68  axes: [                                       // jqChart 图表坐标轴定义
69  {
70  type: 'dateTime',                             // jqChart 图表坐标轴类型为时间轴
71  location: 'bottom',                           // 坐标轴位置为底部
72  zoomEnabled: true                             // 支持缩放功能
73  }
74  ],
75  series: [                                     // jqChart 图表类型设定
76  {
77  title: '道琼斯',
78  type: 'line',                                 // 图表类型参数，'line'表示折线图
79  data: data1,                                  // 数据点数据源
80  markers: null
81  },{
```

```
82   title: '纳斯达克',
83   type: 'line',                              // 图表类型参数，'line'表示折线图
84   data: data2,                               // 数据点数据源
85   markers: null
86   }
87   ]
88   });
89   // 绑定消息提示框数据信息过程函数
90   $('#jqChart').bind('tooltipFormat', function (e, data) {
91   if ($.isArray(data) == false) {
92   var date = data.chart.stringFormat(data.x, "ddd, mmm dS, yyyy");
93   var tooltip = '<b>' + date + '</b><br />' + '<span style="color:' +
data.series.fillStyle + '">' + data.series.title + ': </span>' + '<b>' + data.y +
'</b><br />';
94   return tooltip;
95   }
96   var date = data[0].chart.stringFormat(data[0].x, "ddd, mmm dS, yyyy");
97   var tooltip = '<b>' + date + '</b><br />' + '<span style="color:' +
data[0].series.fillStyle + '">' + data[0].series.title + ': </span>' + '<b>' +
data[0].y + '</b><br />' + '<span style="color:' + data[1].series.fillStyle +
'">' + data[1].series.title + ': </span>' + '<b>' + data[1].y + '</b><br />';
98   return tooltip;
99   });
100  });
101  </script>
```

以上 js 代码执行了以下操作：

- 编写 js 自定义函数 addDays()用来实现获取日期功能。
- 编写 js 自定义函数 round()用来实现获取随机数。
- 定义一些全局变量，通过以上日期函数、随机数函数以及 for 循环语句生成随机股票指数数据，用于模拟股票指数曲线图，并将这些随机生成的数据保存在定义好的全局变量(yValue1，yValue2，data)之中。
- 在页面文档开始加载时，定义具有 linearGradient 渐变风格背景参数。
- 在页面文档开始加载时，通过 jQuery 选择器$('#jqChart')方法获取 id 值等于 “jqChart” 的<div>元素，并通过 jqChart 图表插件定义的.jqChart()构造方法进行初始化。
- 在初始化函数内部，定义模拟股票实时图的 title 参数，title 定义实时图的标题。
- 在初始化函数内部，定义模拟股票实时图的 border 参数，用来描述 jqChart 图表边框颜色。
- 在初始化函数内部，定义模拟股票实时图的 background 参数，通过序号 4 的操作，用 background 变量对其赋值。
- 在初始化函数内部，定义模拟股票实时图的 animation 参数，用来确定 jqChart 图表动画效果的持续时间。

- 在初始化函数内部，定义模拟股票实时图的 tooltips 参数，通过后面的绑定消息提示框函数来获取格式化的信息提示。
- 在初始化函数内部，定义模拟股票实时图的 shadows 参数，shadows 定义实时图的阴影效果。
- 在初始化函数内部，定义模拟股票实时图的 crosshairs 参数，crosshairs 定义实时图的十字线，此处 hLine:false 表示取消水平十字线，该处设计是依据股票指数特点而定的。
- 在初始化函数内部，设定 axes 坐标轴参数：type:'dateTime'，表示坐标轴类型为时间轴坐标；location:'bottom'，表示坐标轴位置在“底部”；zoomEnabled:true，表示图表支持缩放。
- 在初始化函数内部，设定 series 图表类型参数：type:'line'，表示两个图表类型均为折线图；data 参数用于设定折线图数据，数据源采用上面序号 3 定义好的全局变量。
- 在初始化函数最后，通过绑定函数对消息提示框数据信息进行格式化，并提供给序号 10 步骤中的 tooltips 参数使用。

15.4.4　模拟股票实时走势图 APP 最终效果

经过以上步骤，基于 jqChart 图表插件的模拟股票实时图应用就完成了。该应用在 jqChart 图表插件初始化函数内部定义了两个图表类型参数为折线图('line')的组合形式，实现了“道琼斯”指数与“纳斯达克”指数的合集。其运行效果如图 15.8 所示。当鼠标在图表框内曲线上移动时，会显示红色的十字线，并且该数据点的信息将会以消息提示框的形式展现给用户，如图 15.9 所示。

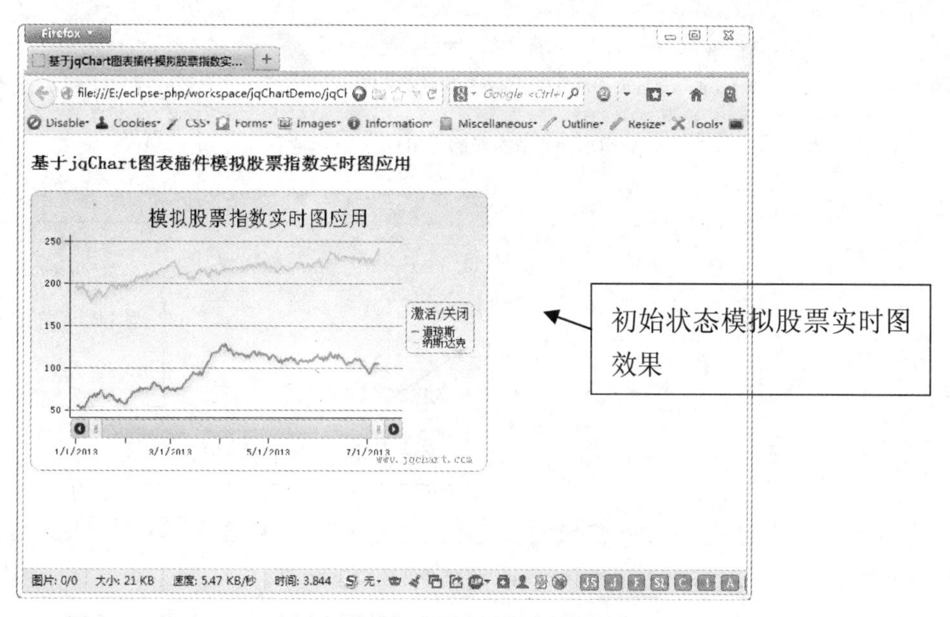

图 15.8　基于 jqChart 图表插件模拟股票实时图应用效果图（一）

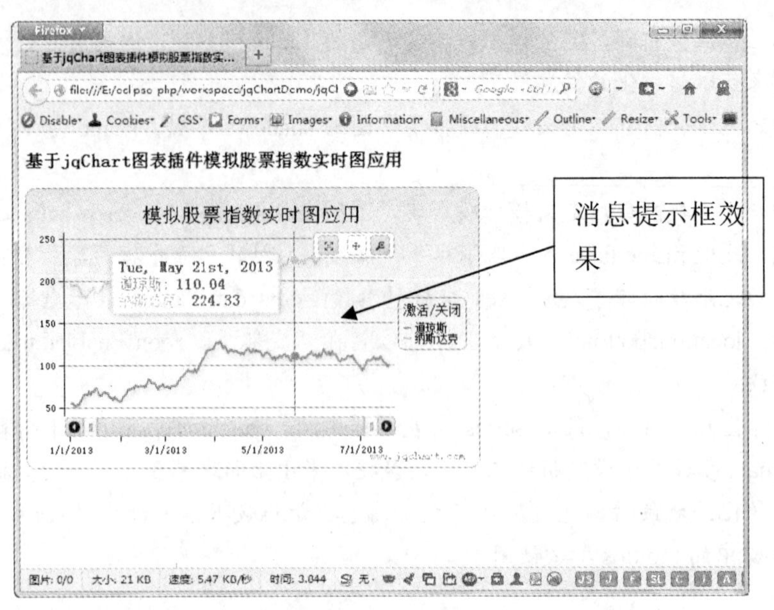

图 15.9　基于 jqChart 图表插件模拟股票实时图应用效果图（二）

通过单击“激活/关闭”按钮关闭“道琼斯”股指曲线图，单独显示“纳斯达克”股指曲线图，通过右上角的“缩放-还原/局部放大”功能按钮，可将其中一段曲线局部放大显示，其效果如图 15.10 所示。

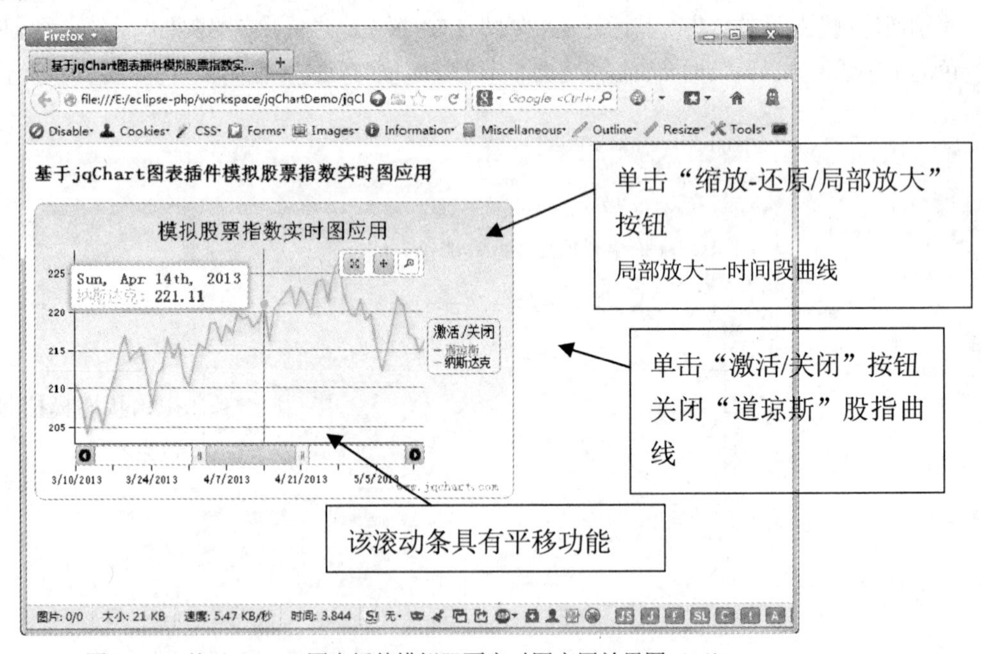

图 15.10　基于 jqChart 图表插件模拟股票实时图应用效果图（三）

另外，上图中的滚动条具有平移股指曲线的功能，用户可以自行测试。至此，基于 jqChart 图表插件的模拟股票实时图应用的效果基本展示给读者了，感兴趣的读者可以依照前面几个样例的编写方法，并结合 jqChart 图表插件的官方文档，开发出不同功能的图表应用。

15.5 小结

本章利用一个 jqChart 库实现了一个简单的股票 APP，因为实在过于简单，这里只希望读者能了解各种插件库的使用方法。对于开发者来说，有时候不必要重复造轮子，选择合适的工具能够快速开发，也可以走出自己的高手之路。

第 16 章 案例：实现一个在线视频播放器

本章将继续将 jQuery Mobile 与 PHP 技术相结合，实现一款 Web 端的在线视频播放器。在视频播放功能上将使用 HTML 5 中定义的 video 控件。

本章主要包括以下内容：

- video 控件的使用方法
- jQuery Mobile 利用分栏布局开发适合平板电脑的应用
- 通过模仿来开发应用的设计方法

16.1 项目需求

编写本书时，笔者偶然看到了 iTunes 上一款介绍 jQuery Mobile 的应用，觉得它的界面非常清新，于是产生了模仿它来做点什么的想法。该应用界面如图 16.1 和图 16.2 所示，可以在 iTunes 中搜索 jQuery Mobile 关键字来找到它。

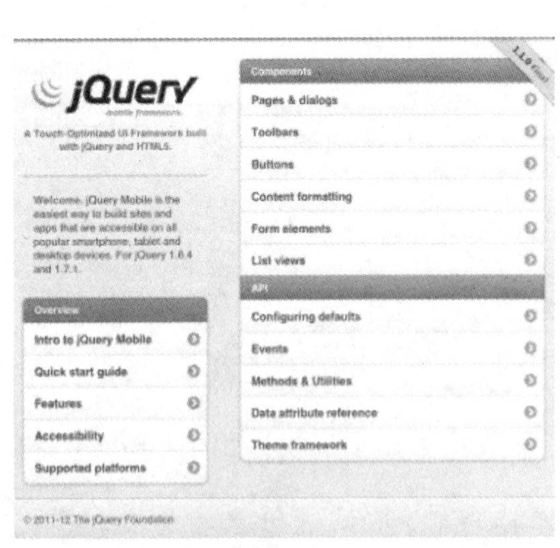

图 16.1　主界面

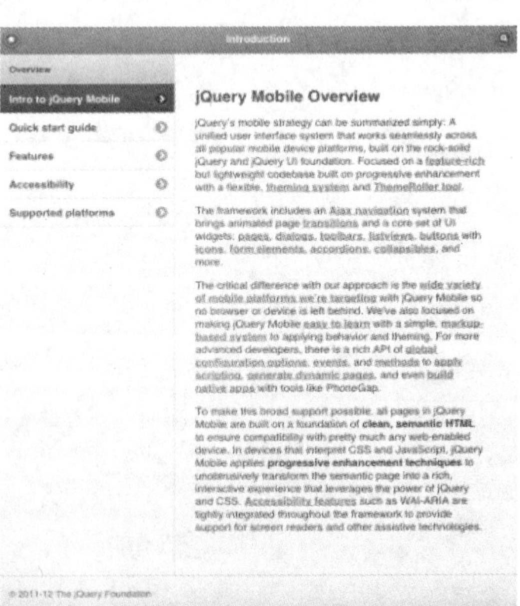

图 16.2　二级页面

这款应用采用了针对平板电脑屏幕的分栏式布局。虽然之前也知道 jQuery Mobile 有专门的分栏插件和布局，但是思维却总是受官方 API 实例的桎梏，以至于一直忽略这一点。因此笔者决定模仿这款应用的界面开发一款应用来加深理解，这对读者来说也有极大的好处。

既然只是一个练习，那么笔者也不打算为它加入太复杂的设计，本项目仅有 3 个设计，首先是首页，模仿图 16.2 所示的界面，随意加入一点信息以及几个栏目；其次就是进入各个栏目后可以选择视频；最后一个页面是可以播放的视频，以及相关视频的列表。

16.2 界面设计

在上一节中已经基本确立了该项目的大概需求，那么在本节将给出所需要的 3 个页面的大概布局。

（1）首页的布局完全模仿图 16.1 给出的样式，将整个页面分为左右两栏，左侧约占整个页面宽度的 40%左右，包含上方一枚 logo 和在 logo 下面的一排列表，列表中的内容应该是一些对该应用的介绍、版权说明等。按照笔者的计划这应该是一个类似于个人博客的视频点播网站系统，因此非常适合加入一些类似于“关于作者”或“站长简介”之类的内容。由于这部分不是重点，所以留给读者自己去发挥了。最终设计好的布局如图 16.3 所示。

之前介绍过可以用 jQuery Mobile UI Builder 来预览设计的页面，但是对于这种分栏的设计却无法通过该工具进行试验，希望官方能够早日改进。另外由于笔者此次计划模仿图 16.1 中的界面（包括配色），因此修改 CSS 也是少不了的。

（2）接下来设计二级页面的列表效果，如图 16.4 所示。

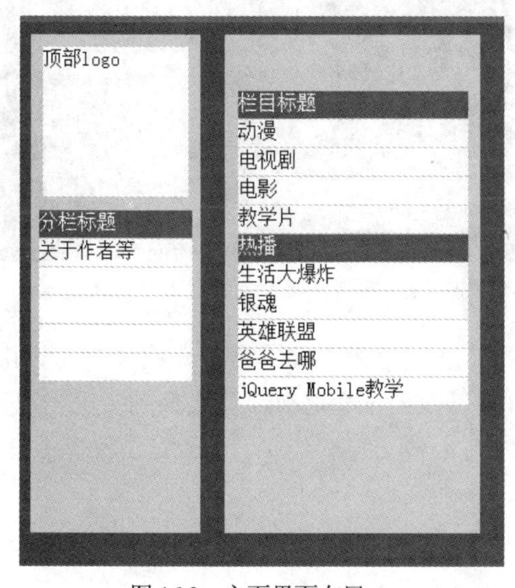

图 16.3　主页界面布局

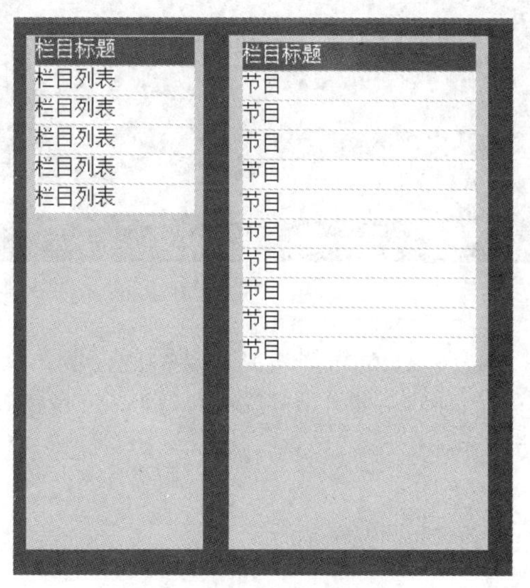

图 16.4　二级页面布局

（3）还剩最后一个视频播放页面，原本笔者是希望依旧参考这种布局，仅仅将右侧的节目列表改成一个 video 控件就可以了，但是经过简单的对比之后，决定将原本在左侧的节目列表移动到右侧，在左侧显示视频播放的 video 控件。因为大多数人习惯用右手进行操作，将节目列表放在右侧可以让用户操作得更舒适，而且优酷等网站也采取了类似的布局，笔者觉得遵从这一习惯会比较好一点（如图 16.5 所示为笔者设计出的视频播放页面布局，如图 16.6 所示为优酷视频播放页的部分截图）。

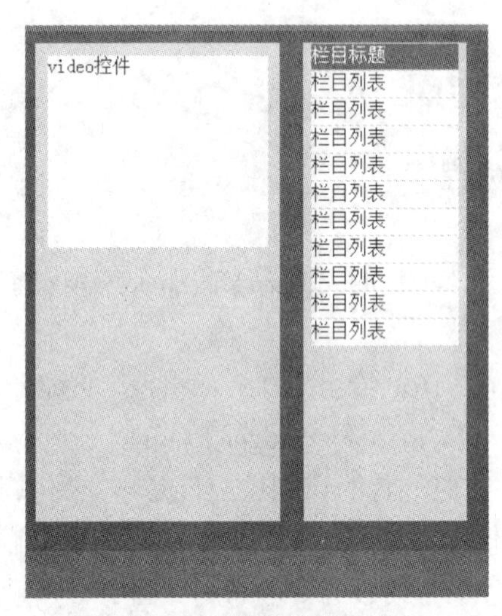

图 16.5　视频播放页面

图 16.6　优酷网视频播放页面部分截图

观察图 16.6 可以看到，屏幕的左侧正在播放广告（笔者对此非常不喜欢），右侧则展示了相关的视频列表，用户可以随时通过单击这里来对视频进行切换，如果换到左侧用户可能会不大习惯。

16.3 界面的实现

既然之前已经设计出了页面的布局，那么接下来要做的就是用代码来实现它们了。参考图 16.1，本项目加入了在 jQuery Mobile 默认的 5 组主题中不存在的红色和绿色，因此就需要先在网站 http://jquerymobile.com/themeroller/上配置合适的主题样式文件。

16.3.1　主题文件的获取

首先进入网址 http://jquerymobile.com/themeroller/，稍微等待几秒钟（由于页面有许多交互效果因此加载会比较慢），可以看到如图 16.7 所示的对话框，单击 Get Rolling 按钮进入主题设置页面。

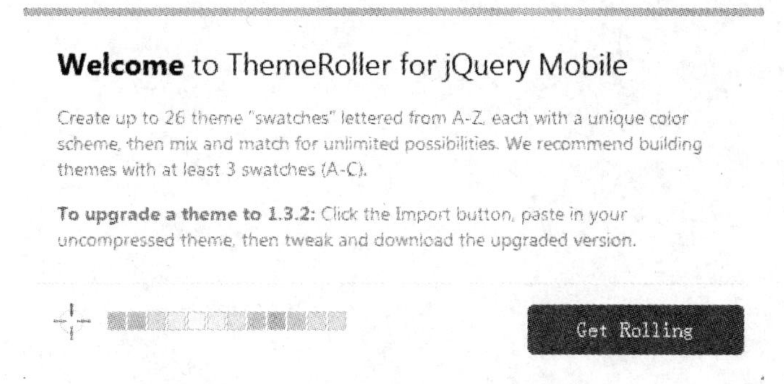

Welcome to ThemeRoller for jQuery Mobile
Create up to 26 theme "swatches" lettered from A-Z, each with a unique color scheme, then mix and match for unlimited possibilities. We recommend building themes with at least 3 swatches (A-C).
To upgrade a theme to 1.3.2: Click the Import button, paste in your uncompressed theme, then tweak and download the upgraded version.
Get Rolling

图 16.7　jQuery Mobile 进入主题编辑器后的界面

由于这次只需要红蓝两种配色，其他项目默认白色主题，另外在图 16.2 中发现被选中的列表项被渲染成了黑色以便区分，但是总共只有两组主题就足够了。笔者选择的配色方案如图 16.8 所示。完成之后单击屏幕上方的 DownLoad 按钮获取样式文件。

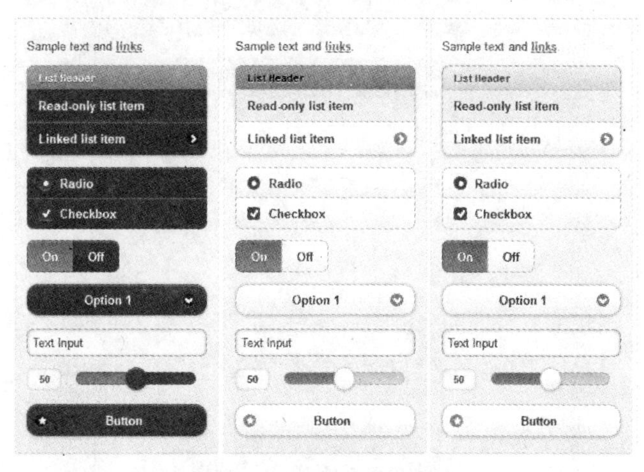

图 16.8　设计好的主题样式

可以通过调节顶部的滑块来获取更多的颜色。

之后将下载到的文件解压，其中有两个 CSS 文件，将它们引入 HTML 文件中，按照如下代码做一个简单的页面。

```
01  <!DOCTYPE html>
02  <html>
03  <head>
04  <meta http-equiv="Content-Type" content="text/html; charset=utf-8" />
05  <meta name="viewport" content="width=device-width, initial-scale=1">
06  <!--<script src="cordova.js"></script>-->
07  <link rel="stylesheet" src="jquery.mobile.min.css" />
08  <link rel="stylesheet" src="video.min.css" />    <!—新生成的 CSS 样式-->
09  <script src="jquery-1.11.2.min.js"></script>
10  <script src="jquery.mobile.min.js"></script>
11  </head>
12  <body>
13  <div data-role="page">
14      <div data-role="header" data-theme="a" data-position="fixed">
15          <h1>主题 a</h1>
16      </div>
17      <div data-role="content">
18          <a data-role="button" data-theme="a">主题 a</a>
19      </div>
20      <div data-role="footer"data-theme="b" data-position="fixed">
21          <h1>主题 b</h1>
22      </div>
23  </div>
24  </body>
25  </html>
```

保存后运行结果如图 16.9 所示。

图 16.9　保存后的页面有了新的主体颜色

范例中的代码相信读者已经非常熟悉了，在第 8 行有一句<link rel="stylesheet" src="video.min.css" />，其作用就是将新的 CSS 样式引入页面中。通过图 16.9 可以看出，页面的头部栏、尾部栏还有加入的按钮都变为之前默认主题所没有的颜色，说明新的主题样式已经被加载进页面中，可以继续进行界面开发了。

在第 7 行有一句<link rel="stylesheet" src="jquery.mobile.min.css" />，它的作用是引入 jQuery Mobile 自带的主题样式文件。新引入的主题一定要放在它的后面，这样才能将旧的内容覆盖掉，读者可以自行替换这两行的内容看一下效果。

16.3.2　主页界面的实现

接下来就要实现首页的界面了，具体代码如下所示。

```
01  <!DOCTYPE html>
02  <html>
03  <head>
04  <meta http-equiv="Content-Type" content="text/html; charset=utf-8" />
05  <meta name="viewport" content="width=device-width, initial-scale=0.5">
06  <!--<script src="cordova.js"></script>-->
07  <link rel="stylesheet"  src="jquery.mobile.min.css" />
08  <link rel="stylesheet"  src="video.min.css" />
09  <script src="jquery-1.11.2.min.js"></script>
10  <script src="jquery.mobile.min.js"></script>
11  <style>
12  .ui-grid-a .ui-block-a
13  {
14      width:37%;                           /*左侧栏目的宽度占了37%*/
15  }
16  .ui-grid-a .ui-block-b
17  {
18      width:57%;                           /*右侧栏目的宽度占了57%*/
19      margin-left:5%;                          /*左边距*/
20  }
21  </style>
22  </head>
23  <body>
24  <div data-role="page">
25      <div data-role="header" data-theme="a" data-position="fixed">
26      </div>
27      <div data-role="content">
28          <fieldset class="ui-grid-a">
```

```
29              <div class="ui-block-a">
30                  <img src="images/logo.png" width="100%" height="100%" />
31                  <ul data-role="listview" data-inset="true">
32                      <li data-role="list-divider" data-theme="a">关于</li>
33                      <li><a href="#">项目介绍</a></li>
34                      <li><a href="#">关于作者</a></li>
35                      <li><a href="#">jQuery Mobile</a></li>
36                      <li><a href="#">视频点播</a></li>
37                  </ul>
38              </div>
39              <div class="ui-block-b">
40                  <ul data-role="listview" data-inset="true">
41                      <li data-role="list-divider">视频分类</li>
42                      <li><a href="#">电影</a></li>
43                      <li><a href="#">动漫<a></li>
44                      <li><a href="#">短片</a></li>
45                      <li><a href="#">电视剧</a></li>
46                      <li><a href="#">视频教程</a></li>
47                      <li data-role="list-divider">热门分类</li>
48                      <li><a href="#">生活大爆炸</a></li>
49                      <li><a href="#">十万个冷笑话</a></li>
50                      <li><a href="#">万万没想到</a></li>
51                      <li><a href="#">jQuery Mobile 教学</a></li>
52                  </ul>
53              </div>
54          </fieldset>
55      </div>
56      <div data-role="footer"data-theme="c" data-position="fixed">
57          <h1>基于 jQuery Mobile 的视频点播系统</h1>
58      </div>
59  </div>
60  </body>
61  </html>
```

运行结果如图 16.10 所示。

图 16.10　首页界面

将首页效果实现之后，笔者发现自己选取的主体颜色与原本要模仿的配色有一定的偏差，另外顶部的 logo 也做得非常难看。感谢 jQuery Mobile 让笔者这样没有美术细胞的人也能独立开发出像模像样的应用来，至于颜色和 logo 的遗憾就靠读者来帮助弥补了。

注意看代码第 19 行，为样式.ui-grid-a .ui-block-b 加入了 margin-left 属性，这样才能保证两边的列表不至于贴在一起。另外注意头部栏的位置有一条绿色的线条，当头部栏和尾部栏中没有内容时就会以这样的形式显示出来，这对页面是一种非常不错的装饰。

16.3.3　二级页面的实现

接下来实现用来显示视频列表的二级页面，具体代码如下所示。

```
01  <!DOCTYPE html>
02  <html>
03  <head>
04  <meta http-equiv="Content-Type" content="text/html; charset=utf-8" />
05  <meta name="viewport" content="width=device-width, initial-scale=0.5">
06  <!--<script src="cordova.js"></script>-->
07  <link rel="stylesheet" src="jquery.mobile.min.css" />
08  <link rel="stylesheet" src="video.min.css" />
09  <script src="jquery-1.11.2.min.js"></script>
10  <script src="jquery.mobile.min.js"></script>
11  <style>
12  .ui-grid-a .ui-block-a
13  {
```

```
14        width:37%;                          /*左侧栏目的宽度占了37%*/
15    }
16    .ui-grid-a .ui-block-b
17    {
18        width:57%;                          /*右侧栏目的宽度占了57%*/
19        margin-left:5%;                         /*左边距*/
20    }
21    </style>
22    </head>
23    <body>
24    <div data-role="page">
25        <div data-role="header" data-theme="a" data-position="fixed">
26        </div>
27        <div data-role="content">
28            <fieldset class="ui-grid-a">
29                <div class="ui-block-a">
30                    <ul data-role="listview" data-inset="true">
31                        <!—使用分隔符将栏目区分开-->
32                        <li data-role="list-divider" data-theme="a">视频分类
</li>
33                        <!—当前选中的栏目使用不同主题颜色使它与其他项目区别开-->
34                        <li data-theme="a"><a href="#">电影</a></li>
35                        <li><a href="#">动漫</a></li>
36                        <li><a href="#">短片</a></li>
37                        <li><a href="#">电视剧</a></li>
38                        <li><a href="#">视频教程</a></li>
39                    </ul>
40                </div>
41                <div class="ui-block-b">
42                    <ul data-role="listview" data-inset="true">
43                        <!—分隔符作母标题使用-->
44                        <li data-role="list-divider" >电影</li>
45                        <li><a href="#">英雄联盟</a></li>
46                        <li><a href="#">复仇者联盟</a></li>
47                        <li><a href="#">钢铁侠</a></li>
48                        <li><a href="#">蜘蛛侠</a></li>
49                        <li><a href="#">拆弹部队</a></li>
50                        <li><a href="#">海神号</a></li>
51                        <li><a href="#">钢铁苍穹</a></li>
52                        <li><a href="#">超级英雄</a></li>
53                        <li><a href="#">超人</a></li>
54                        <li><a href="#">闪电</a></li>
```

```
55                          <li><a href="#">黑衣人</a></li>
56                      </ul>
57                  </div>
58              </fieldset>
59          </div>
60          <div data-role="footer"data-theme="c" data-position="fixed">
61              <h1>基于 jQuery Mobile 的视频点播系统</h1>
62          </div>
63      </div>
64      </body>
65      </html>
```

运行结果如图 16.11 所示。

图 16.11　视频列表页面

16.3.4　视频播放界面的实现

接下来开始实现视频播放界面，这时就要用到期盼已久的 video 控件了，具体代码如下所示。

```
01  <!DOCTYPE html>
02  <html>
03  <head>
04  <meta http-equiv="Content-Type" content="text/html; charset=utf-8" />
05  <meta name="viewport" content="width=device-width, initial-scale=0.5">
06  <!--<script src="cordova.js"></script>-->
07  <link rel="stylesheet" src="jquery.mobile.min.css" />
08  <link rel="stylesheet" src="video.min.css" />
```

```
09  <script src="jquery-1.11.2.min.js"></script>
10  <script src="jquery.mobile.min.js"></script>
11  <style>
12  .ui-grid-a .ui-block-a
13  {
14      width:67%;                    /*左侧栏目宽度*/
15  }
16  .ui-grid-a .ui-block-b
17  {
18      width:27%;                    /*右侧栏目宽度*/
19      margin-left:5%;                   /*右侧栏目左边距*/
20  }
21  </style>
22  </head>
23  <body>
24  <div data-role="page">
25      <div data-role="header" data-theme="a" data-position="fixed">
26      </div>
27      <div data-role="content">
28          <fieldset class="ui-grid-a">
29              <div class="ui-block-a">
30                  <ul data-role="listview" data-inset="true">
31                      <!--显示当前播放栏目的标题-->
32                      <h4>生活大爆炸-第四集</h4>
33                      <!--使用 video 控件实现播放-->
34                      <video src="movie.mp4" controls="controls"
style="width:100%;height:260px;">
35                      </video>
36                  </ul>
37              </div>
38              <div class="ui-block-b">
39                  <ul data-role="listview" data-inset="true">
40                      <li data-role="list-divider" data-mini="true">生活大爆
炸</li>
41                      <li data-mini="true"><a href="#">第一集</a></li>
42                      <!--..................................-->
43                      <li data-mini="true"><a href="#">第二十集</a></li>
44                  </ul>
45              </div>
46          </fieldset>
47      </div>
48      <div data-role="footer"data-theme="c" data-position="fixed">
49          <h1>基于 jQuery Mobile 的视频点播系统</h1>
50      </div>
51  </div>
```

```
52    </body>
53    </html>
```

运行结果如图 16.12 所示。

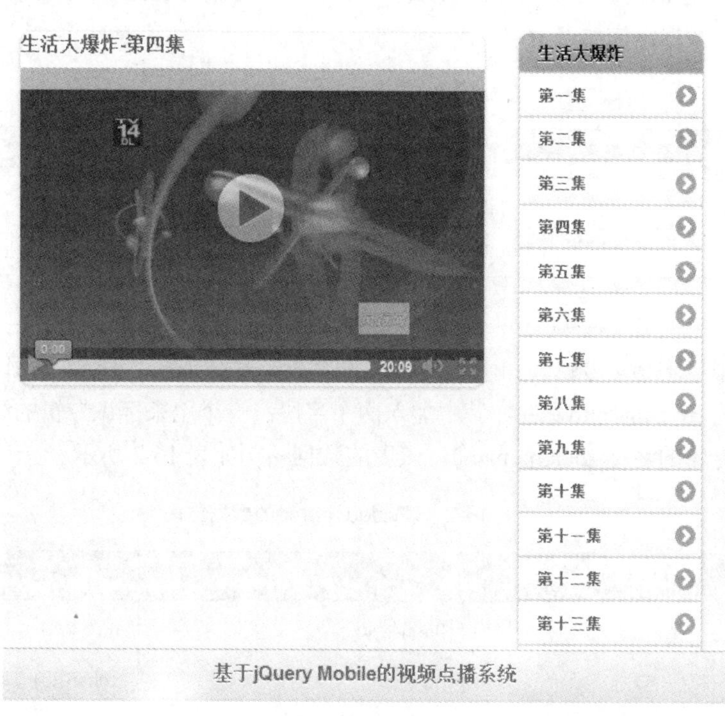

图 16.12　视频播放界面

与之前的音乐播放器略有不同的是，在代码第 34 行为 video 控件加入了属性 controls="controls"，这样一来，在视频下方就自动加入了控制视频播放/暂停、音量等功能的面板，使用起来非常方便，而且在面板的最右侧有一个按钮，单击之后可以自动转换成全屏播放。

事实上 audio 控件同样有 controls 属性，但通常不会去用它，只因为一个原因：太丑。所以播放音乐时通常是不会使用默认的控制面板的。

16.4 数据库的设计与连接

本章的项目非常简单，这也就决定了它的数据库非常简单，这里先在 MySQL 中新建一个数据库，命名为 video。

16.4.1 数据库设计

在 video 这个数据库中，最重要的内容就是视频了，因此先建立一个表，命名为 video_info，其中包括用来标识视频的 video_id、视频的名称 video_name，另外还要有视频文件的名称，该表的数据结构如表 16-1 所示。

表 16-1 表video_info的数据结构

字段名	说明	类型
video_id	视频的 id	int
video_name	视频的名称	vchar(20)
video_file	视频文件的名称	vchar(100)

每个视频都属于某个专辑，如生活大爆炸的第一集属于专辑“生活大爆炸”，所以还要加入一个表，命名为 zhuanji_info，并在其中加入两个字段：一个用来标识专辑的编号 zhuanji_id；另一个用来标识专辑的名称 zhuanji_name。该表的数据结构如表 16-2 所示。

表 16-2 表video_name的数据结构

字段名	说明	类型
zhuanji_id	专辑的编号 id	int
zhuanji_name	专辑的名称	vchar(20)

非常类似的，每个专辑也都属于某个栏目，这就需要再建立一个名为 lanmu_info 的表，数据结构如表 16-3 所示。

表 16-3 表 lanmu_info 的数据结构

字段名	说明	类型
lanmu_id	栏目的编号 id	int
lanmu_name	栏目的名称	vchar(20)

这样数据库中的基本表就算是完成了，但是还不够，还需要两个表来将它们联系起来，因此还需要再建立两个新表命名为 zhuanji 和 lanmu，它们的数据结构分别如表 16-4 和表 16-5 所示。

表 16-4 表 zhuanji 的数据结构

字段名	说明	类型
video_id	视频的编号 id	int
zhuanji_id	专辑的编号 id	int

表 16-5　表 lanmu 的数据结构

字段名	说明	类型
zhuanji_id	专辑的编号 id	int
lanmu_id	栏目的编号 id	int

将该数据库的备份文件导出，具体代码如下所示。

```
SET SQL_MODE="NO_AUTO_VALUE_ON_ZERO";
SET time_zone = "+00:00";

/*!40101 SET @OLD_CHARACTER_SET_CLIENT=@@CHARACTER_SET_CLIENT */;
/*!40101 SET @OLD_CHARACTER_SET_RESULTS=@@CHARACTER_SET_RESULTS */;
/*!40101 SET @OLD_COLLATION_CONNECTION=@@COLLATION_CONNECTION */;
/*!40101 SET NAMES utf8 */;

--
-- 表的结构 `lanmu`
CREATE TABLE IF NOT EXISTS `lanmu` (
  `lanmu_id` int(11) NOT NULL,
  `zhuanji_id` int(11) NOT NULL
) ENGINE=InnoDB DEFAULT CHARSET=latin1;
-- 表的结构 `lanmu_info`
CREATE TABLE IF NOT EXISTS `lanmu_info` (
  `lanmu_id` int(11) NOT NULL,
  `lanmu_name` varchar(20) CHARACTER SET utf8 COLLATE utf8_bin NOT NULL,
  KEY `lanmu_id` (`lanmu_id`)
) ENGINE=InnoDB DEFAULT CHARSET=latin1;
-- 表的结构 `video_info`
CREATE TABLE IF NOT EXISTS `video_info` (
  `video_id` int(11) NOT NULL,
  `video_name` varchar(20) CHARACTER SET utf8 COLLATE utf8_bin NOT NULL,
`video_file` varchar(100) CHARACTER SET utf8 COLLATE utf8_bin NOT NULL,
  KEY `video_id` (`video_id`)
) ENGINE=InnoDB DEFAULT CHARSET=latin1;
-- 表的结构 `zhuanji`
CREATE TABLE IF NOT EXISTS `zhuanji` (
  `zhuanji_id` int(11) NOT NULL,
  `video_id` int(11) NOT NULL
) ENGINE=InnoDB DEFAULT CHARSET=latin1;
-- 表的结构 `zhuanji_info`
CREATE TABLE IF NOT EXISTS `zhuanji_info` (
```

```
  `zhuanji_id` int(11) NOT NULL,
  `zhuanji_name` varchar(20) CHARACTER SET utf8 COLLATE utf8_bin NOT NULL,
  KEY `zhuanji_id` (`zhuanji_id`)
) ENGINE=InnoDB DEFAULT CHARSET=latin1;

/*!40101 SET CHARACTER_SET_CLIENT=@OLD_CHARACTER_SET_CLIENT */;
/*!40101 SET CHARACTER_SET_RESULTS=@OLD_CHARACTER_SET_RESULTS */;
/*!40101 SET COLLATION_CONNECTION=@OLD_COLLATION_CONNECTION */;
```

16.4.2 数据库连接

在 PHP 开发中，经常会用到类似这样的代码：

```
<?php

        $con=mysql_connect("localhost","root","");
        if(!$con)
        {
            echo "failed";
        }else
        {
            mysql_query("set names utf8");
            mysql_select_db("music", $con);
}
?>
```

在上面的代码中有一句$con=mysql_connect("localhost","root","")，它的作用是连接到数据库，这其中需要数据库的账号和密码。那么万一某一天开发者修改了 MySQL 的账号或者密码，岂不是要把每一个文件都修改一遍？

也许许多编辑器提供了批量修改的功能，可以将全部相同的字符串修改成某一内容，如现在要将 root 改为 put，就可以使用批量替换，但是万一在代码中有两个变量，一个是 root_var，一个是 put_var，那么使用批量替换就会造成一些错误。所以必须想一个办法把这段内容从各个页面中分离出来。

一个比较好的办法就是新建一个类，然后每当需要连接数据库的时候就去引用这个类。所以现在新建一个 PHP 文件，命名为 sql_connect.php，具体内容如下所示。

```
<?php
 class SQL_CONNECT                                        //声明一个类
 {
     public $con;                                         //连接
     public $host="localhost";                                    //计算机名
```

```
    public $username="root";                        //用户名
    public $password="";                            //密码
    public $database_name="video";                  //数据库名
    //连接数据库
    public function connection()
    {
        $this->con=mysql_connect($this->host,$this->username,$this->password);
    }
    //断开与数据库的连接
    public function disconnect()
    {
        mysql_close($this->con);
    }
    //设置编码方式
    public function set_laugue()
    {
        if($this->con)
        {
            mysql_query("set names utf8");
        }
    }
    //选择数据库
    public function choice()
    {
        if($this->con)
        {
            mysql_select_db($database_name, $this->con);
        }
    }
}
?>
```

这样一来，当数据库的账号或密码修改时，只需要修改该文件中的内容就可以了。

16.5 功能的实现

接下来需要实现从数据库读取数据的功能，请读者先自己往数据库中加入一些数据，然后就可以进行开发了。

16.5.1 首页功能的实现

首页所需要实现的功能是从数据库中读取栏目列表，并将它们显示在首页上，同时生成指向这些栏目页面的链接。在 Apache 目录下新建一个文件夹，命名为 video，并将如下的文件另存为 index.php，放入其中。

```
01  <!DOCTYPE html>
02  <html>
03  <head>
04  <meta http-equiv="Content-Type" content="text/html; charset=utf-8" />
05  <meta name="viewport" content="width=device-width, initial-scale=0.5">
06  <!--<script src="cordova.js"></script>-->
07  <link rel="stylesheet" src="jquery.mobile.min.css" />
08  <link rel="stylesheet" src="video.min.css" />
09  <script src="jquery-1.11.2.min.js"></script>
10  <script src="jquery.mobile.min.js"></script>
11  <style>
12  .ui-grid-a .ui-block-a
13  {
14      width:37%;                                    /*左侧栏目宽度*/
15  }
16  .ui-grid-a .ui-block-b
17  {
18      width:57%;                                    /*右侧栏目宽度*/
19      margin-left:5%;                                   /*右侧栏目左边距*/
20  }
21  </style>
22  </head>
23  <body>
24  <?php include("sql_connect.php"); ?>              <!-导入链接数据库类-->
25  <?php
26      $sql=new SQL_CONNECT();                       //连接到数据库
27      $sql->connection();                               //连接
28      $sql->set_laugue();                               //设置编码方式
29      $sql->choice();                                   //选择数据库
30      //生成数据库查询指令
31      $sql_query="SELECT * FROM lanmu_info";
32      $result=mysql_query($sql_query,$sql->con);
33  ?>
34  <div data-role="page">
35      <div data-role="header" data-theme="a" data-position="fixed">
36      </div>
37      <div data-role="content">
38          <fieldset class="ui-grid-a">
39              <div class="ui-block-a">
40                  <img src="images/logo.png" width="100%" height="100%" />
41                  <ul data-role="listview" data-inset="true">
42                      <li data-role="list-divider" data-theme="a">关于</li>
43                      <li><a href="#">项目介绍</a></li>
```

```
44                          <li><a href="#">关于作者</a></li>
45                          <li><a href="#">jQuery Mobile</a></li>
46                          <li><a href="#">视频点播</a></li>
47                      </ul>
48                  </div>
49                  <div class="ui-block-b">
50                      <ul data-role="listview" data-inset="true">
51                          <li data-role="list-divider">视频分类</li>
52                          <?php
53                              while($row = mysql_fetch_array($result))
54                              {   //显示栏目标题
55                                  echo "<li><a href='lanmu.php?lanmu_id=";
56                                  echo $row['lanmu_id'];
57                                  echo "'>";
58                                  echo $row['lanmu_name'];
59                                  echo "</a></li>";
60                              }
61                          ?>
62                          <li data-role="list-divider">热门分类</li>
63                          <?php
64                              $sql_query="SELECT * FROM zhuanji_info ORDER BY
zhuanji_id DESC LIMIT 4";
65                              $result=mysql_query($sql_query,$sql->con);
66                              while($row = mysql_fetch_array($result))
67                              {   //显示栏目标题
68                                  echo "<li><a href='zhuanji.php?zhuanji_id=";
69                                  echo $row['zhuanji_id'];
70                                  echo "'>";
71                                  echo $row['zhuanji_name'];
72                                  echo "</a></li>";
73                              }
74                          ?>
75                      </ul>
76                  </div>
77              </fieldset>
78          </div>
79          <div data-role="footer"data-theme="c" data-position="fixed">
80              <h1>基于 jQuery Mobile 的视频点播系统</h1>
81          </div>
82      </div>
83      <?php
84          $sql->disconnect();
85      ?>
86      </body>
87      </html>
```

运行结果如图 16.13 所示。

图 16.13　从服务端读取了数据的首页界面

本章依然引用了自己创建的数据库连接类 SQL_CONNECT，代码第 24~29 行是对它的引用，文件是 sql_connect.php。

在审查这一范例时笔者突然想到一个读者可能会疑惑的问题，就是当需要使用 SQL_CONNECT 这个类的时候必须要修改其中的数据库，这一点非常不方便，为什么不专门规定一个方法来设置$database_name 呢？因为本书所涉及的项目只会使用到同一个数据库，因此没有必要舍近求远。

再接下来看第 64 行的 SQL 语句：

```
$sql_query="SELECT * FROM zhuanji_info ORDER BY zhuanji_id DESC LIMIT 4";
```

这与第 31 行的 SQL 语句可以起到非常类似的作用，为什么最后多了那么一大串条件呢？

```
$sql_query="SELECT * FROM lanmu_info";
```

这里其实是笔者偷了个小懒，在本项目中假设栏目已经被固定为有限的几组（电影、动漫、短片、电视剧、视频教程），可以说基本是不会再发生变化了。热门分类部分笔者原本的计划是列出最新上传的视频专辑，而这一部分可以有很多，如果因为太多而超出屏幕范围可不是一件好事，于是就只能对该部分的数量进行限制，这就有了 LIMIT 4。另外，由于 zhuanji_id 作为数据表的索引，是会随着上传的次数而增大的，越晚上传的专辑它的 zhuanji_id 越大，这样只要按照逆序排列就可以获取到最新上传的专辑列表了。

虽然 zhuanji_id 会依次增加，可是如果在上传了许多视频之后将第一个专辑删除，那么 zhuanji_id=1 的位置就空缺了出来，如果再上传新的专辑，它的 zhuanji_id 仍然是 1，这时新上传的专辑按照本范例中使用的方法是无法显示出来的。

16.5.2　专辑列表功能的实现

在上一小节实现首页功能时，已经指定了该页命名为 lanmu.php，它的作用是显示栏目中的专辑列表，将以下内容另存为 lanmu.php，存到 video 目录下。

```
01  <!DOCTYPE html>
02  <html>
03  <head>
04  <meta http-equiv="Content-Type" content="text/html; charset=utf-8" />
05  <meta name="viewport" content="width=device-width, initial-scale=0.5">
06  <!--<script src="cordova.js"></script>-->
07  <link rel="stylesheet" src="jquery.mobile.min.css" />
08  <link rel="stylesheet" src="video.min.css" />
09  <script src="jquery-1.11.2.min.js"></script>
10  <script src="jquery.mobile.min.js"></script>
11  <style>
12  .ui-grid-a .ui-block-a
13  {
14      width:37%;                                    /*左侧栏目宽度*/
15  }
16  .ui-grid-a .ui-block-b
17  {
18      width:57%;                                    /*右侧栏目宽度*/
19      margin-left:5%;                               /*右侧栏目左边距*/
20  }
21  </style>
22  </head>
23  <body>
24  <?php include("sql_connect.php"); ?>           <!-引入连接数据库类-->
25  <?php
26      //获取来自 URL 的参数
27      $lanmu_id=$_GET['lanmu_id'];
28      $sql=new SQL_CONNECT();                       //连接数据库
29      $sql->connection();                           //连接
30      $sql->set_laugue();                           //设置编码方式
31      $sql->choice();                               //选择数据库
32      //生成数据库查询指令
33      $sql_query="SELECT * FROM lanmu_info";
34      $result=mysql_query($sql_query,$sql->con);
35  ?>
36  <div data-role="page">
37      <div data-role="header" data-theme="a" data-position="fixed">
```

```
38          </div>
39          <div data-role="content">
40              <fieldset class="ui-grid-a">
41                  <div class="ui-block-a">
42                      <ul data-role="listview" data-inset="true">
43                          <li data-role="list-divider" data-theme="a">视频分类
</li>
44                          <?php
45                              while($row = mysql_fetch_array($result))
46                              {
47                                  if($lanmu_id==$row['lanmu_id'])
48                                  {
49                                      //显示当前栏目
50                                      echo "<li data-theme='a'><a
href='zhuanji.php?zhuanji_id=";
51                                      echo $row['lanmu_id'];
52                                      echo "'>";
53                                      echo $row['lanmu_name'];
54                                      echo "</a></li>";
55                                      $title=$row['lanmu_name'];
56                                  }
57                                  else
58                                  {
59                                      //显示栏目列表
60                                      echo "<li><a
href='zhuanji.php?zhuanji_id=";
61                                      echo $row['lanmu_id'];
62                                      echo "'>";
63                                      echo $row['lanmu_name'];
64                                      echo "</a></li>";
65                                  }
66                              }
67                          ?>
68                      </ul>
69                  </div>
70                  <div class="ui-block-b">
71                      <ul data-role="listview" data-inset="true">
72                          <li data-role="list-divider" >
73                              <?php echo $title; ?>
74                          </li>
75                          <?php
76                              //在数据库中查询当前栏目中的所有视频
```

```
77                          $sql_query="SELECT * FROM lanmu,zhuanji_info
78                              WHERE $lanmu_id=lanmu.lanmu_id
79                            AND zhuanji_info.zhuanji_id=lanmu.zhuanji_id";
80                          $result=mysql_query($sql_query,$sql->con);
81                          while($row = mysql_fetch_array($result))
82                          {
83                              //显示视频列表
84                              echo "<li><a href='zhuanji.php?zhuanji_id=";
85                              echo $row['zhuanji_id'];
86                              echo "'>";
87                              echo $row['zhuanji_name'];
88                              echo "</a></li>";
89                          }
90                      ?>
91                  </ul>
92              </div>
93          </fieldset>
94      </div>
95      <div data-role="footer"data-theme="c" data-position="fixed">
96          <h1>基于 jQuery Mobile 的视频点播系统</h1>
97      </div>
98  </div>
99  <?php
100     $sql->disconnect();
101 ?>
102 </body>
103 </html>
```

运行结果如图 16.14 所示。

图 16.14　栏目播放列表

由于需要为当前被选中的栏目加入深色的背景，因此在第 46 行加入了一个判断，若当前的 lanmu_id 与通过 GET 获取的 id 相等，则为列表项加入主题 a。

从范例中不难看出，本小节范例中的链接指向的是名为 zhuanji.php 的页面，它的实现方法与本范例非常相似，因此笔者就不给出具体实现方法了，请读者自己摸索。

16.5.3 播放页面的实现

接下来只剩最后一个页面了，将以下代码另存为 play.php，内容如下所示。

```
01   <!DOCTYPE html>
02   <html>
03   <head>
04   <meta http-equiv="Content-Type" content="text/html; charset=utf-8" />
05   <meta name="viewport" content="width=device-width, initial-scale=0.5">
06   <!--<script src="cordova.js"></script>-->
07   <link rel="stylesheet" src="jquery.mobile.min.css" />
08   <link rel="stylesheet" src="video.min.css" />
09   <script src="jquery-1.11.2.min.js"></script>
10   <script src="jquery.mobile.min.js"></script>
11   <style>
12   .ui-grid-a .ui-block-a
13   {
14       width:67%;                                   <!-左侧栏目宽度-->
15   }
16   .ui-grid-a .ui-block-b
17   {
18       width:27%;                                   <!-右侧栏目宽度-->
19       margin-left:5%;                                 <!-右侧栏目左边距-->
20   }
21   </style>
22   </head>
23   <body>
24   <?php include("sql_connect.php"); ?>                 <!-引入数据库连接类-->
25   <?php
26       //从 URL 获取参数
27       $zhuanji_id=$_GET['zhuanji_id'];
28       $video_id=$_GET['video_id'];
29       $sql=new SQL_CONNECT();                      //连接数据库
30       $sql->connection();                             //连接
31       $sql->set_laugue();                             //设置编码方式
32       $sql->choice();                                 //选择数据库
33       //声明数据库查询指令
34       $sql_query="SELECT * FROM zhuanji_info WHERE zhuanji_id=$zhuanji_id";
35       $result=mysql_query($sql_query,$sql->con);              //执行
36       while($row = mysql_fetch_array($result))
37       {
38           $title=$row['zhuanji_name'];
39       }
```

```
 40  ?>
 41  <div data-role="page">
 42      <div data-role="header" data-theme="a" data-position="fixed">
 43          <!-头部栏中不加入内容将会显示为一条线，起到装饰的作用-->
 44      </div>
 45      <div data-role="content">
 46          <fieldset class="ui-grid-a">
 47              <div class="ui-block-a">
 48                  <ul data-role="listview" data-inset="true">
 49                      <?php
 50                          //查询当前播放的视频
 51                          $sql_query="SELECT * FROM video_info WHERE
video_id=$video_id";
 52                          $result=mysql_query($sql_query,$sql->con);
 53                          while($row = mysql_fetch_array($result))
 54                          {
 55                              echo "<h4>";
 56                          echo $title+"-"+$row['video_name'];
 57                          echo "</h4><video src='";
 58                          echo $video_info['video_file'];
 59                          echo ".mp4' controls='controls'
style='width:100%;height:260px;'></video>";
 60                          }
 61                      ?>
 62                  </ul>
 63              </div>
 64              <div class="ui-block-b">
 65                  <ul data-role="listview" data-inset="true">
 66                      <li data-role="list-divider" data-mini="true">
 67                      <?php
 68                          echo $title;
 69                      ?>
 70                      </li>
 71                      <?php
 72                          //查询当前栏目中的全部视频
 73                          $sql_query="SELECT * FROM video_info,zhuanji
 74                              WHERE zhuanji.zhuanji_id=$zhuanji_id
 75                              AND zhuanji.video_id=video_info.video_id";
 76                          $result=mysql_query($sql_query,$sql->con);
 77                          while($row = mysql_fetch_array($result))
 78                          {
 79                              if($row['video_id']==$video_id)
 80                              {
 81                                  //如果是当前播放的视频
 82                                  echo "<li data-mini='true' data-
theme='a'>";
 83                                  echo "<a href='play.php?zhuanji_id=";
 84                                  echo $row['zhuanji_id'];
 85                                  echo "&video_id=";
 86                                  echo $row['video_id'];
 87                                  echo "'>";
```

```
 88                                  echo $row['video_name'];
 89                                  echo "</a></li>";
 90                              }
 91                              else
 92                              {
 93                                  //仅仅与当前视频处于同一栏目
 94                                  echo "<li data-mini='true'><a
href='play.php?zhuanji_id=";
 95                                  echo $row['zhuanji_id'];
 96                                  echo "&video_id=";
 97                                  echo $row['video_id'];
 98                                  echo "'>";
 99                                  echo $row['video_name'];
100                                  echo "</a></li>";
101                              }
102                          }
103                      ?>
104                  </ul>
105              </div>
106          </fieldset>
107      </div>
108      <div data-role="footer"data-theme="c" data-position="fixed">
109          <h1>基于 jQuery Mobile 的视频点播系统</h1>
110      </div>
111  </div>
112  </body>
113  </html>
```

与之前实现的界面相比，这里为当前正在播放的视频加入了背景色，如图 16.15 所示。

图 16.15　视频播放页面

16.6 小结

本章使用 video 控件实现了一个简单的在线视频点播系统，该系统的界面布局主要参考了另一款 jQuery Mobile 的应用，它证实了 jQuery Mobile 确实是可以制作适合平板等大屏幕移动设备应用的。另外，本章所介绍的视频点播实际上还是一个非常简单的“模型”，有许多在实际开发中需要考虑的内容（如查询速度、带宽等问题）都被笔者有意识地忽略掉了，但是读者万万不可掉以轻心，以为视频点播就是这么简单，实际上任何一个领域的应用想要做到极致都需要日久天长的积累。